WANGLUO JICHU

YU XINXI ANQUAN JISHU YANJIU

网络基础
与信息安全技术研究

主　编　赵满旭　王建新　李国奇
副主编　李社蕾　刘　俊　任利军　顾雅珍

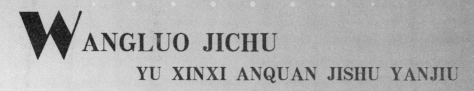

U0345737

中国水利水电出版社
www.waterpub.com.cn

内 容 提 要

　　本书旨在对计算机网络基础与信息安全技术进行全方面的探讨和研究。全书内容包括计算机网络相关知识、数据通信基础知识、计算机网络体系结构、计算机局域网技术、计算机广域网技术、信息安全相关知识、信息加密与隐藏技术、病毒与恶意代码、黑客与攻击技术、防火墙与 VPN 技术、操作系统与数据库系统安全、网络应用安全等。本书内容全面，结构合理，表述严谨，并包括信息安全方面的一些最新成果。不但可作为高等院校信息安全相关专业师生的参考书，也可供从事信息处理、通信保密及与信息安全有关的科研人员、工程技术人员和技术管理人员参考。

图书在版编目（CIP）数据

　　网络基础与信息安全技术研究/赵满旭，王建新，
李国奇主编. --北京:中国水利水电出版社,2014.5（2022.10重印）
　　ISBN 978-7-5170-2079-0

　　Ⅰ.①网… Ⅱ.①赵…②王…③李… Ⅲ.①计算机
网络—研究②信息安全—安全技术—研究 Ⅳ.①TP393
②TP309

　　中国版本图书馆 CIP 数据核字（2014）第 107361 号

策划编辑:杨庆川　责任编辑:杨元泓　封面设计:崔　蕾

书　　名	网络基础与信息安全技术研究
作　　者	主编　赵满旭　王建新　李国奇
	副主编　李社蕾　刘　俊　任利军　顾雅珍
出版发行	中国水利水电出版社
	（北京市海淀区玉渊潭南路 1 号 D 座 100038）
	网址:www.waterpub.com.cn
	E-mail:mchannel@263.net（万水）
	sales@mwr.gov.cn
	电话:(010)68545888（营销中心）、82562819（万水）
经　　售	北京科水图书销售有限公司
	电话:(010)63202643、68545874
	全国各地新华书店和相关出版物销售网点
排　　版	北京鑫海胜蓝数码科技有限公司
印　　刷	三河市人民印务有限公司
规　　格	184mm×260mm　16 开本　25.25 印张　646 千字
版　　次	2014 年 8 月第 1 版　2022 年 10 月第 2 次印刷
印　　数	3001-4001册
定　　价	82.00 元

前　言

　　计算机网络是当今计算机科学与工程领域迅速发展的一门技术,它推动着信息技术革命的到来,引领人类社会的发展步入信息时代。在全球信息化进程的不断推进过程中,信息已成为社会发展的重要战略资源,社会信息化已成为当今发展的主流与核心。由于信息网络技术的应用具有较高的普及性与广泛性,它所带来的信息安全问题备受关注,并成为信息安全领域及各相关科研机构探讨、研究的一大热点。信息安全问题是关系国家安全、经济发展与社会稳定的关键性问题。加速计算机网络安全的研究和发展,加强计算机网络的安全保障能力,提高全民的网络安全意识已成为我国信息化发展的当务之急。

　　当今时代,各行各业都倍加依赖于计算机网络,高度依赖性导致社会的脆弱。因为一旦计算机网络受到攻击,将会导致整个社会陷入危机之中。可以说,没有网络信息安全就没有完全意义上的国家安全,也就没有真正的政治安全、军事安全和经济安全。另外,网络上一大批的新兴业务,如电子商务、网络银行等,以及各种专用网络(如金融网)的建设,都需要网络具有较高的安全性。而事实却是,网络信息的安全性时刻受到来自入侵行为和木马、病毒传播的严重威胁,网络应用的健康发展也因此受到极大的负面影响。正是在这一大背景下,网络安全问题不但是各国政府普遍关注的问题,也是信息技术领域的重要研究课题。

　　从学科研究的角度来看,信息安全是一门具有很强综合性和广泛交叉性的学科领域,涉及计算机科学、网络技术、通信技术、密码技术、信息处理技术、应用数学等多学科的知识。同时,信息安全技术也是一门实践性较强的学科,其许多技能都是从实践中得来的。因此,系统地掌握信息安全原理与应用就显得尤为重要,《网络基础与信息安全技术研究》一书编写的初衷由此而来。

　　本书旨在对计算机网络基础与信息安全技术进行全方面的探讨和研究。全书共 11 章,主要内容包括计算机网络概述、数据通信基础知识、计算机网络体系结构、计算机局域网技术、计算机广域网技术、信息安全概述、信息加密与隐藏技术、病毒与恶意代码分析、黑客与攻击技术、防火墙与 VPN 技术、操作系统与数据库系统安全、网络应用安全等。

　　全书由赵满旭、王建新、李国奇担任主编,李社蕾、刘俊、任利军、顾雅珍担任副主编,并由赵满旭、王建新、李国奇负责统稿。具体分工如下:

　　第 7 章、第 9 章:赵满旭(运城学院公共计算机教学部);

　　第 5 章、第 6 章、第 10 章第 5 节:王建新(海南师范大学);

　　第 10 章第 1 节~第 2 节、第 12 章:李国奇(宁夏师范学院);

　　第 1 章~第 3 章:李社蕾(三亚学院);

　　第 10 章第 3 节~第 4 节、第 11 章:刘俊(成都职业技术学院);

　　第 4 章:任利军(呼和浩特职业学院);

第 8 章:顾雅珍(赤峰学院计算机与信息工程学院)。

本书在编写过程中,参考了大量有价值的文献与资料,在此向这些文献的作者表示敬意。由于计算机网络技术是一门综合性很强的技术,其发展速度也相当迅速,新知识、新方法、新概念等层出不穷,加之编者的学识和水平有限,书中难免有错误和疏漏之处,恳请各位专家和读者给予批评指正。

编　者

2014 年 4 月

目　　录

第1章 计算机网络概述

计算机网络是计算机技术与通信技术高度发展、相互渗透、紧密结合的产物,它代表了当代计算机体系结构发展的一个重要方向。计算机网络与 Internet 技术的广泛应用对当今人类社会生活、科技、文化与经济发展产生了重大的影响。

1.1 计算机网络的形成与发展

计算机网络技术包括硬件、软件两个方面。网络体系结构和通信技术、网络技术的进步正在对当前信息产业的发展产生重要的影响。计算机网络技术的发展与应用的广泛程度是惊人的。

1.1.1 计算机网络的形成

计算机网络是通信技术和计算机技术相结合的产物,它是信息社会最重要的基础设施,并将构成人类社会的信息高速公路。

通信技术的发展经历了一个漫长的过程,1835 年莫尔斯发明了电报,1876 年贝尔发明了电话,从此开辟了近代通信技术发展的历史。通信技术在人类生活和两次世界大战中都发挥了极其重要的作用。

1946 年诞生了世界上第一台电子数字计算机,从而开辟了向信息社会迈进的新纪元。

20 世纪 50 年代,美国利用计算机技术建立了半自动化的地面防空系统(Semi-Automatic Ground Environment,SAGE),它将雷达信息和其他信号经远程通信线路送达计算机进行处理,第一次利用计算机网络实现了远程集中式控制,这是计算机网络的雏形。

1969 年,美国国防部高级研究计划局(DARPA)建立了世界上第一个分组交换网——AR-PANET,即国际互联网的前身,这是一个只有 4 个节点的存储转发方式的分组交换广域网,AR-PANET 的远程分组交换技术,于 1972 年在首次国际计算机会议上公开展示。

1976 年,美国 Xerox 公司开发了基于载波监听多路访问/冲突检测(CSMA/CD)原理的、用同轴电缆连接多台计算机的局域网,取名以太网。

计算机网络是半导体技术、计算机技术、数据通信技术和网络技术相互渗透、相互促进的产物。数据通信的任务是利用通信介质传输信息。

通信网为计算机网络提供了便利而广泛的信息传输通道,而计算机和计算机网络技术的发展也促进了通信技术的发展。

1.1.2 计算机网络的发展

随着计算机技术和通信技术的不断发展,计算机网络也经历了从简单到复杂、从单机到多机的发展过程,纵观计算机网络的形成与发展历史,大致可以将它划分为 4 个阶段。

1.第一阶段:计算机技术与通信技术相结合(诞生阶段)

20 世纪 60 年代末是计算机网络发展的萌芽阶段。如图 1-1 所示为第一阶段的计算机网络系统,该系统又称终端计算机网络,是早期计算机网络的主要形式,它是将一台计算机经通信线路与若干终端直接相连。终端是一台计算机的外部设备,包括显示器和键盘,无 CPU 和内存。其主要特征是:为了增加系统的计算能力和资源共享,把小型计算机连成实验性的网络。

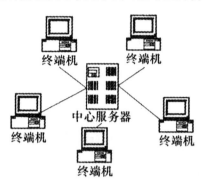

图 1-1 第一阶段的计算机网络

第一个远程分组交换网叫 ARPANET,第一次实现了由通信网络和资源网络复合构成计算机网络系统,标志计算机网络的真正产生。ARPANET 是这一阶段的典型代表。

这一阶段的特点与标志性成果主要表现在以下两个方面。

①数据通信技术研究与技术的日趋成熟,为计算机网络的形成奠定技术基础。

②分组交换概念的提出为计算机网络的研究奠定了理论基础,也标志着现代电信时代的到来。

2.第二阶段:计算机网络具有通信功能(形成阶段)

第二代计算机网络是以多个主机通过通信线路互连起来,为用户提供服务,主机之间不是直接用线路相连,而是由接口报文处理机(IMP)转接后互连的。IMP 和它们之间互连的通信线路一起负责主机间的通信任务,构成了通信子网。通信子网互连的主机负责运行程序,提供资源共享,组成了资源子网。这个时期,网络概念为"以能够相互共享资源为目的互连起来的具有独立功能的计算机之集合体",形成了计算机网络的基本概念,如图 1-2 所示。

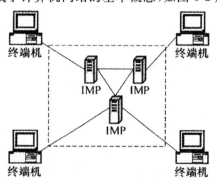

图 1-2 第二阶段的计算机网络

两个主机间通信时对传送信息内容的理解、信息表示形式以及各种情况下的应答信号都必须遵守一个共同的约定,称为协议。

这一阶段出现了 3 项标志性的成果。

①ARPANET 的成功运行证明了分组交换理论的正确性。

②TCP/IP 协议的成功为更大规模的网络互联打下了坚实的基础。

③DNS、E-mail、FTP、TELNET、BBS 等应用为网络发展展现了美好的前景。

3. 第三阶段:计算机网络互联标准化(互联互通阶段)

计算机网络互联标准化是指具有统一的网络体系结构并遵循国际标准的开放式和标准化的网络。ARPANET 兴起后,计算机网络发展迅猛。各大计算机公司相继推出自己的网络体系结构及实现这些结构的软、硬件产品。由于没有统一的标准,不同厂商的产品之间互连很困难,人们迫切需要一种开放性的标准化实用网络环境。国际标准化组织(ISO)在推动“开放系统互连(Open System Interconnection,OSI)参考模型”与网络协议的研究方面做了大量的工作,但同时也面临着 TCP/IP 协议的严峻挑战。因此,第三代计算机网络指的是“开放式的计算机网络”。

这一阶段研究成果的重要性主要表现在以下两个方面。

①OSI 参考模型的研究对网络理论体系的形成与网络协议的标准化起到了重要的推动作用。

②TCP/IP 协议完善它的体系结构研究,经受市场和用户的检验,吸引大量的投资,推动 Internet 产业的发展,成为业界事实上的标准。

4. 第四阶段:计算机网络高速和智能化发展(高速网络技术阶段)

20 世纪 90 年代初至今是计算机网络飞速发展的阶段,其主要特征是:计算机网络化,协同计算能力发展,以及全球互联网络(Internet)的盛行。计算机的发展已经完全与网络融为一体,体现了“网络就是计算机”的口号。目前,计算机网络已经真正进入社会各行各业。另外,虚拟网络 FDDI 及 ATM 技术的应用,使网络技术蓬勃发展并迅速走向市场,走进平民百姓的生活。

这个阶段的特点主要表现在以下几个方面。

①Internet 作为国际性的网际网与大型信息系统,正在当今政治、经济、文化、科研、教育与社会生活等方面发挥越来越重要的作用。

②宽带城域网已成为一个现代化城市重要的基础设施之一,接入网技术的发展扩大了用户计算机接入范围,促进了 Internet 应用的发展。

③无线局域网与无线城域网技术日益成熟,已经进入工程化应用阶段。无线自组网、无线传感器网络的研究与应用受到高度重视。

④对等网络(Peer-to-Peer,P2P)的研究使得新的网络应用不断涌现,也为现代信息服务业带来了新的经济增长点。

⑤随着网络应用的快速增长,新的网络安全问题不断出现,促使网络安全技术的研究与应用进入高速发展阶段。网络安全的研究成果为 Internet 应用提供了重要安全保障。

1.2　计算机网络的定义与功能

计算机网络的出现极大地提高了人们获取信息的能力,以及人们学习和工作的效率。如今计算机网络的功能越来越强大,并且应用范围越来越广。

1.2.1　计算机网络的定义

在计算机网络发展过程的不同阶段,人们对计算机网络提出了不同的定义。不同的定义反映着当时网络技术发展的水平,以及人们对网络的认识程度。这些定义可以分为3类:广义的观点、资源共享的观点与用户透明性的观点。从目前计算机网络的特点看,资源共享观点的定义能比较准确地描述计算机网络的基本特征。相比之下,广义的观点定义了计算机通信网络,而用户透明性的观点定义了分布式计算机系统。

资源共享观点将计算机网络定义为"以能够相互共享资源的方式互联起来的自治计算机系统的集合"。资源共享观点的定义符合目前计算机网络的基本特征,这主要表现在以下几个方面。

(1)计算机网络建立的主要目的是实现计算机资源的共享

计算机资源主要指计算机硬件、软件、数据与信息资源。网络用户不但可以使用本地计算机资源、而且可以通过网络访问联网的远程计算机资源,还可以调用网中几台不同的计算机共同完成一项任务。一般将实现计算机资源共享作为计算机网络的最基本特征。

(2)互联的计算机是分布在不同地理位置的多台独立的"自治计算机"

"自治计算机"就是每台计算机有自己的操作系统,互联的计算机之间可以没有明确的主从关系,每台计算机既可以联网工作,也可以脱机独立工作,联网计算机可以为本地用户服务,也可以为远程网络用户提供服务。

(3)联网计算机之间的通信必须遵循共同的网络协议

计算机网络是由多个互连的结点组成的,结点之间要做到有条不紊地交换数据,每个结点都必须遵守一些事先规定的约定和通信规则,这些约定和通信规则就是通信协议。这就和人们之间的对话一样,要么大家都说汉语,要么大家都说英语,如果一个说汉语,一个说英语,那么就需要找一个翻译。如果一个人只能说日语,另一个人又不懂日语,而又没有翻译,那么这两人就无法进行交流。

我们判断计算机是否互联成计算机网络,主要看它们是不是独立的"自治计算机"。如果两台计算机之间有明确的主/从关系,其中一台计算机能强制另一台计算机开启与关闭,或者控制另一台计算机,那么其中一台计算机就不是"自治"的计算机。根据资源共享观点的定义,由一台中心控制单元与多个从站组成的计算机系统不是一个计算机网络。因此,一台带有多个远程终端或远程打印机的计算机系统也不是一个计算机网络。

1.2.2　计算机网络的基本功能

计算机网络最主要的功能是资源共享和通信,除此之外还有负荷均衡、分布处理和提高系统安全与可靠性等功能。

1.资源共享

资源共享包括软、硬件共享和信息共享。

计算机网络允许网络上的用户共享网络上各种不同类型的硬件设备,可共享的硬件资源有:高性能计算机、大容量存储器、打印机、图形设备、通信线路、通信设备等。共享硬件的好处是提高硬件资源的使用效率、节约开支。

现在已经有许多专供网上使用的软件,如数据库管理系统、各种 Internet 信息服务软件等。共享软件允许多个用户同时使用,并能保持数据的完整性和一致性。特别是客户机/服务器(Client/Server,C/S)和浏览器/服务器(Browser/Server,B/S)模式的出现,人们可以使用客户机来访问服务器,而服务器软件是共享的。在 B/S 方式下,软件版本的升级修改,只要在服务器上进行,全网用户都可立即享受。可共享的软件种类很多,包括大型专用软件、各种网络应用软件、各种信息服务软件等。

信息也是一种资源,Internet 就是一个巨大的信息资源宝库,其上有极为丰富的信息,它就像是一个信息的海洋,有取之不尽,用之不竭的信息与数据。每一个接入 Internet 的用户都可以共享这些信息资源。可共享的信息资源有:搜索与查询的信息,Web 服务器上的主页及各种链接,FTP 服务器中的软件,各种各样的电子出版物,网上消息、报告和广告,网上大学,网上图书馆等等。

2.通信

通信是计算机网络的基本功能之一,它可以为网络用户提供强有力的通信手段。建设计算机网络的主要目的就是让分布在不同地理位置的计算机用户能够相互通信、交流信息。计算机网络可以传输数据以及声音、图像、视频等多媒体信息。利用网络的通信功能,可以发送电子邮件、打电话、在网上举行视频会议等。

3.提高系统的安全与可靠性

系统的可靠性对于军事、金融和工业过程控制等部门的应用特别重要。计算机通过网络中的冗余部件可大大提高可靠性。例如在工作过程中,一台机器出了故障,可以使用网络中的另一台机器;网络中一条通信线路出了故障,可以取道另一条线路,从而提高了网络整体系统的可靠性。

4.进行负荷均衡与分布处理

负荷均衡是指将网络中的工作负荷均匀地分配给网络中的各计算机系统。当网络上某台主机的负载过重时,通过网络和一些应用程序的控制和管理,可以将任务交给网络上其他的计算机去处理,充分发挥网络系统上各主机的作用。分布处理将一个作业的处理分为三个阶段:提供作业文件;对作业进行加工处理;把处理结果输出。在单机环境下,上述三步都在本地计算机系统中进行。在网络环境下,根据分布处理的需求,可将作业分配给其他计算机系统进行处理,以提高系统的处理能力,高效地完成一些大型应用系统的程序计算以及大型数据库的访问等。

5.其他用途

利用计算机网络可以进行文件传送,作为仿真终端访问大型机,在异地同时举行网络会议,进行电子邮件的发送与接收,在家中办公或购物,从网络上欣赏音乐、电影、体育比赛节目等,还可以在网络上和他人进行聊天或讨论问题等。

1.3　计算机网络的分类

计算机网络有许多种分类方法,其中最常用的有 3 种分类依据,即网络的传输技术、网络的覆盖范围和网络的拓扑结构。

1.3.1　按网络传输技术分类

计算机网络按照网络传输技术分类,可以分为广播网络和点到点网络两类。

1.广播网络

广播网络的通信信道是共享介质,即网络上的所有计算机都共享它们的传输通道。这类网络以局域网为主,如以太网、令牌环网、令牌总线网、光纤分布数字接口(Fiber Distribute Dizital Interface,FDDI)网等。

2.点到点网络

点到点网络也称为分组交换网,点到点网络使得发送者和接收者之间有许多条连接通道,分组要通过路由器,而且每一个分组所经历的路径是不确定的。因此,路由算法在点到点网络中起着重要的作用。点到点网络主要用在广域网中,如分组交换数据网 X.25、帧中继、异步传输方式(Asynchronous Transfer Mode,ATM)等。

1.3.2　按网络覆盖范围分类

计算机网络按照网络的覆盖范围类,可以分为局域网、城域网和广域网三类。

1.局域网

局域网(Local Area Network,LAN)的地理分布范围在几千米以内,一般局域网络建立在某个机构所属的一个建筑群内,或大学的校园内,也可以是办公室或实验室几台计算机连成的小型局域网络。局域网连接这些用户的微型计算机及其网络上作为资源共享的设备(如打印机等)进行信息交换,另外通过路由器和广域网或城域网相连接实现信息的远程访问和通信。

LAN 是当前计算机网络的发展中最活跃的分支。局域网有别于其他类型网络的特点是:

①局域网的覆盖范围有限,一般仅在几百米至十多公里的范围内。

②数据传输率高,一般在 10～100Mb/s,现在的高速 LAN 的数据传输率(b/s)可达到千兆;信息传输的过程中延迟小、差错率低。

③局域网易于安装,便于维护。

2. 城域网

城域网(Metropolitan Area Network,MAN)采用类似于 LAN 的技术,但规模比 LAN 大,地理分布范围在 10～100km,介于 LAN 和 WAN 之间,一般覆盖一个城市或地区。

3. 广域网

广域网(Wide Area Network,WAN)的涉辖范围很大,可以是一个国家或一个洲际网络,规模十分庞大而复杂,它的传输媒体由专门负责公共数据通信的机构提供。

它的特点可以归纳为:

①覆盖范围广,可以形成全球性网络,如 Internet 网。

②数据传输速率低,一般在 1.2Kb/s～15.44Mb/s 之间,误码率较高,纠错处理相对复杂。

③通信线路一般使用电信部门的公用线路或专线,如公用电话网(PSTN)、综合业务网(ISDN)、DDN、ADSL 等。

1.3.3 按网络的拓扑结构分类

网络中各个节点相互连接的方法和形式成为网络拓扑。网络的拓扑结构形式较多,主要分为:总线型、环型、星型、树型、全互联型、格状型和不规则型。按照网络的拓扑结构,可把网络分成:总线型网络、星型网络、环型网络、树型网络、网状型网络、混合型和不规则型网络。

网络的拓扑结构将在下一节详细介绍。

1.3.4 其他的网络分类方法

除了上面介绍的几种分类方法之外,计算机网络还有许多其他的网络分类方法。

按网络控制方式的不同,计算机网络可以分为分布式和集中式两种网络。

按信息交换方式的不同,计算机网络可以分为分组交换网、报文交换网、线路交换网和综合业务数字网等。

按网络环境的不同,计算机网络可以分成企业网、部门网和校园网等。

按通信速率的不同,计算机网络可以分为 3 类:低速网、中速网和高速网。低速网的数据传输速率在 300bps～1.4Mbps 之间,系统通常是借助调制解调器利用电话网来实现;中速网的数据传输速率在 1.5～45Mbps 之间,这种系统主要是传统的数字式公用数据网;高速网的数据传输速率在 50～1000Mbps 之间。信息高速公路的数据传输速率将会更高,目前的 ATM 网的传输速率可以达到 2.5Gbps。

按网络配置的不同,这主要是对客户机/服务器模式的网络进行分类。在这类系统中,根据互联计算机在网络中的作用可分为服务器和工作站两类。于是,按配置的不同,可把网络分为同类网、单服务器网和混合网,几乎所有这种客户机/服务器模式的网络都是这 3 种网络中的一种。网络中的服务器是指向其他计算机提供服务的计算机,工作站是接收服务器提供服务的计算机。

按照传输介质带宽的不同,计算机网络可以分为基带网络和宽带网络。数据的原始数字信号所固有的频带(没有加以调制的)叫基本频带,或称基带。这种原始的数字信号称为基带信号。数字数据直接用基带信号在信道中传输,称为基带传输,其网络称为基带网络。基带信号占用的频带宽,往往独占通信线路,不利于信道的复用,且抗干扰能力差,容易发生衰减和畸变,不利于远距离传输。把调制的不同频率的多种信号在同一传输线路中传输称为宽带传输，这种网络称为宽带网。

按网络协议的不同，可以把计算机网络分为以太网（Ethernet）、令牌环网（Token Ring）、光纤分布式数据接口网络（FDDI）、X.25 分组交换网络、TCP/IP 网络、系统网络架构（System Network Architecture，SNA）网络、异步转移模式（ATM）网络等。Ethernet、Token Ring、FDDI、X.25、TCP/IP、SNA 等都是访问传输介质的方法或网络采用的协议。

按网络操作系统（网络软件）分类，计算机网络可以分为，例如：Novell 公司的 NetWare 网络、3COM 公司的 3＋Share 和 3＋OPEN 网络、Microsoft 公司的 LAN Manager 网络和 Windows NT/2000/2003 网络、Banyan 公司的 VINES 网络、UNIX 网络、Linux 网络等。这种分类是以不同公司的网络操作系统为标志的。

1.4　计算机网络的拓扑结构

网络拓扑结构是抛开网络电缆的物理连接来讨论网络系统的连接形式，是指网络连接线路所构成的集合图形，它能表示出网络服务器、工作站的网络配置和互相之间的连接。

计算机网络有很多种拓扑结构，最常用的网络拓扑结构有：总线型结构、环型结构、星型结构、树型结构、网状结构和混合型结构。

1.4.1　总线型结构

总线型结构采用一条单根的通信线路（总线）作为公共的传输通道，所有的结点都通过相应的接口直接连接到总线上，并通过总线进行数据传输。例如，在一根电缆上连接了组成网络的计算机或其他共享设备（如打印机等），如图 1-3 所示。由于单根电缆仅支持一种信道，因此连接在电缆上的计算机和其他共享设备共享电缆的所有容量。连接在总线上的设备越多，网络发送和接收数据就越慢。

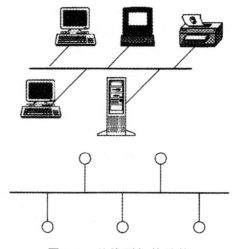

图 1-3　总线型拓扑结构

总线型网络使用广播式传输技术，总线上的所有结点都可以发送数据到总线上，数据沿总线传播。但是,由于所有结点共享同一条公共通道,所以在任何时候只允许一个站点发送数据。当一个结点发送数据,并在总线上传播时,数据可以被总线上的其他所有结点接收。各站点在接收数据后,分析目的物理地址再决定是否接收该数据。粗、细同轴电缆以太网就是这种结构的典型代表。

总线型拓扑结构具有如下特点:

①结构简单、灵活,易于扩展;共享能力强,便于广播式传输。

②网络响应速度快,但负荷重时性能迅速下降;局部站点故障不影响整体,可靠性较高。但是,总线出现故障,则将影响整个网络。

③易于安装,费用低。

1.4.2　环型结构

环型结构是各个网络结点通过环接口连在一条首尾相接的闭合环型通信线路中,如图 1-4 所示。

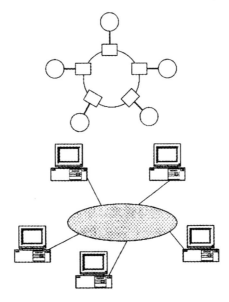

图 1-4　环形拓扑结构

每个结点设备只能与它相邻的一个或两个结点设备直接通信。如果要与网络中的其他结点通信,数据需要依次经过两个通信结点之间的每个设备。环型网络既可以是单向的也可以是双向的。单向环型网络的数据绕着环向一个方向发送,数据所到达的环中的每个设备都将数据接收经再生放大后将其转发出去,直到数据到达目标结点为止。双向环型网络中的数据能在两个方向上进行传输,因此设备可以和两个邻近结点直接通信。如果一个方向的环中断了,数据还可以在相反的方向在环中传输,最后到达其目标结点。

环型结构有两种类型,即单环结构和双环结构。令牌环(Token Ring)是单环结构的典型代表,光纤分布式数据接口(FDDI)是双环结构的典型代表。

环型拓扑结构具有如下特点:

①在环型网络中,各工作站间无主从关系,结构简单;信息流在网络中沿环单向传递,延迟固

定,实时性较好。

②两个结点之间仅有唯一的路径,简化了路径选择,但可扩充性差。

③可靠性差,任何线路或结点的故障,都有可能引起全网故障,且故障检测困难。

1.4.3　星型结构

星型结构的每个结点都由一条点对点链路与中心结点(公用中心交换设备,如交换机、集线器等)相连,如图 1-5 所示。星型网络中的一个结点如果向另一个结点发送数据,首先将数据发送到中央设备,然后由中央设备将数据转发到目标结点。信息的传输是通过中心结点的存储转发技术实现的,并且只能通过中心结点与其他结点通信。星型网络是局域网中最常用的拓扑结构。

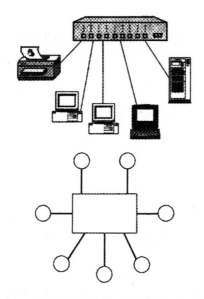

图 1-5　星型拓扑结构

星型拓扑结构具有如下特点:

①结构简单,便于管理和维护;易实现结构化布线;结构易扩充,易升级。

②通信线路专用,电缆成本高。

③星型结构的网络由中心结点控制与管理,中心结点的可靠性基本上决定了整个网络的可靠性。

④中心结点负担重,易成为信息传输的瓶颈,且中心结点一旦出现故障,会导致全网瘫痪。

1.4.4　树型结构

树型结构(也称星型总线拓扑结构)是从总线型和星型结构演变来的。网络中的结点设备都连接到一个中央设备(如集线器)上,但并不是所有的结点都直接连接到中央设备,大多数的结点首先连接到一个次级设备,次级设备再与中央设备连接。图 1-6 所示的是一个树型总线网络。

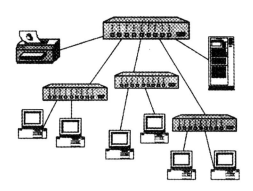

图 1-6　树型结构网络

树型结构有两种类型，一种是由总线型拓扑结构派生出来的，它由多条总线连接而成，如图 1-7(a)所示；另一种是星型结构的变种，各结点按一定的层次连接起来，形状像一棵倒置的树，故得名树型结构，如图 1-7(b)所示。在树型结构的顶端有一个根结点，它带有分支，每个分支还可以再带子分支。

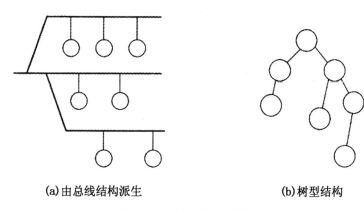

(a)由总线结构派生　　　　　　　　(b)树型结构

图 1-7　树型拓扑结构

树型拓扑结构的主要特点如下：

①易于扩展，故障易隔离，可靠性高；电缆成本高。

②对根结点的依赖性大，一旦根结点出现故障，将导致全网不能工作。

1.4.5　网状结构与混合型结构

网状结构是指将各网络结点与通信线路连接成不规则的形状，每个结点至少与其他两个结点相连，或者说每个结点至少有两条链路与其他结点相连，如图 1-8 所示。大型互联网一般都采用这种结构，如我国的教育科研网 CERNET(图 1-9)、Internet 的主干网都采用网状结构。

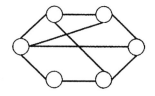

图 1-8　网状拓扑结构

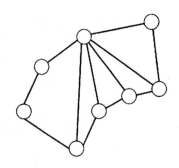

图 1-9　CERNET 主干网拓扑结构

网状拓扑结构有以下主要特点：

①可靠性高；结构复杂，不易管理和维护；线路成本高；适用于大型广域网。

②因为有多条路径，所以可以选择最佳路径，减少时延，改善流量分配，提高网络性能，但路径选择比较复杂。

混合型结构是由以上几种拓扑结构混合而成的，如环星型结构，它是令牌环网和 FDDI 网常用的结构。再如总线型和星型的混合结构等。

第 2 章　数据通信基础知识

现代社会正经历着信息技术的迅猛发展,通信技术、计算机技术等现代通信技术的发展与融合,扩宽了信息的传递和应用范围,使人们随时随地地获取和交换信息成为可能。尤其随着网络的普及,通信系统已成为现代文明的标志之一,是现代社会必不可少的组成元素,对人们日常生活、社会活动及发展将起到更加重要的作用。通信系统正变得越来越复杂。学习通信系统和通信网的基本概念,是掌握复杂通信技术的基础。

2.1　数据通信概述

通信技术的发展使人类社会产生了深远的变革,给人类社会带来了巨大的利益。在当今和未来的信息社会中,通信成为人们获取、传递和交换信息的一种重要手段。随着大规模集成电路技术、激光技术、空间技术、计算机技术等新技术的不断发展和广泛应用,现代通信技术日新月异。

近 30 年来出现的数字通信、卫星通信、光纤通信是现代通信中具有代表性的新领域。其中,数字通信尤为重要,它是现代通信系统的基础。可以说,数字通信技术和计算机技术的紧密结合是通信发展史上的一次飞跃。

2.1.1　数据通信的基本概念

简单地讲,数据通信是指通过某种类型的传输系统和介质实现两地之间的数据信号传输的过程。它可以实现计算机与计算机、计算机与终端、终端与终端之间的数据消息传递。数据通信是计算机网络的基础,没有数据通信技术的发展,就没有计算机网络的今天。在数据通信技术中,数据、信号、传输是十分重要的概念。

1. 数据

数据一般可以理解为"信息的数字化形式"或"数字化的信息形式"。而信息(information)是客观事物属性和相互联系特性的表征,它反映了客观事物的存在形式和运动状态。

狭义的"数据"通常是指具有一定数字特性的信息,如统计数据、气象数据、测量数据及计算机中区别于程序的数据等。人们几乎每天都要接触到数据。它通常用数字或字母表示,并被赋予一定的意义。

在计算机网络中,数据通常被广义地理解为存储、处理和传输的二进制数字编码。语音信息、文字信息、图像信息以及从自然界直接采集的各种自然属性信息均可转换为二进制数字编码,以便于在计算机网络中存储、处理和传输。计算机网络中的数据库、数据处理和数据通信所包含的数据通常都是说的广义的数据。

2.信号

信号是数据的电压或电磁编码,是数据的表示方式,能够使数据以适当的形式在信道上传输。在数据通信系统中,我们常使用电磁信号、光信号、载波信号、脉冲信号、调制信号来表示各种不同的信号。

(1)模拟信号和数字信号

从时域的观点看,信号不是连续的就是离散的。根据表示方式的不同可以分为模拟信号和数字信号。图 2-1 给出了模拟信号和数字信号的图示。

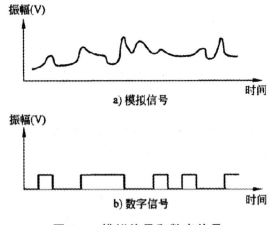

图 2-1　模拟信号和数字信号

模拟信号(analog signal)是指信号的幅度随时间呈连续变化的信号。普通电视里的图像和语音信号是模拟信号。普通电话线上传送的电信号是随着通话者的声音大小的变化而变化的,这个变化的电信号无论在时间上或是在幅度上都是连续的,这种信号也是模拟信号。模拟信号无论在时间上和幅值上均是连续变化的,它在一定的范围内可能取任意值。

数字信号(digital signal)是在时间上不连续的、离散性的信号,一般由脉冲电压 0 和 1 两种状态组成。数字脉冲在一个短时间内维持一个固定的值,然后快速变换为另一个值。数字信号的每个脉冲被称作一个二进制数或位,一个位有 0 或 1 两种可能的值,连续 8 位组成一个字节。

(2)模拟信号和数字信号的转换

虽然模拟信号与数字信号有着明显的差别,但二者之间并不存在不可逾越的鸿沟,通过使用调制解调器、编码解码器等设备,可以实现二者之间的相互转化。

一方面,数字数据可以用模拟信号表示,如图 2-2 所示。调制解调器将二进制的电压脉冲(只有两个值)序列转化成模拟信号,即把数字数据调制到某个载波频率上去。调制后所得到的信号是以载波频率为中心的具有特定频谱的信号,并且能够在合适的介质上传输。最常见的调制解调器是将二进制数字数据用话音信号表示,这样二进制数字数据就可以在普通的音频电话线上传输。而在电话线的另一端,调制解调器从话音信号中解调出原始的二进制数字数据。

另一方面,模拟数据也可用数字信号表示,如图 2-3 所示。可以通过一个称为编码解码器的设备将模拟话音数据编码成比特流;然后通过数字传输系统传输到接收端;在接收端,通过编码解码器将这个比特流重建为模拟话音数据。

模拟信号：用连续变化的电磁波表示数据。

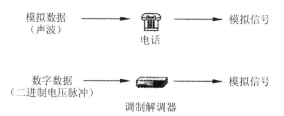

图 2-2　模拟数据和数字数据的模拟信号表示

数字信号：用电压脉冲序列表示数据。

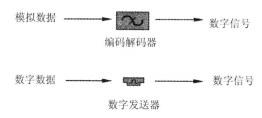

图 2-3　模拟数据和数字数据的数字信号表示

3. 传输

不论是模拟信号还是数字信号，都可以在适当的传输系统上传输。

模拟传输是用于传输模拟信号的，它通常不考虑信号的内容。模拟信号既可以表示模拟数据（如话音），也可以表示数字数据（如经过了调制解调器的二进制数据）。模拟信号在传输了一段距离之后会变得越来越弱。在模拟传输中要引入模拟放大器能够增强远距离传输的信号能量，但模拟放大器在放大信号的同时也放大了噪声。如果为了远距离传输而将放大器级联起来，那么信号的失真程度将更加严重。这对于数字数据来说是不可以容忍的。

数字传输与模拟传输相反，它需要考虑信号的内容。在衰减、噪声或其他损伤影响到数据的完整性之前，数字信号只能传送很短的距离，若使用转发器（也称中继器，repeator）协助则可以到达较远的距离。转发器通过接收数字信号，并将其恢复为 1、0 序列，然后重新产生一个新的数字信号，从而克服了衰减及其他损伤的问题。

上述两种传输方式相比，数字传输技术要优于模拟传输技术，其理由有三个：

第一，随着大规模集成电路（Large Scale Intergration，LSI）和超大规模集成电路（Very Large Scale Intergration，VLSI）的出现，数字器件或设备在体积、价格上都不断下降，而模拟器件和设备则没有显著下降的迹象。

第二，在数字传输系统中使用转发器而非放大器，从而避免了噪声或其他损伤的积累；采用数字传输方式，可以实现远距离传输数据时信号的完整性，并且对传输线路质量没有太高的要求。

第三，利用卫星通信和光纤通信技术可以比较方便地建立各种高速链路，但需要使用更高级的多路复用技术以便有效地利用这些链路的带宽容量,而相对而言,采用数字多路复用技术(如时分多路复用)比模拟多路复用技术(如频分多路复用)更容易。

2.1.2 数据通信系统的组成结构

数据通信系统是通过数据电路将分布在远地的数据终端设备与计算机系统连接起来,实现数据传输、交换、存储和处理的系统。任何一个数据通信系统都是由发送端、信道和接收端3部分组成的,并且在信道上存在噪声影响。如图2-4所示。

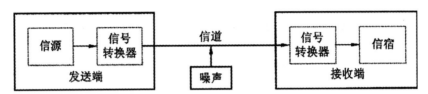

图 2-4 数据通信系统模型

(1)发送端

发送端包括信源和信号转换器。它能把各种可能的信息转换成原始电信号,转换器再进一步将这些原始电信号转换成适合信道传输的信号。

(2)信道

为了在信源和信宿之间实现有效的数据传输,必须在信源和信宿之间建立一条传送信号的物理通道,这条通道被称为物理信道。简言之,信道就是信息传输的通道。信道建立在传输介质之上,但同时也包括了传输介质和通信设备。同一传输介质上可以提供多条信道。传输信道是通信系统必不可少的组成部分。

信道本身也可以是模拟或数字方式的,用以传输模拟信号的信道叫做模拟信道,用以传输数字信号的信道叫做数字信道。

(3)接收端

接收端包括信号转换器和信宿。首先由信号转换器将接收到的信号复原成原始信号,然后再送到信宿,最后再由信宿将其转换成各种信息。

(4)噪声

噪声是所有干扰信号的总称,并不是指一种"声音"。一个通信系统客观上是不可避免地存在着噪声干扰的,而这些干扰分布在数据传输过程的各个部分。为分析或研究问题方便,通常把它们等效为一个作用于信道上的噪声源。

噪声会影响原有信号的状态,干扰有效信号的传输,造成有效信号变形或失真。因此,在计算机网络通信中应尽可能降低噪声对信号传输质量的影响。

2.1.3 数据通信系统的主要技术指标

通信系统的技术指标内容比较广泛,不同的通信系统有不同的性能指标。但如果只从信号传输的角度出发,其主要指标是传输的有效性和可靠性。

1. 有效性

传输的有效性是指在给定的信道带宽条件下,能够传输更多的消息。数据传输系统的有效性可以用传输速率和频带利用率来衡量。

（1）比特传输速率

在数据通信中每秒钟通过信道传输的信息量（信息量实际是信息多少的度量）称为比特传输速率 R_b，简称为比特率，单位是比特每秒（bit/s，简记为 b/s）。

比特在信息论中作为信息量的度量单位。一般在数据通信中，如使用"1"和"0"的概率是相同的，则每个"1"和"0"就是一个比特的信息量。

（2）码元传输速率

每秒钟传输的码元数就称为码元传输速率 R_B，单位是 Band（波特），它是模拟线路上信号的速率。在数值上，码元传输速率等于码元间隔 T_B（码元与码元之间的时间距离）的倒数。

因为数字数据在传输时，一段时间只能传送一个符号，其对应的数字信号是一组脉冲波形中的一个，每个脉冲就称为一个码元。值得注意的是，码元速率仅仅表示单位时间内传送的码元数目，而没有限定这时的码元应是何种进制的码元。如果码元只取两个不同的值，则它就是二进制码元；如果码元取 M 个不同的值，则称为 M 进制码元，所以码元是携带数字信息的基本单位。

比特速率与码元速率是两个完全不同的概念，但它们之间又有确定的关系。对于二进制码元，每个码元的信息量是 1 比特，所以二进制码元的码元传输速率和比特传输速率在数值上是相等的。对于 M 进制的码元，每个码元的信息量是 $1bM$ 比特，其码元速率与比特速率在数值上的关系是：

$$R_b = R_B 1bM$$

（3）频带利用率

由于两个系统的传输速率相同，它们的效率也可能是不同的。因此，在比较不同通信系统的效率时，只考虑它们的传输速率是不够的，还需要考虑传输信息所占用的频带宽度。通信系统的频带越宽，传输信息的能力应该越大。通常情况下可认为二者成正比。

所以，应当用频带利用率来衡量数据通信系统的传输效率。频带利用率是指在单位传输频带内所能实现的传输速率。传输速率有两种表示方法，相对应地，频带利用率也有两种常用定义。

①单位频带的数据传输率

$$\eta = 数据传输率/频带宽度$$

其中，η 代表单位频带的数据传输率。

②用码元速率表示，则

$$\eta = 码元传输速率/频带宽度$$

其中，η 代表码元速率。

虽然频带利用率的定义有两种，但真正用来衡量信息传输效率（有效性）的应当是单位频带内的数据传输速率，即每赫的波特数。

2．可靠性

传输的可靠性是指在给定的信道内接收信号的准确程度。衡量数据通信系统传输可靠性的主要指标是差错率，表示差错率通常用误码率、误比特率或误组率等。

（1）误码率

误码率是指码元在系统传输过程中被传错的概率。

其定义为：

$$P_e = \lim_{n \to \infty} \frac{n_e}{n}$$

其中，n_e 指出错码元数；n 指传输的总码元数。

(2)误比特率

误比特率是指比特在系统传输过程中被传错的概率。

其定义为：

$$P_e = \lim_{n \to \infty} \frac{n_e}{n}$$

其中，n_e 指出错的比特数；n 指总的比特数。

对于二进制来说，误码率与误比特率是相同的，对于多进制，码元的错误与比特的错误之间没有固定的关系，需要用概率来分析。

2.1.4 通信信道的分类

"信道"是数据信号传输的必经之路，它一般由传输线路和传输设备组成。

1. 物理信道和逻辑信道

物理信道是指用来传送信号或数据的物理通路，它由传输介质及有关通信设备组成。

在信号的接收和发送之间不仅存在一条物理上的传输介质，而且在此物理信道的基础上，还在结点内部实现了其他"连接"，通常把这些"连接"称为逻辑信道。

逻辑信道也是网络上的一种通路。同一物理信道上可以提供多条逻辑信道；而每一逻辑信道上只允许一路信号通过。

2. 有线信道和无线信道

根据传输介质是否有形，物理信道可以分为有线信道和无线信道。有线信道包括电话线、双绞线、同轴电缆、光缆等有形传输介质。无线信道包括无线电、微波、卫星通信信道、激光和红外线等无形传输介质。

3. 模拟信道和数字信道

如果按照信道中传输数据信号类型的不同来分，物理信道又可以分为模拟信道和数字信道。模拟信道中传输的是模拟信号，而在数字信道中直接传输的是二进制数字脉冲信号。如果要在模拟信道上传输计算机直接输出的二进制数字脉冲信号，就需要在信道两边分别安装调制解调器，对数字脉冲信号和模拟信号进行调制或解调。

4. 专用信道和公共交换信道

如果按照信道的使用方式来分，又可以分为专用信道和公共交换信道。

专用信道又称专线，这是一种连接用户之间设备的固定线路，它可以是自行架设的专门线路，也可以是向电信部门租用的专线。专用线路一般用在距离较短或数据传输量较大的场合。

公共交换信道是一种通过公共交换机转接，为大量用户提供服务的信道。顾名思义，采用公共交换信道时,用户与用户之间的通信,通过公共交换机到交换机之间的线路转接。公共电话交换网就属于公共交换信道。

2.2　数据通信方式

在数据通信系统中,数据的传输方式不是唯一的,不同的传输方式使用的范围不同。

2.2.1　并行数据传送与串行数据传送

根据数据位的传送方式分类,可分为并行数据传送与串行数据传送两种,如图 2-5 所示。

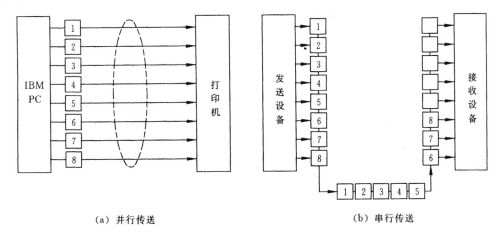

（a）并行传送　　　　　　　　　（b）串行传送

图 2-5　并行数据传送与串行数据传送

1.并行数据传送

并行数据传送一般是一次同时传送一个字节,即 8 位同时进行传输。实际上只要同时传输 2 位或 2 位以上数据时,就称为并行数据传送。并行数据传送的示意图如图 2-5(a)所示。

并行数据传送具有如下特点:

①终端装置与线路之间不需要对传输代码作时序变换,因而能简化终端装置的结构。

②需要多条信道的传输设备,故其成本较商。

③传输速率高。

并行数据传送适用于近距离、要求快速传输数据的地方,在传输距离较远时,一般不采用并行传送方式。因为并行数据传送各数据线间容易受电磁干扰而导致数据传输错误,而且随着线路的增长,错误也会增加。

2.串行数据传送

串行数据传送是一次只传输一位,如有 8 位数据要发送,则至少需传输 8 次。串行数据传送的示意图如图 2-5(b)所示。

串行数据传送具有如下特点:

①所需要的线路数少,一般只是一条线路,线路利用率高,投资小。

②由于计算机内部操作多为并行,当采用串行数据传送时,发送端要通过并/串转换装置将并行数据变为串行数据流,再送到信道上传送,在接收端再通过串/并转换,还原为并行数据。在网络中,这种数据的并/串转换和串/并转换是由网卡来完成的。

③串行数据传送的传输速率与并行数据传送的相比较低。

串行传送的传输速率虽然低,但可以节省通信线路的投资,是网络中普遍采用的方式。目前大多数的数据传输系统,特别是长距离的传输系统,都采用串行数据传送方式。

2.2.2 单工通信、半双工通信和全双工通信

按信号传输的方向与时间不同,通信方式可分为单工、半双工及全双工 3 种方式,如图 2-6 所示。

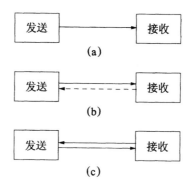

图 2-6 单工、半双工及全双工通信方式

1. 单工通信

单工通信是指两个数据站之间只能沿一个指定方向进行数据传输,如图 2-6(a)所示。单工通信的线路一般采用二进制,一个传送数据,一个传送检测控制信号。单工通信在日常生活中很常见,例如电视机、收音机等,它们只能接收电台发出的电磁波信息,但不能给电台返回信息。计算机局域网常采用单工传输的方式。

2. 半双工通信

半双工通信方式是指两个数据站都能收、发信号,但不能同时进行收和发的工作方式,如图 2-6(b)所示。半双工通信方式仍是两线制,但在通信过程中要频繁地切换开关,以实现半双工通信。也就是说,对于半双工通信,通信的双方都具备发送和接收装置,但必须轮流进行。例如,无线电对讲机,一方讲话另一方只能接听,需要等对方讲完切换传输方式后才可以向对方讲话。在计算机网络中,利用同轴电缆联网时,通信方式就属于半双工通信方式。

3. 全双工通信

全双工通信方式是指两个数据站可同时进行收和发双向传输信号的工作方式,如图 2-6(c)所示。全双工通信方式适合计算机和计算机之间的通信。电话系统采用的就是这种传输方式。在微机局域网中,如果传输介质采用同轴电缆,则只能采用半双工通信方式进行数据的传送。如

果传输介质采用双绞线,则可以采用全双工通信方式进行数据的传送,当然,如果采用全双工通信方式,必须把网卡的工作方式也设置为全双工方式(Full Duplex)。

2.2.3　同步传输和异步传输

以上所讨论的通信及传输方式,是从信息流对接角度考虑的,其着眼点仅在于从发方发送的数字信号能够被传送到收方,至于收方是否能够正确地接收,还必须要有一定的传输方法来保证。根据实现字符同步方式的不同,数据传输有同步传输和异步传输两种方式。

1. 同步传输

同步传输方式是以固定的时钟节拍来串行发送数字信号的一种方法。同步传输要求发送方和接收方时钟始终保持同步,即每个比特位必须在收发两端始终保持同步,中间没有间断时间。同步传输不是独立地发送每个字符,而是把它们组合起来发送,一般称这些组合为数据帧,简称帧。

同步传输又可分为面向字符的同步和面向位的同步,如图 2-7 所示。

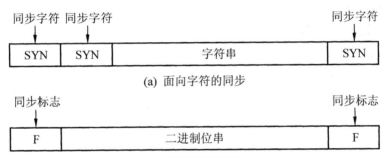

(a) 面向字符的同步

(b) 面向位的同步

图 2-7　同步传输

(1)面向字符的同步

在面向字符的同步传输中,数据都被看成字符序列,在字符序列的前后分别设有开始标志和结束标志。在传送一组字符之前加入 1 个(8bit)或 2 个(16bit)同步字符 SYN 使收发双方进入同步。同步字符之后可以连续地发送多个字符,每个字符不需任何附加位。

当接收方接收到同步字符时就开始接收数据,直到又收到同步字符时停止接收。典型的面向字符的同步通信规程有 IBM 公司的二进制同步通信规程(Binary Synchronous Communication,简称 BSC)。

(2)面向位的同步

位同步就是要使接收端对每一位数据都要和发送端保持同步。在面向位的同步传输中,每次发送一个二进制序列,都用某个特殊的 8 位二进制串 F(如 01111110)作为同步标志来表示发送的开始和结束。典型的面向位的同步通信规程有高级数据链路控制规程(High Level Data Link Control,简称 HDLC)。

同步传输的特点:每次不是传输一个字符,而是传输一个数据块;随着数据比特的增加,开销比特所占的百分比将相应地减少。因此同步传输一般在高速传输数据的系统中采用。

2.异步传输

异步传输是指在被传送的字符前后加上起止位,实现定时的传输方式,因此又称为起止式同步。异步传输以字符作为数据传输的基本单位。各字符之间的间隔是任意的、不同步的,但在一个字符时间之内,收发双方的各数据位必须同步,这就是起止同步方式。

当没有传输字符时,传输线一直处于停止位,即高电平。一旦接收端检测到传输线状态的变化,即从高电平变为低电平,就意味着发送端已开始发送字符,接收端立即启动定时机构,按发送的速率顺序接收字符。

异步传输的数据格式如图 2-8 所示。在传送的每个字符首末分别设置 1 位起始位以及 1 位或 2 位停止位,起始位是低电平(编码为"0"),停止位为高电平(编码为"1");字符可以是 5 位或 8 位,当字符为 8 位时停止位是 2 位,8 位字符中包含 1 位校验位。

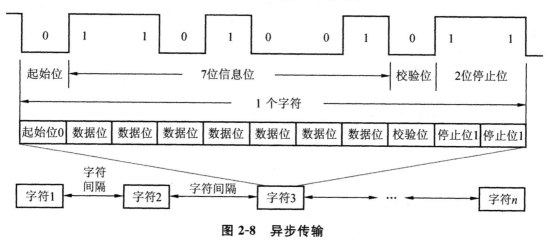

图 2-8 异步传输

异步传输方式的优点是每一个字符本身就包括了本字符的同步信息,不需要在线路两端设置专门的同步设备,使收发同步简单;其缺点是每发一个字符就要添加一对起止信号,造成线路的附加开销,降低了有效性。异步传输方式常用于≤1200bps 的低速数据传输中,且目前仍在广泛使用。

2.2.4 基带传输和宽带传输

各种传输介质所能传输的信号不同,有些传输介质可以传输数字信号,有些则可以传输模拟信号。因此数据的传输也相应地分为数字信号传输方式和模拟信号传输方式两类。

1.基带传输

在通信系统中,由信息源发出的未经转换器转换的、表示二进制数"0"和"1"的原始脉冲信号称为基带信号。基带信号是数字信号。如果将这种信号直接通过有线线路进行传输,则称为基带传输。

基带传输通常需要对原始数据进行变换和处理,使之真正适合于在相应系统中传输。即在发送端将数据进行编码,然后进行传输,到了接收端再进行解码,还原为原始数据。对二进制数字信号进行变换和处理,一般有如下的三种编码方法:不归零编码、曼彻斯特编码、微分曼彻斯特编码。

基带传输的优点是安装简单、价格便宜。缺点是在传输过程中易衰减和畸变,所以一般用于近距离的数据传输(一般在 1km 以内)。

2. 宽带传输

所谓宽带在电话网中是指比 4kHz 更宽的频带。宽带传输也称为频带传输,它是指将原始信号通过调制解调器变换为适合于信道上传输的信道信号进行传输。

由于基带传输的传输能力非常有限,为了能使数字信号在模拟信道上传输,需要将信号进行变换,即用数字信号去调制载波(某种可作为信息载体的信号)的某个参数(如振幅、频率或相位),使得数字信号携带的信息能加载到载波上去,这一过程称为调制(Modulation)。在接收端接收到调制过的载波后,将它与正常的载波比较,就可以知道哪些特性有变动,再从载波的这些变动部分中还原出原来的数字信号,称作解调(Demodulation)。

通常使用正弦信号作为载波,用它"运载"要传输的数字信号。数字信号的频谱经调制后将发生改变,不再从零频附近开始,而是搬移到较高的频段上。这样,在一个带宽较宽的信道上就可以同时传送许多路不同的信号,彼此不会互相干扰。

宽带传输的优点是传输距离远,可达数十千米,可同时提供多个信道。缺点是技术复杂,接口设备昂贵,需要专门的技术人员安装和维护。

2.2.5　客户机/服务器方式和对等方式

在计算机网络中,根据严格讲是站点上进程之间的服务和被服务的关系,可分为客户机/服务器方式(Client/Server,C/S)和对等方式(Peer-to-Peer,P2P)。

1. 客户机/服务器方式

客户机和服务器是都指通信中所涉及的两个应用进程。客户机/服务器方式所描述的是进程之间服务和被服务的关系。客户机是服务请求方,服务器是服务提供方。

2. 对等方式

对等连接方式是指两个主机在通信时并不区分哪一个是服务请求方,哪一个是服务提供方,只要两个主机都运行了对等连接软件(P2P 软件),它们就可以进行平等的、对等连接通信。在对等连接中,每一个主机既是客户机又是服务器。对等连接方式可支持大量对等用户同时工作。

2.3　数据编码技术

所谓编码,是指将模拟数据或数字数据变换成数字信号,以便通过数字传输介质传输,在接收端,数字信号将变换成原来的形式。

数字信号是离散的、不连续的电压或电流的脉冲序列,每个脉冲代表一个信号单元(或称码元)。这里主要讨论二进制的数据信号,即用两种码元形式分别表示二进制数字符号 1 和 0,每一位二进制符号和一个码元相对应。采用不同的编码方案,产生出的表示二进制数字码元的形式也不同。下面主要介绍最常用的不归零码、归零码和曼彻斯特码等,如图 2-9 所示为几种编码的波形图。

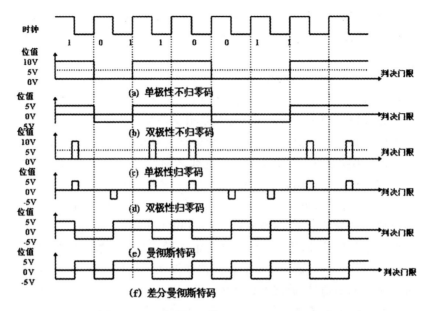

图 2-9　不归零码、归零码和曼彻斯特码

2.3.1　不归零码

在不归零编码方式中,信号的电压位或正或负。与采用线路空闲态代表 0 比特的单极性编码法不同,在非归零编码系统中,如果线路空闲意味着没有任何信号正在传输中。非归零编码有两种:单极性不归零码、双极性不归零码。

(1)单极性不归零码

单极性不归零码(NRZ)的波形如图 2-9(a)所示。该码在每一码元时间间隔内,用高电平和低电平(常为零电平)分别表示二进制数据的 1 和 0。容易看出,这种信号在一个码元周期 T 内电平保持不变,电脉冲之间无间隔,极性单一,有直流分量。解调时,通常将每一个码元的中心时间作为抽样时间,判决门限设为半幅度电平,即 0.5E。若接收信号的值在 0.5E 与 E 之间,则判为 1;若在 0 与 0.5E 之间,则判为 0。单极性不归零码适用于近距离信号传输。

(2)双极性不归零码

双极性不归零码(BNRZ)的波形如图 2-9(b)所示。该码在每一码元时间间隔内,用正电平和负电平分别表示二进制数据的 1 和 0,正的幅值和负的幅值相等。与单极性不归零码一样,在一个码元周期 T 内电平保持不变,电脉冲之间无间隔。这种码中不存在零电平,当 1、0 符号等概率出现时,无直流成分。解调时,这种情况的判决门限定为零电平。接收信号的值如在零电平以上,判为 1;如在零电平以下判为 0。双极性不归零码的抗干扰能力较强,适用于有线信号传输。

以上两种不归零码信号属于全宽码,即每一位码占用全部的码元宽度,如重复发送 1,就要连续发送正电平;如重复发送 0,就要连续发送零电平或负电平。这样,上一位码元和下一位码元之间没有间隙,不易互相识别,并且无法提取位同步,需要有某种方法来使发送器和接收器进行定时或同步。此外,如果传输中 1 或 0 占优势的话,则将有累积的直流分量。这样,使用变压器,并在数据通信设备和所处环境之间提供良好的绝缘的交流耦合将是不可能的。

2.3.2 归零码

归零编码是一种不错的方案,它使用了三个电平:正电平、负电平和零。在归零编码中,信号变化不是发生在比特之间而是发生在比特内。

(1)单极性归零码

单极性归零码(RZ)是指它的电脉冲宽度比码元周期 T_s 窄,当发 1 时,只在码元周期 T_s 内持续一段时间的高电平后降为零电平,其余时间内则为零电平,所以称这种码为归零码,如图 2-9(a)所示。单极性归零码的脉冲窄,有利于减小码元间波形的干扰;码元间隔明显,有利于同步时钟提取。但因脉冲窄,码元能量小,接收输出信噪比较低。

(2)双极性归零码

双极性归零码(BRZ)是双极性的归零波形,在每一码元周期 T_s 内,当发 1 时,发出正的窄脉冲;当发 0 时,发负的窄脉冲,如图 2-9(b)所示。相邻脉冲之间必定留有零电平的间隔,间隔时间可以大于每一个窄脉冲的宽度。解调时,通常将抽样时间对准窄脉冲的中心位置。双极性归零码的特点与单极性归零码基本相同。

(3)交替双极性归零码

交替双极性归零码(AMI)是双极性归零码的另一种形式。其编码规则是:在发 1 时发一窄脉冲,且脉冲的极性总是交替的,即如果发前一个 1 时是正脉冲,则发后一个 1 时是负脉冲;而发 0 时不发脉冲。这种交替的双极性码元也可用全宽码,采样定时信号仍对准每一脉冲的中心位置。

2.3.3 曼彻斯特码

双相位编码很可能是目前对同步问题最好的解决方案。在这种方式下,信号在每比特间隙中发生改变但并不归零。相反,它转为相反的一极。像在归零编码(RZ)中一样,这种中间跳变使同步变得可能。双相位编码同样有两种方法:即曼彻斯特编码和差分曼彻斯特编码。

(1)曼彻斯特码

曼彻斯特编码是目前应用最广泛的编码方法之一。曼彻斯特码(Manchester)又称双相码,如图 2-9(e)所示。曼彻斯特码的编码方式中,当发 0 时,在码元的中间时刻电平从低向高跃变;当发 1 时,在码元的中间时刻电平从高向低跃变。

曼彻斯特码的特点是:不管信码的统计特性如何,在每一位的中间都有一个跃变,位中间的跃变既作为时钟,又作为数据,因此也称为自同步编码。此外,在任一码元周期内,信号正负电平各占一半,因而无直流分量。曼彻斯特码的编码过程简单,但占用的带宽较宽。

(2)差分曼彻斯特码

差分曼彻斯特编码是在曼彻斯特编码的基础上改进而成的。差分曼彻斯特码是曼彻斯特码的改进形式,如图 2-9(f)所示。在每一码元周期内,无论发 1 或发 0,在每一位的中间都有一个电平的跃变,但发 1 时,码元周期开始时刻不跃变(即与前一码元周期相位相反);发 0 时,码元周期开始时刻就跃变(即与前一码元周期相位相同)。差分曼彻斯特码除了有曼彻斯特码的特点外,还解决了通信中的倒 π 现象。

以上的各种编码各有优缺点,选择应用时应注意:第一,脉冲宽度越大,发送信号的能量就越大,这对于提高接收端的信噪比有利;第二,脉冲时间宽度与传输频带宽度成反比关系,归零码的脉冲比全宽码的窄,因此它们在信道上占用的频带就较宽,归零码在频谱中包含了码元的速率,即在发送信号的频谱中包含有码元的定时信息;第三,双极性码与单极性码相比,直流分量和低频成分减少了,如果数据序列中 1 的位数和 0 的位数相等,则双极性码就没有直流分量输出,交替双极性码也没有直流分量输出,这一点对于在实践中的传输是有利的;第四,曼彻斯特码和差分曼彻斯特码在每个码元中间均有跃变,也没有直流分量,利用这些跃变可以自动计时,因而便于同步(即自同步)。在这些编码中,曼彻斯特码和差分曼彻斯特码的应用较为普遍,成为局域网的标准编码。

2.4 多路复用技术

所谓多路复用,是指在同一传输介质上"同时"传送多路信号的技术。因此多路复用技术也就是在一条物理信道上建立多条逻辑通信信道的技术。

多路复用技术的实质就是共享物理信道,更加有效地利用通信线路。其工作原理如下所述:首先,将一个区域的多个用户信息通过多路复用器(MUX)汇集到一起;然后,将汇集起来的信息群通过一条物理线路传送到接收设备的复用器;最后,接收设备端的 MUX 再将信息群分离成单个的信息,并将其一一发送给多个用户。这样就可以利用一对多路复用器和一条物理通信线路来代替多套发送、接收设备和多条通信线路。多路复用技术的工作原理如图 2-10 所示。

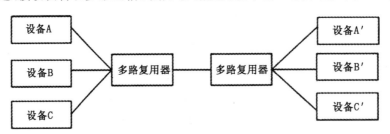

图 2-10 多路复用

常用的多路复用技术有:频分多路复用(Frequency Division Multiplexing,FDM)、时分多路复用(Time Division Multiplexing,TDM)、波分多路复用(Wavelength Division Multiplexing,WDM)和码分多路复用(Code Division Multiplexing,CDM)等。

2.4.1 频分多路复用

频分多路复用就是按照频率区分信号的方法,将具有一定带宽的信道分割为若干个有较小频带的子信道,每个子信道供一个用户使用。这样在信道中就可同时传送多个不同频率的信号。频分复用的模式如图 2-11 所示。为防止由于相邻信道信号频率覆盖造成的干扰,在相邻两个信号的频率段之间设计一定的"保护"带。保护带对应的频谱不可被使用,以保证各个频带相互隔离不会交叠。

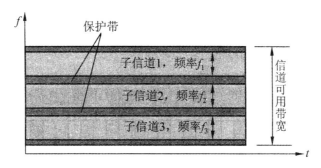

图 2-11　频分多路复用

　　模拟信号的传输一般采用频分多路复用。例如,将 FDM 用在电话系统中,传输的每一路语音信号的频谱一般在 300Hz～3000Hz,仅占用一根传输线的可用总带宽的一部分,通常双绞线电缆的可用带宽是 100kHz,因此,在同一对双绞电线上可采用频分复用技术传输多大 24 路电话信号。如图 2-12 所示为 3 路语音信号进行频分复用的例子。

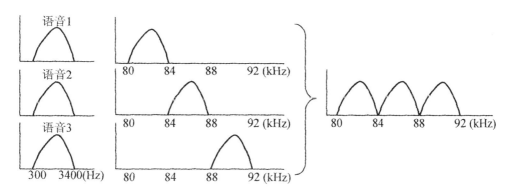

图 2-12　语音信号频分复用

2.4.2　时分多路复用

　　时分多路复用是将传输时间划分为许多个短的互不重叠的时隙,而将若干个时隙组成时分复用帧,用每个时分复用帧中某一固定序号的时隙组成一个子信道,每个子信道所占用的带宽相同,每个时分复用帧所占的时间也是相同的(如图 2-13 所示),即在同步时分多路复用中,各路时隙的分配是预先确定的时间且各信号源的传输定时是同步的。对于时分多路复用,时隙长度越短,则每个时分复用帧中所包含的时隙数就越多,所容纳的用户数也就越多。与此相反,异步时分多路复用 TDM 允许动态地分配传输媒体的时间片。

　　时分多路复用利用每个信号在时间上交叉,可以在一个传输通路上传输多个数字信号,这种交叉可以是位一级的,也可以是由字节组成的块或更大量的信息。与频分多路复用类似,专门用于一个信号源的时间片序列被称为是一条通道时间片的一个周期(每个信号源一个),称之为一帧。

　　时分多路复用技术特别适合于数字信号的传送。根据时间片的分配方法,时分多路复用又分为同步时分复用(Synchronous Time Division Multiplexing,STDM)和异步时分复用(Asyn-

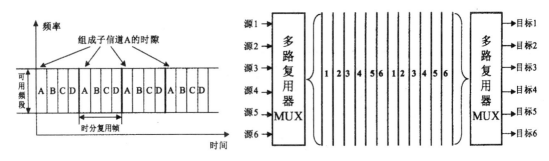

图 2-13　时分多路复用

chronous Time Division Multiplexing,ATDM)两类,如图 2-14、2-15 所示为二者的原理图。

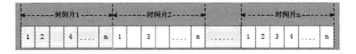

图 2-14　同步时分多路复用

图 2-15　异步时分复用

1.同步时分复用

同步时分复用采用固定时间片分配方式,即将传输信号的时间按特定长度连续地划分成特定时间段(一个周期),再将每一时间段划分成等长度的多个时隙,每个时隙以固定的方式分配给各路数字信号,各路数字信号在每一时间段都顺序分配到一个时隙,如图 2-14 所示。其中,一个周期的数据帧是指所有输入设备某个时隙发送数据的总和,比如第一周期,4 个终端分别占用一个时隙发送 A、B、C 和 D,则 ABCD 就是一帧。

在同步时分复用方式中,由于时隙预先分配且固定不变,因此,无论时间片拥有者是否传输数据都占有一定时隙,这无疑造成了一定程度上的时隙浪费,使得时隙的利用率很低。为了克服同步时分多路复用(STDM)技术的缺点,引入了异步时分多路复用(ATDM)技术。

2.异步时分复用

异步时分复用技术又被称为统计时分复用技术,它能动态地按需分配时隙,以避免每个时间段中出现空闲时隙。ATDM 就是只有当某一路用户有数据要发送时才把时隙分配给它;当用户暂停发送数据时,则不给它分配时隙。电路的空闲时隙可用于其他用户的数据传输,如图 2-15 所示。假设一个传输周期为 3 个时隙,一帧有 3 个数据。复用器轮流扫描每一个输入端,先扫描第 1 个终端,将其数据 A1 添加到帧里,然后扫描第 2 个终端、第 3 个终端,并分别添加数据 B2 和 C3,此时,第一个完整的数据帧形成。此后,接着扫描第 4 个终端、第 1 个终端和第 2 个终端,将数据 D4、A1 和 B2 形成帧,如此反复地连续工作。

在扫描的过程中,若某个终端没有数据,则接着扫描下一个终端。因此,在所有的数据帧中,除最后一个帧外,其他所有帧均不会出现空闲的时隙,这就提高了信道资源的利用率,也提高了传输速率。

另外,在 ATDM 中,每个用户可以通过多占用时隙来获得更高的传输速率,而且传输速率可以高于平均速率,最高速率可达到电路总的传输能力,即用户占有所有的时隙。例如,电路总的传输能力为 28.8kbit/s,3 个用户公用此电路,在同步时分复用方式中,每个用户的最高速率为 9600bit/s,而在 ATDM 方式中,每个用户的最高速率可达 28.8kbit/s。

2.4.3　波分多路复用

波分多路复用(Wave Division Multiplexing,WDM)是指在光纤中应用的复用技术,波分复用就是光的频分复用。主要用于全光纤网组成的通信系统。这是近几年才发展起来的新技术。

人们借用传统的载波电话的频分复用的概念,就能做到使用一根光纤来同时传输与多个频率都很接近的光载波信号,这样就使光纤的传输能力成倍地提高了。由于光载波的频率很高,而习惯上是用波长而不用频率来表示所使用的光载波。波分复用的概念由此而来。最初,只能在一根光纤上复用两路光载波信号,但随着技术的发展,在一根光纤上复用的路数越来越多。随着网络用户的猛增,多媒体应用需求越来越大,网络宽带仍然成为瓶颈。密集波分复用(Dense Wavelength DivisionMultiplexing,DWDM)技术现在已能做到在一根光纤上复用 80 路或更多路数的光载波信号。

波分多路复用技术将是今后计算机网络系统主干的信道多路复用技术之一。波分多路复用技术具有以下优点:

①在不增建光缆线路或不改建原有光缆的基础上,使光缆传输容量扩大几十倍甚至上百倍,这在目前线路投资占很大比重的情况下,具有重要意义。

②目前使用的光波分多路复用器主要是无源光器件,它结构简单、体积小、可靠性高、易于光纤耦合、成本低且无中继传输距离长。

③在波分复用技术中,各波长的工作系统是彼此独立的,各系统中所用的调制方式、信号传输速率等都可以不一样,甚至模拟信号和数字信号都可以在同一根光纤中用不同的波长来传输。这样,由于光波分复用系统传输的透明性,给使用带来了很大的方便性和灵活性。

④同一个光波分复用器采用掺铒光放大器,既可进行合波,又可分波,具有方向的可逆性,因此,可以在同一光纤上实现双向传输。

在地下铺设光缆是耗资很大的工程。因此人们习惯在一根光缆中放入尽可能多的光纤,然后每一根光纤使用密集波分复用技术。如图 2-16 显示的是一种在光纤上获得 WDM 的简单方法。两根光纤连接到一个棱镜上,每根的能量级处于不同的波段,两束光通过棱镜合成到一根共享光纤上,待传输到目的地后,将它们通过同样方法再分解开以达到复用的目的。

图 2-16　波分多路复用

2.4.4　码分多路复用

码分多路复用(Code Division Multiplexing,CDM)则是一种用于移动通信系统的新技术,笔记本电脑和掌上电脑等移动性计算机的联网通信将会大量使用码分多路复用技术。

码分多路复用技术是在扩频通信技术基础上发展起来的一种崭新的无线通信技术。扩频通信的特征是使用比发送的数据速率高许多倍的伪随机码对载荷数据的基带信号的频谱进行扩展,形成宽带低功率频谱密度的信号来发射。

码分多路复用就是利用扩频通信中的不同码型的扩频码之间的相关性,为每个用户分配一个扩频编码,以区别不同的用户信号。发送端可用不同的扩频编码,分别向不同的接收端发送数据;同样,接收端对不同的扩频编码进行解码,就可得到不同发送端送来的数据,实现了多址通信。

CDM 的特点是频率和时间资源均为共享。因此,在频率和时间资源紧缺的情况下,CDM技术是独占优势的,所以这也是 CDM 技术受到关注的原因。该技术多用于移动通信,它完全适合现代通信网络所要求的大容量、高质量、综合业务、软切换等。

2.4.5　多路复用技术的对比

表 2-1　多路复用技术对比

复用技术		特点与描述	典型应用
FDM (频分多路复用)		在一条传输介质上使用多个不同频率的模拟载波信号进行传输,每个载波信号形成一个不重叠、相互隔离(不连续)的频带。接收端通过带通滤波器来分离信号	无线电广播系统 有线电视系统(CATV) 宽带局域网 模拟载波系统
TDM	同步时分复用	每个子通道按照时间片轮流占用带宽,但每个传输时间划分固定大小的周期,即使子通道不使用也不能够给其他子通道使用	T1/E1 等数字载波系统 ISDN 用户网络接口 SONET/SDH(同步光纤网)
	统计时分复用	是对同步时分复用的改进,固定大小的周期可以根据子通道的需求动态地分配	ATM
WDM(波分多路复用)		与 FDM 相同,只不过不同子信道使用的是不同的波长的光波而非频率来承载,常用到 ILD	用于光纤通信

2.5　数据交换技术

在每对设备间安装一条点到点的链路是实现一对一通信的一个解决方法,而对于大型网络而言由于所有终端之间实现全连接拓扑结构在操作上几乎不可能,而且链路的利用率极低,因此是不切合实际的。实际的广域网中,拓扑结构为部分连接,两个没有直连线路的终端进行通信时,必须经过中间节点的转接,这种由中间节点进行转接的通信称为交换。交换的概念最早源于电话系统。中间节点又称为交换点,当交换节点转接的终端数很多时,称该节点为交换中心。多个交换中心又可互联成交换网络。

数据交换技术主要有电路交换、报文交换和分组交换等。另外还有由分组交换发展而来的快速分组交换——帧交换和信元交换,这里不作详细介绍。如图 2-17 所示为三种电路交换原理。

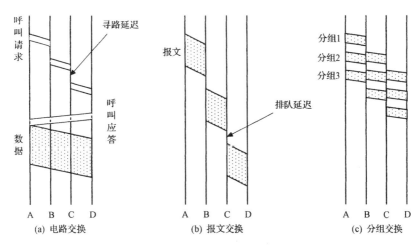

图 2-17　三种交换工作原理

2.5.1　电路交换

电路交换技术是指为每次通话会话建立、保持和终止一条专用物理电路。可见,双方的通信活动的前提是首先在两者之间建立连接通道,而且这个连接一直被维持到双方的通信结束。在某次通信活动的整个过程中,这个连接将始终占用着连接建立伊始通信系统分配给它的资源(有线信道、无线信道、频段、时隙、码字等),这也体现了电路交换区别于分组交换的本质特征。

电路交换的速率较低,通常 128kbit/s 以下,其线路使用率也较低。电路交换主要用于远程用户或移动用户连接企业局域网,或用作高速线路的备份。目前,公用电话交换网(Public SwitchedTelephoneNetwork,PSTN)广泛使用的交换方式就是电路交换方式。电路交换链路的建立需要 3 个不同的阶段完成一次数据传输过程。

①电路建立阶段。该阶段是通过源节点请求建立链路完成交换网中相应节点的连接过程。这个过程建立了一条由源节点到目的节点的传输通道。该通道可以是物理通道,也可以是逻辑通道。

②数据传输阶段。当电路建立完成后,就可以在这条临时的专用电路上传输数据,通常为全双工传输。

③电路拆除阶段。在完成数据传输后,源节点发出释放请求信息,请求终止通信。若目的节点接受释放请求,则发回释放应答信息。在电路拆除阶段,各节点相应地拆除该电路的对应连接,释放由该电路占用的节点和信道资源。

电路交换的优点表现为:数据传输可靠;传输延迟小,电路交换的主要时延是物理信号的传播时延;传输信道独占,双方一旦建立连接即可独享物理信道而不会与其他用户的通道发生冲突;实时性好,适用于交互式会话类通信,等等。

但它难免也会存在一些缺点:

①呼叫建立时间长且存在呼损。在电路建立阶段,在两节点之间建立一条专用通路需要花费一段时间,这段时间称为呼叫建立时间。在电路建立过程中由于交换网通信繁忙等原因而使建立失败,对于交换网则要拆除已建立的部分电路,用户需要挂断重拨,这个过程称为呼损。

②电路连通后提供给用户的是"透明通路",即交换网对用户信息的编码方法、信息格式以及传输控制程序等都不加以限制,但对通信双方而言,必须做到双方的收发速度、编码方法、信息格式和传输控制等一致时才能完成通信。

一旦电路建立后,数据以固定的速率传输,除通过传输链路时的传输延迟以外,没有别的延迟,且在每个节点上的延迟是可以忽略的,因此传输速度快并且效率高,适用于实时大批量连续的数据传输需求。

③电路信道利用率低。首先建立起链路,然后进行数据传输,直至通信链路拆除为止,信道是专用的,再加上通信建立时间、拆除时间和呼损,使其链路的利用率降低。

2.5.2 报文交换

对较为连续的数据流(如语音)来说,电路交换是一种易于使用的技术。但对于数字数据通信,广泛使用的则是报文交换技术。

报文交换是指网络中的每一个节点(交换设备)先将整个报文完整地接收并存储下来,然后选择合适的链路转发到下一个节点。报文交换方式的数据传输单位是报文,报文就是站点一次性要发送的数据块,其长度无限制且可变。一个站要发送报文时,先将一个目的地址附加到报文中,网络节点再根据报文上的目的地址信息,把报文发送到下一个节点,一直逐个节点地转送到目的节点。每个节点在收到整个报文并检查无误后,就暂存这个报文,然后利用路由信息找出下一个节点的地址,再把整个报文传送给下一个节点。因此,在报文交换中,中间设备必须有足够的内存,以便将接收到的整个报文完整地存储下来。端与端之间无需通过呼叫建立连接。

一个报文在每个节点的延迟时间,等于接收报文所需的时间加上向下一个节点转发所需的排队延迟时间之和。通常,一个节点对于一个报文所造成的时延是不确定的。

报文交换时交换机要对用户信息(报文)进行存储和处理。该交换技术适用于电报业务和电子信箱业务。

报文交换的优点表现为:

①具有较高的线路利用率。由于许多报文可以分时共享两个节点之间的通道,所以对于同样的通信量,该交换技术对线路的传输能力要求较低。

②交换机以"存储—转发"方式传输数据信息,一方面可以起到匹配输入/输出传输速率的作用,另一方面还能起到防止呼叫阻塞、平滑通信业务量峰值的作用。

③发送、接收两端不需要同时处于激活状态。发送端用户将报文全部发送到交换机存储起

来,伺机转发出去,不存在呼损现象,而且便于对报文实现多种功能服务,包括优先级处理、差错控制和恢复等。

④一个报文通过报文交换系统可以被同时发送到多个目的地址。

⑤易于实现不同类型终端之间的互通。

同样,它也存在一些缺陷:

①数据库的转发可能会长时间占用线路,导致数据在中间节点的时延很大,从而使报文交换方式不太适合于交互式数据通信。

②交换机必须具有存储报文的大容量和高速分析处理报文的功能,这样就增大了交换机的投资费用。

2.5.3　分组交换

分组交换(Packet Switching)属于"存储转发"交换方式,但它不像报文交换那样以整个报文为单位进行交换和传输,而是以更短的、标准的"报文分组"(Packet)为单位进行交换传输。

分组是一组包含数据和呼叫控制信号的二进制数,把它作为一个整体加以转接,这些数据、呼叫控制信号以及可能附加的差错控制信息都是按规定的格式排列的。假如 A 站有一份比较长的报文要发送给 C 站,则它首先将报文按规定长度划分成若干分组(小报文),每个分组附加上地址及纠错等其他信息,然后将这些分组顺序发送到交换网的节点 C,由节点对分组进行组装。

交换网可采用两种方式:数据报分组交换或虚电路分组交换。

1. 数据报分组交换

基于分组交换技术的数据报组网方式的思想实际上非常简单。交换网把进网的任一分组都当作单独的"小报文"来处理,而不管它是属于哪个报文的分组,就像报文交换中把一份报文进行单独处理一样。这种分组交换的方式简称为数据报传输,作为基本传输单位的"小报文"被称为数据报(Datagram)。数据报的工作方式如图 2-18 所示。

数据报分组具有如下特点:

①同一报文的不同分组可以由不同的传输路径通过通信子网。

②同一报文的不同分组到达目的节点时可能出现乱序、重复或丢失现象。

③每一报文在传输过程中都必须带有源节点地址和目的节点地址。

④有别于报文交换,数据报不是将整个报文一次性转发的。

可见,使用数据报方式时,数据报文传输延迟较大,每个报文中都要带有源节点地址和目的节点地址,增大了传输和存储开销。基于数据报精炼短小的特点,特别适用于突发性通信,而不适用于长报文和会话式通信。

2. 虚电路分组交换

虚电路就是两个用户的终端设备在开始相互发送和接收数据之前需要通过通信网络建立起逻辑上的连接,而不是建立一条专用的电路。用户不需要在发送和接收数据时清除连接。

虚电路包括虚电路建立、数据传输和虚电路拆除三个阶段。与电路交换的实质上的区别在于:所有分组都必须沿着事先建立的虚电路传输,且存在一个虚呼叫建立阶段和拆除阶段(清除阶段)。如图 2-19 所示。

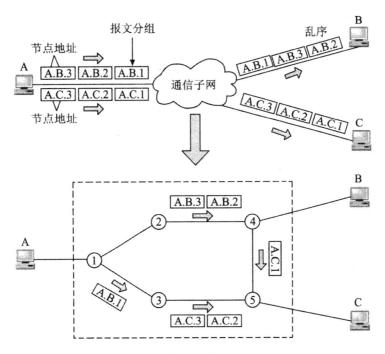

图 2-18　数据报的工作方式

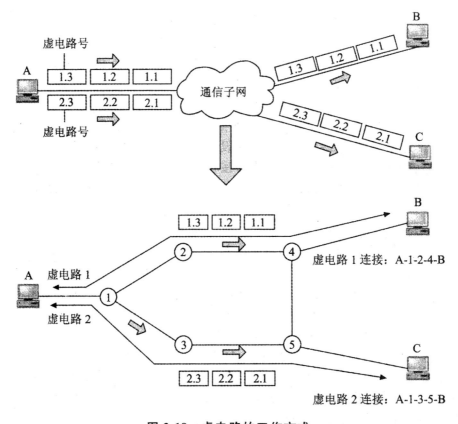

图 2-19　虚电路的工作方式

虚电路方式具有分组交换与线路交换两种方式的优点,在计算机网络中得到了广泛的应用。它的特点表现为:

①类似于电路交换但有别于电路交换。虚电路在每次报文分组发送之前必须在源节点与目的节点之间建立一条逻辑连接,也包括虚电路建立、数据传输和虚电路拆除 3 个阶段。但与电路交换相比,虚电路并不意味着通信节点间存在像电路交换方式那样的专用电路,而是选定了特定路径进行传输,报文分组途经的所有节点都对这些分组进行存储转发,而电路交换无此功能。

②临时性专用链路。一次通信的所有报文分组都从这条逻辑连接的虚电路上通过,因此,报文分组不必带目的地址、源地址等辅助信息,只需要携带虚电路标识号。报文分组到达目的节点时不会出现丢失、重复与乱序的现象。

③报文分组通过每个虚电路上的节点时,节点只需做差错检测,而不需做路径选择。

④通信子网中的每个节点可以和任何节点建立多条虚电路连接。

2.6　差错控制技术

根据数据通信系统的模型,当数据从信源发出经过通信信道传输时,由于信道总存在一定的噪声,数据到达信宿端后,接收的信号实际上是数据信号和噪声信号的叠加。接收端在取样时钟作用下接收数据,并根据阈值电平判断信号电平。如果噪声对信号的影响非常大,就会造成数据的传输错误。

在通信过程中出现的传输差错是由随机差错和突发差错共同构成的,而造成差错可能出现的原因还包括:在数据通信中,信号在物理信道上的线路本身的电气特性随机产生了信号幅度、频率、相位的畸形和衰减;电气信号在线路上产生反射噪声的回波效应;相邻线路之间的串线干扰;大气中的闪电、电源开关的跳火、自然界磁场的变化以及电源的波动等外界因素。

数据通信中利用差错控制的技术能够将差错控制在尽可能小的范围内。为提高通信的传输质量,保证所传输的信息正确无误地被接受,进行差错控制是很有必要的。差错控制编码分为检错码和纠错码。差错控制技术主要是通过有效手段检错并纠错,通常采用前向差错控制、自动反馈重发技术实现传输中的差错控制。

1. 前向差错控制

前向差错控制(Forward Error Correction,FEC)也称为前向纠错。接收端不但可以根据收到的编码发现错误的位置,而且可以自动加以纠正。当然,差错纠错编码也只能解决部分出错的数据,对于不能纠正的错误,就只能使用自动反馈重发的方法予以解决。

这种方式实时性好,适合于单向传输或实时性要求特别高的应用场合。但需要较复杂的译码设备,编码中附加的监督位使传输效率下降。主机将数据存储到磁带时多用纠错码。

2. 自动反馈重发

自动反馈重发(Automatic Repeatre Quest,ARQ)又称为停止等待方式。当接收方检测到差错后,并不进行纠正,而是通知发送端重新传送出现差错的内容,发送端需要存储已发送出的数据,以便出错后重传。这种方式实现简单、具有较高的传输效率。在计算机网络中,常采用这种方式。

自动反馈重发包括停止等待 ARQ 和连续 ARQ 方式。

（1）停止等待 ARQ 方式

在停止等待 ARQ 方式中，发送端在发送完一个数据帧后，要等待接收端返回的应答信息，当应答为确认信息（ACK）时，发送端才可以继续发送下一个数据帧；当应答为不确认信息（NAK）时，发送端需要重发这个数据帧。停止等待 ARQ 协议非常简单，但由于是一种半双工的协议，因此系统的通信效率比较低。

（2）连续 ARQ 方式

连续 ARQ 又包括选择 ARQ 和 Go-Back-N 方式。与停止等待 ARQ 方式不同，在选择 ARQ 和 Go-Back-N 方式中，发送端一次可以发送多个数据帧，与此同时，还可以接收对方发送的应答信息，如果接收中出错，则丢弃已接收的出错帧，只从出错的帧开始重发。它们是一种全双工的协议，效率高，应用非常广泛。

3.混合纠错

混合纠错，显而易见，就是上述两种方式的结合。具体的为内层采用 FEC 方式，纠正部分差错；外层采用 ARQ 方式，重传那些虽已检出但未能纠正的差错。

这种方式在实时性和译码复杂性方面是 FEC 和 ARQ 的折衷，较适合于环路延迟大的高速数据传输系统。

第3章　计算机网络体系结构

计算机网络是一个海量的、多样化的复杂系统。计算机网络的实现需要解决很多复杂的技术问题,由于各种机构越来越认识到网络技术能大大提高生产效率、节约成本,它们纷纷接入互联网,扩大了网络规模,同时也促进了网络技术快速发展和网络快速增长。随着局域网和广域网规模不断扩大,不同设备互联成为头等大事。

计算机网络是一个复杂的计算机及通信系统的集合,在其发展过程中逐步形成了一些公认的通用建立网络体系的模式可将其视为建立网络体系通用的蓝图,称之为网络体系结构(Network Architecture),用以指导网络的设计和实现。

3.1　网络体系结构概述

3.1.1　网络体系结构的概念

不同网络体系结构的计算机网络,其网络协议影响着网络系统结构、网络软件和硬件设计,以及网络的功能和性能。为了实现计算机间的通信,需要制定　整套网络协议集。对丁结构复杂的网络协议来说,通常采用分层的方法,将网络组织成层次结构。计算机网络协议就是按照层次结构模型来组织的。网络体系结构(Network Architecture)就是网络层次结构模型与各层协议的集合。

现代计算机网络设计多采用结构化的分层设计方法。所谓结构化的分层设计方法就是把一个计算机网络按逻辑功能分成若干个相对独立的层,每层至少包含一个功能,每个功能包含在一个或多个甚至所有层次上,各层协议界限分明,整个计算机网络的硬件和软件都对应于这些层次划分成若干个子系统。这种结构化的分层设计方法使任意一对应用实体之间的通信,实际上成为各个不同层次上的对等实体共同协调工作的通信。

基于这种概念的描述,计算机网络体系结构可以定义为:计算机网络体系结构是指计算机网络的分层、各层协议和各层间接口的集合。表示为:

$$网络体系结构=\{层,协议,接口\}$$

上述表示中,层是指能提供某一种或某一类服务功能集合的逻辑构造;协议是指为完成该层对等实体之间的通信所必须遵循的规则或标准,某层对等实体之间的通信都是在该层协议控制下进行的,因此,协议一定是指某一层的协议;接口是指两个相邻协议层之间交换信息的连接点,包括上层对下层、下层对上层的调用以及其他所有层间的关系。

不同的计算机网络具有不同的网络体系结构,其层次的数量和各层的名字、内容、功能以及相邻层之间的接口也是不同的。

3.1.2　网络体系结构的分层

计算机网络的整套协议是一个庞大复杂的体系,为了便于对协议的描述、设计和实现,现在都采用分层的体系结构,如图 3-1 所示。

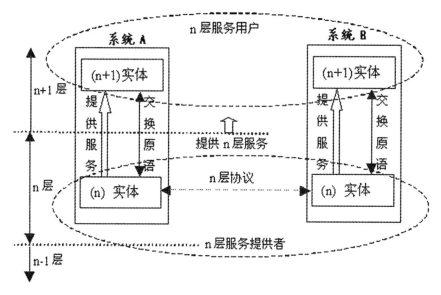

图 3-1 网络的层次结构

1.网络分层的概念

所谓层次结构就是指把一个复杂的系统设计问题分解成多个层次分明的局部问题,并规定每一层次所必须完成的功能,类似于信件投递过程。层次结构提供了一种按层次来观察网络的方法,它描述了网络中任意两个结点间的逻辑连接和信息传输。

同一系统体系结构中的各相邻层间的关系是:下层为上层提供服务,上层利用下层提供的服务完成自己的功能,同时再向更上一层提供服务。因此,上层可看成是下层的用户,下层是上层的服务提供者。

系统的顶层执行用户要求做的工作,直接与用户接触,可以是用户编写的程序或发出的命令。除顶层外,各层都能支持其上一层的实体进行工作,这就是服务。系统的底层直接与物理介质相接触,通过物理介质使不同的系统、不同的进程沟通。

系统中的各层次内都存在一些实体。实体是指除一些实际存在的物体和设备外,还有客观存在的与某一应用有关的事物,如含有一个或多个程序、进程或作业之类的成分。实体既可以是软件实体(如进程),也可以是硬件实体(如某一接口芯片)。不同系统的相同层次称为同等层(或对等层),如系统 A 的第Ⅳ层和系统 B 的第Ⅳ层是同等层。不同系统同等层之间存在的通信叫同等层通信。不同系统同等层上的两个正通信的实体叫同等层实体。

同一系统相邻层之间都有一个接口(Interface),接口定义了下层向上层提供的原语(Primitive)操作和服务。同一系统相邻两层实体交换信息的地方称为服务访问点 SAP(Service Access Point),它是相邻两层实体的逻辑接口,也可说Ⅳ层 SAP 就是 N+1 层可以访问Ⅳ层的地方。每个 SAP 都有一个唯一的地址,供服务用户间建立连接之用。相邻层之间要交换信息,对接口必须有一个一致遵守的规则,这就是接口协议。从一个层过渡到相邻层所做的工作,就是两层之间的接口问题,在任何两相邻层间都存在接口问题。

2.网络分层的特点

分层可以带来很多好处。

(1)各层之间是独立的

某一层并不需要知道它的下一层是如何实现的,而仅仅需要知道该层通过层间的接口(即界面)所提供的服务。由于每一层只实现一种相对独立的功能,因而可将一个难以处理的复杂问题分解为若干个较容易处理的更小一些的问题。这样,整个问题的复杂程度就下降了。

(2)灵活性好

当任何一层发生变化时(例如由于技术的变化),只要层间接口关系保持不变,则在这层以上或以下各层均不受影响。此外,对某一层提供的服务还可进行修改。当某层提供的服务不再需要时,甚至可以将这层取消。

(3)结构上可分割开

各层都可以采用最合适的技术来实现。

(4)易于实现和维护

由于整个系统已被分解成了若干个易于处理的部分,每个功能层将本层功能的实现细节向上隐藏起来,那么这样一个庞大而又复杂的系统的实现与维护也就变得容易控制。

(5)能促进标准化工作

因为每一层的功能及其所提供的服务都已有了精确的说明。分层时应注意使每一层的功能非常明确。若层数太少,就会使每一层的协议太复杂。但层数太多又会在描述和综合各层功能的系统工程任务时遇到较多的困难。

分层当然也有一些缺点,例如,有些功能会在不同的层次中重复出现,因而产生了额外开销。

3.各层功能

通常各层所要完成的功能主要有以下一些(可以只包括一种,也可以包括多种):

①差错控制。使得和网络对等端的相应层次的通信更加可靠。

②流量控制。使得发送端的发送速率不要太快,要使接收端来得及接收。

③分段和重装。发送端将要发送的数据块划分为更小的单位,在接收端将其还原。

④复用和分用。发送端几个高层会话复用一条低层的连接,在接收端再进行分用。

⑤连接建立和释放。交换数据前先建立一条逻辑连接。数据传送结束后释放连接。

4.网络服务

网络协议是作用在不同系统的同等层实体上的。在网络协议作用下,两个同等层实体间的通信使得本层能够向它相邻的上一层提供支持,以便上一层完成自己的功能。这种支持就是服务。网络服务是指彼此相邻的两层间下层为上层提供通信能力或操作而屏蔽其细节的过程。上层可看成是下层的用户,下层是上层的服务提供者。

由于网络分层结构中的单向依赖关系,使得网络的底层总是向它的上层提供服务,而每一层的服务又都是借助于其下层及以下各层的服务能力。

(1)服务原语

层间的服务在形式上是由一种原语(或操作)来描述的,如库函数或系统调用等。在同一系统中,N+1层实体向N层实体请求服务时,服务用户和服务提供者之间要进行信息交互,交互的信息即为服务原语。这些原语通知服务提供者采取某些行动或报告某个同等实体的活动,供用户和其他实体访问该服务。服务原语可分为四类:

①请求(Request)。用以使服务用户能从服务提供者那里请求一定的服务,如建立连接、发送数据、释放连接、报告状态等。

②指示(Indication)。用以使服务提供者能向服务用户提示某种状态,如连接指示、输入数据、释放连接指示等。

③响应(Response)。用以使服务用户能响应先前的指示原语,如接受连接或释放连接等。

④证实(Confirmation)。用以使服务提供者能报告先前请求是否成功。

服务有证实服务和无证实服务之分。有证实服务包括请求、指示、响应和证实四个原语,无证实服务只有请求和指示两个原语。

网络中低层通过服务访问点向相邻高层提供服务,而高层则通过原语或过程(Procedure)调用相邻低层的服务。另外,相邻高层协议通过不同的服务访问点对低层协议进行调用,这与过程调用中不同的过程调用要使用不同的过程调用名一样。相邻层之间的接口则是指两相邻层之间所有的调用和服务访问点以及服务的集合。

(2)服务形式

在网络体系结构中,下层向上层提供两种不同类型的服务:面向连接的服务和无连接的服务。

①面向连接的服务(Connection-oriented Service)。所谓"连接",是指在同等层的两个同等实体间所设定的逻辑通路。利用建立的连接进行数据传输的方式就是面向连接的服务。面向连接的服务思想来源于电话传输系统,即在计算机开始通信之前,两台计算机必须通过通信网络建立连接,然后开始传输数据。待数据传输结束后,再撤销这个连接。因此,面向连接的服务过程可分为三部分:建立连接、传输数据和撤销连接。在网络层中该服务类型称为虚电路。面向连接的服务只有在建立连接时发送的分组中才包含相应的目的地址。待连接建立起来之后,所传送的分组中将不再包含目的地址,而仅包含比目的地址更短的连接标识,从而减少了数据分组传输的负载。

面向连接的服务比较适合于数据量大、实时性要求高的数据传输应用场合。面向连接的服务又可分为永久性连接服务和非永久性连接服务。建立永久性连接类似于建立专用的电话线路,这适合需要进行频繁的数据传输的两个用户之间,可免除每次通信时的建立连接和释放连接。

②无连接的服务(Connectionless Service)。无连接服务的过程类似于邮政系统的信件通信。无论何时,计算机都可以向网络发送想要发送的数据。通信前,无须在两个同等层实体之间事先建立连接,通信链路资源完全在数据传输过程中动态地进行分配。此外在通信过程中,双方并非需要同时处于"激活"(或上作)状态,如同在信件传递中,收信人没必要当时位于目的地一样。因此,无连接服务的优点是灵活方便,信道的利用率高,特别适合于短报文的传输。

与面向连接服务不同的是,由于无连接服务在通信前未建立"连接",因此传输的每个数据分组中必须包括目的地址,同时由于无连接方式不需要接收方的回答和确认,因此可能会出现分组的丢失、重复或失序等错误。

　　无连接服务可分为数据报、证实交付和请求回答三种类型。数据报是一种不可靠的服务,通信过程类似于一般平信的投递,接收端不需要做任何响应;证实交付是一种可靠的服务,它要求每个报文的传输都有一个证实给发送方的服务用户,该证实来自于接收方的服务提供者而不是服务用户,这就意味着该证实只能保证报文已经发送到目的站,而不能保证目的站的服务用户已收到该报文;请求应答也是一种可靠的服务,它要求接收方的服务用户每收到一个报文就向发送方的服务用户发送一个应答报文。

　　在网络体系结构中,我们常提到"服务"、"功能"和"协议"这几个术语,它们有着完全不同的概念。"服务"是对高一层而言的,属于外观的表象;"功能"则是本层内部的活动,是为了实现对外服务而从事的活动;而"协议"则相当于一种工具,层次"内部"的功能和"对外"的服务都是在本层"协议"的支持下完成的。

3.2　OSI 参考模型

3.2.1　OSI 参考模型的诞生

1. OSl 参考模型的提出

　　从历史上来看,在制定计算机网络标准方面,起着很大作用的两人国际组织是:国际电报与电话咨询委员会(Consultative Committee on International Telegraph and Telephone,CCITT)与国际标准化组织。CCITT 与 ISO 的工作领域是不同的,CCITT 主要是从通信的角度考虑一些标准的制定,而 ISO 则关心信息的处理与网络体系结构。随着科学技术的发展,通信与信息处理之间的界限已变得比较模糊。于是,通信与信息处理就都成为 CCITT 与 ISO 共同关心的领域。

　　1974 年,ISO 发布了著名的 ISO/IEC 7498 标准,它定义了网络互连的 7 层框架,也就是开放系统互连(Open System Internetwork,OSI)参考模型。在 OSI 框架下,进一步详细规定了每一层的功能,以实现开放系统环境中的互连性(interconnection)、互操作性(interoperation)与应用的可移植性(portability)。CCITT 的建议书 X. 400 也定义了一些相似的内容。

2. OSI 参考模型的概念

　　在 OSI 中的"开放"是指:只要遵循 OSI 标准,一个系统就可以与位于世界上任何地方、同样遵循同一标准的其他任何系统进行通信。在 OSI 标准的制定过程中,采用的方法是将整个庞大而复杂的问题划分为若干个容易处理的小问题,这就是分层的体系结构方法。在 OSI 标准中,采用的是三级抽象:

- 体系结构(architecture);
- 服务定义(service definition);
- 协议规格说明(protocol specification)。

OSI 参考模型定义了开放系统的层次结构、层次之间的相互关系及各层所包括的可能的服务。它是作为一个框架来协调和组织各层协议的制定,也是对网络内部结构最精炼的概括与描述。

OSI 的服务定义详细说明了各层所提供的服务。某一层的服务就是该层及其以下各层的一种能力,它通过接口提供给更高一层。各层所提供的服务与这些服务是怎样实现的无关。同时,各种服务定义还定义了层与层之间的接口与各层使用的原语,但不涉及接口是怎样实现的。

OSI 标准中的各种协议精确地定义了应当发送什么样的控制信息,以及应当用什么样的过程来解释这个控制信息。协议的规程说明具有最严格的约束。

OSI 参考模型并没有提供一个可以实现的方法。OSI 参考模型只是描述了一些概念,用来协调进程间通信标准的制定。在 OSI 的范围内,只有各种协议是可以被实现的,而各种产品只有和 OSI 的协议相一致时才能互连。也就是说,OSI 参考模型并不是一个标准,而是一个在制定标准时所使用的概念性的框架。

3.OSI 参考模型的主要特征

①OSI 参考模型定义的是一种抽象结构,它并不是一个标准,给出的仅仅是功能上和概念上的标准框架,该模型与具体实现无关。

②每层完成所定义的功能,对其中一层的修改不会影响到其他层。

③不同系统的同层实体之间使用该层协议进行通信,只有最底层才发生直接数据传送。

④OSI 的服务定义详细说明了各层所提供的服务。同时,这些服务还定义了同一系统内部相邻层实体间的接口和各层的所使用的原语,但是不涉及接口是怎么实现的。

⑤OSI 参考模型本身并不引起网络通信,必须执行某个实现某层功能的协议时,才执行有形的网络通信。

⑥两个不同的协议可能隶属于模型的同一层实现不同的功能。只有在同一层执行相同的协议才能彼此通信。

3.2.2 OSI 参考模型的结构

1.划分层次的主要原则

在 OSI 标准的制定过程中,采用的方法是将整个庞大、复杂的问题划分为若干个容易处理的小问题。这就是分层体系结构方法,在划分层次时遵守如下原则:

①网中的各节点都有相同的层次,相同的层次具有相同的功能。层次不能太多,太多则系统的描述和集成都有困难;也不能太少,太少则会把不同的功能混杂在同一层次中。

②每一层的功能尽量局部化,这样,随着软、硬件技术不断发展,层次的协议可以改变,层次内部的结构可以重新设计,但是不影响相邻层次的接口和服务关系。

③每一层应当实现一个有明确定义的功能,这种功能应在完成的操作过程方面或者在设计的技术方面与其他功能层次有明显不同,且每一层使用下层提供的服务,并向其上层提供服务。

④应在接口服务描述工作量最小、穿过相邻边界相互作用次数量最少或通信量最小的地方建立边界。

⑤同一节点内相邻层次之间通过接口通信,每一层只与它的上、下邻层产生接口,规定相应的业务在同一层相应子层的接口也适用这一原则。

⑥不同节点的同等层按照协议实现对等层之间的通信。如图 3-2 所示。

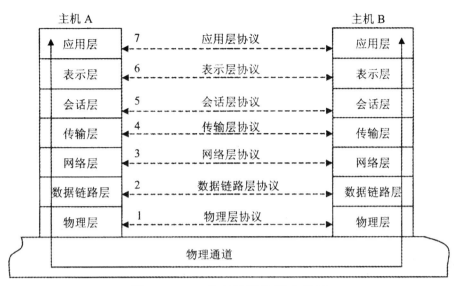

图 3-2　OSI 参考模型的基本思想

2.参考模型的结构

根据分而治之的原则,ISO 将整个通信功能划分为 7 各层次,即 OSI 参考模型是具有七个层次的框架,如图 3-3 所示,自底向上的七个层次分别是物理层、链路层、网络层、传输层、会话层、表示层和应用层。

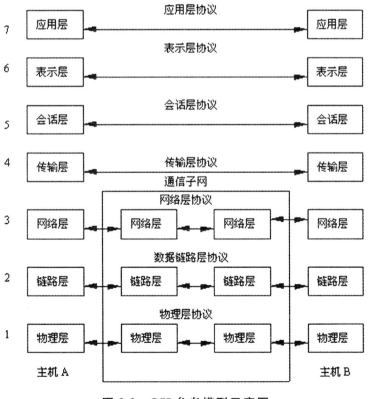

图 3-3　OSI 参考模型示意图

该模型有下面几个特点：

①每个层次的对应实体之间都通过各自的协议通信。

②各个计算机系统都有相同的层次结构。

③不同系统的相应层次有相同的功能。

④同一系统的各层次之间通过接口联系。

⑤相邻的两层之间，下层为上层提供服务，同时上层使用下层提供的服务。

3.2.3 OSI 参考模型各层功能

1. 物理层

(1)物理层定义

在 OSI 参考模型，物理层(Physical Layer)是参考模型的最低层。该层是网络通信的数据传输介质，由连接不同结点的电缆与设备共同构成，它们都是在物理层之下而非物理层之内。

物理层协议是各种网络设备进行互连时必须遵守的底层协议，也称为物理接口标准。物理层定义的典型规范代表有：EIA/TIA RS-232、EIA/TIA RS-449、V.35、RJ-45 等。

物理接口标准定义了物理层与物理传输介质之间的边界与接口。物理接口的四个特性是：机械特性、电气特性、功能特性与规程特性。

①机械特性：指接口连接器的大小、形状、各引脚的几何分布、传输介质的参数和特征等。

②电气特性：指线路的最大传输速率、信号允许传输的最大距离、信号的波动和参考电压、阻抗大小等。

③功能特性：规定了物理接口上各条信号线的功能分配和确切定义。

④规程特性：规定了对于不同功能的各种可能事件的出现顺序及各信号线的工作规则。

物理层设备包括网络传输介质、连接部件(如 T 型头、BNC 头、RJ-45、SC 等)、中继器、共享式 HUB 等。

(2)物理层的主要功能

设置物理层的目的是实现两个网络物理设备之间的二进制比特流的透明传输，当一方发送二进制比特流时，对方应该能够正确地接收。对链路层屏蔽物理传输介质的特性，以便对高层协议有最大的透明性。

2. 链路层

(1)链路层定义

在 OSI 参考模型，数据链路层(Data Link Layer)是参考模型的第 2 层。它介于物理层与网络层之间，是 OSI 参考模型中非常重要的一层。

由于外界噪声干扰，原始的物理连接在传输比特流时很有可能会发生差错。设置链路层的主要目的是将一条原始的、有差错的物理线路变为对网络层无差错的、可靠的数据链路。

链路层协议的代表有：SDLC、HDLC、PPP、STP、帧中继等。

链路层的相关设备主要包括：网络接口卡及其驱动程序、(二层)交换机等。

(2)链路层的主要功能

链路层的任务是在网络实体之间建立、保持和释放数据链路，确定信息怎样在链路中传输、信息的格式、成帧和拆帧,产生校验码、差错控制、数据流量控制及链路管理等。链路层的主要功能可以概括为成帧、差错控制、流量控制和传输管理等。

①成帧。一个帧是含有数据的、具有一定格式的比特组合。帧是链路层的数据传输单位。链路层把从网络层传来的数据组装成帧,帧中包含源主机和目的主机的物理地址(即 MAC 地址),链路层利用数据帧中的 MAC 地址,在网络中实现数据帧的无差错传输。

②差错控制。链路层需解决帧的破坏、丢失和重复等问题。

③流量控制。链路层需解决由于发送方和接收方速度不匹配而造成的接收方被数据包"淹没"的问题,即在链路层传送数据时,需要进行流量控制,使传送与接收双方达到同步,以保证数据传输的正确性。

④传输管理。如果线路上的多个设备要同时进行数据传输,链路层还必须解决数据帧竞争线路使用权的问题。

数据链路层将本质上不可靠的传输媒介变成可靠的传输通路提供给网络层。在 IEEE 802.3标准中,数据链路层分成了两个子层,一个是逻辑链路控制(Logical Link Control,LLC),另一个是介质接入控制(Medium Access Control,MAC)。

3.网络层

(1)网络层定义

在 OSI 参考模型,网络层(Network Layer)是参考模型的第 3 层,也是最复杂、最重要的一层。网络层关心的是通信子网的运行控制,主要负责对通信子网进行监控,定义网络操作系统的通信协议,为信息确定地址,把逻辑地址(IP 地址)和名字翻译成物理地址(MAC 地址),为建立、保持及释放连接和数据传输提供数据交换、流量控制、拥塞控制、差错控制及恢复以及决定从源站通过网络到目的站的传输路径等。

设置网络层的主要目的是在通信子网中传送的数据分组寻找到达目的主机的最佳传输路径,而用户不必关心网络的拓扑结构和所使用的通信介质。

网络层协议是相邻的两个直接连接节点间的通信协议。网络层协议的代表有:IP、IPX、RIP、OSPF 等。

工作在网络层的主要设备有路由器和三层交换机。路由器主要用于将采用不同操作系统、不同拓扑结构的子网连接在一起,使它们能够相互通信;三层交换机则主要用于同类局域网的不同子网间的线速路由交换。

(2)网络层的主要功能

①确定地址。网络上的所有设备进行相互通信都应该有一个唯一的 IP 地址。

②选择传输路径。这是网络层所要完成的一个主要功能。在网络中,信息从一个源节点发出到达目的节点,中间要经过多个中间节点的存储转发。一般在两个节点之间会有多条路径可以选择。路径选择是指在通信子网中,源节点和中间节点为将数据分组传送到目的节点而对其下一个节点的选择。

③拥塞控制。为了避免通信子网中出现过多的分组时造成网络拥塞和死锁,网络层还应该具备拥塞控制的功能。通过对进入通信子网的通信量加以一定的控制,避免因通信量过大造成通信子网性能下降。

4.传输层

(1)传输层定义

在 OSI 参考模型,传输层(Transfer Layer)是参考模型的第 4 层,也是 OSI 参考模型中最关键的一层。实质上,传输层是网络体系结构中高低层之间衔接的一个接口层。

如果两个节点间通过通信子网进行通信,物理层可以通过物理传输介质完成比特流的发送和接收。链路层可以将有差错的原始传输变成无差错的数据链路。网络层可以使用报文分组以合适的路径通过通信子网。网络通信的实质是实现互联的主机进程之间的通信。互联主机进程通信面临以下几个问题:

①如何在一个网络连接上复用多对进程的通信?

②如何解决多个互联通信子网通信协议的差异和提供服务功能的不同?

③如何解决网络层及下两层自身不能解决的传输错误?

设置传输层的目的是在通信子网提供服务的基础上,使用传输层协议和增加的功能,高层用户就可以直接进行端到端的数据传输,而忽略通信子网的存在。通过传输层的屏蔽,高层用户看不到子网的交替和技术变化。对高层用户来说,两个传输层实体之间存在着一条端到端可靠的通信连接。高层用户不需要知道它们的物理层采用何种物理线路。

与传输层相对应的协议有:TCP/IP 的传输控制协议 TCP、Novell 的顺序包交换 SPX 以及 Microsoft NetBIOS/NetBEUI。

(2)传输层的主要功能

传输层的功能就是为高层用户提供可靠的、透明的、有效的数据传输服务。它可以为会话实体提供传输连接的建立、数据传输和连接释放,并负责错误的确认和恢复,保证源主机与目的主机间透明、可靠地传输报文,向会话层提供一个可靠的端到端的服务。传输层提供的服务分为面向连接的和面向非连接的两种。

传输层在网络层提供服务的基础上为高层提供两种基本的服务:面向连接的服务和面向无连接的服务。面向连接的服务要求高层的应用在进行通信之前,先要建立一个逻辑的连接,并在此连接的基础上进行通信,通信完毕后要拆除逻辑连接,而且通信过程中还要进行流量控制、差错控制和顺序控制。因此,面向连接提供的是可靠的服务,而面向无连接是一种不太可靠的服务,由于它不需要未高层应用建立路基的连接,因此,它不能保证传输的信息按发送顺序提交给用户。不过,在某些场合式必须依靠这种服务的,例如,网络中的广播数据。

5.会话层

(1)会话层定义

在 OSI 参考模型,会话层(Session Layer)是参考模型的第 5 层,建立在传输层之上。传输层是主机到主机的层次,会话层则是进程到进程的层次。

应用进程之间为完成某项处理任务而需进行一系列内容相关的信息交换。一次会话是指两个用户进程之间为完成一次完整的信息交换而建立的会话连接。会话层允许不同主机上各进程之间的会话。由于会话层得到传输层提供的服务,使得两个会话实体之间不论相隔多远、使用什么样的通信子网,都可进行透明的、可靠的数据传输。

会话层协议的代表有:NetBIOS、ZIP(AppleTalk 区域信息协议)等。

（2）会话层的主要功能

会话层的主要功能是为两个主机上的用户进程建立会话连接,管理哪边发送、何时发送、占用多长时间等;使双方操作相互协调,对数据的传送提供有效的控制和管理机制。用户可以使用这个连接正确地进行通信,有序、方便地进行信息交换,最后结束会话。

会话层支持两个实体之间的交互作用,为表示层提供两类服务:一类叫会话管理服务,即把两个表示实体结合在一起或者分开;另一类叫会话服务,即控制两个表示实体之间的数据交换过程。

（3）会话层与传输层的比较

会话层与传输层有明显区别。传输层协议负责建立和维护端到端之间的逻辑连接,传输服务比较简单,目的是提供可靠的传输服务。但是由于传输层所使用的通信子网类型很多,而且网络通信质量也存在很大差异,这样就使得传输协议一般都很复杂。而会话层在发出一个会话协议数据单元时,传输层可以保证将它正确地传送到相对应的会话实体,这样就可以使会话协议得到简化。但是为了更好地为各种进程提供服务,会话层为数据交换定义的各种服务也是非常丰富和复杂的。

6. 表示层

（1）表示层定义

在 OSI 参考模型,表示层(Presentation Layer)是参考模型的第 6 层。主要用于处理在两个通信系统中交换信息的表示方式。它是异种机、异种操作系统联网的关键层。

该层包含处理网络应用程序数据格式的各种协议,为应用层提供可以选择的各种服务。表示层协议的代表有:ASCII、ASN. 1、JEPG、MPEG 等。

（2）表示层主要功能

表示层的具体功能如下。

①数据格式处理:协商和建立数据交换的格式,解决各应用程序之间在数据格式表示上的差异。

②数据的编码:处理字符集和数字的转换。例如由于用户程序中的数据类型为整型或实型、有符号或无符号等)、用户标识等都可以有不同的表示方式,因此,在设备之间需要具有在不同字符集或格式之间的转换功能。

③压缩和解压缩:为了减少数据的传输量,这一层还负责数据压缩与恢复。

④数据的加密和解密:可以提高网络的安全性。

表示层以下各层只关心如何可靠地传输数据,而表示层所关心的是所传输数据的表现形式、语法和语义,使之与机器无关。它从应用层获得数据并把它们格式化以供网络通信使用,并将应用程序数据排序成有含义的格式并提供给会话层。

7. 应用层

（1）应用层含义

在 OSI 参考模型,应用层(Application Layer)是参考模型的最高层。它在 ISO/OSI 下面 6 层提供的数据传输和数据表示等各种服务的基础上,为网络用户或应用程序提供完成特定网络服务功能所需的各种应用协议。

常用的网络服务包括文件服务、电子邮件(E-mail)服务、打印服务、集成通信服务、目录服务、网络管理服务、安全服务、多协议路由与路由互联服务、分布式数据库服务及虚拟终端服务等。网络服务由响应的应用协议来实现,不同的网络操作系统提供的网络服务在功能、用户界面、实现技术、硬件平台支持以及开发应用软件所需的应用程序接口 API 等方面均存在较大差异,而采纳应用协议也各具特色,因此,需要进行应用协议的标准化。

(2)应用层主要功能

①用户接口:应用层是用户与网络,以及应户程序与网络间的直接接口,使得用户能够与网络进行交互式联系。

②实现各种服务:该层具有的各种应用程序能够完成和实现用户请求的各种服务。

总而言之,OSI 参考模型的低三层属于通信子网,涉及为用户间提供透明连接,操作主要以每条链路(Hop-by-hop)为基础,在结点间的各条数据链路上进行通信。由网络层来控制各条链路上的通信,但要依赖于其他节点的协调操作。高三层属于资源子网,主要涉及保证信息以正确可理解的形式传送。传输层是高三层和低三层之间的接口,它是第一个端到端的层次,保证透明的端到端连接,满足用户的服务质量(QoS)要求,并向高三层提供合适的信息形式。

3.2.4 OSI 环境中的数据传输过程

在研究 OSI 参考模型时,需要搞清楚它所描述的范围,这个范围称做 OSI 环境(OSIE,OSI environment)。图 3-4 描述了 OSI 环境。OSI 参考模型描述的范围包括连网计算机系统中的应用层到物理层的 7 层与通信子网,即图中虚线框中的范围。连接结点的物理传输介质不旬栝存 OSI 环境内。

主机 A 和主机 B 在连入计算机网络之前,不需要实现从应用层到物理层的 7 层功能的硬件与软件。如果它们希望连入计算机网络,就必须增加相应的硬件和软件。一般来说,物理层、数据链路层与网络层大部分可以由硬件方式来实现,而高层基本上是通过软件方式来实现的。

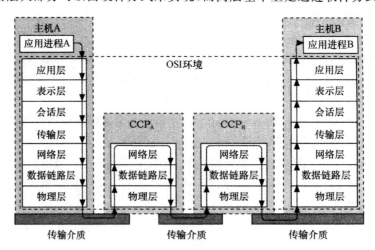

图 3-4 OSI 环境

假设应用进程 A 要与应用进程 B 交换数据。进程 A 与进程 B 分别处于主机 A 与计算机 B 的本地系统环境中,即处于 OSI 环境之外。进程 A 首先要通过本地的计算机系统来调用实现应用层功能的软件模块,应用层模块将主机 A 的通信请求传送到表示层;表示层再向会话层传送,

直至物理层。物理层通过连接主机 A 与通信控制处理机(CCP_A)的传输介质,将数据传送到
CCP_A。CCP_A 的物理层接收到主机 A 传送的数据后,通过数据链路层检查是否存在传输错误;
如果没有错误,CCP_A 就通过它的网络层来确定下面应该把数据传送到哪一个 CCP。如果通过
路径选择算法确定下一个结点是 CCP_B,那么 CCP_A 就将数据传送到 CCP_B。CCP_B 采用同样的
方法,将数据传送到主机 B。主机 B 将接收到的数据,从物理层逐层向高层传送,直至主机 B 的
应用层。应用层再将数据传送给主机 B 的进程 B。

图 3-5 给出了 OSI 环境中的数据流。OSI 环境中的数据传输过程包括以下几步:当应用进
程 A 的数据传送到应用层时,应用层为数据加上本层控制报头后,组织成应用层的数据服务单
元,然后再传输到表示层。表示层接收到这个数据单元后,加上本层的控制报头,组成表示层的
数据服务单元,再传送到会话层。依此类推,数据传送到传输层;传输层接收到这个数据单元后,
加上本层的控制报头,就构成了传输层的数据服务单元,它被称为报文(message)。传输层的报
文传送到网络层时,由于网络层数据单元的长度有限制,传输层长报文将被分成多个较短的数据
字段,加上网络层的控制报头,就构成了网络层的数据服务单元,它被称为分组(packet)。网络
层的分组传送到数据链路层时,加上数据链路层的控制信息,就构成了数据链路层的数据服务单
元,它被称为帧(frame)。数据链路层的帧传送到物理层后,物理层将以比特流的方式通过传输
介质传输出去。当比特流到达目的结点主机 B 时,再从物理层依层上传,每层对各层的控制报
头进行处理,将用户数据上交高层,最终将进程 A 的数据送给主机 B 的进程 B。

尽管应用进程 A 的数据要在 OSI 环境中经过复杂的处理过程,才能送到另一台计算机的应
用进程 B,但对于每台计算机的应用进程来说,OSI 环境中数据流的复杂处理过程是透明的。应
用进程 A 的数据好像是"直接"传送给应用进程 B,这就是开放系统在网络通信过程中最本质的
作用。

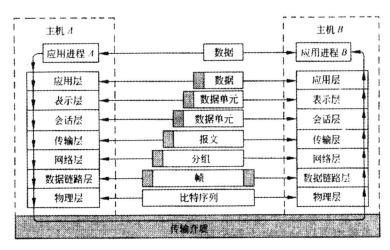

图 3-5　OSI 环境中的数据流

3.2.5　OSI 参考模型的不足

(1)模型和协议都存在缺陷

通过实践证明,对于大多数应用程序来说,OSI 参考模型的会话层和表示层都是没有用的。

（2）某些功能出现不必要重复

OSI 参考模型的某些功能（如寻址、流量控制和出错控制）在各层重复出现。为了提高效率，出错控制可以在高层完成，在低层不断重复是完全不必要的，也会降低效率。

（3）结构和协议复杂

OSI 参考模型的结构和协议太复杂，导致最初的实现大而笨拙，且还很慢。不久以后，人们将"OSI"和"低质量"联系起来。虽然随着时间的推移，产品有了很大改进，但它之前留在人们的记忆里的印象并没有发生改变。

3.3　TCP/IP 参考模型

3.3.1　TCP/IP 参考模型的出现

1. TCP/IP 参考模型的发展

TCP/IP 是 Transmission Control Protocol/Internet Protocol（传输控制协议/互联网协议）的缩写。世界上第一个分组交换网或者说是第一个使用计算机网络是美国军方的 ARPAnet。ARPAnet 体系结构也是采用分层结构，原来成为 ARM，代表 ARPAnet 参考模型。从 ARPAnet 发展起来的 Internet 最终连接了大学的校园网、政府部门和企业的局域网。最初 ARPAnet 使用的是租用线路，当卫星通信系统与通信网发展起来之后，ARPAnet 最初开发的网络协议使用在通信可靠性较差的通信子网中，且出现了不少问题，这就导致了新的网络协议 TCP/IP 的出现。虽然 TCP/IP 协议不是 OSI 标准，但它们是目前最流行的商业化的协议，并被公认为当前的工业标准或"事实上的标准"。在 TCP/IP 协议出现后，出现了 TCP/IP 参考模型。

TCP/IP 实际上是一组协议，它包括上百个具有不同功能且互为关联的协议，而 TCP 和 IP 是保证数据完整传输的两个基本的重要协议，有的书中也成为 TCP/IP 协议簇。如图 3-6 所示。

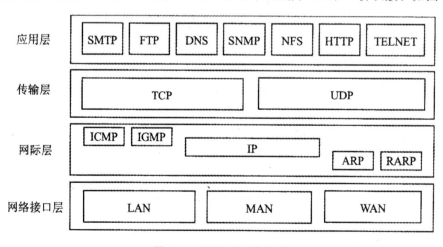

图 3-6　TCP/IP 协议簇

2.TCP/IP 参考模型的特点

在目前而言,TCP/IP 体系结构是普遍接受的通信协议标准,它可以让不同硬件结构、不同操作系统的计算机之间通信。TCP/IP 体系结构的特点如下:

(1)开放性

协议的标准是开放的,可以免费使用。

(2)独立性

它独立于计算机硬件、网络硬件和操作系统,可以在局域网、广域网和互联网中运行。

(3)可靠性

标准化的高层协议提供多种可靠的用户服务。

(4)统一的网络地址

具有统一的网络地址分配方案,在网络中每台 TCP/IP 设备都具有唯一的地址。

3.3.2　TCP/IP 参考模型各层功能

TCP/IP 从更实用的角度出发,形成了具有高效率的四层体系结构,即应用层(Application Layer);传输层(Transport Layer);互联层(Internet Layer);主机-网络层(Host to Network Layer)。图 3-7 给出 TCP/IP 参考模型与 OSI 参考模型的层次对应关系。

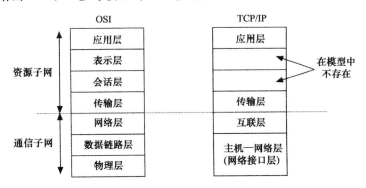

图 3-7　TCP/IP 参考模型与 OSI 参考模型

从图上可以看出,OSI 参考模型与 TCP/IP 参考模型的层次对应如下:TCP/IP 参考模型的网络接口层与 OSI 参考模型的数据链路层和物理层相对应;TCP/IP 参考模型的互联层与 OSI 参考模型的网络层相对应;TCP/IP 参考模型的传输层与 OSI 参考模型的传输层相对应;TCP/IP 参考模型的应用层与 OSI 参考模型的应用层相对应。根据 OSI 参考模型的经验,会话层和表示层对大多数应用程序的用处不大,所以被 TCP/IP 参考模型排除在外。

1.主机-网络层

在 TCP/IP 参考模型中,主机—网络层是参考模型的最低层,它负责通过网络发送和接收 IP 数据报。TCP/IP 参考模型允许主机连入网络时使用多种现成与流行的协议,例如局域网协议或其他一些协议。

在 TCP/IP 的主机—网络层中,包括各种物理网协议,例如局域网的 Ethernet、局域网的令牌环、分组交换网的 X.25 等。当这种物理网作为传送 1P 数据包的通道时,就可以认为是这一层的内容。这体现了 TCP/IP 协议的兼容性与适应性,也为 TCP/IP 的成功奠定了基础。

2.互联层

在 TCP/IP 参考模型中,互联层是参考模型的第二层,它相当于 OSI 参考模型网络层的无连接网络服务。互联层负责将源主机的报文分组发送到目的主机,源主机与目的主机可以在一个网上,也可以在不同的网上。

互联层的主要功能包括以下几点:

①接收到分组发送请求后,将分组装入 IP 数据报,填充报头并选择发送路径,然后将数据报发送到相应的网络输出线路。

②接收到其他主机发送的数据报后,需要检查目的地址,如需要转发,则选择发送路径,并转发出去;如目的地址为本结点 IP 地址,则除去报头,并将分组交送传输层处理。

③处理互连的路径、流量控制与拥塞问题。

互连层的四个核心协议:

(1)网际协议(Internet Protocol,IP)

其主要任务就是对数据包进行寻址和路由,把数据包从一个网络转发到另一个网络。即为要传输的数据分配地址、打包、确定收发端的路由,并提供端到端的"数据报"传递。IP 协议还规定了计算机在 Internet 通信时所必须遵守的一些基本规则,以确保路由的正确选择和报文的正确传输。

IP 是一个无连接的协议。无连接是只主机之间不建立用于可靠通信的端到端的连接,源主机只是简单地将 IP 数据包发送出去,而 IP 数据包可能会丢失、重复、延迟时间大或者次序会混乱。因此,要实现数据包的可靠传输,就必须依靠高层的协议或应用程序,如传输层的 TCP 协议。

(2)网际控制报文协议(Internet Control Message Protocol,ICMP)

为 IP 协议提供差错报告。ICMP 用于处理路由,协助 IP 层实现报文传送的控制机制。由于 IP 是无连接的,且不进行差错检验,当网络上发生错误时,它不能进行检测错误,向发送 IP 数据包的主机报错误就是 ICMP 的责任。ICMP 能够报告的一些普通错误类型有:目标无法到达、阻塞、回波请求和回波应答等。ICMP 报文不是一个独立的报文,而是封装在 IP 数据报中。

(3)网际主机组管理协议(Internet Group Management Protocol,IGMP)

IP 协议只是负责网络中点到点的数据包传输,而点到点的数据包传输则要依靠网际主机组管理协议来完成。它主要负责报告主机组之间的关系,以便相关的设备(路由器)可支持多播发送。

(4)地址解析协议(Address Resolution Protocol,ARP)和逆向地址解析协议(Reverse Address Resolution Protocol,RARP)

计算机网络中个主机之间要进行通信时,必须要知道彼此的物理地址。它们的作用就是完成主机的 IP 地址和物理地址之间的相互转换。如地址解析协议,用于完成 IP 地址到网卡物理地址的转换;逆向地址解析协议用于完成物理地址向 IP 地址的转换。

3.传输层

在 TCP/IP 参考模型中,传输层是参考模型的第 3 层,它负责在应用进程之间的端一端通信。传输层的主要目的是:在互联网中源主机与目的主机的对等实体间建立用于会话的端一端连接。从这一点上讲,TCP/IP 参考模型的传输层与 OSI 参考模型的传输层功能是相似的。

在 TCP/IP 参考模型的传输层,定义了以下两种协议。

（1）传输控制协议（Transport Control Protocol,TCP）

TCP 协议是一种可靠的面向连接的协议,它允许将一台主机的字节流（byte stream）无差错地传送到目的主机。TCP 协议将应用层的字节流分成多个字节段（byte segment）,然后将一个个的字节段传送到互联层,发送到目的主机。当互联层将接收到的字节段传送给传输层时,传输层再将多个字节段还原成字节流传送到运用层。TCP 协议同时要完成流量控制功能,协调收发双方的发送与接收速度,达到正确传输的目的。

（2）用户数据报协议（User Datagram Protocol,UDP）

UDP 协议是一种不可靠的无连接协议,它主要用于不要求分组顺序到达的传输中,分组传输顺序检查与排序由应用层完成。

4.应用层

在 TCP/IP 参考模型中,应用层是参考模型的最高层。应用层包括了所有的高层协议,并且总是不断有新的协议加入。目前,应用层协议主要有以下几种:

①远程终端通信协议（TELNET）。远程终端通信协议提供一种非常广泛的、双向的 8 位通信能力,这个协议提供了一种与终端进程连接的标准方法,支持连接（端到端）和分布式计算通信（进程到进程）,允许一个用户的计算机通过远程登录仿真成某个远程主机的终端,来访问远程主机的进程和数据资源。

TELNET 提供了 3 种基本服务。第一种规定了一种网络虚拟终端（Network Virtual Terminal）,针对远程系统建立客户进程提供一种接口,第二种是提供了允许客户和服务器协商选项及一组标准选项,第三种服务是 TELNET 对称地对待连接的两端即它允许把连接的任意一端与一个程序相连。

②文件传送协议（File Transfer Protocol,FTP）。FTP 用于两台主机之间的文件传输,FTP 在工作时使用两个 TCP 连接,一个用于交换命令和应答,另一个用于传送文件。FTP 支持用户在自己的主机上查询某个远程主机的文件目录,从中选择文件复制到用户主机。FTP 提供了很多重要的服务,如列出远程目录、执行远程命令及格式转换。

③简单邮件传送协议（Simple Mail Transfer Protocol,SMTP）。在计算机网络中,电子邮件是提供传送信息快速而方便的方法,是一个简单的面向文本的协议,用来有效和可靠的传递邮件。

④域名服务（Domain Naming System,DNS）。DNS 驻留在域名服务器上,维持着一个分布式数据库,提供了从域名到 IP 地址的相互转换,并给出命名规则。

⑤网络新闻传输协议（Network News Transfer Protocol,NNTP）,为用户提供新闻订阅功能,它是网上特殊的一种功能强大的新闻工具,每个用户及时读者又是作者。

⑥超文本传输协议（Hyper Text Transfer Protocol,HTTP）提供 WWW 服务。

⑦简单网络管理协议(Simple Network Management Protocol,SNMP),负责网络管理,用于管理与监视网络设备。

⑧路由信息协议(Routing Information Protocol/Open Shortest Path First,RIP/OSPF),负责路由信息的交换。

⑨网络文件系统(Network File System,NFS),用于网络中不同主机之间的文件共享。

其中,依赖 TCP 协议的主要有 Telnet、SMTP、FTP;依赖 UDP 协议的主要有 SNMP 等;既依赖 TCP 协议又依赖 UDP 协议的主要有 DNS 等。

应用层协议可以分为三类:一类依赖于面向连接的 TCP 协议;一类依赖于面向连接的 UDP 协议;而另一类则既可依赖于 TCP 协议,也可依赖于 UDP 协议。其中,依赖 TCP 协议的主要有网络终端协议、电子邮件协议、文件传输协议等,依赖 UDP 协议的主要有简单网络管理协议、简单文件传输协议等,既依赖 TCP 协议又依赖 UDP 协议的主要有域名系统等。

3.3.3 TCP/IP 参考模型的不足

TCP/IP 参考模型的第一次实现是作为 Berkeley UNIX 的一部分流行开来的。TCP/IP 的成功已为其赢得大量投资和用户,其地位日益巩固,但是 TCP/IP 参考模型也存在自身的不足。

(1)不能作为一个好的模板

TCP/IP 参考模型对服务、接口和协议这三个概念并没有明确的区分。因此,对于使用新技术来设计新网络而言,TCP/IP 参考模型则不是一个很好的模板。

(2)对其他协议不适用

由于 TCP/IP 参考模型是对已有协议的描述,因此完全不是通用的,所以更不适合描述除 TCP/IP 参考模型之外的其他任何协议。

(3)混淆了接口和层的关系

主机—网络层在分层协议中根本不是通常意义下的层,只是一个接口,处于网络层和数据链路层之间。而在 TCP/IP 参考模型中却将其单独作为一层,显然是把接口和层的关系模糊了。

(4)没有区分物理层和数据链路层

物理层和数据链路层拥有完全不同的功能。物理层主要负责透明地传送二进制比特流,并定义网络硬件的特性;而数据链路层的工作是在两个相邻节点间的线路上无差错地传送以帧为单位的数据。

一个好的网络模型应该将物理和数据链路层作为分离的两层,TCP/IP 参考模型却没有这么做。在 TCP/IP 参考模型中并没有提及物理层和数据链路层,对它们也没有明确的区分。

3.4 OSI 与 TCP/IP 两种模型的比较

3.4.1 OSI 和 TCP/IP 参考模型的共同之处

OSI 和 TCP/IP 作为计算机通信的国际性标准,OSI 原则上是国际通用的,TCP/IP 是当前工业界普遍使用的,它们有着许多共同点,可以概括为以下几个方面。

①采用了协议分层方法,将庞大且复杂的问题划分为若干个较容易处理的范围较小的问题。
②各协议层次的功能大体上相似,都存在网络层、传输层和应用层。网络层实现点到点通

信,并完成路由选择、流量控制和拥塞控制功能,传输层实现端到端通信,将高层的用户应用与低层的通信子网隔离开来,并保证数据传输的最终可靠性。传输层的以上各层都是面向用户应用的,而以下各层都是面向通信的。

③两者都可以解决异构网的互联,实现世界上不同厂家生产的计算机之间的通信。

④两者都能够提供面向连接和无连接的两种通信服务机制,都是基于一种协议集的概念,协议集是一簇完成特定功能的相互独立的协议。

3.4.2　OSI 和 TCP/IP 参考模型的不同之处

除了前面已经提到的基本的相似之处以外,两个模型还有许多不同的地方。这里主要比较的是参考模型,而不是对应的协议栈。

(1)基本思想不同

对于 OSI 参考模型,有三个概念是它的核心:服务、接口、协议。OSI 参考模型最大的贡献是使这三个概念的区别变得更加明确了。

①每一层都为它的上一层执行一些服务。服务的定义指明了该层做些什么,而并没有说明上一层的实体如何访问这一层,或这一层是如何工作的。它定义了这一层的语义。

②每一层的接口告诉它上面的进程应该如何访问本层。它规定了有哪些参数,以及结果是什么,但是并没有说明本层内部是如何工作的。

③每一层用到的对等协议是本层自己内部的事情。它可以使用任何协议,只要能够完成任务就行(也指提供所承诺的服务)。它也可以随意地改变协议,而不会影响上面的各层。

这些思想与现代面向对象的程序设计思想十分吻合。一个对象就如同一个层一样,它有一组方法(或者叫操作),对象之外的过程可以调用这些方法。这些方法的语义规定了该对象所提供的服务集合。方法的参数和结果构成了对象的接口。对象的内部代码是它的协议,对于外部而言是不可见的,也不需要外界的关心。

对于 TCP/IP 模型,最初并没有明确地区分服务、接口和协议这三个概念之间的差异。不过,它在成型之后便得到了人们的改进,从而更加接近于 OSI。例如,互联网层提供的真正服务只有发送 IP 分组(SEND IP PACKET)和接收 IP 分组(RECEIVE IP PACKET)。

可见,OSI 参考模型中的协议较 TCP/IP 模型中的协议的隐蔽性而言更好。当技术发生变化的时候,OSI 参考模型中的协议相对更加容易被替换为新的协议。能够做这样的替换也正是最初采用分层协议的主要目的之一。

(2)产生时间不同

OSI 产生于协议发明之前。

优点是,这种顺序关系意味着 OSI 参考模型不会偏向于任何某一组特定的协议,因而该模型更加具有通用性。这一顺序关系所带来的麻烦是,设计者在这方面没有太多的经验可以参考,因此对哪一层上应该放哪些功能并不是很清楚。

例如,数据链路层最初只处理点到点网络,当广播式网络出现以后,必须在模型中嵌入一个新的子层。当人们使用 OSI 参考模型和已有的协议来建立实际的网络时,才万分惊讶地发现这些网络并不能很好地匹配所要求的服务规范,因此只能在模型中加入一些子层,以便提供足够的空间来弥补这些差异。另外,标准委员会最初期望每一个国家都将有一个由政府来运行的网络并使用 OSI 协议,所对网络互联的问题以根本不予考虑。总而言之,情况并不像预期的那样。

而 TCP/IP 却正好相反,它产生于协议出现之后。TCP/IP 模型只是这些已有协议的一个描述而已。

优点是,协议一定会符合模型,而且两者确实吻合得很好。唯一的问题在于,TCP/IP 模型并不适合任何其他的协议栈,因此,该模型在描述其他非 TCP/IP 网络时并不很有用。

(3)层数不同

现在我们从两个模型的基本思想转到更为具体的方面上来,它们之间一个很显然的区别是层的数目:OSI 参考模型有 7 层,而 TCP/IP 只有 4 层。它们都有网络层(或者是互联网层)、传输层和应用层,TCP/IP 没有了表示层和会话层,并且将数据链路层和物理层合并为网络接口层。

(4)通信范围不同

OSI 和 TCP/IP 还有另一个区别,那就是无连接的和面向连接的通信范围有所不同。

OSI 参考模型的网络层同时支持无连接和面向连接的通信,但是由于传输服务对于用户是可见的,所以传输层的特点决定了该层上只支持面向连接的通信。

TCP/IP 模型的网络层上只有无连接通信这一种模式,但是在传输层上同时支持两种通信模式,这样可以给用户一个选择的机会。这对于简单的请求应答协议是一种特别重要的机会。

第4章　计算机局域网技术

局域网技术是当前计算机网络研究与应用的一个热点问题,也是目前发展最快的领域之一。目前,许多企业因为日常办公或经营业务需要构建内部局域网。但是,由于经费短缺等问题,构建局域网的工作任务多由本单位计算机管理人员承担。

随着局域网体系结构、协议标准、操作系统等的发展,光纤的引入,以及高速局域网、交换局域网的发展,局域网技术特征与技术参数发生了很大的变化。

4.1　局域网概述

为了完整地给出局域网的定义,通常使用两种方式。一种是功能性定义,另一种是技术性定义。

前一种将局域网定义为一组台式计算机和其他设备,在地理范围上彼此相隔不远,以允许用户相互通信和共享诸如打印机和存储设备之类的计算资源的方式互连在一起的系统。这种定义适用于办公环境下的局域网、工厂和研究机构中使用的局域网。

后一种就局域网的技术性而言进行定义,它定义为由特定类型的传输媒体(如电缆、光缆和无线媒体)和网络适配器(亦称为网卡)互连在一起的计算机,并受网络操作系统监控的网络系统。

4.1.1　局域网的特点及功能

1.局域网的特点

与广域网(Wide Area Network,WAN)相比,局域网具有以下的特点。

①较小的地域范围。仅用于办公室、机关、工厂、学校等内部联网,其范围没有严格的定义,但一般认为距离为 0.1～25km。而广域网的分布是一个地区,一个国家乃至全球范围。

②高传输速率和低误码率。局域网传输速率一般为 10～1000Mb/s,万兆位局域网也已推出。而其误码率一般在 10^{-11}～10^{-8} 之间。

③局域网一般为一个单位所建,在单位或部门内部控制管理和使用,而广域网往往是面向一个行业或全社会服务。局域网一般是采用同轴电缆、双绞线等建立单位内部专用线,而广域网则较多租用公用线路或专用线路,如公用电话线、光纤、卫星等。

④局域网与广域网侧重点不完全一样,局域网侧重共享信息的处理,而广域网一般侧重共享位置准确无误及传输的安全性。

2.局域网的功能

局域网的主要功能与计算机网络的基本功能类似,但是局域网最主要的功能是实现资源共享和相互的通信交往。局域网通常可以提供以下主要功能。

(1)资源共享

①硬件资源共享。在局域网上,为了减少或避免重复投资,通常将激光打印机、绘图仪、大型存储器、扫描仪等贵重的或较少使用的硬件设备共享给其他用户。

②软件资源共享。为了避免软件的重复投资和重复劳动,用户可以共享网络上的系统软件和应用软件。

③数据资源共享。为了实现集中、处理、分析和共享分布在网络上各计算机用户的数据,一般可以建立分布式数据库;同时网络用户也可以共享网络内的大型数据库。

(2)通信交往

①数据、文件的传输。局域网所具有的最主要功能就是数据和文件的传输,它是实现办公自动化的主要途径,通常不仅可以传递普通的文本信息,还可以传递语音、图像等多媒体信息。

②视频会议。使用网络,可以召开在线视频会议。例如召开教学工作会议,所有的会议参加者都可以通过网络面对面地发表看法,讨论会议精神,从而节约人力物力。

③电子邮件。局域网邮局可以提供局域网内和网外的电子邮件服务,它使得无纸办公成为可能。网络上的各个用户可以接收、转发和处理来自单位内部和世界各地的电子邮件,还可以使用网络邮局收发传真。

4.1.2 局域网的分类及硬件组成

1.局域网的分类

按照网络的通信方式,局域网可以分为 3 种:对等网、专用客户机/服务器网络、无盘工作站网络。

(1)对等网络

对等网络非结构化地访问网络资源。对等网络中的每一台设备可以同时是客户机和服务器。网络中的所有设备可直接访问数据、软件和其他网络资源,它们没有层次的划分。

对等网主要针对一些小型企业,因为它不需要服务器,所以对等网成本较低。它可以使职员之间的资料免去用软盘复制的麻烦。

(2)客户机/服务器网络

通常将基于服务器的网络称为客户机/服务器网络。网络中的计算机划分为服务器和客户机。这种网络引进了层次结构,它是为了适应网络规模增大所需的各种支持功能设计的。

客户机/服务器网络应用于大中型企业,利用它可以实现数据共享,对财务、人事等工作进行网络化管理,并可以进行网络会议。它还提供强大的 Internet 信息服务,如 FTP、Web 等。

(3)无盘工作站网

无盘工作站顾名思义就是没有硬盘的计算机,是基于服务器网络的一种结构。无盘工作站利用网卡上的启动芯片与服务器连接,使用服务器的硬盘空间进行资源共享。

无盘工作站网可以实现客户机/服务器网络的所有功能,在它的工作站上,没有磁盘驱动器,但因为每台工作站都需要从“远程服务器”启动,所以对服务器、工作站以及网络组建的需求较高。由于其出色的稳定性、安全性,因此一些对安全系数要求较高的企业常常采用这种结构。

当然,对局域网的分类,我们只能从某一个角度去看,从硬件角度来看,包括拓扑结构和传输介质;从软件角度来看,包括协议和操作系统。

2.局域网硬件组成

典型的局域网硬件是由计算机、网络设备和传输介质组成。不同类型和不同应用的局域网，其网络操作系统和网络应用软件是不同的。常见局域网中的计算机可分为服务器和 PC 机两类，网络设备则包括网卡、集线器和交换机，传输介质分有线和无线两类。传输介质把所有的计算机和网络设备连接起来，就构成局域网。

(1)PC 机

PC 机通过网卡经传输介质连接到集线器或网络交换机上，通过交换机实现与网络服务器及其他 PC 机之间的通信。在接入互联网的局域网中，交换机有专门线路与接入互联网的路由器或网关连接。

(2)服务器

运行网络操作系统(NOS)，提供硬盘、文件数据及打印机共享等服务功能，是网络控制的核心。从应用来说配置较高的兼容机都可以用作服务器，但从提高网络的整体性能，尤其是从网络的系统稳定性来说，选用专用服务器更好。

服务器分为文件服务器、打印服务器、数据库服务器，在 Internet 上，还有 Web、FTP、E-mail 等专用服务器。

目前常见的 NOS 主要有 NetWare、Linux、UNIX 和 Windows NT/2000/2003 Server 4 种，朝着能支持多种通信协议、多种网卡和工作站的方向发展。

(3)网络接口卡

网络接口卡(NIC)简称网卡，一般安装在计算机上，通过有线或无线传输介质与网络设备相连。网卡插在计算机总线插槽内或某个外部接口上的扩展卡上，与网络操作系统配合工作，负责网络信息的发送与接收。在发送方，网卡将内存中的数据转换为相应信号发送到传输介质上；在接收方，目的设备的网卡就将从传输介质上接收到信号转换为计算机能够处理的数据。网卡中完成这种信号转换的电路称为收发器。

(4)交换机

交换机作为现代局域网的核心网络设备，负责局域网内各站点间的数据通信。站点和交换机之间采用星型拓扑结构连接，交换机接收所有站点发送的数据，并根据数据帧的目的地址将其转发给对应站点。如果将传输介质比喻为交通道路，将线路上传输的数据帧比喻为在道路行驶的车辆，那么交换机就是连接各条道路的多层次、全连通的道路立交桥。交换机将收到的数据帧转发到连接目的传输介质，从而送达目的站点，就如同立交桥引导车辆驶向通往目的地的正确道路一样。目前，几乎所有的局域网都是使用交换机进行组网。

(5)传输介质

传输介质是整个网络的神经系统。它将网络中的各站点从物理上连接起来，从而能够进行各类数据和信息传输。传输介质的质量和传输性能直接影响着网络的传输质量和传输性能。传输介质像交通道路一样是网络建设的基础设施。局域网根据应用环境的不同可采用有线、无线等多种传输介质。

4.1.3　决定局域网性能的三大关键因素

一般说来，决定局域网特性的主要技术有三个方面，即局域网的拓扑结构、用以传输数据的介质、用以共享媒体的介质访问控制方式。

1.局域网的拓扑结构

网络拓扑结构对网络采用的技术、网络的可靠性、网络的可维护性和网络的实施费用都有重大的影响,局域网在网络拓扑上主要采用了总线型、环型和星型结构。任何实际应用的局域网可能是一种或几种基本拓扑结构的扩展与组合。

2.局域网的传输介质

常用的传输介质包括双绞线、同轴电缆和光导纤维,另外,还有通过大气的各种形式的电磁传播,如微波、红外线和激光等。

(1)双绞线

双绞线是把两根绝缘铜线拧成有规则的螺旋形。双绞线的抗干扰性较差,易受各种电信号的干扰,可靠性差。若把若干对双绞线集成一束,并用结实的保护外皮包住,就形成了典型的双绞线电缆。把多个线对扭在一块可以使各线对之间或其他电子噪声源的电磁干扰最小。

用于网络的双绞线和用于电话系统的双绞线是有差别的。

双绞线主要分为两类,即非屏蔽双绞线(Unshielded Twisted-Pair,UTP)和屏蔽双绞线(Shielded Twisted-Pair,STP)。

EIA/TIA 为非屏蔽双绞线制定了布线标准,该标准包括 5 类 UTP。

①1 类线。可用于电话传输,但不适合数据传输,这一级电缆没有固定的性能要求。

②2 类线。可用于电话传输和最高为 4Mb/s 的数据传输,包括 4 对双绞线。

③3 类线。可用于最高为 10Mb/s 的数据传输,包括 4 对双绞线,常用于 10BaseT 以太网。

④4 类线。可用于 16Mb/s 的令牌环网和大型 10BaseT 以太网,包括 4 对双绞线。其测试速度可达 20Mb/s。

⑤5 类线。可用于 100Mb/s 的快速以太网,包括 4 对双绞线。

双绞线使用 RJ-45 接头连接计算机的网卡或集线器等通信设备。

(2)同轴电缆

同轴电缆是由一根空心的外圆柱形的导体围绕着单根内导体构成的。内导体为实芯或多芯硬质铜线电缆,外导体为硬金属或金属网。内外导体之间有绝缘材料隔离,外导体外还有外皮套或屏蔽物。

同轴电缆可以用于长距离的电话网络,有线电视信号的传输通道以及计算机局域网络。50Ω 的同轴电缆可用于数字信号发送,称为基带;75Ω 的同轴电缆可用于频分多路转换的模拟信号发送,称为宽带。在抗干扰性方面,对于较高的频率,同轴电缆优于双绞线。

有 5 种不同的同轴电缆可用于计算机网络,如表 4-1 所示。

表 4-1 同轴电缆的类型

电缆类型	网络类型	电缆电阻/端接器(Ω)
RG-8	10Base5 以太网	50
RG-11	10Base5 以太网	50

电缆类型	网络类型	电缆电阻/端接器(Ω)
RG-58A/U	10Base2 以太网	50
RG-59U	ARCnet,有线电视网	75
RG-62A/U	ARCnet	93

(3)光缆

它是采用超纯的熔凝石英玻璃拉成的比人的头发丝还细的芯线。光纤通信就是通过光导纤维传递光脉冲进行通信的。一般的做法是在给定的频率下以光的出现和消失分别代表两个二进制数字,就像在电路中以通电和不通电表示二进制数一样。

光导纤维导芯外包一层玻璃同心层构成圆柱体,包层比导芯的折射率低,使光线全反射至导芯内,经过多次反射,达到传导光波的目的。每根光纤只能单向传送信号,因此光缆中至少包括两条独立的导芯,一条发送,另一条接收。一根光缆可以包括二至数百根光纤,并用加强芯和填充物来提高机械强度。

光导纤维可以分为多模和单模两种。

①只要到达光纤表面的光线入射角大于临界角,便产生全反射,因此可以由多条入射角度不同的光线同时在一条光纤中传播,这种光纤称为多模光纤。

②如果光纤导芯的直径小到只有一个光的波长,光纤就成了一种波导管,光线则不必经过多次反射式的传播,而是一直向前传播,这种光纤称为单模光纤。

在使用光导纤维的通信系统中采用两种不同的光源:发光二极管(LED)和注入式激光二极(ILD)。发光二极管当电流通过时产生可见光,价格便宜,多模光纤采用这种光源。注入式激光二极管产生的激光定向性好,用于单模光纤,价格昂贵。

光纤的很多优点使得它在远距离通信中起着重要作用,光纤有如下优点。

①有较大的带宽,通信容量大。

②传输速率高,能超过千兆位/秒。

③传输衰减小,连接的范围更广。

④不受外界电磁波的干扰,因而电磁绝缘性能好,适宜在电气干扰严重的环境中应用。

⑤光纤无串音干扰,不易被窃听和截取数据,因而安全保密性好。

目前,光缆通常用于高速的主干网络。

(4)无线介质

通过大气传输电磁波的三种主要技术是:微波、红外线和激光。这三种技术都需要在发送方和接收方之间有一条视线通路。

由于这些设备工作在高频范围内(微波工作在 300MHz～300GHz),因此有可能实现很高的数据的传输率。

红外线和激光都对环境干扰特别敏感,对环境干扰不敏感的要算微波。微波的方向性要求不强,因此存在着窃听、插入和干扰等一系列不安全问题。

3.局域网的介质访问控制技术

介质访问控制方法是局域网最重要的一项基本技术,也是网络设计和组成的最根本问题,因为它对局域网体系结构、工作过程和网络性能产生决定性的影响。

局域网的介质访问控制包括两个方面的内容:一是要确定网络的每个结点能够将信息发送到介质上去的特定时刻;二是如何对公用传输介质进行访问并加以利用和控制。常用的局域网介质访问控制方法主要有以下三种:带冲突检测的载波监听多路访问(CSMA/CD)、令牌环(Token Ring)和令牌总线(Token Bus)。

(1)CSMA/CD

CSMA/CD(Carrier Sense Multiple Access/Collision Detect),即载波监听多路访问/冲突检测技术,是一种适用于总线型结构的分布式介质访问控制方法,在国内外广为流行。

CSMA/CD 是一种争用协议,网络中的每个站点都争用同一个信道,都能独立决定是否发送信息,如果有两个以上的站点同时发送信息就会产生冲突。如图 4-1 所示,网络中的计算机 A 和计算机 B 同时向计算机 D 传送数据,结果发生了冲突。一旦发生冲突,同时发送的所有信息都会出错,本次发送宣告失败。每个站点必须有能力判断冲突是否发生,如果发生冲突,则应等待随机时间间隔后重发,以免再次发生冲突。这种协议在轻负载时,只要介质空闲,发送站就能立即发送信息。在重负载时,仍能保持系统的稳定。由于在介质上传输的信号有衰减,为了能够正确地检测出冲突信号,一般要限制网络连接的最大电缆段长度。

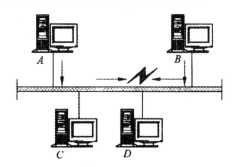

图 4-1　站点传输冲突示意图

(2) Token Ring

Token Ring,即令牌环,是一种适用于环型网络分布式介质访问控制方法。这种介质访问技术使用一个令牌(Token)沿着环路循环。令牌是一种特殊帧(通行证),当各站点都没有信息发送时,令牌标记为空闲状态。当一个站点要发送信息时,必须等待空闲令牌通过本站,然后将令牌改为忙状态,紧随其后将数据发送到环上。由于令牌是忙状态,其他站点必须等待而不能发送信息。因此,也就不可能发生任何冲突。

令牌环的主要优点在于其访问方式的可调整性和确定性,且各站具有同等的介质访问权,但为了使某些站点得到优先访问也可以有优先级操作和带宽保护。它采用一种分布式优先级调度算法来支持工作站的优先级访问,以保证优先级较高的站点有足够的传输带宽。令牌环的主要缺点是令牌维护要求较复杂。令牌的丢失将降低环路的利用率,而令牌的重复也会破坏网络的正常传输,故必须设置一个监控站,以保证环路中只有一个令牌绕行,如果丢失了,则要再插入一个空闲令牌。

(3)Token Bus

Token Bus,即令牌总线。CSMA/CD方法采用总线争用方式,具有结构简单、轻负载、时延小等特点,但随着负载的增加,冲突概率增加,性能明显下降。令牌环在重负载下利用率高,网络性能对传输距离不敏感,各个站点可公平地访问,但环网控制复杂,并存在可靠性问题。令牌总线(Token Bus)是在综合了上述两种介质访问控制方法优点的基础上形成的一种介质访问控制方法。

令牌总线访问控制方法是在物理总线上建立一个逻辑环。从物理上看,这是一种总线型的网络,网内各个站点共享的传输介质为总线型。连接在总线的各站点按站点地址顺序排列,通过令牌按指定方向依次循环传递,就形成了一个逻辑环路。与令牌环一样,只有获取令牌的站点才能发送信息。

令牌总线网络的正常操作十分简单,但网络管理功能显得比较复杂。如逻辑环的初始化功能,以便建立一个顺序访问的次序;故障恢复功能,以便出现令牌丢失或令牌重复时产生一个新令牌;站插入功能,以便让新的站点加入逻辑环;站删除功能,以便从逻辑环上删除不活动的站点等。总之,令牌总线网络的主要优点在于它的确定性、可调整性、可靠性以及吞吐量大,比较适合在工业控制网络中应用。ARCNET 采用的就是这种访问控制技术。

4.1.4　局域网的参考模型及标准

局域网络出现不久,其产品的数量和品种迅速增多。为了使不同厂商生产的网络设备之间具有兼容性、互换性和户操作性,以便让用户更灵活的进行设备选型,国际标准化组织开展了局域网的标准化工作。美国电气与电子工程师协会 IEEE(Institute of Electrical and Electronic Engineers)于 1980 年 2 月成立了局域网络标准化委员会(简称 IEEE 802 委员会),专门进行局域网标准的制定。经过多年的努力,IEEE 802 委员会公布了一系列标准,称为 IEEE 802 标准。

1.局域网的参考模型

早期的层局域网参考模型和 ISO 七层模型相比,只包含了这个模型中的下两层,也就是只包含了物理层和数据链路层这两层的功能由于局域网介质接入、控制方法不同,为了使局域网中的数据链路层不至于过于复杂,为了使局域网中的数据链路层不致过于复杂,就应当将局域网链路层划分为两个子层,即介质访问控制(Medium Access Control,MAC)子层和逻辑链路控制(Logical Link Control,LLC)子层,而网络的服务访问点 SAP 则在 LLC 子层与高层的交界面上。局域网的参考模型如图 4-2 所示。

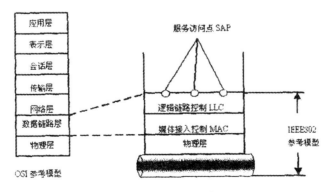

图 4-2　局域网参考模型与 OSI 参考模型对应关系

物理层的功能是:实现位(亦称比特流)的传输与接收、同步前序(Preamble)的产生与删除等,该层规定了所使用的信号、编码和介质,规定了有关的拓扑结构和传输速率;有关信号与编码常采用曼彻斯特编码;介质为双绞线、同轴电缆和光缆等;拓扑结构多为总线型、树型和环型;传输速率为 1Mb/s、4Mb/s、10Mb/s、100Mb/s 等。

与接入各种传输介质有关的问题都放在 MAC 子层。MAC 子层还负责在物理层的基础上进行无差错的通信。更具体地讲,MAC 子层的主要功能如下。

①将上层交下来的数据封装成帧进行发送(接收时进行相反的过程,将帧拆卸)。

②实现和维护 MAC 协议。

③比特差错检测。

④寻址。

数据链路层中与介质接入无关的部分都集中在 LLC 子层。更具体些讲,LLC 子层的主要功能如下。

① 建立和释放数据链路层的逻辑连接。

②提供与高层的接口。

③差错控制。

④给帧加上序号。

2.IEEE 802 局域网标准

1980 年 2 月 IEEE 成立了专门负责制定局域网标准的 IEEE 802 委员会。该委员会开发了一系列局域网和城域网标准,最广泛使用的标准是以太网家族、令牌环、无线局域网、虚拟网等。IEEE 802 委员会于 1984 年公布了五项标准 IEEE 802.1～IEEE 802.5,随着局域网技术的迅速发展,新的局域网标准不断被推出,新的吉位以太网技术目前也以标准化。

IEEE802 委员会为局域网制定的一系列标准,统称为 IEEE802 标准。IEEE802 标准之间的关系如图 4-3 所示。IEEE802 标准主要包括:

①IEEE 802.1A 概述和系统结构,IEEE 802.1B 寻址,网络管理和网际互连。

②IEEE 802.2 逻辑链路控制。

③IEEE 802.3 CSMA/CD 总线访问控制方法及物理层技术规范。

④IEEE 802.4 令牌总线访问控制方法及物理层技术规范。

⑤IEEE 802.5 令牌环网访问控制方法及物理层规范。

⑥IEEE 802.6 城域网访问控制方法及物理层技术规范。

⑦IEEE 802.7 宽带技术。

⑧IEEE 802.8 光纤技术(FDDI 在 802.3,802.4,802.5 中的使用)。

⑨IEEE 802.9 综合业务数字网(ISDN)技术。

⑩IEEE 802.10 局域网安全技术。

⑪IEEE 802.11 无线局域网。

⑫IEEE 802.12 新型高速局域网(100Mb/s)。

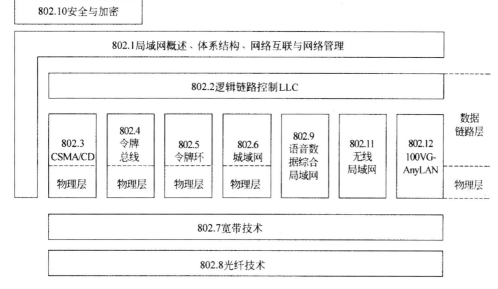

图 4-3　IEEE 802 标准间关系

4.2　传统局域网

以太网(Ethernet)是基于总线型的广播式网络,采用 CSMA/CD 介质访问控制方法,在已有的局域网标准中,它是最成功的局域网技术,也是当前应用最广泛的一种局域网。

对于非主干网来说,传输速率为 10Mbps 的以太网是目前使用最广泛的一类局域网络,主要应用于企、事业单位的最小单元,如教研室(大学→院系→教研室)。在其物理层,定义了多种传输介质(粗同轴电缆、细同轴电缆、双绞线和光纤)和拓扑结构(总线型、星型和混合型),形成了一个 10Mbps 以太网标准系列:IEEE 802.3 的 10Base-5、10Base-2、10Base-T 和 10Base-F 标准(见表 4-2)。

表 4-2　几种以太网络的指示和参数

参　　数	网　　络			
	10Base-2	10Base-5	10Base-T	10Base-F
网段最大长度	185m	500m	100m	2000m
网络最大长度	925m	2500m	4 个集线器	2 个光集线器
网站间最小距离	0.5m	2.5m		
网段的最多结点数	30	100		
拓扑结构	总线型	总线型	星型	星型
传输介质	细同轴电缆	粗同轴电缆	3 类 UTP	多模光纤
连接器	BNC-T	AUI	RJ-45	ST 或 SC
最多网段数	5	5	5	3

4.2.1 10Base-5 网络

10Base-5 是总线型粗同轴电缆以太网(或称标准以太网)的简略标识符,是基于粗同轴电缆介质的原始以太网系统。目前由于 10Base-T 技术的广泛应用,在新建的局域网中,10Base-5 很少被采用,但有时 10Base-5 还会用作连接集线器(Hub)的主干网段。

10Base-5 的含义是:"10"表示传输速率为 10Mbps;"Base"是 Baseband(基带)的缩写,表示 10Base-5 使用基带传输技术;"5"指的是最大电缆段的长度为 5×100m。10Base-5 标准中规定的网络指标和参数见表 4-2。图 4-4 所示为一段 10Base-5 网络。

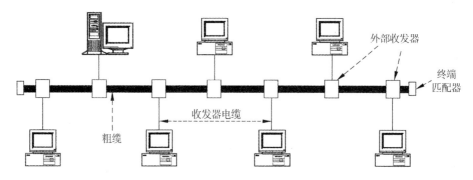

图 4-4 10Base-5 网络的物理结构

10Base-5 网络所使用的硬件有:

①带有 AUI 插座的以太网卡。它插在计算机的扩展槽中,使该计算机成为网络的一个结点,以便连接入网。

②50Ω 粗同轴电缆。这是 10Base-5 网络定义的传输介质。

③外部收发器。两端连接粗同轴电缆,中间经 AUI 接口由收发器电缆连接网卡。

④收发器电缆。两头带有 AUI 接头,用于外部收发器与网卡之间的连接。

⑤50Ω 终端匹配器。电缆两端各接一个终端匹配器,用于阻止电缆上的信号散射。

4.2.2 10Base-2 网络

10Base-2 是总线型细同轴电缆以太网的简略标识符。它是以太网支持的第二类传输介质。10Base-2 使用 50Ω 细同轴电缆作为传输介质,组成总线型网。细同轴电缆系统不需要外部的收发器和收发器电缆,减少了网络开销,素有"廉价网"的美称,这也是它曾被广泛应用的原因之一。目前由于大部分新建局域网都使用 10Base-T 技术,安装细同轴电缆的已不多见,但是在一个计算机比较集中的计算机网络实验室,为了便于安装、节省投资,仍可采用这种技术。

10Base-2 中 10Base 的含义与 10Base-5 完全相同。"2"指的是最大电缆段的长度为 2×100m(实际是 185m)。10Base-2 标准中规定的网络指标和参数如表 4-2 所示。根据 10Base-2 网络的总体规模,它可以分割为若干个网段,每个网段的两端要用 50Ω 的终端匹配器端接,同时要有一端接地。如图 4-5 所示为一段 10Base-2 网络。

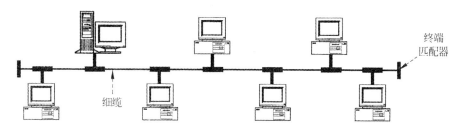

图 4-5　10Base-2 网络的物理结构

10Base-2 网络所使用的硬件有：

①带有 BNC 插座的以太网卡(使用网卡内部收发器)。它插在计算机的扩展槽中,使该计算机成为网络的一个结点,以便连接入网。

②50Ω 细同轴电缆。这是 10Base-2 网络定义的传输介质。

③50Ω 终端匹配器。电缆两端各接一个终端匹配器,用于阻止电缆上的信号散射。

④BNC 连接器。用于细同轴电缆与 T 型连接器的连接。

4.2.3　10Base-T 网络

1990 年,IEEE 802 标准化委员会公布了 10Mbps 双绞线以太网标准 10Base-T。该标准规定在无屏蔽双绞线(UTP)介质上提供 10Mbps 的数据传输速率。每个网络站点都需要通过无屏蔽双绞线连接到一个中心设备 Hub 上,构成星型拓扑结构。10Base-T 双绞线以太网系统操作在两对 3 类无屏蔽双绞线上,一对用于发送信号,另一对用于接收信号。为了改善信号的传输特性和信道的抗干扰能力,每一对线必须绞在一起。双绞线以太网系统具有技术简单、价格低廉、可靠性高、易实现综合布线和易于管理、维护、易升级等优点。正因为它比 10Base-5 和 10Base-2 技术有更大的优越性,所以 10Base-T 技术一经问世,就成为连接桌面系统最流行、应用最广泛的局域网技术。

与采用同轴电缆的以太网相比,10Base-T 网络更适合在已铺设布线系统的办公大楼环境中使用。因为在典型的办公大楼中,95％以上的办公室与配电室的距离不超过 100m。同时,10Base-T 网络采用的是与电话交换系统相一致的星型结构,可容易地实现网络线与电话线的综合布线。这就使得 10Base-T 网络的安装和维护简单易行且费用低廉。此外,10Base-T 采用了 RJ-45 连接器,使网络连接比较可靠。10Base-T 标准中规定的网络指标和参数见表 7-3。图 4-6 所示为一段 10Base-5 网络。

10Base-T 网络所使用的硬件有：

①带有 RJ-45 插座的以太网卡。它插在计算机的扩展槽中,使该计算机成为网络的一个结点,以便连接入网。

②3 类以上的 UTP 电缆(双绞线)。这是 10Base-T 网络定义的传输介质。

③RJ-45 连接器。电缆两端各压接一个 RJ-45 连接器,一端连接网卡,另一端连接集线器。

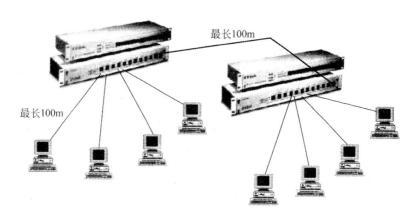

图 4-6　10Base-T 以太网

4.2.4　10Base-F 网络

光缆以太网 10Base-F 使用一对光缆，一条光缆用于发送数据，另一条则接收数据。在所有情况下，信号都采用曼彻斯特编码，每一个曼彻斯特信号元素转换成光信号元素，用有光表示高电平，无光表示低电平，因此 10Mbps 的曼彻斯特流在光纤上可达 20Mbps。10Base-F 标准中规定的网络指标和参数见表 4-2。因为光信号传输的特点是单方向，适合于端—端式通信，因此 10Base-F 以太网络呈星型结构，如图 4-7 所示。

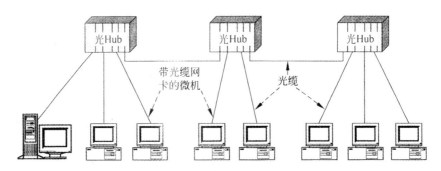

图 4-7　10Base-F 光纤以太网

10Base-F 定义了 4 种光缆规范：FOIRL、10Base-FP、10Base-FB 和 10Base-FL 规范。FOIRL 和 10Base-FP 规范允许每一段的最大距离为 1km，10Base-FB 和 10Base-FL 规范则允许最大距离达到 2km。

4.3　高速局域网

随着大型数据库、多媒体技术与网络互联的广泛应用，对局域网性能要求也越来越高。为了适应信息化高速发展的要求，目前的局域网正向着高速、交换与虚拟局域网的方向发展。自 20 世纪 90 年代开始，高速局域网已成为网络应用中的热点问题之一。

4.3.1　快速以太网(100Mbps Ethernet)

快速以太网(Fast Ethernet)源自 10Base-T,所以保留着传统的 10Base 系列 Ethernet 的所有特征,即相同的帧格式、相同的介质访问控制方法 CSMA/CD、相同的组网方法,只是把每个比特发送时间由 100ns 降至 10ns。因此,用户只要更换一张网卡,再安装一个 100Mbps 的集线器或交换机,就可以很方便地由 10Base-T 以太网直接升级到 100Mbps,而不必改变网络的拓扑结构。所有在 10Base-T 上的应用软件和网络软件的功能也都可以保持不变。

1995 年 5 月,IEEE 802 委员会正式通过作为新规范的快速以太网 100Base-T 标准 IEEE 802.3u,它是现行 IEEE 802.3 标准的补充。IEEE 802.3u 标准在 LLC 子层使用 IEEE 802.2 标准,在 MAC 子层使用 CSMA/CD 方法,只是在物理层作了一些调整,定义了新物理层标准 100Base-T。100Base-T 标准采用了介质独立接口 MII(Media Independent Interface)。它将 MAC 子层与物理层分割开,使物理层在达到 100Mbps 的速率时,所使用的传输介质和信号编码方法不会影响 MAC 子层。

100Base-T 标准包括 3 种物理层标准,即 100Base-TX、100Base-T4 与 100Base-FX,如图 4-8 所示。

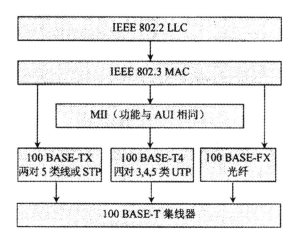

图 4-8　快速以太网协议结构

(1)100Base-TX

100Base-TX 基本上是以 ANSI 开发的铜质 FDDI 物理层相关子层为基础的。100Base-TX 与 10Base-T 有许多相似之处,都是使用 2 对(4 根)5 类非屏蔽双绞线或 STP,其中 1 对用于发送,另一对用于接收,其最大网段长度为 100m。因此,100Base-TX 是一个全双工系统,每个站点可以同时以 100Mbps 的速度发送和接收数据。

100Base-TX 使用了比 10Base-T 更为高级的编码方法——4B/5B,因而,它可以以 125MHz 的串行数据流传输数据。目前常用的百兆快速以太网即为 100Base-TX 技术。

(2)100Base-T4

100Base-T4 是一个崭新的物理层标准,与 100Base-TX 一样也是基于 ANSI FDDI 技术的。100Base-T4 是为 3 类无屏蔽双绞线的安装需要而设计的。它也支持 4 类或 5 类无屏蔽双绞线,其最大网段长度为 100m。

100Base-T4 使用 4 对无屏蔽双绞线,其中 3 对用于传输数据,第 4 对作为冲突检测时的接收信道。由于没有单独专用的发送和接收线,不能进行全双工操作。但就目前而言,100Base-T4 技术在实际中应用较少。

(3)100Base-FX

100Base-FX 针对使用光纤或 FDDI 技术的应用领域,如高速主干网、超长距离连接、有电气干扰的环境和有较高保密要求的环境等。100Base-FX 支持 2 芯的多模光纤和单模光纤,最大网段长度是可以变化的。对于中继器-DTE 型的连接,最大网段长度可达 150m;对于 DTE-DTE 型的连接,最大网段长度可达 412m;对于全双工 DTE-DTE 型连接,最大网段长度可达 2000m;对于单模全双工 DTE-DTE 型连接,最大网段长度则可高达 1000m。100Base-FX 使用与 100Base-TX 相同的 4B/5B 编码方法。

目前,使用光纤作为传输介质的 100Base-FX 在原有的部分局域网中仍有应用,但新建网络中光纤的传输速率多为千兆或万兆。

(4)3 种快速以太网的比较

为了便于读者比较,表 4-3 所示为 3 种快速以太网的性能比较。

表 4-3　3 种快速以太网的性能比较

类型特性	100Base-TX	100Base-FX	100Base-T4
传输介质	5 类 UTP 或 STP	多模或单模光纤	UTP/3/4/5 类
要求线对数	2	2	4
发送线对数	1	1	3
最大固定长度	100m	150/412/2000m	100m
全双工通信能力	有	有	无

4.3.2　千兆以太网(Gigabit Ethernet)

10Mb/s 和 100Mb/s 以太网在 20 世纪 80 年代和 90 年代主宰了网络市场,现在千兆位以太网已经向我们走来,有人预测,它会在 21 世纪独领风骚。现在,千兆位以太网标准 IEEE 802.3z 已顺利进入标准制定阶段,1996 年 7 月,IEEE 802.3 工作组成立了 802.3z 千兆位以太网特别小组。它的主要目标是制定一个千兆位以太网标准,其协议结构如图 4-9 所示,这项标准的主要任务如下。

①允许以 1000Mb/s 的速度进行半双工和全双工操作。

②使用 802.3 以太网帧格式。

③使用 CSMA/CD 访问方式,提供为每个冲突域分配一个转发器的支持。

④使用 10Base-T 和 100Base-T 技术,提供向后兼容性。

在连接距离方面,特别小组确定了三个具体目标:最长 550m 的多模式光纤链接;最长 3km 的单模式光纤链接以及至少为 25m 的基于铜缆的链接。目前,IEEE 正积极探索可在 5 类非屏蔽双绞线(UTP)上支持至少 100m 连接距离的技术。

千兆位以太网将显著增加带宽,并通过与现有的 10/100Mb/s 以太网标准的向后兼容能力,提供卓越的投资保护。目前各大网络公司都在推出自己的千兆以太网技术。

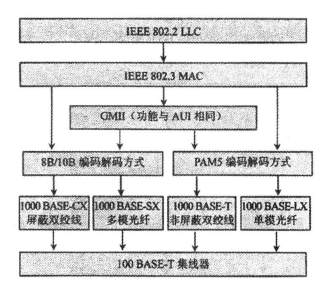

图 4-9　千兆位以太网的协议结构

1000Base-T 标准可以支持多种传输介质。目前，1000Base-T 有以下四种有关传输介质的标准。

（1）1000Base-T

1000Base-T 标准使用的是 5 类非屏蔽双绞线，双绞线长度可以达到 100m。

（2）1000Base-CX

1000Base-CX 标准使用的是屏蔽双绞线，双绞线长度可以达到 25m。

（3）1000Base-LX

1000Base-LX 标准使用的是波长为 1300nm 的单模光纤，光纤长度可以达到 3000m。

（4）1000Base-SX

1000Base-SX 标准使用的是波长为 850nm 的多模光纤，光纤长度可以达到 300～550m。

4.3.3　万兆以太网(10 Gigabit Ethernet)

随着网络应用的快速发展，高分辨率图像、视频和其他大数据量的数据类型都需要在网上传输，促使对带宽的需求日益增长，并对计算机、服务器、集线器和交换机造成越来越大的压力。

这些应用很多都需要在网上传输大型文件。例如科学应用需要超带宽的网络，从而可以传输分子、飞行器等复杂对象的三维可视信息。在计算机上制作的杂志、说明书以及其他全彩色出版物直接传给数字打印设备。很多医疗设备在 LAN 和 MAN 链路上传送复杂的图像。工程师使用电子和机械设计自动化工具在分散的各开发小组成员之间进行相互交流，并且共享数百吉字节的文件。决策者为了作报告或者分析，需要访问一些企业数据。作为决策者对数据进行访问的一种方式，数据仓库的应用非常广泛。这些数据仓库可能由分布在数百个平台上，可由成千上万个用户访问的吉字节或者千吉字节数据组成，它们必须经常更新从而为用户提供最接近实时的数据，以用于重要事务的报告或分析。在很多需要将企业数据存储起来的行业，对服务器和存储系统进行网络备份是经常的事情。这种备份通常需要在某个固定时时间段(4 到 8 小时)进行高带宽传输。它包括分布在整个企业的数百个服务器和存储系统中的吉比特或千吉比特的数据。

1.10G 以太网的设计目标

以太网应用中的这些实际问题呼唤 10G 以太网的诞生,10G 以太网标准定名为 IEEE 802.3ae,10G 以太网特别工作组所定义的基本技术可满足以下一些设计目标。

①在媒体访问控制层(MAC)客户服务器接口保留 802.3 以太网帧格式。

②保留 802.3 标准最小和最大帧长度。

③只支持全双工。

④采用点到点连接和结构化电缆附设技术,支持星形局域网拓扑。

⑤在 MAC/PLS(专线业务)接口支持 10Gb/s 的传输速率。

⑥定义局域网和广域网两个物理层装置(PHY)系列,并定义 MAC/PLS 数据传输速率适应广域网物理层装置数据传输速率的机制。

⑦提供支持多膜和单模光纤连接距离的物理层技术规范。

2.10G 以太网的类别

10G 以太网主要有以下 3 类网络。

(1)局域网中的 10G 以太网

这种 10G 以太网将用在局域网、服务提供商和企业数据中心。最初,网络管理人员将使用 10G 以太网在数据中心内的大容量交换机或计算机室之间,或办公楼群之间提供高速互连。10G 以太网配置在整个局域网中,将包括交换机到交换机、交换机到服务器以及城域网和广域网接入应用。

(2)城域网中的 10G 以太网

10G 以太网已用作城域网的主干网。采用合适的 10G 以太网光收发机和单模光纤,服务提供商可使连接距离达 40 公里以上。随着技术的发展,还可以在城域网中部署采用 DWDM 设备的 10G 以太网。对于企业而言,通过 DWDM 设备接入 10G 以太网将能实现无服务器办公楼群、支持远程连接等应用。对于服务提供商而言,城域网中的 10G 以太网将能以低于 T3 或 OC-3/STM.1 业务的价格,提供 10G 以太网连接。

(3)广域网中的 10G 以太网

这种 10G 以太网将使 Internet 服务提供商(ISP)和网络服务提供商(NSP),在运营商级交换机、路由器和直接加到 SONET/SDH 网上的光传输设备间,以很低的成本建立超高速连接。10G 以太网将使校园网或接入点之间,通过 SONET/SDH/TDM 网络,使地理上分散的局域网连接到广域网上。

4.3.4　其他高速局域网

1.光纤分布式数据接口 FDDI

光纤由于其众多的优越特性,在数据通信中得到了日益广泛的应用。用光纤作为媒体的局域网技术主要是光纤分布数据接口 FDDI(Fiber Distributed Data Interface)。FDDI 以光纤作为传输媒体,它的逻辑拓扑结构是一个环,更确切地说是逻辑计数循环环(Logical Counter Rotating Ring),它的物理拓扑结构可以是环形、带树形的环或带星形的环,如图 4-10 所示。

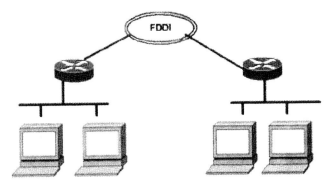

图 4-10　FDDI 环网

FDDI 的数据传输速率可高达 100Mb/s,覆盖的范围可达几公里。FDDI 可以在主机与外设之间、主机与主机之间、主干网与 IEEE 802 低速网之间提供高带宽和通用目的的互联。FDDI 采用了 IEEE 802 体系结构,其数据链路层中的 MAC 子层可以执行在 IEEE 802 标准定义的 LLC 操作。

2.高性能并行接口 HIPPI

高性能并行接口 HIPPI(High-Performance Parallel Interface)主要用于超级计算机与一些外围设备(如海量存储器、图形工作站等)的高速接口。1987 年设计的 HIPPI 的数据传送标准是 800Mb/s。这是因为对于 1024×1024 像素的画面,若每个像素使用 24bit 的色彩编码和每秒 30 个画面,则总的数据率为 750Mb/s。以后,又制定了 1600Mb/s 和 6.4Gb/s 的数据率标准,HIP-PI 是一个 ANSI 标准。

4.4　交换式局域网

在传统的共享介质局域网中,所有结点共享一条公共通信传输介质,不可避免将会有冲突发生。随着局域网规模的扩大,网中结点数的不断增加,每个结点平均能分配到的带宽越来越少。因此,当网络通信负荷加重时,冲突与重发现象将会大量发生,网络效率将会急剧下降。为了克服网络规模与网络性能之间的矛盾,人们提出将共享介质方式改为交换方式,从而促进了交换式局域网的发展。

4.4.1　交换式局域网的基本结构

EmerSwitch 作为最早出现的交换机确立了交换局域网的结构,即以交换机为核心的星型结构。交换机可以在多个端口之间建立多个并发连,比网桥有更快的数据转发速度。交换机可以用于连接局域网,也可以用于连接计算机,而网桥一般用于连接不同的局域网,端口数量较少。

交换机从根本上改变了局域网共享介质的结构,大大提升了局域网的性能。目前,主流的局域网都采用交换结构。

图 4-11 描述了目前典型的交换局域网结构,多台计算机首先接入到工作组交换机,然后,用

部门级交换机将多台工作组交换机连接起来,最后,将部门级交换机汇接到局域网所属机构的核心交换机。出于速度和管理方面的考虑,局域网的交换机通常与核心交换机相连。根据局域网的规模和机构自身的需要,实际中应用的交换局域网结构可能比图 4-11 中表示的简单或者更复杂。

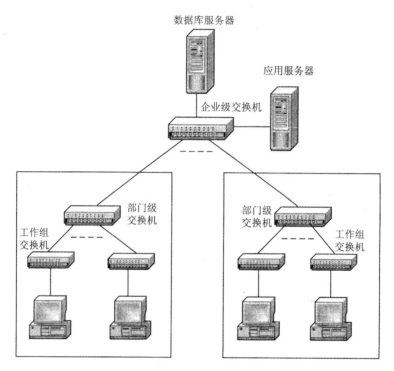

图 4-11　典型交换局域网结构

4.4.2　交换式局域网的特点

交换式局域网主要有如下几个特点:

(1)独占传输通道,独占带宽

允许多对站点同时通信。共享式局域网中,在介质上是串行传输,任何时候只允许一个帧在介质上传送。交换机是一个并行系统,它可以使接入的多个站点之间同时建立多条通信链路(虚连接),让多对站点同时通信,所以交换式网络大大地提高了网络的利用率。

(2)灵活的接口速度

在共享式网络中,不能在同一个局域网中连接不同速率的站点(如 10Base-5 仅能连接10Mbps 的站点)。而在交换网络中,由于站点独享介质,独占带宽用户可以按需配置端口速率。在交换机上可以配置 10Mbps、100Mbps 或者 10Mbps/100Mbps 自适应的端口,用于连接不同速率的站点,接口速度有很大的灵活性。

(3)高度的可扩充性和网络延展性

大容量交换机有很高的网络扩展能力,而独享带宽的特性使扩展网络没有带宽下降的后顾之忧。因此,交换式网络可以构建一个大规模的网络,如大的企业网、校园网或城域网。

(4)易于管理、便于调整网络负载的分布,有效地利用网络带宽交换网可以构造"虚拟网络",通过网络管理功能或其他软件可以按业务或其他规则把网络站点分为若干个逻辑工作组,每一个工作组就是一个虚拟网(VLAN)。虚拟网的构成与站点所在的物理位置无关。这样可以方便地调整网络负载的分布,提高带宽利用率。

(5)交换式局域网可以与现有网络兼容

如交换式以太网与以太网和快速以太网完全兼容,它们能够实现无缝连接。

(6)互联不同标准的局域网

局域网交换机具有自动转换帧格式的功能,因此它能够互联不同标准的局域网,如在一台交换机上能集成以太网、FDDI 和 ATM。

4.4.3　局域网交换机的工作原理

1.局域网交换机的工作原理

典型的局域网交换机结构与工作过程如图 4-12 所示。图中的交换机有 6 个端口,其中端口 1、4、5、6 分别连接了结点 A、结点 B、结点 C 与结点 D。那么交换机的"端口号/ MAC 地址映射表"就可以根据以上端口号与结点 MAC 地址的对应关系建立起来。如果结点 A 与结点 D 同时要发送数据,那么它们可以分别在以太网帧的目的地址字段(DA,destination address)中填上该帧的目的地址。

例如,结点 A 要向结点 C 发送帧,那么该帧的目的地址 DA＝结点 C;结点 D 要向结点 B 发送,那么该帧的目的地址 DA＝结点 B。当结点 A、结点 D 同时通过交换机传送以太网帧时,交换机的交换控制中心根据"端口号/MAC 地址映射表"的对应关系找出对应帧目的地址的输出端口号,那么它就可以为结点 A 到结点 C 建立端口 1 到端口 5 的连接,同时为结点 D 到结点 B 建立端口 6 到端口 4 的连接。这种端口之间的连接可以根据需要同时建立多条,也就是说可以在多个端口之间建立多个并发连接。

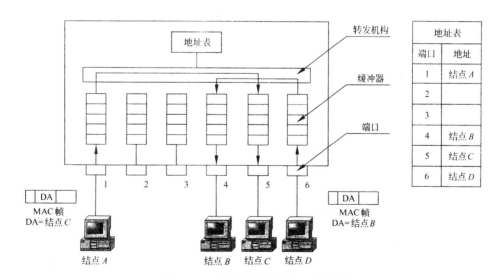

图 4-12　交换机结构域工作过程

2.交换机的帧转发方式

以太网交换机的帧转发方式可以分为以下三类。

(1)直接交换方式

在直接交换方式中,交换机只要接收并检测到目的地址字段,立即将该帧转发出去,而不管这一帧数据是否出错。帧出错检测任务由结点主机完成。这种交换方式的优点是交换延迟时间短;缺点是缺乏差错检测能力,不支持不同输入输出速率的端口之间的帧转发。

(2)存储转发交换方式

在存储转发方式中,交换机首先完整的接收发送帧,并先进行差错检测。如果接收帧是正确的,则根据帧目的地址确定输出端口号,然后再转发出去。这种交换方式的优点是具有帧差错检测能力,并能支持不同输入输出速率的端口之间的帧转发,缺点是交换延迟时间将会增长。

(3)改进直接交换方式

改进的直接交换方式则将二者结合起来,它在接收到帧的前64字节后,判断以太网帧的帧头字段是否正确,若是正确的则转发出去。此方法对于短的以太网帧来说,其交换延迟时间与直接交换方式比较接近;而对于长的以太网帧来说,由于它只对帧的地址字段与控制字段进行了差错检测,因此交换延迟时间将会减少。

3.地址学习

以太网交换机利用"端口/MAC地址映射表"进行信息的交换,因此,"端口/MAC地址映射表"的建立和维护显得相当重要。一旦地址映射表出现问题,就可能造成信息转发错误。那么,交换机中的"端口/MAC地址映射表"是怎样建立和维护的呢?

这里有两个问题需要解决,一是交换机如何知道哪台计算机连接到哪个端口;二是当计算机在交换机的端口之间移动时,交换机如何维护地址映射表。显然,通过人工建立交换机的地址映射表是不切实际的,交换机应该自动建立地址映射表。

通常,以太网交换机利用"地址学习"法来动态建立和维护"端口/MAC地址映射表"。以太网交换机的地址学习是通过读取帧的源地址并记录帧进入交换机的端口进行的。当得到MAC地址与端口的对应关系后,交换机将检查地址映射表中是否已经存在该对应关系。如果不存在,交换机就将该对应关系添加到地址映射表;如果已经存在,交换机将更新该表项。因此,在以太网交换机中,地址是动态学习的。只要这个结点发送信息,交换机就能捕获到它的MAC地址与其所在端口的对应关系。

在每次添加或更新地址映射表的表项时,添加或更改的表项被赋予一个计时器。这使得该端口与MAC地址的对应关系能够存储一段时间。如果在计时器溢出之前没有再次捕获到该端口与MAC地址的对应关系,该表项将被交换机删除。通过移走过时的或老化的表项,交换机维护了一个精确且有用的地址映射表。

4.生成树协议

生成树协议(Spanning Tree Protocol,STP)是网桥或交换机使用的协议,在后台运行,用于阻止网络第二层上产生回路(Loop)。STP一直监视着网络,找出所有的链路并关闭多余的链路,保证不产生回路。

STP 首先选择一个根网桥,这个根网桥将决定网络拓扑。对任何一个已知网络,只能有一个根网桥。根网桥端口是指定端口,指定端口运行在转发状态。转发状态的端口收发信息。如果在网络中还有其他交换机,都是非根网桥。到根网桥代价最小的端口称为指定端口,它们收发信息。代价由链路带宽决定。

被确定到根网桥有最小代价路径的端口称为指定端口,也称为转发端口,和根网桥端口一样,也运行在转发状态。网桥上的其他端口称为非指定端口,不收发信息,处于阻塞(Block)状态。

(1)生成树端口状态

生成树端口状态有如下四种状态。

阻塞:不转发帧,监听 BPDU(网桥之间必须要进行一些信息的交流,这些信息交流单元就称为配置消息 BPDU,Bridge Protocol Data Unit)。当交换机启动后,所有端口默认状态下处于阻塞状态。

监听:监听 BPDU,确保在传送数据帧之前网络上没有回路。

学习:学习 MAC 地址,建立过滤表,但不转发帧。

转发:能在端口上收发数据。

交换机端口一般处于阻塞或转发状态。

(2)收敛

收敛发生在网桥和交换机状态在转发和阻塞之间切换的时候。在这段时间内不转发数据帧。所以,收敛的速度对于确保所有设备具有相同的数据库来说是很重要的。

4.5　虚拟局域网

交换式局域网是虚拟局域网的基础。近年来,随着交换式局域网技术的飞速发展,交换局域网结构逐渐取代了传统的共享介质局域网。交换技术的发展为虚拟局域网的实现提供了技术基础。

虚拟网络(virtual network)是建立在交换技术基础上的。如果将网络上的结点按工作性质与需要,划分成若干个"逻辑工作组",那么一个逻辑工作组就是一个虚拟网络。

在传统的局域网中,通常一个工作组是在同一个网段上,每个网段可以是一个逻辑工作组或子网。多个逻辑工作组之间通过实现互连的网桥或路由器来交换数据。如果一个逻辑工作组的结点要转移到另一个逻辑工作组时,就需要将结点计算机从一个网段撤出,连接到另一个网段上,甚至需要重新进行布线。因此,逻辑工作组的组成就要受结点所在网段的物理位置限制。

虚拟网络建立在局域网交换机(或 ATM 交换机)上,它以软件方式来实现逻辑工作组的划分与管理,逻辑工作组的结点组成不受物理位置的限制。同一逻辑工作组的成员不一定要连接在同一个物理网段上,它们可以连接在同一个局域网交换机上,也可以连接在不同的局域网交换机上,只要这些交换机是互连的就可以。当一个结点从一个逻辑工作组转移到另一个逻辑工作组时,只需要简单地通过软件设定,而不需要改变它在网络中的物理位置。同一个逻辑工作组的结点可以分布在不同的物理网段上,它们之间的通信就像在同一个物理网段上一样。

4.5.1 虚拟局域网的标准及划分

1.虚拟局域网的结构

虚拟局域网(VLAN,Virtual LAN)是一种将局域网内的设备逻辑地而不是物理地划分为一个个网段从而实现虚拟工作组的新兴技术。虚拟局域网的组网方法与传统局域网不同。虚拟局域网的一组结点可以位于不同的物理网段上,但是它们并不受结点所在物理位置的束缚,相互之间通信就好像在同一个局域网中一样。虚拟局域网可以跟踪结点位置的变换,当结点的物理位置改变时,无需人工进行重新配置。因此,虚拟局域网的组网方法十分灵活。图 4-13 给出了虚拟局域网的物理结构域逻辑结构。其中,图 4-13(a)给出了虚拟局域网的物理结构,图 4-13(b)给出了虚拟局域网的逻辑结构。

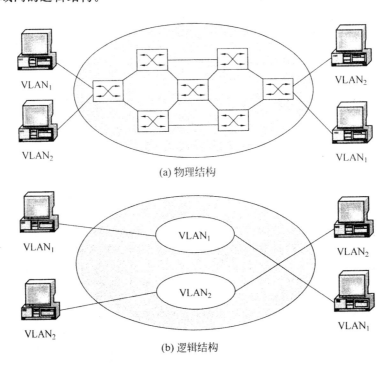

(a) 物理结构

(b) 逻辑结构

图 4-13 虚拟局域网的物理结构与逻辑结构

2.虚拟局域网的标准

VLAN 的定义方式以及交换机的通信方式是多种多样的。每个厂家都有自己专用的解决方案。例如,Cisco 公司的交换机与 3COM 公司的交换机就很难在虚拟局域网上集成。因此,在建设和规划网络时,最好是整个系统采用同一厂家的产品。

为了解决设备不兼容的问题,IEEE 定义了两种 VLAN 标准。

(1)802.10 标准

1995 年,Cisco 公司倡议使用 IEEE 802.10 标准,因为此前,IEEE 802.10 曾经是 VLAN 安全性的统一规范,Cisco 公司试图采用优化后的 802.10 帧格式在网络上传输帧标志(Frame Tagging)模式所必需的 VLAN 标志,但大多数的 802 委员会的成员都反对推广 802.10 协议,因为该协议是基于 Frame Tagging 方式的,这样将导致不定长的数据帧,使 ASCII 字符流的传输变得非常困难。

（2）802.1Q 标准

在 1996 年 3 月,IEEE 802.1 Internetworking 委员会结束了对 VLAN 初期标准的修订工作。新出台的标准进一步完善了 VLAN 的体系结构,统一了 Frame Tagging 方式中不同厂商的标签格式,并制定了 VLAN 标准在未来一段时间内的发展方向,形成的 802.1Q 的标准在业界获得了广泛的推广。它成为 VLAN 史上的一块里程碑。802.1Q 的出现打破了虚拟网依赖于单一厂商的僵局,从一个侧面推动了 VLAN 的迅速发展。另外,来自市场的压力使各大网络厂商立刻将新标准融合到他们各自的产品中。

4.5.2　虚拟局域网的特点

（1）减少开销

使用 VLAN 最大的优点就是能够减少网络中用户的增加、删除、移动等工作带来的隐含开销。

（2）减少路由器的使用

在没有路由器的情况下,使用 VLAN 的可支持虚拟局域网的交换机可以很好地控制广播流量。在 VLAN 中,从服务器到客户端的广播信息只会在连接在虚拟局域网客户机的交换机端口上被复制,而不会广播到其他端口,只有那些须要跨越虚拟局域网的数据包才会穿过路由器,在这种情况下,交换机起到路由器的作用。因为在使用 VLAN 的网络中,路由器用于连接不同的VLAN。

（3）支持虚拟工作组

虚拟工作组就是完成同一任务的不同成员不必集中到同一办公室中,工作组成员可以在网络中的任何物理位置通过 VLAN 联系起来,同一虚拟工作组产生的网络流量都在工作组建完毕,也可以减少网络负担。虚拟工作组也能够带来巨大的灵活性,当有实际需要时,一个虚拟工作组可以建立起来,当工作完成后,虚拟工作组又可以很简单地予以撤除,这样无论是网络用户还是管理员使用虚拟局域网都是最理想的选择。

（4）有效地控制网络广播风暴

控制网络广播风暴的最有效的方法是采用网络分段的方法,这样,当某一网段出现过量的广播风暴后,不会影响到其他网段的应用程序。网络分段可以保证有效地使用网络带宽,最小化过量的广播风暴,提高应用程序的吞吐量。使用交换式网络的优势是可以提供低延时和高吞吐量,但是增加了整个交换网络的广播风暴。使用 VLAN 技术可以防止交换网络的过量广播风暴,将某个交换端口或者用户定义给特定的 VLAN,在这个 VLAN 中的广播风暴就不会送到 VLAN之处相邻的端口,这些端口不会受到其他 VLAN 产生的广播风暴的影响。

（5）有利于网络的集中管理

网络管理员可以对 VLAN 的划分和管理进行远程配置,如设置用户、限制广播域的大小、安全等级、网络带宽分配、交通流量控制等工作都可以在办公室里完成、还可以对网络使用情况进行监视和管理。

（6）增加了网络的安全性

不使用 VLAN 时,网络中的所有成员都可以访问整个网络的其他所有计算机,资源安全性没有保证,同时加大了产生广播风暴的可能性。使用 VLAN 后,根据用户的应用类型和权限划分不同的虚拟工作组,可以对网络用户的访问范围以及广播流量进行控制,使网络安全性能大大提高。

4.5.3 虚拟局域网的组网方法

1.用交换机端口定义虚拟局域网

许多早期的虚拟局域网都是根据局域网交换机的端口来定义虚拟局域网成员的。虚拟局域网从逻辑上把局域网交换机的端口划分为不同的虚拟子网,各虚拟子网相对独立,其结构如图 4-14(a)所示。图中局域网交换机端口 1、2、3、7 和 8 组成 VLAN$_1$;端口 4、5、6 组成了 VLAN$_2$。虚拟局域网也可以跨越多个交换机,如图 4-14(b)所示。局域网交换机 1 的 1、2 端口和局域网交换机 2 的 4、5、6、7 端口组成 VLAN$_1$;局域网交换机 1 的 3、4、5、6、7 和 8 端口和局域网交换机 2 的 1、2、3 和 8 端口组成 VLAN$_2$。

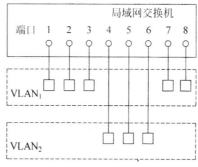

(a) VLAN相对独立

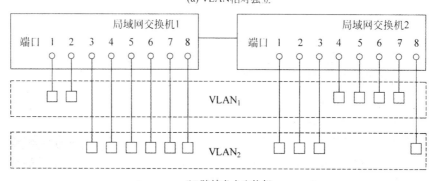

(b)跨越多个交换机

图 4-14　用交换机端口号定义虚拟局域网成员

用局域网交换机端口划分虚拟局域网成员是最通用的方法。但是,纯粹用端口定义虚拟局域网时,不允许不同的虚拟局域网包含相同的物理网段或交换端口。例如,交换机 1 的 1 端口属于 VLAN$_1$ 后,就不能再属于 VLAN$_2$。用端口定义虚拟局域网的缺点是:当用户从一个端口移动到另一个端口时,网络管理者必须对虚拟局域网成员进行重新配置。

2. 用 MAC 地址定义虚拟局域网

基于 MAC 地址的虚拟局域网是根据每个主机的 MAC 地址来定义虚拟局域网的,即对每个 MAC 地址的主机都配置他属于哪个组,它实现的机制就是每一块网卡都对应唯一的 MAC 地址,虚拟局域网交换机跟踪属于虚拟局域网的 MAC 地址。

当某一站点刚连接到交换机时,交换机端口尚未分配,此时,交换机通过读取站点的 MAC 地址,动态地将该端口划分到特定虚拟局域网中。一旦网络管理员配置好后,用户的计算机就可以随机改变其连接的交换机端口,而不会由此改变自己的 VLAN。当网络中出现未定义的 MAC 地址时,交换机可以按照预先设定的方式向网络管理员报警,再由网络管理员作相应处理。

例如,网络内有几台笔记本电脑,当某笔记本电脑从端口 A 移动到端口 B 时,交换机能自动识别经过端口 B 的源 MAC 地址,自动把端口 A 从当前 VLAN 中删除,而把端口 B 定义到当前 VLAN 中。这种方法的优点是当终端在网络中移动时,不必重新定义 VLAN,交换机能够自动识别和定义。因此,基于 MAC 的虚拟局域网也称为动态虚拟局域网。由于 MAC 地址具有世界唯一性,因此,该 VLAN 划分方式的安全性较高。

基于 MAC 地址的 VLAN 划分方法的最大优点就是当用户物理位置移动时,即从一个交换机换到其他的交换机时,VLAN 不用重新配置,因为它是基于用户,而不是基于交换机的端口。这种方法的缺点是要求所有的用户在初始阶段必须配置到一个 VLAN 中,初始配置由人工完成,随后自动跟踪用户。在规模较大的网络中,这显然是一件大工程,所以这种划分方法通常适用于小型局域网。另外,这种划分方法也导致了交换机执行效率的降低,因为在每一个交换机的端口都可能存在很多个虚拟局域网组的成员,保存了许多用户的 MAC 地址,查询起来相当不容易。

3. 用网络层地址定义虚拟局域网

可使用节点的网络层地址定义虚拟局域网,例如用 IP 地址定义虚拟局域网。这种方法允许按照协议类型来组成虚拟局域网,有利于组成基于服务或应用的虚拟局域网。同时,用户可以随意移动工作站而无需重新配置网络地址,这对于 TCP/IP 协议的用户是特别有利的。

与用 MAC 地址定义虚拟局域网或用端口地址定义虚拟局域网的方法相比,用网络层地址定义虚拟局域网方法的缺点是性能较差。检查网络层地址比检查 MAC 地址要花费更多的时间,因此用网络层地址定义虚拟局域网的速度比较慢。

4. 用 IP 广播组定义虚拟局域网

这种虚拟局域网的建立是动态的,它代表一组 IP 地址。虚拟局域网中由叫做代理的设备对虚拟局域网中的成员进行管理。当 IP 广播包要送达多个目的地址时,就动态建立虚拟局域网代理,这个代理和多个 IP 节点组成 IP 广播组虚拟局域网。网络用广播信息通知各 IP 站,表明网络中存在 IP 广播组,节点如果响应信息,就可以加入 IP 广播组,成为虚拟局域网中的一员,与虚拟局域网中的其他成员通信。IP 广播组中的所有节点属于同一个虚拟局域网,但它们只是特定时间段内特定 IP 广播组的成员。IP 广播组虚拟局域网的动态特性使虚拟局域网具有很高的灵活性,可以根据服务灵活的组建,而且它可以跨越路由器形成与广域网的互联。

4.6 无线局域网

随着 Internet 应用的迅猛发展,以及便携机、PDA(Personal Data Assistant)等移动智能终端的使用的日益增长,给广大用户提供了诸多便利(可随时随处自由接入 Internet、能享受更多的业务、安全且有保障的网络),成为发展的必然。在接入速率和适应环境上与 3G 技术互为补充的无线局域网(Wireless Local Area Network,WLAN)迅猛发展,成为新一代高速无线接入网络。

4.6.1 无线局域网的标准及划分

1. 无线局域网的标准

无线局域网是指通过无线接入终端、无线接入点、无线路由器、无线网卡等网络设备使用相关网络传输标准所建立起来的局域网络,通过无线局域网实现数据、图像、视频、音频等多媒体信息的双向传输。

为了确保在网络中使用不同厂商网络设备的兼容,必须使用统一的业界标准,这样才能推动无线网络的发展。

(1)IEEE 802.11 标准

IEEE 802.11 是 IEEE 于 1997 年颁布的无线网络标准,当时规定了一些诸如介质接入控制层功能、漫游功能、保密功能等。而随着网络技术的发展,IEEE 对 802.11 进行了更新和完善使很多厂商对无线网络设备的开发和应用有了进一步的提高。IEEE 802.11 标准分为 802.11b、802.11a、802.11g 等几种。

①IEEE 802.11b 标准。IEEE 802.11b 标准使用 2.4GHz 的频段,采用直接序列展频技术(DSSS)和补偿码键控调制技术(CCK),数据传输速率可达到 11Mbps。

②IEEE 802.11a 标准。IEEE 802.11a 标准使用 5GHz 的频段,采用跳频展频技术(FH-SS),数据传输速率可达到 54Mbps。由于 IEEE 802.11b 的最高数据传输速率仅达到 11Mbps,这就使在无线网络中的视频和音频传输存在很大问题,这就需要提高基本数据传输速率,相应的发展出 IEEE 802.11a 标准。

③IEEE 802.11g 标准。2001 年 11 月,推出了新的技术标准 IEEE 802.11g,它混合了 IEEE 802.11b 采用的补偿码键控调制技术(CCK)和 IEEE 802.11a 采用跳频展频技术(FHSS)。既可以在 2.4GHz 的频段提供 11Mbps 的数据传输速率,也可以在 5GHz 的频段提供 54Mbps 的数据传输速率。

(2)HyperLAN 标准

如果说 IEEE 802.11 系列是美国标准的话,那么 HyperLAN 就是典型的欧洲标准。HyperLAN 标准是由欧洲通讯标准协会(European Telecommunications Standards Institute,ETSI)制定的。

HyperLAN 标准使用 5GHz 的频段,采用跳频展频技术(OFDM),数据传输可在不同的速度进行,最高可达到 54Mbps。

(3)HomeRF 标准

HomeRF 主要为家庭网络设计,是 IEEE 802.11 与数字无绳电话标准的结合,旨在降低语音数据成本,建设家庭语音、数据内联网。HomeRF 也采用了扩频技术,工作在 2.4GHz 频带,能同步支持 4 条高质量语音信道。但目前 HomeRF 的传输速率只有 1Mbit/s～2Mbit/s。

(4)蓝牙(Bluetooth)技术

蓝牙(IEEE 802.15)是一项新标准。对于 IEEE 802.11 标准来说,它的出现不是为了竞争而是相互补充。"蓝牙"是一种极其先进的大容量近距离无线数字通信的技术标准,其目标是实现最高数据传输速度 1Mbit/s(有效传输速率为 721kbit/s)、最大传输距离为 10cm～10m,通过增加发射功率可达到 100m。蓝牙比 IEEE 802.11 更具移动性,比如,IEEE 802.11 限制在办公室和校园内,而蓝牙却能把一个设备连接到局域网和广域网,甚至支持全球漫游。此外,蓝牙成本低、体积小,可用于更多的设备。"蓝牙"最大的优势还在于,在更新网络骨干时,如果搭配"蓝牙"架构进行,可使整体网络的成本比铺设线缆低。

2.无线局域网的划分

根据不同的层次、不同的业务、不同的技术和不同的标准以及不同的应用等划分,无线局域网可以有很多分类。

根据频段的不同来分,可以分为专用频段和自由频段两类。其中不需要执照的自由频段又可分为红外线和无线电(主要是 2.4GHz 和 5GHz 频段)两种。再根据采用的传输技术进一步细分,如图 4-15 所示。

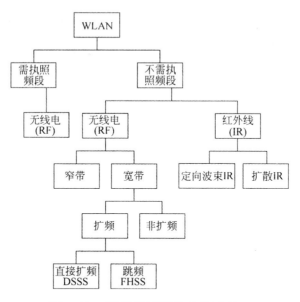

图 4-15　无线局域网的分类方法 1

根据业务类型的不同来分,可以分为面向连接的业务和面向非连接的业务两类。面向连接的业务主要用于传输语音等实时性较强的业务,一般采用基于 TDMA 和 ATM 的技术,主要标准有 HiperLAN2 和蓝牙等。面向非连接的业务主要用于传输高速数据,通常采用基于分组和 IP 的技术,这类 WLAN 以 IEEE802.11x 标准最为典型。当然,有些标准可以适用于面向连接的业务和面向非连接的业务,采用的是综合语音和数据的技术,如图 4-16 所示。

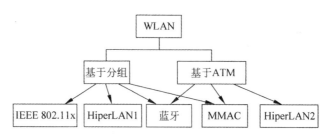

图 4-16 无线局域网的分类方法 2

根据网络拓扑和应用要求的不同,可以分为 PeertoPeer(对等式)、Infrastructure(基础结构式)和接入、中继等。

4.6.2 无线局域网产品

目前的无线网络产品的功能主要是把局域网的一部分通过无线网桥变为无线网络,只要有了无线网卡、访问接入点(Access Point,AP)就可以构成简单的无线网络,室外长距离传输时需要使用室外远距离连接单元。无线网卡和 AP 实物如图 4-17 所示。

图 4-17 无线网卡与 AP 实物图

(1)无线网卡

无线网卡是无线网络的重要组成部分,常见的有适合于笔记本电脑的 PCMCIA 接口和 USB 接口两种。无线网卡的速率有 2Mbps、5Mbps、11Mbps 3 种。

(2)无线网桥(AP)

也称为访问接入点,是在有线网络和无线网卡之间传递信号,同时具有网络管理的功能,一般一个 AP 可同时支持 20~30 台计算机接入网络。

AP 可以调整信道,直接序列技术采用 22MHz 信道传输数据,在 2.4GHz 波段有 3 个不重叠的 22MHz 信道,范围从 2.4GHz 到 2.483GHz。利用这 3 个信道,覆盖区域可以消除所有信道重叠现象和覆盖区的间隙,这 3 个信道重叠可以使广播区域重叠而不会产生干扰现象,通过这 3 个信道的使用,直接序列 WLAN 还能实现一定程度的冗余功能。

(3)天线

天线是将信号源的网络信号传送到远处,传送的距离有信号源的输出功率和天线本身的增益值决定。天线分为指向型和全向型两种,前者适合于长距离点对点网络使用,后者适合于会场等小范围区域使用。

4.6.3　无线局域网的特点

1. 无线局域网的优点

与有线网络相比,无线局域网具有以下优点。

(1)安装便捷

在网络建设中,施工周期最长、对周边环境影响最大的是网络布线施工工程。在施工过程中,往往需要破墙掘地、穿线架管。而无线局域网最大的优势就是免去或减少了网络布线的工作量,一般只要安装一个或多个访问接入点(Access Point,AP)设备,就可建立覆盖整个建筑或地区的局域网络。

(2)网络建立成本低

相对于有线网络而言,有线网络的架设在大范围的区域内,使用同轴电缆、双绞线、光纤等传输媒体,花费大量的成本和人工,并且须租赁昂贵的专用线路来实现网络互联,而对无线网络而言,网络间的连接不需要任何线缆,极大地降低了成本。

(3)使用灵活

在有线网络中,网络设备的安放位置将受网络信息点位置的限制。而无线局域网一旦建成后,在无线网的信号覆盖区域内任何一个位置都可以接入网络。这正如固定电话不如移动电话使用灵活一样。

(4)可靠性高

通常在建立有线网络的时候,都将网络设计在一个使用期限内(一般为 5 年),并且随着网络的使用,网络线路本身可能出现线路渗水、金属生锈、外力造成线路切断等问题,使网络数据传输受到干扰,而无线网络不会出现这种困难。无线网络通常采用很窄的频段,在出现无线电干扰时,还可以通过跳频技术将无线网络跳频到另一频段内工作。

(5)移动性好

传统的有线网络在网络建立以后,网络中的设备和线路一般就固定下来。而无线网络的最大优点就是可移动,只要在无线信号范围内,无线网络用户可以随意移动并且保证数据的正常传输。

2. 无线局域网的缺点

(1)传输速率低

传统的有线网络在网络建立以后,网络中的设备和线路一般就固定下来。而无线网络的最大优点就是可移动性,只要在无线信号范围内,无线网络用户可随意移动并且保证数据的正常传输。

(2)通信盲点

无线网络传输存在盲点,在网络信号盲点处几乎不能通信,有时即使采用了多种的措施也无法改变状况。

(3)外界干扰

由于目前无线电波非常多,并且对于频段的管理也并不很严格。无线广播和容易遭到外界干扰而影响无线网络数据的正常传输。

(4)安全性

理论上在无线信号广播范围内,任何用户都能够接入无线网络、侦听网络信号,即使采用数据加密技术,无线网络加密的破译也比有线网络容易的多。

4.6.4 无线局域网的结构

1.无线局域网物理结构

无线局域网的物理组成或物理结构如图 4-18 所示,它主要包括以下几个部分:站(Station,STA)、无线介质(Wireless Medium,WM)、基站(Base Station,BS)或接入点(Access Point,AP)和分布式系统(Distribution System,DS)等。

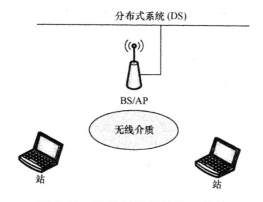

图 4-18　无线局域网的物理结构

(1)站(STA)

站(点)也称主机或终端,是无线局域网的最基本组成单元。网络就是进行站间数据传输的,我们把连接在无线局域网中的设备称为站。站在无线局域网中通常用做客户端,它是具有无线网络接口的计算设备。它包括终端用户设备、无线网络接口、网络软件等几个部分。

终端用户设备是站与用户的交互设备。这些终端用户设备可以是台式计算机、便携式计算机和掌上电脑等,也可以是 PDA 等其他智能终端设备。

无线网络接口是站的重要组成部分,它与终端用户设备之间通过计算机总线(如 PCI)或接口(如 RS-232、USB)等相连,并由相应的软件驱动程序提供客户应用设备或网络操作系统与无线网络接口之间的联系。无线网络接口主要负责处理从终端用户设备到无线介质间的数字通信,一般采用调制技术和通信协议的无线网络适配器(无线网卡)或调制解调器(Modem)。

网络软件如网络操作系统(NOS)、网络通信协议等运行于无线网络的不同设备上。客户端的网络软件运行在终端用户设备上,它负责完成用户向本地设备软件发出命令,并将用户接入无线网络。当然,对无线局域网络的网络软件有其特殊的要求。

无线局域网中的站之间可以有不同的通信方式,一是直接相互通信,二是通过基站或接入点进行通信。在无线局域网中,由于天线的辐射能力有限和应用环境的不同而限制了站之间的通信距离。

通常,把无线局域网所能覆盖的区域范围称为服务区域(Service Area,SA),而把由无线局域网中移动站的无线收发信机及地理环境所确定的通信覆盖区域称为基本服务区(Basic Service Area,BSA)。基本服务区是组成无线局域网的最小组成单元。考虑到无线资源的利用率和通信技术等因素,基本服务区不可能太大,通常在 100m 以内,也就是说同一基本服务区中的移动站之间的距离应小于 100m。

(2)无线介质

无线介质是无线局域网中站与站之间、站与接入点之间通信的传输媒介。这里所说的介质为空气。空气是无线电波和红外线传播的良好介质。

通常,由无线局域网物理层标准定义无线局域网中的无线介质。

(3)无线接入点

无线接入点是无线局域网的重要组成单元。它类似于蜂窝结构中的基站,是一种特殊的站。无线接入点通常处于基本服务区的中心,固定不动。

无线接入点具有如下基本功能:第一,作为接入点,完成其他非 AP 的站对分布式系统的接入访问和同一基本服务区中的不同站间的通信连接;第二,作为无线网络和分布式系统的桥接点完成无线局域网与分布式系统间的桥接功能;第三,作为基本服务集(Basic Service Set,BSS)的控制中心完成对其他非 AP 的站的控制和管理。

(4)分布式系统

环境和主机收发信机特性能够限制一个基本服务区所能覆盖区域的范围。为了能覆盖更大的区域,就需要把多个基本服务区通过分布式系统连接起来,形成一个扩展业务区(Extended Service Area,ESA),而通过 DS 互相连接起来的属于同一个 ESA 的所有主机构成了一个扩展业务组(Extended Service Set,ESS)。

分布式系统(Wireless Distribution System,WDS)就是用来连接不同基本服务区的通信通道,称为分布式系统媒体(Distribution System Medium,DSM)。分布式系统媒体可以是有线信道,也可以是频段多变的无线信道。这为组织无线局域网提供了充分的灵活性。

通常,有线 DS 系统与骨干网都采用有线局域网(如 IEEE 802.3)。而无线分布式系统使用 AP 间的无线通信(通常为无线网桥)将有线电缆取而代之,从而实现不同 BSS 的连接,如图 4-19 所示。分布式系统通过入口(portal)与骨干网相连。无线局域网与骨干网(通常是有线局域网,如 IEEE 802.3)之间相互传送的数据都必须经过 Portal,通过 Portal 就可以把无线局域网和骨干网连接起来,如图 4-20 所示。

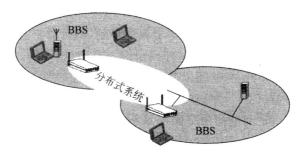

图 4-19 无线分布式系统

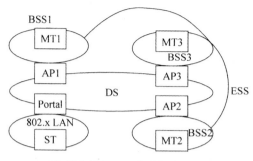

ST: 固定终端; MT: 移动终端;
AP: 接入点; Portal: 入口

图 4-20　Portal 与 WLAN 拓扑

2. 无线局域网拓扑结构

WLAN 的拓扑结构有多种,按照物理拓扑分类,可分为单区网(Single Cell Network,SCN)和多区网(Mmultiple Cell Networks,MCN);按照逻辑结构分类,可分为对等式、基础结构式和线形、星形、环形等;按照控制方式分类,可分为无中心分布式和有中心集中控制式两种;从与外网的连接性来分类,可分为独立 WLAN 和非独立 WLAN。

BSS 也称为一个无线局域网工作单元。它有两种基本拓扑结构或组网方式,分别是分布对等式拓扑和基础结构集中式拓扑。单个 BSS,称为单区网,多个 BSS 通过 DS 互联构成多区网。当一个 BSS 内部站点可以直接通信并且没有到其他 BSS 的连接时,我们称该 BSS 为独立 BSS (Independent BSS),简称 IBSS。

（1）分布对等式拓扑

分布对等式网络是一种独立的 BSS,是一种典型的、以自发方式构成的单区网。对于 IBSS,需要分清两个问题:第一,IBSS 是一种单区网,而单区网并不一定就是 IBSS;第二,IBSS 不能接入 DS。

在可以直接通信的范围内,IBSS 中任意站之间可直接进行通信而不需要 AP 进行转接,如图 4-21 所示。从而站之间的关系是对等的、分布式的或无中心的。IBSS 工作模式又被称为特别网络或自组织网络(Ad Hoc Network),主要是因为 IBSS 网络不需要预先计划,可以在需要的时候随时构建。

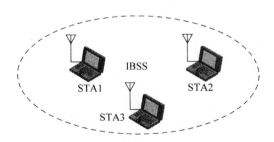

图 4-21　IBSS 工作模式

采用这种拓扑结构的网络,各站点竞争公用信道。当站点数过多时,信道竞争成为限制网络性能的要害。因此,在小规模、小范围的 WLAN 系统中适合采用这种网络。

这种网络的显著特点是受时间与空间的限制,而也正是这些限制使得 IBSS 的构造与解除非常方便简单,为网络设备中非专业用户的操作提供了很大的方便。也就是说,除了网络中必备的 STA 之外,不需要任何专业的技能训练或花费更多的时间及其他额外资源。IBSS 具有结构简单、组网迅速、使用方便、抗毁性强的优点,多用于临时组网和军事通信中。

(2)基础结构集中式拓扑

在 WLAN 中,基础结构(infrastructure)是扩展业务组的分布和综合业务功能的逻辑位置,它包括分布式系统媒体、AP 和端口实体。

一个基础结构除 DS 外,还包含一个或多个 AP 及零个或多个端口。因此,在基础结构 WLAN 中,至少要有一个 AP。如图 4-22 所示为只包含一个 AP 的单区基础结构网络。AP 是 BSS 的中心控制站,网中的站在该中心站的控制下与其他站进行通信。

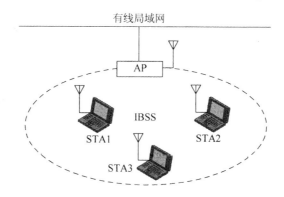

图 4-22 基础结构 BSS 工作模式

与 IBSS 相比,基础结构 BSS 的抗毁性较差,AP 一旦遭到破坏,整个 BSS 就会瘫痪。此外,作为中心站的 AP 具有较高的复杂度,同时实现成本也比较高。

在一个基础结构 BSS 中,一个站与同一 BSS 内的另一个站通信,必须经过源站到 AP 和 AP 到宿站的两跳过程,并由 AP 进行转接。显然这样需要较多的传输容量,并且增加了传输时延,但比各站直接通信有以下许多优势:

①AP 决定着基础结构 BSS 的覆盖范围或通信距离。一般情况下,两站可进行通信的最大距离是进行直接通信时的两倍。BSS 内的所有站都需在 AP 的通信范围之内,而对各站之间的距离没有限制,即网络中的站点的布局受环境的限制较小。

②由于各站不需要保持邻居关系,其路由的复杂性和物理层的实现复杂度较低。

③AP 作为中心站,控制着所有站点对网络的访问,当网络业务量增大时网络的吞吐性能和时延性能并不会出现太过于剧烈的恶化。

④AP 可以很方便地对 BSS 内的站点进行同步管理、移动管理和节能管理等,即具有极好的可控性(controllability)。

⑤为接 ADS 或骨干网提供了一个逻辑接入点,具有较强的可伸缩性(scalability)。

在一个 BSS 中,AP 只能管理有限的站的数量。为了扩展无线基础结构网络,可以采用增加 AP 的数量,选择 AP 合适位置等方法,从而扩展覆盖区域和增加系统容量。实际上,即为将一个单区的 BSS 扩展成为一个多区的扩展业务组。

最后需要说明的是,在一个基础结构 BSS 中,如果 AP 没有通过 DS 与其他网络(如有线骨干网)相连接,则此种结构的 BSS 也是一种独立的 BSS WLAN。

(3)ESS 网络拓扑

扩展业务区(ESA)是由多个基本服务区通过 DS 联结形成的一个扩展区域,它的覆盖范围可达数公里。属于同一个扩展业务区(ESA)的所有站组成 ESS,如图 4-23 所示即为一个完整的 ESS 无线局域网的拓扑结构。在扩展业务区(ESA)中,AP 不但能够完成其基本功能(如无线到 DS 的桥接),还可以确定一个基本服务区的地理位置。

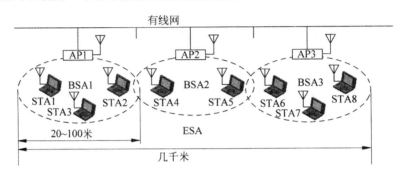

图 4-23   ESS 无线局域网

ESS 是一种由多个 BSS 组成的多区网,其中每个 BSS 都被分配了一个标识号 BSSID。如果一个网络由多个 ESS 组成,则每个 ESS 也被分配一个标识号 ESSID,所有的 ESSID 组成一个网络标识 NID(Network ID),用以标识由这几个 ESS 组成的网络(实际上是逻辑网段,也就是通常所说的子网)。

从图中可以发现,BSA1 和 BSA2、BSA2 和 BSA3 之间都有一定程度的重叠(Overlap)。其实在实际中,一个 ESS 中的基本服务区之间并不一定要有重叠。当一个站(如 STA1)从一个 BSA(如 BSA1)移动到另外一个 BSA(如 BSA2),称这种移动为散步(Walking)或越区切换(Handover 或 Handoff),这是一种链路层的移动。当一个站(如 STA1)从一个 ESA 移动到另外一个 ESA,也就是说,从一个子网移动到另一个子网,称这种移动为漫游(Roaming),这是一种网络层或 IP 层的移动。这种移动过程同样也伴随着越区切换操作。

同样需要说明的是,对于 ESS 网络,如果没有通过 DS 与其他网络(如有线网)相连接,则此种结构的 ESS 仍然是一种独立的 WLAN。

(4)中继(relay)或桥接(bridging)型网络拓扑

采用中继或桥接型网络拓扑是拓展 WLAN 覆盖范围的另一种有效方法。

两个或多个网络(LAN 或 WLAN)或网段可以通过无线中继器、无线网桥或无线路由器等无线网络互联设备连接起来。如果中间只通过一级无线互联设备,称为单跳(Single Hop)网络。如果中间需要通过多级无线互连设备,则称为多跳(Multiple Hop)网络。

第5章　计算机广域网技术

计算机之间的距离较远时,例如,相隔数千米,甚至数十千米乃至于覆盖到省、市、国家或国际范围时,局域网显然就无法完成计算机之间的通信任务。这时就需要另一种结构的网络,即广域网。

广域网是一种跨大地域、跨国家的网络,它能连接多个城市或国家并提供远距离通信。目前常用的公共广域网络系统有公用电话交换网、公用数据分组交换网、数字数据网、帧中继网、综合业务数字网、异步传输模式等。

5.1　广域网概述

5.1.1　广域网的概念

广域网并没有严格的定义,通常是指覆盖范围可达一个地区、国家甚至全球的长距离网络。它将不同城市、省区甚至国家之间的 LAN、MAN 利用远程数据通信网连接起来的网络,可以提供计算机软、硬件和数据信息资源共享。因特网就是最典型的广域网,VPN 技术也可以属于广域网。

在广域网内,节点交换机和它们之间的链路一般由电信部门提供,网络由多个部门或多个国家联合组建而成,规模很大,能实现整个网络范围内的资源共享和服务。广域网一般向社会公众开放服务,因而通常被称为公用数据网(Public DataNetwork,PDN)。

传统的广域网采用存储转发的分组交换技术构成,目前帧中继和 ATM 快速分组技术也开始大量使用。

随着计算机网络技术的不断发展和广泛应用,一个实际的网络系统常常是 LAN、MAN 和 WAN 的集成。三者之间在技术上也不断融合。

广域网的线路一般分为传输主干线路和末端用户线路,根据末端用户线路和广域网类型的不同,有多种接入广域网的技术。使用公共数据网的一个重要问题就是与它们的接口,拥有主机资源的用户只要遵循通信子网所要求的接口标准,提出申请并付出一定的费用,都可接入该通信子网,利用其提供的服务来实现特定资源子网的通信任务。

与覆盖范围较小的局域网相比,广域网具有以下特点。

①覆盖范围广,可达数千甚至数万公里。

②广域网没有固定的拓扑结构。

③广域网通常使用高速光纤作为传输介质。

④局域网可以作为广域网的终端用户与广域网相联。

⑤广域网主干带宽大,但提供给终端用户的带宽小。

⑥数据传输距离远,往往要经过多个广域网设备转发,延时较长。

⑦广域网管理、维护困难。

对照 OSI 参考模型,广域网技术主要位于底层的 3 个层次,分别是物理层、数据链路层和网络层。图 5-1 列出了一些经常使用的广域网技术与 OSI 参考模型之间的对应关系。

OSI层			WAN规范
Network Layer(网络层)			X.25 PLP
DataLink Layer (数据链路层)	LLC		LAPB
			Frame Relay
			HDLC
	MAC		PPP
			SDLC
Physical Layer (物理层)		SMDS	X.21Bis
			EIA/TIA-232
			EIA/TIA-449
			V.24 V.35
			HSSI G.73
			EIA-530

图 5-1 广域网技术与 OSI 参考模型的对应关系

5.1.2 广域网的构成

广域网由一些节点交换机(也称通信处理机 IMP)以及连接这些交换机的链路(通信线路和设备)组成,距离没有限制。广域网的节点交换机实际上就是配置了通信协议的专用计算机,是一种智能型通信设备。除了传统的公用电话交换网之外,目前大部分广域网都采用存储转发方式进行数据交换,也就是说,广域网是基于分组交换技术的。为了提高网络的可靠性,节点交换机同时与多个节点交换机相连,目的是在两个节点交换机之间提供多条冗余的链路,这样当某个节点交换机或线路出现问题时不至于影响整个网络的运行。

结点交换机执行数据分组的存储和转发功能,结点交换机之间都是点到点的连接,并且一个结点交换机通常与多个节点交换机相连。如图 5-2 所示,S 指结点交换机,R 是路由器。

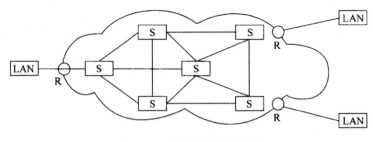

图 5-2 广域网的结构图

5.1.3 广域网提供的服务及服务的常用设备

广域网服务是在各个局域网或城域网之间提供远程通信的业务,其实质是在两个路由器之间,将网络层的 IP/IPX 数据包由链路层协议承载,传输到远方路由器,提供远程通信服务。也就是说,广域网服务是通过 PPP、X.25、HDLC 以及帧中继等协议实现的。广域网服务只能提供远程通信资源共享,不能提供计算机和数据信息资源共享。

1.广域网提供的服务

广域网提供的服务主要有面向无连接的网络服务和面向连接的网络服务。

(1)面向无连接的网络服务

无连接的网络服务的具体实现就是数据报服务,其特点如下。

①在数据发送前,通信的双方不建立连接。

②每个分组独立进行路由选择,具有高度的灵活性。但也需要每个分组都携带地址信息,而且,先发出的分组不一定先到达,没有服务质量保证。

③网络也不保证数据不丢失,用户自己来负责差错处理和流量控制,网络只是尽最大努力将数据分组或包传送给目的主机,称为尽最大努力交付。

(2)面向连接的网络服务

面向连接的服务的具体实现是虚电路服务,其特点如下。

①在数据发送前要建立虚拟连接,每个虚拟连接对应一个虚拟连接标识,网络中的节点交换机看到这个虚拟连接标识,就知道该将这个分组转发到那个端口。

②建立虚拟连接要消耗网络资源。但是,虚拟连接的建立相当于一次就为所有分组进行了路由选择,分组只需要携带较短的虚拟连接标识,而不用携带较长的地址信息。不过,如果虚电路中有一段故障,则所有分组都无法到达。

③虚电路服务可以保证按发送的顺序收到分组,有服务质量保证。而且差错处理和流量控制可以选择是由用户负责还是由网络负责。

2.广域网服务的常用设备

广域网服务的常用设备包括路由器、通信网交换机、信道服务单元/数据服务单元(Channel Service Unit/Data Service Unit,CSU/DSU)和通信服务器等。

(1)路由器

路由器属于用户方设备,是实现远程通信的关键设备。它提供网络层服务,可以选择 IP、IPX、AppleTalk 等不同协议,也可以为线路和子网提供各种同步或异步串行接口和以太网的接口。路由器是一种智能化设备,能够动态地控制资源并支持网络的任务和需求,实现远程通信的连通性、可靠性和可管理性。路由器的配置被视为用户终端设备 DTE,其配置是最为复杂的一种网络通信设备。

(2)通信网络交换机

通信网络交换机在一般资料中称为广域网交换机,是远程通信网的关键设备,属于电信公司或 ISP 所有。它是一种多端口交换设备,如专用小型电话交换机(Private Branch telephone eXchange,PBX)等。其交换方式如帧中继和 X.25 等,通信网交换机在全国、省市县之间采用混合网络拓扑进行互联,能够提供极其充分的四通八达的数据链路。它工作在数据链路层,可以选择运行 PPP、HDLC 等链路层协议,在通信连接中被视为数据端接设备 DCE。

(3)信道服务单元/数据服务单元

信道服务单元 CSU 是连接 DTE 到本地数字电路的一个装置,它能将 LAN 的数据帧转化为适合通信网使用的数据数据传送方式,或者相反。CSU 还能够向通信网线路发送信号,或着从通信网线路接收信号,并为该单元的输入/输出端提供屏蔽电子干扰的功能,同时,CSU 还能够返回电信公司用于信道检测的信号。数据服务单元 DSU 能够提供对电信线路保护与故障诊断的功能。

这两种服务单元的典型应用组合成一个具有独立功能的单元,实际上相当于一个调制解调器的作用。在使用中首先要从电信公司或 ISP 租用一条如 DDN 数据专线,然后在用户终端和电信线路两端安装 CSU/DSU 设备,使 DTE 上的物理接口与数据专线传输设备相适应,从而对传输系统提供控制、管理与服务的功能。

(4)ISDN 终端适配器

ISDN 终端适配器(ISDN Terminal Adapter,ISDN-TA)是通过 ISDN 基本速率接口与其他接口连接的设备,实质上就是一个 ISDN 调制解调器。

5.1.4　广域网的几种交换技术

在早期的广域网中,数据通过通信子网的交换方式分为两类:线路交换方式、存储转发交换方式。

1.线路交换方式

线路交换(circuit exchanging)方式与电话交换方式的工作过程很类似。两台计算机通过通信子网进行数据交换之前,首先要在通信子网中建立一个实际的物理线路连接。如图 5-3 所示为典型的线路交换过程。

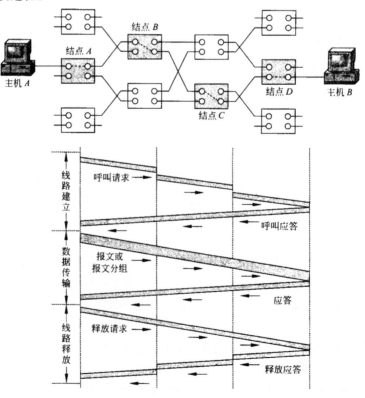

图 5-3　线路交换方式的工作原理

(1)线路交换方式的通信过程

线路交换方式的通信过程分为以下三个阶段。

第一阶段:线路建立。

如果主机 A 要向主机 B 传输数据,首先要通过通信子网在主机 A 与主机 B 之间建立线路连接。主机 A 首先向通信子网中结点 A 发送"呼叫请求包",其中含有需要建立线路连接的源主机地址与目的主机地址。结点 A 根据目的主机地址,根据路选算法,如选择下一个结点为 B,则向结点 B 发送"呼叫请求包"。结点 B 接到呼叫请求后,同样根据路选算法,如选择下一个结点为结点 C,则向结点 C 发送"呼叫请求包"。结点 C 接到呼叫请求后,也要根据路选算法,如选择下一个结点为结点 D,则向结点 D 发送"呼叫请求包"。结点 D 接到呼叫请求后,向与其直接连接的主机 B 发送"呼叫请求包"。主机 B 如接受主机 A 的呼叫连接请求,则通过已经建立的物理线路连接"结点 D-结点 C-结点 B-结点 A",向主机 A 发送"呼叫应答包"。至此,从"主机 A-结点 A-结点 B-结点 C-结点 D-主机 B"的专用物理线路连接建立完成。该物理连接为此次主机 A 与主机 B 的数据交换服务。

第二阶段:数据传输。

在主机 A 与主机 B 通过通信子网的物理线路连接建立以后,主机 A 与主机 B 就可以通过该连接实时、双向交换数据。

第三阶段:线路释放。

在数据传输完成后,就要进入路线释放阶段。一般可以由主机 A 向主机 B 发出"释放请求包",主机 B 同意结束传输并释放线路后,将向结点 D 发送"释放应答包",然后按照结点 C-结点 B-结点 A-主机 A 次序,依次将建立的物理连接释放。这时,此次通信结束。

(2)线路交换方式的特点

通信子网中的结点是用电子或机电结合的交换设备来完成输入与输出线路的物理连接。交换设备与线路分为模拟通信与数字通信两类。线路连接过程完成后,在两台主机之间已建立的物理线路连接为此次通信专用。通信子网中的结点交换设备不能存储数据,不能改变数据内容,并且不具备差错控制能力。

线路交换方式的优点是:通信实时性强,适用于交互式会话类通信。线路交换方式的缺点是:对突发性通信不适应,系统效率低;系统不具有存储数据的能力,不能平滑交通量;系统不具备差错控制能力,无法发现与纠正传输过程中发生的数据差错。

2.存储转发交换方式

在进行线路交换方式研究的基础上,人们提出了存储转发交换方式。

(1)存储转发的基本概念

存储转发交换(store-and-forward exchanging)方式与线路交换方式的主要区别表现在以下两个方面:发送的数据与目的地址、源地址、控制信息按照一定格式组成一个数据单元(报文或报文分组)进入通信子网;通信子网中的结点是通信控制处理机,它负责完成数据单元的接收、差错校验、存储、路选和转发功能。

(2)存储转发方式的优点

①由于通信子网中的通信控制处理机可以存储报文(或报文分组),因此多个报文(或报文分组)可以共享通信信道,线路利用率较高。

②通信子网中通信控制处理机具有路选功能,可以动态选择报文(或报文分组)通过通信子网的最佳路径,同时可以平滑通信量,提高系统效率。

③报文(或报文分组)在通过通信子网中的每个通信控制处理机时,均要进行差错检查与纠错处理,因此可以减少传输错误,提高系统可靠性。

④通过通信控制处理机,可以对不同通信速率的线路进行速率转换,也可以对不同的数据代码格式进行变换。

正是由于存储转发交换方式有以上明显的优点,因此,它在计算机网络中得到了广泛的使用。

(3)存储转发的分类

存储转发交换方式可以分为两类:报文交换(message exchanging)与报文分组交换(packet exchanging)。因此,在利用存储转发交换原理传送数据时,被传送的数据单元相应可以分为两类:报文(message)与报文分组(packet)。

如果在发送数据时,不管发送数据的长度是多少,都把它当做一个逻辑单元,那么就可以在发送的数据上加上目的地址、源地址与控制信息,按一定的格式打包后组成一个报文。另一种方法是限制数据的最大长度,典型的最大长度是 1000 或几千比特。发送站将一个长报文分成多个报文分组,接收站再将多个报文分组按顺序重新组织成一个长报文。

报文分组通常也被称为分组。报文与报文分组结构的区别如图 5-4 所示。

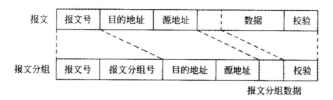

图 5-4　报文和报文分组结构

由于分组长度较短,在传输出错时,检错容易并且重发花费的时间较少,这就有利于提高存储转发结点的存储空间利用率与传输效率,因此成为当今公用数据交换网中主要的交换技术。目前,美国的 TELENET、TYMNET 以及中国的 CHINAPAC 都采用了分组交换技术。这类通信子网称为分组交换网。

分组交换技术在实际应用中,又可以分为以下两类:数据报方式(DG,datagram)、虚电路方式(VC,virtual circuit)。

3. 数据报方式

数据报是报文分组存储转发的一种形式。与线路交换方式相比,在数据报方式中,分组传送之间不需要预先在源主机与目的主机之间建立"线路连接"。源主机所发送的每一个分组都可以独立地选择一条传输路径。每个分组在通信子网中可能是通过不同的传输路径.从源主机到达目的主机。典型的数据报方式的工作过程如图 5-5 所示。

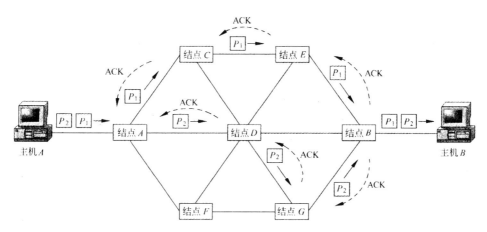

图 5-5 数据报方式的工作原理

(1)数据报方式的工作过程

数据报方式的工作过程可以分为以下三个步骤：

①源主机 A 将报文 M 分成多个分组 P_1，P_2，…，P_n，依次发送到与其直接连接的通信子网的通信控制处理机 A(即结点 A)。

②结点 A 每接收一个分组均要进行差错检测，以保证主机 A 与结点 A 的数据传输的正确性；结点 A 接收到分组 P_1，P_2，…，P_n 后，要为每个分组进入通信子网的下一结点启动路选算法。由于网络通信状态是不断变化的，分组 P_1 的下一个结点可能选择为结点 C，而分组 P_2 的下一个结点可能选择为结点 D，因此同一报文的不同分组通过子网的路径可能是不同的。

③结点 A 向结点 C 发送分组 P_1 时，结点 C 要对 P_1 传输的正确性进行检测。如果传输正确，结点 C 向结点 A 发送正确传输的确认信息 ACK；结点 A 接收到结点 C 的 ACK 信息后，确认 P_1 已正确传输，则废弃 P_1 的副本。其他结点的工作过程与结点 C 的工作过程相同。这样，报文分组 P_1 通过通信子网中多个结点存储转发，最终正确地到达目的主机 B。

(2)数据报方式的特点

从以上讨论可以看出，数据报工作方式具有以下特点：

①同一报文的不同分组可以由不同的传输路径通过通信子网。

②同一报文的不同分组到达目的结点时可能出现乱序、重复与丢失现象。

③每一个分组在传输过程中都必须带有目的地址与源地址。

④数据报方式报文传输延迟较大，适用于突发性通信，不适用于长报文、会话式通信。

在研究数据报交换方式的优缺点的基础上，人们进一步提出了虚电路交换方式。

4.虚电路方式

虚电路方式试图将数据报方式与线路交换方式结合起来，发挥两种方法的优点，达到最佳的数据交换效果。虚电路方式在分组发送之前，需要在发送方和接收方建立一条逻辑连接的虚电路。典型的虚电路方式的工作过程如图 5-6 所示。

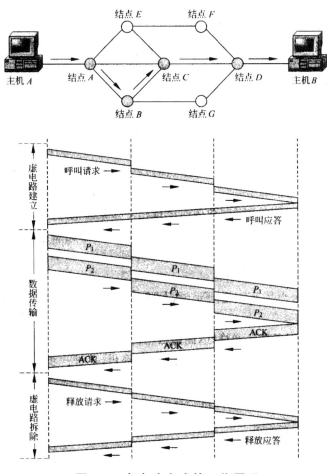

图 5-6　虚电路方式的工作原理

（1）虚电路方式的工作过程

虚电路方式的工作过程可以分为以下三个步骤。

①虚电路建立阶段。在虚电路建立阶段，结点 A 启动路由选择算法选择下一个结点（例如结点 B），向结点 B 发送呼叫请求分组；同样，结点 B 也要启动路选算法选择下一个结点。依此类推，呼叫请求分组经过结点 A-结点 B-结点 C-结点 D，发送到目的结点 D。目的结点 D 向源结点 A 发送呼叫接收分组，至此虚电路建立。

②数据传输阶段。在数据传输阶段，虚电路方式利用已建立的虚电路，逐站以存储转发方式顺序传送分组。

③虚电路拆除阶段。在虚电路拆除阶段，将按照结点 D-结点 C-结点 B-结点 A 的顺序依次拆除虚电路。

（2）虚电路方式的特点

虚电路方式具有以下几个特点：

①在每次报文分组发送之前，必须在发送方与接收方之间建立一条逻辑连接。之所以说是一条逻辑连接，是因为不需要真正去建立一条物理链路，因为连接发送方与接收方的物理链路已经存在。

②一次通信的所有报文分组都通过这条虚电路顺序传送,因此报文分组不必带目的地址、源地址等辅助信息。报文分组到达目的结点时不会出现丢失、重复与乱序的现象。

③报文分组通过虚电路上的每个结点时,结点只需要做差错检测,而不需要做路径选择。

④通信子网中每个结点可以和任何结点建立多条虚电路连接。

由于虚电路方式具有分组交换与线路交换两种方式的优点,因此在计算机网络中得到了广泛的应用。X.25 网支持虚电路交换方式。

5.2　公用电话交换网

公用电话交换网(Public Switch Telephone Network,PSTN),也被称为"电话网",是人们打电话时所依赖的传输和交换网络。电话网是开放电话业务为广大用户服务的通信网络,电话网从设备上讲是由交换机、传输电路(用户线和局间中继电路)和用户终端设备(即电话机)三部分组成的。按电话使用范围分类,电话网可分为本地电话网、国内长途电话网和国际长途电话网。本地电话网是指在一个统一号码长度的编号区内,由端局、汇接局、局间中继线、长途中继线以及用户线和电话机组成的电话网;国内长途电话网是指全国各城市间用户进行长途通话的电话网,网中各城市都设一个或多个长途电话局,各长途局间由各级长途电路连接起来;国际长途电话网是指将世界各国的电话网相互连接起来进行国际通话的电话网。

5.2.1　PSTN 的结构

PSTN 结构如图 5-7 所示,主要由以下三部分组成:用户线路、主干和交换局。

图 5-7　PSTN 结构图

用户线路由普通双绞线构成,并采用模拟信号进行传输。主干线路一般由光线或微波线路构成,采用数字信号传输。

如果接在某一本地局上的用户呼叫接在另一本地局上的用户,则由本地局的交换设备为两个用户建立直接的电路连接,在整个通话过程中,这个连接一直保持着。如果接在某一本地局上的用户呼叫另一个接在不同本地局上的用户,则必须经过长话局。

5.2.2　PSTN 的功能

PSTN 是一种以模拟技术为基础的电路交换网络。PSTN 提供的是一个模拟的专用信息通道,通道之间经由若干个电话交换机节点连接而成,PSTN 采用电路交换技术实现网络节点之间的信息交换。当两个主机或路由器设备需要通过 PSTN 连接时,在两端的网络接入点(即用户端)必须使用调制解调器来实现信号的调制与解调转换。从 OSI/RM 的 7 层模型的角度来看,PSTN 可以看成是物理层的一个简单的延伸,它没有向用户提供流量控制、差错控制等服务。而且,由于 PSTN 是一种电路交换的方式,因此,一条通路自建立、传输直至释放,即使它们之间并没有任何数据需要传送时,其全部带宽仅能被通路两端的设备占用。因此,这种电路交换的方式不能实现对网络带宽的充分利用。尽管 PSTN 在进行数据传输时存在一定的缺陷,但它仍是一种不可替代的联网技术。

在众多的广域网互联技术中,通过 PSTN 进行互联所要求的通信费用最低,但其数据传输质量及传输速率也最差最低,同时 PSTN 的网络资源利用率也比较低。通过公用电话交换网可以实现以下功能。

1. 拨号接入 Internet、Intranet 和 LAN

PSTN 的入网方式比较简单灵活,通常有以下几种选择方式。

(1)通过普通拨号电话线入网

只要在通信双方原有的电话线上并接 Modem,再将 Modem 与相应的入网设备相连即可。目前,大多数入网设备。(如 PC)都提供有若干个串行端口,在串行口和 Modem 之间采用 RS-232 等串行接口规范进行通信。如图 5-8 所示。

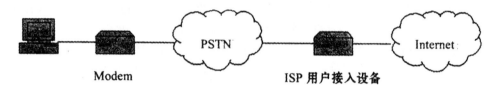

图 5-8　通过 PSTN 访问 Internet

Modem 的数据传输速率最大能够提供到 56kbit/s。这种连接方式的费用比较经济,收费价格与普通电话的费率相同,适用于通信不太频繁的场合(如家庭用户入网)。

拨号线连接方法的主要特点:

①拨号线连接借助于公用交换电话网,PSTN 是普遍存在的,因此,采用拨号线连接方法投资少、见效快、成本低,是家庭电脑连网使用最广泛的一种技术。

②用双绞线传输介质,即普通电话线。

③采用电路交换技术。

④由于拨号线连接借助于公用电话交换网,因此通信距离不受限制,凡 PSTN 能通达的地方,拨号线连接的网络也能到达。所以拨号线连接能跨越城市、国家。

⑤PSTN 提供的是一条模拟信道,在其上传输的是模拟信号。计算机的数字信号不能在模拟信道上直接传输,因此,借用 PSTN 完成数据通信时,通信双方都必须使用连接设备调制解调器(Modem)。

⑥传输速率比较低,一般为 9.6~56kb/s,经 Modem 硬件压缩后,速率可达 115.2kb/s。

⑦话音传输和计算机数据通信不能同时进行。

⑧网络结构简单、清晰,拓扑结构为星型。

⑨适宜单个计算机接入网络。

(2)通过租用电话专线入网

与普通拨号电话线方式相比,租用电话专线可以提供更高的通信速率和数据传输质量,但相应的费用也较前一种方式为高。使用专线的接入方式与使用普通拨号线的接入方式没有太大区别,但是省去了拨号连接的过程。通常,当决定使用专线方式时,用户必须向所在地的电信部门提出申请,由电信部门负责架设和开通。

2. 实现两个或多个 LAN 之间的互联

如图 5-9 所示,是一个通过 PSTN 连接两个局域网的网络互联的例子。在这两个局域网中各有一个路由器,每个路由器均有一个串行端口与 Modem 相连,Modem 再与 PSTN 相连,从而实现了这两个局域网的广域互联。

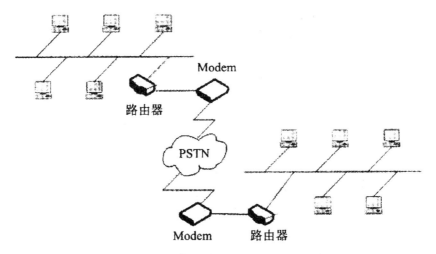

图 5-9　两个局域网通过 PSTN 互联

此外,通过公用电话交换网还可以实现与其他广域网的互联。

5.3　分组交换网

数据通信网发展的重要里程碑是采用分组交换方式,构成分组交换网。和电路交换网相比,在分组交换网的两个站之间通信时,网络内不存在一条专用物理电路,因此不会像电路交换那样,所有的数据传输控制仅仅涉及到两个站之间的通信协议。在分组交换网中,一个分组从发送站传送到接收站的整个传输控制,不仅涉及到该分组在网络内所经过的每个节点交换机之间的通信协议,还涉及到发送站、接收站与所连接的节点交换机之间的通信协议。国际电信联盟电信标准部门 ITU-T 为分组交换网制定了一系列通信协议,世界上绝大多数分组交换网都采用这些标准。其中最著名的标准是 X.25 协议,它在推动分组交换网的发展中做出了很大的贡献。人们把分组交换网简称为 X.25 网。

5.3.1　X.25 概述

使用 X.25 协议的公共分组交换网诞生于 20 世纪 70 年代,它是一个以数据通信为目标的公共数据网(PDN)。在 PDN 内,各结点由交换机组成,交换机间用存储转发的方式交换分组。

X.25 能接入不同类型的用户设备。由于 X.25 内各结点具有存储转发能力,并向用户设备提供了统一的接口,从而能够使得不同速率、码型和传输控制规程的用户设备都能接入 X.25,并能相互通信。

X.25 网络设备分为数据终端设备(Data Terminal Equipment,DTE)、数据电路终接设备

(DCE)和分组交换设备(PSE)。X.25 协议规定了 DTE 和 DCE 之间的接口通信规程。

    X.25 使得两台 DTE 可以通过现有的电话网络进行通信。为了进行一次通信,通信的一端必须首先呼叫另一端,请求在它们之间建立一个会话连接;被呼叫的一端可以根据自己的情况接收或拒绝这个连接请求。一旦这个连接建立,两端的设备可以全双工地进行信息传输,并且任何一端在任何时候均有权拆除这个连接。

    X.25 是 DTE 与 DCE 进行点到点交互的规程。DTE 通常指的是用户端的主机或终端等,DCE 则常指同步调制解调器等设备。DTE 与 DCE 直接连接,DCE 连接至分组交换机的某个端口,分组交换机之间建立若干连接,这样,便形成了 DTE 与 DTE 之间的通路。在一个 X.25 网络中,各实体之间的关系如图 5-10 所示。

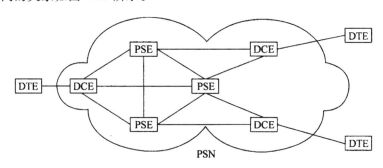

    DTE   数据终端设备(Data Terminal Equipment)
    DCE   数据电路终端设备(Data Circuit-terminating Equipment)
    PSE   分组交换设备(Packet Switching Equipment)
    PSN   分组交换网(Packet Switching Network)

图 5-10　X.25 网络模型

    X.25 采用了多路复用技术。当用户设备以点对点方式接入 X.25 网时,能在单一物理链路上同时复用多条逻辑信道(即虚电路),使每个用户设备能同时与多个用户设备进行通信,两个固定用户设备在每次呼叫建立一条虚电路时,中间路径可能不同。

    X.25 上有流量控制。在 X.25 协议中,采用滑动窗口的方法进行流量控制,即发送方在发送完分组后要等待接收方的确认分组,然后再发送新的分组。接收方可通过暂缓发送确认分组来控制发送方的发送速度,进而达到控制数据流的目的。X.25 通过提供设置窗口尺寸和一些控制分组来支持窗口算法。

    X.25 分组交换网主要由分组交换机、用户接入设备和传输线路组成。

    (1)分组交换机

    分组交换机是 X.25 的枢纽,根据它在网中所在的地位,可分为中转交换机和本地交换机。其主要功能是为网络的基本业务和可选业务提供支持,进行路由选择和流量控制,实现多种协议的互连,完成局部的维护、运行管理、故障报告、诊断、计费及网络统计等。

    现代的分组交换机大都采用功能分担或模块分担的多处理器模块式结构来构成。具有可靠性高、可扩展性好、服务性好等特点。

    (2)用户接入设备

    X.25 的用户接入设备主要是用户终端。用户终端分为分组型终端和非分组型终端两种。X.25 根据不同的用户终端来划分用户业务类别,提供不同传输速率的数据通信服务。

（3）传输线路

X.25 的中继传输线路主要有模拟信道和数字信道两种形式。模拟信道利用调制解调器进行信号转换,传输速率为 9.6kb/s,48kb/s 和 64kb/s,而 PCM 数字信道的传输速率为 64kb/s,128kb/s 和 2Mb/s。

5.3.2　X.25 的分层

X.25 协议按照 OSI 参考模型的结构,定义了从物理层到分组层共 3 层的内容,如图 5-11 所示。X.25 第 3 层（分组层）规程描述了分组层所使用分组的格式和两个三层实体之间进行分组交换的规程。X.25 第 2 层（链路层）规程也叫做平衡型链路访问规程（Link Access Procedure,Balanced,LAPB）,LAPB 定义了 DTE 与 DCE 之间交互的帧的格式和规程。X.25 第 1 层（物理层）则定义了 DTE 与 DCE 之间进行连接时的一些物理电气特性。

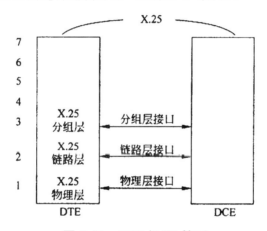

图 5-11　DTE/DCE 接口

通信的双方是两台 DTE,在通信前先要建立虚拟连接。将 X.25 协议为两台通信的 DTE 之间建立的连接称为虚电路。之所以称其为虚电路,是因为这种"电路"只在逻辑上存在,与电路交换中的物理电路有着本质的区别。虚电路分为永久虚电路（Permanent Virtual Circuit,PVC）和临时虚电路（Switched Virtual Circuit,SVC）两种。顾名思义,PVC 用于两端之间频繁的、流量稳定的数据传输,突发性的数据传输多用 SVC。

一旦在一对 DTE 之间建立一条虚电路,这条虚电路便被赋予一个唯一的虚电路号,当其中的一台 DTE 要向另一台 DTE 发送一个分组时,它便给这个分组标上号（虚电路号）交给 DCE 设备,DCE 就是根据分组所携带的这个号来决定如何在交换网内部交换这个数据分组,使其正确到达目的地。

X.25 各层之间分组与帧的关系如图 5-12 所示。

1. 物理层

X.25 协议的物理层规定采用 X.21 建议。X.21 建议规定如下：

①机械特性：采用 ISO 4903 规定的 15 针连接器和引线分配,通常使用 8 线制。

②电气特性：平衡型电气特性。

③同步串行传输。

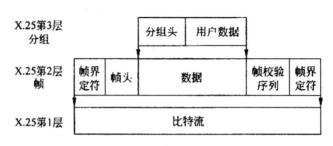

图 5-12　X.25 的分组域 LAPB 帧

④点到点全双工方式。

⑤适用于交换电路和租用电路。

由于 X.21 是为数字电路使用而设计的,如果是模拟线路(如地区用户线路),X.25 建议还提供了另一种物理接口标准 X.21 bis,它与 V.24/RS 232 兼容。

2.链路层

链路层具备如下功能:

①差错控制,采用 CRC 循环冗余校验,发现出错时自动请求重发功能。

②帧的装配和拆卸及帧同步功能。

③帧的排序和对正确接收的帧的确认功能。

④数据链路的建立、拆除和复位控制功能及流量控制功能。

X.25 的链路规程是要在物理层提供的双向信息输送管道上实施信息传输的控制,它所面对的是二进制串行比特流,它并不关心物理层采用何种接口方式输送这些比特流。

X.25 的链路层规定了在 DTE 和 DCE 之间的线路上交换帧的过程。从分层的观点来看,链路层好像是给 DTE 的分组层接口和 DCE 的分组层接口之间架设了一道桥梁。DTE 的分组层和 DCE 的分组层之间可以通过这座桥梁不断传送分组。

国际标准规定的 X.25 链路层 LAPB 采用高级数据链路控制规程(HDLC)的帧结构,并且是它的一个子集。它通过置异步平衡方式(SABM)命令要求建立链路。建立链路只需要由两个站中的任意一个站发送 SABM 命令,另一站发送 UA 响应即可以建立双向的链路。

虽然 LAPB 是作为 X.25 的第 2 层被定义的,但是,作为独立的链路层协议,您可以直接使用 LAPB 承载非 X.25 的上层协议进行数据传输。图 5-13 描述了 LAPB、X.25、X.25 交换三者之间的关系。

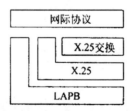

图 5-13　LAPB、X.25 与 X.25 交换的关系

3.分组层

分组层对应于 OSI/RM 中的网络层,它利用链路层提供的服务在 DTE-DCE 接口交换分组,将一条逻辑链路按统计时分复用 STDM 方式划分为多个逻辑子信道,允许多台计算机或终端同时使用高速的数据通道,以充分利用逻辑链路的传输能力和交换机资源。

分组层采用虚电路工作,整个通信过程分 3 个阶段:呼叫建立阶段、数据传输阶段和虚电路释放阶段。如图 5-14 所示,给出了虚电路的建立和清除过程,图中左边部分显示了 DTE A 与 DCEA 之间分组的交换,右边部分显示了 DTE B 和 DCE B 之间分组的交换。DCE 之间分组的路由选择是网络内部功能。

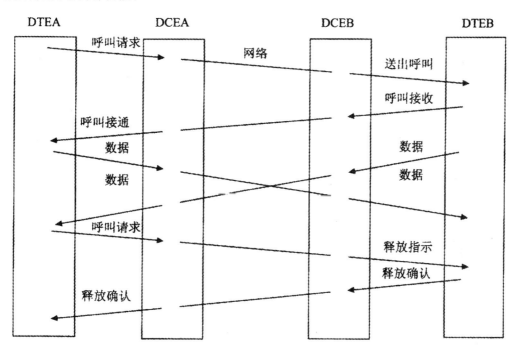

图 5-14　虚电路的建立和清除

虚电路的建立和清除过程叙述如下。

DTE A 对 DCE A 发出一个呼叫请求分组,表示希望建立一条到 DTE B 的虚电路。该分组中含有虚电路号,在此虚电路被清除以前,后续的分组都将采用此虚电路号;网络将此呼叫请求分组传送到 DCE B;DCE B 接收呼叫请求分组,然后给 DTE B 送出一个呼叫指示分组,这一分组具有与呼叫请求分组相同的格式,但其中的虚电路号不同,虚电路号由 DCE B 在未使用的号码中选择;DTE B 发出一个呼叫接收分组,表示呼叫已经接受;DTE A 收到呼叫接通分组(该分组和呼叫请求分组具有相同的虚电路号),此时虚电路已经建立;DTE A 和 DTE B 采用各自的虚电路号发送数据和控制分组;DTE A(或 DTE B)发送一个释放请求分组,紧接着收到本地 DCE 的释放确认分组;DTE A(或 DTE B)收到释放指示分组,并传送一个释放确认分组。此时 DTE A 和 DTE B 之间的虚电路就清除了。上述讨论的是交换虚电路(SVC),此外 X.25 还提供永久虚电路(PVC),永久虚电路是由网络指定的,不需要呼叫的建立和清除。

X.25 的分组可分为两大类,即控制分组和数据分组。虚电路的建立、数据传送时的流量控制、中断、数据传送完毕后的虚电路释放等,都要用到控制分组。关于 X.25 分组的格式参见 X.25 协议的详细说明。

虽然 X.25 技术较为成熟,但由于其传输速率较低,因此现在在广域网连接中已较少采用。

5.4　数字数据网

数字数据网(Data Network,DDN)是一种利用数字信道提供数据信号传输的数据传输网,也是面向所有专线用户或专用网用户的基础电信网。它为专线用户提供中、高速数字型点对点传输电路,或为专用网用户提供数字型传输网通信平台。

DDN 向用户提供的是半永久性的端到端数字连接,沿途不进行复杂的软件处理,因此延时较短,避免了分组网中传输时延大且不固定的缺点;DDN 采用交叉连接装置,可根据用户需要,在约定的时间内接通所需带宽的线路,信道容量的分配和接续在计算机控制下进行,具有极大的灵活性,使用户可以开通种类繁多的信息业务,传输任何合适的信息。

5.4.1　DDN 概述

DDN 由数字通道、DDN 节点、网管控制和用户环路组成。由 DDN 提供的业务又称为数字业务 DDS。

DDN 的传输媒介有光缆、数字微波、卫星信道以及用户端可用的普通电缆和双绞线,DDN 主干及延伸至用户端的线路铺设十分灵活、便利,采用计算机管理的数字交叉(PXC)技术,为用户提供半永久性连接电路。

DDN 实际上是我们常说的数据租用专线,有时简称专线。它也是近年来广泛使用的数据通信服务,我国的 DDN 网叫做 ChinaDDN。ChinaDDN 一般提供 $N \times 64Kbps$ 的数据速率,目前最高为 2Mbps。它由 DDN 交换机和传输线路(如光缆和双绞线)组成。现在,中国教育科研网(CERNET)的许多用户就是通过 ChinaDDN 实现跨省市连接的。图 5-15 显示了一个局域网络通过 DDN 与 CERNET 连接,并借助 CERNET 接入 Internet 的连接。

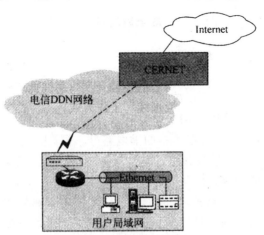

图 5-15　通过 DDN 进行网络连接示例

5.4.2　DDN 的特点

(1)DDN 是同步数据传输网,不具备交换功能

但可根据与用户所订协议,定时接通所需路由(这便是半永久性连接概念)。

(2)传输速率高,网络时延小

由于 DDN 采用了同步转移模式的数字时分复用技术,用数据信息根据事先约定的协议,在固定的时间段以预先设定的通道带宽和速率顺序传输,这样只需按时间段识别通道就可以准确地将数据信息送到目的终端。由于信息是顺序到达终端,免去了目的终端对信息的重组,因此减小了时延。目前 DDN 可达到的最高输速率为 155Mbit/s,平均时延≤450μs。

(3)DDN 为全透明网

DDN 是任何规程都可以支持,不受约束的全透明网,可支持网络层以及其上的任何协议,从而可满足数据、图像、声音等多种业务传输的需要。

5.4.3　DDN 提供的业务和服务

DDN 可提供的基本业务和服务除专用电路业务外,还具有多种增值业务功能,包括帧中继、压缩话音/G3 传真以及虚拟专用网等多种业务和服务。DDN 提供的帧中继业务即为虚宽带业务,把不同长度的用户数据段包封在一个较大的帧内,加上寻址和校验信息,帧的长度可达 1000字节以上,传输速率可达 2.048Mbit/s。帧中继主要用于局域网和广域网的互联,适应于局域网中数据量大和突发性强的特点。此外,用户可以租用部分公用 DDN 的网络资源构成自己的专用网,即虚拟专用网。

5.5　帧中继网

在 20 世纪 80 年代后期,许多应用都迫切要求提高分组交换服务的速率。然而 X.25 网络的体系结构并不适合于告诉交换。可见需要研制一种告诉交换的网络体系结构。帧中继 FR(Frame Relay)就是为这一目的而提出的。帧中继网络协议在许多方面非常类似于 X.25。

5.5.1　帧中继简介

帧中继(Frame Relay,FR)技术是在 OSI 第 2 层上用简化的方法传送和交换数据单元的一种技术。帧中继技术是在分组交换技术充分发展,数字与光纤传输线路逐渐替代已有的模拟线路,用户终端日益智能化的条件下诞生并发展起来的。

帧中继的协议结构如图 5-16 所示。

图 5-16　帧中继协议结构

帧中继的特点：

（1）高效

帧中继在 OSI 的第 2 层以简化的方式传送数据，仅完成物理层和链路层核心层的功能，简化节点机之间的处理过程，智能化的终端设备把数据发送到链路层，并封装在帧的结构中，实施以帧为单位的信息传送，网络不进行纠错、重发、流量控制等，帧不需要确认，就能在每个交换机中直接通过。一些第 2、3 层的处理，如纠错、流量控制等，留给智能终端去处理，从而简化了节点机之间的处理过程。

（2）经济

帧中继采用统计复用技术（即宽带按需分配）向客户提供共享的网络资源，每一条线路和网络端口都可以由多个终端按信息流共享，同时，由于帧中继简化了节点之间的协议处理，将更多的带宽留给客户数据，客户不仅可以使用预定的带宽，在网络资源富裕时，网络允许客户数据突发占用为预定的带宽。

（3）可靠

帧中继传输质量好，保证网络传输不容易出错，网络为保证自身的可靠性，采取了 PVC 管理和拥塞管理，客户智能化终端和交换机可以清楚了解网络的运行情况，不向发生拥塞和已删除的 PVC 上发送数据，以避免造成信息的丢失，保证网络的可靠性。

5.5.2　帧中继的工作原理

在 X.25 网络发展初期，网络传输设施基本是借用了模拟电话线路，这种线路非常容易受到噪声的干扰而产生误码。为了确保传输无差错，X.25 在每个结点都需要作大量的处理。例如，X.25 的数据链路层协议 LAPB 保证了帧在结点间无差错传输。在网络中的每一个结点，只有当收到的帧已进行了正确性检查后，才将它交付给第三层协议。对于经历多个网络结点的帧，这种处理帧的方法会导致较长的时延。除了数据链路层的开销，分组层协议为确保在每个逻辑信道上按序正确传送，还要有一些处理开销。

今天的数字光纤网比早期的电话网具有低得多的误码率，因此，我们完全可以简化 X.25 的某些差错控制过程。如果减少结点对每个分组的处理时间，则各分组通过网络的时延亦可减少，同时结点对分组的处理能力也就增大了。

帧中继就是一种减少结点处理时间的技术。帧中继不使用差错恢复和流量控制机制。当帧中继交换机收到一个帧的首部时，只要一查出帧的目的地址就立即进行转发。因此在帧中继网络中，一个帧的处理时间比 X.25 网络减少一个数量级。这样，帧中继网络的吞吐量要比 X.25 网络的提高一个数量级以上。

那么若出现差错该如何处理呢？显然，只有当整个帧被收下后该结点才能够检测到比特差错。但是当结点检测出差错时，很可能该帧的大部分已经转发出去了。

解决这一问题的方法实际上非常简单。当检测到有误码时，结点要立即中止这次传输。当中止传输的指示到达下个结点后，下个结点也立即中止该帧的传输，并丢弃该帧。如果需要重传出错的帧，那也是源站使用高层协议（而不是帧中继协议）请求重传该帧。因此，仅当帧中继网络本身的误码率非常低时，帧中继技术才是可行的。

当正在接收一个帧时就转发此帧，通常被称为快速分组交换（Fast Packet Switching）。快速分组交换在实现的技术上有两大类，它是根据网络中传送的帧长是可变的还是同定的来划分。

在快速分组交换中,当帧长为可变时就是帧中继;当帧长为固定时(这时每一个帧叫做一个信元)就是信元中继(cell felay),异步传递方式 ATM 就属于信元中继。

帧中继的呼叫控制信令是在与用户数据分开的另一个逻辑连接上传送的(即共路信令或带外信令)。这点和 X.25 很不相同。X.25 使用带内信令,即呼叫控制分组与用户数据分组都在同一条虚电路上传送。

帧中继的逻辑连接的复用和交换都在第二层处理,而不是像 X.25 在第三层处理。

帧中继网络向上提供面向连接的虚电路服务。虚电路一般分为交换虚电路 SVC 和永久虚电路 PVC 两种,但帧中继网络通常为相隔较远的一些局域网提供链路层的永久虚电路服务。永久虚电路的好处是在通信时可省去建立连接的过程。如果有 N 个路由器需要用帧中继网络进行连接,那么就一共需要有 N(N−1)/2 条永久虚电路。图 5-17(a)是一个例子,帧中继网络有 4个帧中继交换机。帧中继网络与局域网相连的交换机相当于 DCE,而与帧中继网络相连的路由器则相当于 DTE。当帧中继网络为其两个用户提供帧中继虚电路服务时,对两端的用户来说,帧中继网络所提供的虚电路就好像在这两个用户之间有一条直通的专用电路(图 5-17(b))。用户看不见帧中继网络中的帧中继交换机。

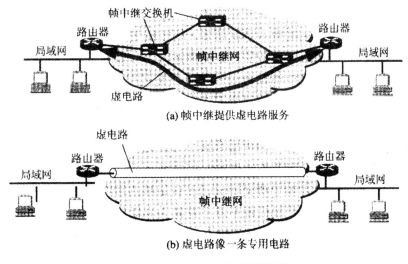

(a)帧中继提供虚电路服务

(b)虚电路像一条专用电路

图 5-17　帧中继网络提供的服务

下面用简单的例子说明帧中继网络的工作过程。

当用户在局域网上传送的 MAC 帧传剑与帧中继网络相连接的路由器时,该路由器就剥去MAC 帧的首部,将 IP 数据报交给路由器的网络层。网络层再将 IP 数据报传给帧中继接口卡。帧中继接口卡把 IP 数据报封装到帧中继帧的信息字段中,加上帧中继帧的首部(其中包括帧中继的标志字段和地址字段,帧中继帧的标志字段和 PPP 帧的一样),进行 CRC 检验后,加上帧中继帧的尾部(其中包含帧检验序列字段和标志字段),如图 5-18 所示。然后帧中继接口卡将封装好的帧通过向电信公司租来的专线发送给帧中继网络中的帧中继交换机。帧中继交换机在收到一个帧时,就按地址字段中的虚电路号对帧进行转发(若检查出有差错则丢弃)。为了区分开不同的永久虚电路 PVC,每一条 PVC 的两个端点都各有一个数据链路连接标识符 DLCI(Data Link Connection Identifier)。

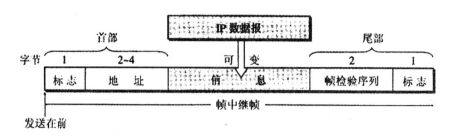

图 5-18　IP 数据报被封装成帧中继帧

当这帧中继帧被转发到虚电路的终点路由器时,终点路由器就剥去帧中继帧的首部和尾部,加上局域网的首部和尾部,交付给连接在此局域网上的目的主机。目的主机若发现有差错,则报告上层的 TCP 协议处理。即使 TCP 协议对有错误的数据进行了重传,帧中继网也仍然当作是新的帧中继帧来传送,而并不知道这里面是重传的数据。

根据帧中继的特点,可以知道帧中继适用于大文件(如高分辨率图像)的传送、多个低速率线路的复用以及局域网的互联。

5.5.3　帧中继约定信息速率

帧中继使用了一种称为约定信息速率(Commited Information Rate,CIR)的机制。每一个帧中继的虚电路(VC)都有一个约定信息速率。

在帧中继网络中,每个帧通过帧头中的丢弃指示位 DE 来标记帧的优先级。如果 DE 为 0 就为高优先级,为 1 则是低优先级。如果一个帧标识为高优先级,那么帧中继网络就应该保证在任何条件下都将该帧传送到目的地,除非帧中继网络出现严重拥塞的情况。而对于低优先级的帧,帧中继网络允许在拥塞的情况下将该帧丢弃。当帧中继交换机上的输出缓冲区快要发生溢出时,交换机将首先丢弃低优先级的帧。

帧的 DE 标志是如何打上去的呢?帧中继终端是通过接入交换机连入到帧中继网络的。接入交换机的速率一般是从 64kbps 到 1.544Mbps 或者 2.048Mbps。接入交换机负责对从帧中继终端发来的帧打标记。

为了对帧打优先级标记,接入交换机每隔一段很短的固定时间就测量帧中继终端发给接入交换机的数据量。测量时间一般用 T_c 表示,值大约是从 100ms~1s。

下面我们对 CIR 机制进行详细描述。每一个从帧中继终端出发的 VC 都被分配一个 CIR,其单位是 bps。终端用户首先向帧中继服务提供商购买 CIR 服务。如果帧中继终端产生的帧速率小于 CIR,则接入交换机就将所有的帧都标记为高优先级(DE=0)。但是,如果帧中继终端产生帧的速率超过了 CIR,那么超过 CIR 部分的帧都将标记为低优先级(DE=1)。更确切地说,每经过一个测量间隔 T_c,接入交换机都将帧中继终端产生的前 CIR * T_c 比特的帧标记为高优先级(DE=0),而将其余的帧标记为低优先级(DE=1)。

下面我们通过一个具体的例子来说明帧中继是如何提供 CIR 的。

假设帧中继服务商使用的测量间隔 T_c=500ms,而帧中继终端接入帧中继网的速率是 64kbps,则服务提供商分配给该帧中继终端用户的 CIR 是 32kbps。为了简单起见,我们还假设每个帧长度 L=4000 比特。这就意味着,每隔 500ms,用户可以发送 CIR * T_c/L=4 帧作为高优先级帧。而在 500ms 内发送的其他 4 帧都将标记为低优先级帧。由于帧中继网的目的就是尽量将所有的高优先级帧传送到目的地,所以从本质上保证了该用户的速率至少为 32kbps,但是在帧中继网络不是很忙的时候,用户能够得到超过 32kbps 的速率(当然不能超过 64kbps,因为用户接人到帧中继网络的链路速率最高是 64kbps)。但是,由于用户向帧中继网络服务提供商预定的速率是 32kbps,也就是说用户是按照预定的 32kbps CIR 进行付费的,因此一旦用户得到超过 32kbps 的速率就属于额外的收益,这就是帧中继网络最大的吸引力。

5.5.4　帧中继提供的服务

帧中继是面向连接的方式,它的目标是为局域网互联提供合理的速率和较低的价格。它可以提供点对点的服务,也可以提供一点对多点的服务。它采用了两种关键技术,即虚拟租用线路和“流水线”方式。

1. 虚拟租用线路

所谓虚拟租用线路是与专线方式相对而言的。例如一条总速率 640Kbps 的线路,如果以专线方式平均地租给 10 个用户,每个用户最大速率为 64Kbps,这种方式有两个缺点:一是每个用户速率都不可以大于 64Kbps;二是不利于提高线路利用率。采用虚拟租用线路的情况就不一样了,同样是 640Kbps 的线路租给十个用户,每个用户的瞬时最大速率都可以达到 640Kbps,也就是说,在线路不是很忙的情况下,每个用户的速率经常可以超过 64Kbps,而每个用户承担的费用只相当于 64Kbps 的平均值。

2. “流水线”方式

所谓的“流水线”方式是指数据帧只在完全到达接收结点后再进行完整的差错校验,在传输中间结点位置时,几乎不进行校验,尽量减少中间结点的处理时间,从而减少了数据在中间结点的逗留时间。每个中间结点所做的额外工作就是识别帧的开始和结尾,也就是识别出一帧新数据到达后就立刻将其转发出去。X.25 的每个中间结点都要进行繁琐的差错校验、流量控制等等,这主要是因为它的传输介质可靠性低所造成的。帧中继正是因为它的传输介质差错率低才能够形成“流水线”工作方式。

帧中继通过其虚拟租用线路与专线竞争,而在 PVC 市场,又通过其较高的速率(一般为 1.5Mbps)与 X.25 竞争,在目前还是一种比较有市场的数据通信服务。

5.5.5　帧中继的适用范围

帧中继技术的优越性体现在:

①当用户需要数据通信时,其带宽要求较高,而参与通信的各方多于两个时使用帧中继是一种较好的解决方案。

②通信距离较长时,应优选帧中继。因为帧中继的高效性使用户可以享有较好的经济性。

③当数据业务量为突发性时,由于帧中继具有动态分配带宽的功能,选用帧中继可以有效地处理突发性数据。

作为一种新的承载业务,帧中继具有很大的潜力,主要应用在广域网(WAN)中,支持多种数据型业务,如局域网互联、组建虚拟专用网、电子文件传输、计算机辅助设计、计算机辅助制造、图像查询业务和图像监视等。

（1）局域网间互联

帧中继可以应用于银行、大型企业政府部门的总部与其他地方分支机构的局域网之间的互联,远程计算机辅助设计(CAD),计算机辅助制造(CAM),文件传送,图像查询业务,图像监视及会议电视等。

（2）组建虚拟专用网

帧中继只能使用通信网络的物理层和链路层的一部分来执行其交换功能,有着很高的网络利用率,利用它构成的虚拟专用网,不但具有高速和高吞吐量,其费用也相当低。

（3）电子文件传输

由于帧中继使用的是虚拟电路,信号通路及带宽可以动态分配,特别适用于突发性的使用,因而它在远程医疗、金融机构及 CAD/CAM 的文件传输、计算机图像、图表查询等业务方面有着特别好的适用性。

5.6 综合业务数字网

由于公共电话网络(PSTN)对于非话音业务传输的局限性,因此并不能满足人们对数据、图形、图像乃至视频图像等非话音信息的通信需求,而电信部门所建设的网络基本上都只能提供某种单一的业务,比如用户电报网、电路交换数据网、分组交换网以及其他专用网等。尽管花费大量的资金和时间建设的上述专用网在一定程度上解决了问题,但是上述这些专用网由于通信网络标准不统一,仍然无法满足人们对通信的需求。因此,20 世纪 70 年代初,欧洲国家的电信部门开始试图寻找新技术来解决问题,这种新技术就是综合业务数字网,其英文全称是 Integrated Services Digital Network,即 ISDN。

5.6.1 ISDN 的发展

ISDN 一经出现就立即引起了业界的广泛关注。但由于通信协调和政策方面的障碍,直至20 世纪 90 年代 ISDN 才开始在全世界范围内得到真正的普及应用。1993 年底,由 22 个欧洲国家的电信部门和公司发起倡议使得欧洲 ISDN 标准(Eruo-ISDN)最终得以统一,这是 ISDN 发展史上的一个重要里程碑。

就技术和功能而言,ISDN 是目前世界上技术较为成熟、应用较为普及和方便的综合业务广域通信网。在协议方面,Eruo-ISDN 已逐渐成为世界 ISDN 通信的标准。

近年来,Internet 的迅速发展和普及推动了 ISDN 业务的发展。迄今常用的网络接入方式,即电话拨号上网的速率已发挥到极限,14.4kbit/s,28.8kbit/s,33.6kbit/s,最后到 56kbit/s。而信息通信本质上所需要的恰恰是一个快速的综合业务数字网,ISDN 可以为 Internet 用户提供较高的网络互联带宽和上网带宽。

综合业务数字网的目的就是应用一个网络实现包括话音、文字、数据、图像在内的综合业务。最早有关 ISDN 的标准是在 1984 年由 CCITT 发布的。ISDN 技术的发展经历了以 64Kbps 速率为基础的窄带 ISDN(N-ISDN)和面向多媒体传输的宽带 ISDN(B-ISDN)两个阶段。

ISDN 的特点:

①综合性。ISDN 用户只需接入一个网络,就可进行各种不同方式的通信业务,用户在接口上可连接多个通信终端。

②多路性。一条 ISDN 可至少提供两路传输通道,用户可同时使用两种以上不同方式的通信业务。

③高速率。ISDN 能够提供比普通市内电话高出几倍的通信速度,最高可以达 128kb/s,为用户上网、传输数据和使用可视电话提供了方便。

④方便性。ISDN 可提供许多普通电话无法实现的附加业务,如来电号码显示、限制对方来电、多用户号码等。

5.6.2 ISDN 的组成

ISDN 的组成部件包括用户终端、终端适配器、网络终端等设备,系统结构如图 5-19 所示。ISDN 的用户终端主要分为两种类型:类型 1 和类型 2。其中,类型 1 终端设备(TEl)是 ISDN 标准的终端设备,通过 4 芯的双绞线数字链路与 ISDN 连接,如数字电话机和 G-4 传真机等;类型 2 终端设备(TE2)是非 ISDN 标准的终端设备,必须通过终端适配器才能与 ISDN 连接。如果 TE2 是独立设备,则它与终端适配器的连接必须经过标准的物理接口,如 RS-232C、V.24 和 V.35 等。

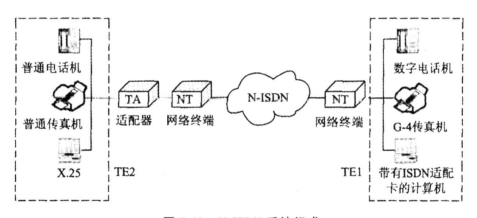

图 5-19 N-ISDN 系统组成

通路有两种主要类型。一种类型是信息通路,为用户传送各种信息流;另一种是信令通路,它是为了进行呼叫控制而传送信令信息。根据 CCITT 建议,在用户——网络接口初向用户提供的通路有以下类型:

B 通路:64kbit/s,供传递用户信息用。

D 通路:16kbit/s 或 64kbit/s,供传输信令和分组数据使用。

H_0 通路:384kbit/s,供传递用户信息用(如:立体声节目、图像和数据等)。

H_{11} 通路:1536kbit/s,共传递用户信息用(如高速数据传输、会议电视等)。

H_{12} 通路:1920kbit/s,共传递用户信息用(如高速数据传输、图像和会议电视等)。

ISDN 基本速率接口 BRI 提供两个 B 通道和一个 D 通道,即 2B+D 接口。B 通道的传输速率为 64kbit/s,通常用于传输用户数据。D 通道的传输速率为 16kbit/s,通常用于传输控制和信令信息。因此,BRI 的传输速率通常为 128kbit/s,当 D 通道也用于传输数据时,BRI 接口的传输速率可达 144kbit/s。

ISDN 基群速率接口 PRI 提供的通道情况根据不同国家或地区采用的 PCM 基群格式而定。

在北美洲和日本,PRI 提供 24B+D,总传输速率为 1.544Mbit/s。在欧洲、澳大利亚、中国和其他国家,PRI 提供 30B+D,总传输速率为 2.048Mbit/s。由于 ISDN 的 PRI 提供了更高速率的数据传输,因此,它可以实现可视电话、视频会议或 LAN 间的高速网络互联。

5.6.3 ISDN 的应用

通过 ISDN 有两种方式接入 Internet。一种是基本速率接入方式,它提供给用户 128kb/s 的带宽。另一种是基群速率接入方式,用户实际能得到 1920kb/s 的带宽。我国 ISDN 网的建设,大多是在 PSTN 基础上叠加建网,即在 PSTN 交换机上增扩 ISDN 功能,所以 ISDN 接入可以像普通电话线接入方式一样简便廉价。

如图 5-20 显示了一个 ISDN 应用的典型实例。家庭个人用户通过一台 ISDN 终端适配器连接个人电脑、电话机等。这样,个人电脑就能以 64/128kbit/s 速率接入 Internet,同时照样可以打电话。对于中小型企业,将企业的局域网、电话机、传真机通过一台 ISDN 路由器连接到一条或多条 ISDN 线路上,就可以以 64/128kbit/s 或更高速率接入 Internet。

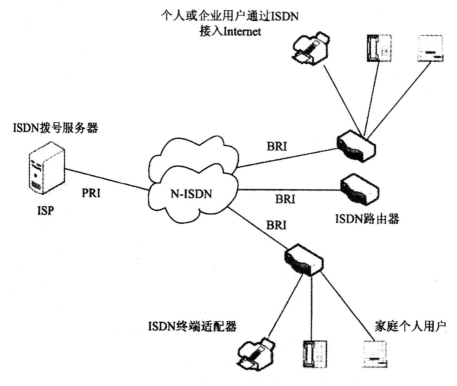

图 5-20 个人或企业用户应用 ISDN 示意图

5.7 异步传输模式

X.25 分组交换网具有传输可靠性高的优点,但由于网络设备的速率及交换技术本身限制,X.25 只能处理中低速数据流。虽然帧中继作出了很大的改进,但对于多媒体数据仍然显得吃力。而局域网传输速率虽可达千兆,但局域网的性质本身就大大限制了 LAN 的大规模的覆盖及应用,无法形成广域网的规模。

随着社会不断发展,网络服务不断多样化,人们可以利用网络干很多事情,如收发信件、家庭办公、VOD 视频点播、网络电话,对网络的要求越来越高,能否把这些对带宽、实时性、传输质量要求各不相同的网络服务由一个统一的多媒体网络来实现,做到真正的一线通? 回答是肯定的,这就是异步传输模式(Asynchronous Transfer Mode,ATM)网,半导体和光纤技术为 ATM 的快速交换和传输提供坚实的保障。

5.7.1　ATM 的基本概念

ATM 技术问世于 20 世纪 80 年代末,是一种正在兴起的高速网络技术。国际电信联盟(ITU)和 ATM 论坛正在制定其技术规范。ATM 被电信界认为是未来宽带基本网的基础。与 FDDI 和 100Base-T 不同,是一种新的交换技术——异步传输模式(ATM,Asynchronous Transfer Mode),也是实现 B-ISDN 的核心技术,也是目前多媒体信息的新工具。ATM 网络被公认为是传输速率达 Gbit/s 数量级的新一代局域网的代表。

ATM 是一种传输模式,在这一模式中,信息被组织成信元,因包含来自某用户信息的各个信元不需要周期性出现,这种传输模式是异步的。

由于 ATM 技术简化了交换过程,免去了不必要的数据校验,采用易于处理的固定信元格式,所以 ATM 交换速率大大高于传统的数据网,如 X.25 DDN、帧中继等。另外,对于如此高速的数据网,ATM 网络采用了一些有效的业务流量监控机制,对网上用户数据进行实时监控,把网络拥塞发生的可能性降到最小。对不同业务赋予不同的"特权",如语音的实时性特权最高,一般数据文件传输的正确性特权最高,网络对不同业务分配不同的网络资源,这样不同的业务在网络中才能做到"和平共处"。

ATM 的一般入网方式如图 5-21 所示,与网络直接相连的可以是支持 ATM 协议的路由器或装有 ATM 卡的主机,也可以是 ATM 子网。在一条物理链路上,可同时建立多条承载不同业务的虚电路,如语音、图像和文件的传输等。

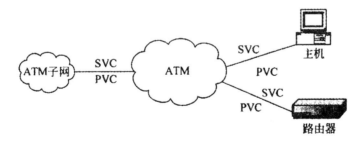

图 5-21　ATM 的入网方式

5.7.2　ATM 的体系结构和参考模型

在 ATM 交换网络中,称为端点的用户接入设备通过用户—网络接口(UNI)连接到网络中的交换机,而交换机之间是通过网络—网络接口(NNI)连接的。图 5-22 给出了 ATM 网络的例子。

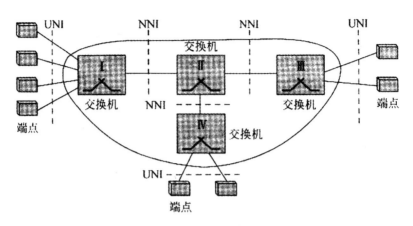

图 5-22　ATM 网络的体系结构

ITU-T 已定义了 ATM 参考模型，如图 5-23 所示。ATM 参考模型分为物理层、ATM 层、ATM 适配层和高层。

高层协议
ATM 适配层
ATM 层
物理层

图 5-23　ATM 参考模型

①物理层。该层负责完成将信元流转换为可传输的比特并处理物理介质的功能。物理层划分为两个子层：传输集中（Transmission Concentrate，TC）子层和物理介质相关（Physical Media Dependence，PMD）子层，它们用于将实际的 ATM 交换与物理接口分离开来，这就是 ATM 能够在不同的介质上传输的原因。

②ATM 层。该层负责完成 ATM 信元交换等功能。ATM 交换机最重要的功能就是完成 ATM 层的功能。ATM 层不提供差错控制和流量控制功能，不能很好地满足多数应用的要求。

③ATM 适配层。为了弥补 ATM 层的不足，ITU 在 ATM 层之上定义了一个端到端的层，这就是 ATM 适配层（ATM Adaptation Layer，AAL）。从分层角度看，AAL 便是传输层。但是 ATM 网络的 AAL 层与 TCP 具有本质区别，其主要原因是 ATM 网络设计者对传输音频和视频数据流更感兴趣，为此传输的实时性比正确性更重要。

AAL 的功能是将来自高层的用户数据转换成 ATM 中净荷的格式和长度。AAL 层包括 5 种不同的类型，即 AAL1～AAL5。AAL1 持固定比特率（Constant Bit Rate，CBR）业务，如数字化的声音和图像信号，用于对信元延迟和丢失都敏感的应用；AAL2 支持对时间敏感的可变比特率（Variable Bit Rate，VBR）业务；AAL3/AAL4 面向连接的突发数据业务；AAL5 支持无连接的突发数据业务。另外，AAL 层还可以支持广播和组播通信。

对应于图 5-23，图 5-24 给出了两个插有 ATM 网卡的主机（也称为 ATM 端点）通过 ATM 交换机进行通信的层次关系。

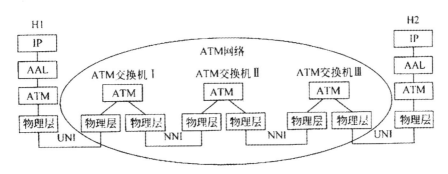

图 5-24　通过 ATM 交换机进行通信

5.7.3　ATM 信元

ATM 信元是固定长度的分组。每个 ATM 信元有 53 个字节,分为两个部分。前面 5 个字节为信元头,主要完成寻址和路由功能;后面的 48 个字节为信息段,用来封装用户信息。话音、数据、图像等信息都要经过分段,封装成 ATM 信元在 ATM 网络中传输,并在接收端恢复成所需格式。

ATM 信元通常有两种不同的格式,其头部格式如图 5-25 所示。带有 GFC 字段的是用户-网络接口(User-Network Interface,UNI)格式,而不带 GFC 字段的是网络-网络接口(Network-Network Interface,NNI)格式。在主机和交换机之间传输信元时采用 UNI 格式,它就像电话公司和用户之间的接口。而 NNI 格式用于在交换机之间传输信元,就像两个电话公司之间的接口。UNI 格式和 NNI 格式唯一的不同点就是 NNI 格式中将 UNI 格式中的各种 GFC 字段合并为 VPI 字段。

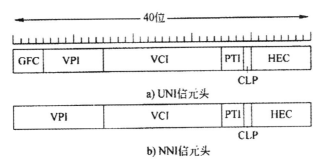

图 5-25　ATM 信元格式

UNI 信元有 4 位用于通用流量控制(Generic Flow Control,GFC)。引入 GFC 的想法是:如果 ATM 终端使用共享介质连接到 ATM 交换机上,那么 GFC 就提供一个介质访问控制的手段。

接下来的 24 位是 8 位虚路径标识符(Virtual Path Identifier,VPI)和 16 位虚通道标识符(Virtual Channel Identifier,VCI),用于标识 ATM 虚电路。

有效载荷类型标识符(Payload Type Identifier,PTI)用于标识有效载荷区字段内的数据类型,也有可能包括用户数据或者管理信息。当 PTI 字段的第 1 比特为"1"时,其 4 个值用于管理。当 PTI 字段的第 1 比特为"0"时,表明信元是用户数据,在这种情况下,第 2 比特是转发拥塞指示 EFCI 位,第 3 比特是"用户信令"位。

信元丢弃优先级(Cell Loss Priority,CLP)位用来指示信元是否能够丢弃。主机或交换机可以设置这一位来指示信元可以被丢弃。

最后一个字段是信元头错误控制(Header Error Control,HEC),它是 8 比特 CRC 校验码。

5.7.4　ATM 的特点

ATM 可用于广域网(WAN)、城域网(MAN)、校园主干网、大楼主干网以及连到台式机等。ATM 与传统的网络技术,如以太网、令牌环网、FDDI 相比,有很大的不同,归纳起来有以下特点。

①ATM 是面向连接的分组交换技术,综合了电路交换和分组交换的优点。

②ATM 允许声音、视频、数据等多种业务信息在同一条物理链路上传输,它能在一个网络上用统一的传输方式综合多种业务服务。

③ATM 提供质量保证 QOS 服务。ATM 为不同的业务类型分配不同等级的优先级,如为视频、声音等对时延敏感的业务分配高优先级和足够的带宽。

④ATM 是极端灵活和可变的带宽而不是固定带宽。不同于传统的 LAN 和 WAN 标准,ATM 的标准被设计成与传送的技术无关。为了提高存取的灵活性和可变性,ATM 支持的速率一般为 155Mb/s～24Gb/s,现在也有 25Mb/s 和 50Mb/s 的 ATM。ATM 可以工作在任何一种不同的速度、不同的介质上和使用不同的传送技术。

⑤交换并行的点对点存取而不是共享介质,交换机对端点速率可作适应性调整。

⑥以小的、固定长的信元(cell)为基本传输单位,每个信元的延迟时间是可预计的。

⑦通过局域网仿真(LANE),ATM 可以和现有以太网、令牌环网共存。由于 ATM 网与以太网等现有网络之间存在着很大差异,所以必须通过 LANE、MPOA 和 IP Over ATM 等技术,它们才能结合,而这些技术会带来一些局限性,如影响网络性能和 QOS 服务等。

ATM 目前的不足之处是设备昂贵,并且标准还在开发中,未完全确定。此外,因为它是全新的技术,在网络升级时几乎要换掉现行网络上的所有设备。因此,目前 ATM 在广域网中的应用并不广泛。

5.7.5　ATM 的应用举例

LANE 指的是 LAN Emulation Over ATM,即在 ATM 网上进行 LAN 局域网的模拟。大多数数据目前都是在 LAN 上传送,例如 Ethernet 网等。在 ATM 网上应用 LANE 技术,就可以把分布在不同区域的网互联起来,在广域网上实现局域网的功能,对于用户来讲,他们所接触到的仍然是传统的局域网的范畴,根本感觉不到 LANE 的存在。

LANE 技术主要用到了 LANE Server,它可以存在于一个或多个交换机内,也可以放在一台单独的工作站中,LANE Server 可简写为 LES,主要功能就是进行 MAC-to-ATM 的地址转换,因为 Ethernet 用的是 MAC 地址,ATM 用的是自己的地址方案,通过 LES 地址转换可以把分布在 ATM 边缘的 LANE Client 连接起来。图 5-26 表示了 LANE 的工作方式。

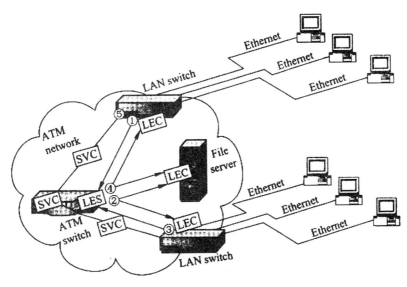

图 5-26　**LANE 示意图**

①LAN Switch 从 Ethernet 终端接收到一个帧,这个帧的目的地址是 ATM 网络另一端的一台 Ethernet 终端。LEC 即 LANE Client(它驻留在 LAN Switch 中)于是就发送一个 MAC-to-ATM 地址转换请求到 LES(LES 驻留在 ATM Switch 中)。

②LES 发送多点组播至网络上的其他 LEC。

③在地址表中含有被叫 MAC 地址的 LEC 向 LES 做出响应。

④LEC 接着便向其他 LEC 广播这个响应。

⑤发送地址转换请求的 LEC 认知这个响应,并得到目的地的 ATM 地址,接着便通过 ATM 网建立一条 SVC 至目的 LEC,用 ATM 信元传送数据。

为了提高处理速度、保证质量、降低时延和信元丢失率,ATM 以面向连接的方式工作。通信开始时先建立虚电路,并将虚电路标志写入信头(即前面说的地址信息),网络根据虚电路标志将信元送往目的地。虚电路是可以拆除释放的。在 ATM 网络的节点上完成的只是虚电路的交换。为了简化网络的控制,ATM 将差错控制和流量控制交给终端去做,不许逐段链路的差错控制和流量控制。因此,ATM 兼顾了分组交换方式统计复用、灵活高效和电路交换方式传输时延小、实时性好的优点。

第6章 信息安全概述

21世纪是信息的世纪,随着信息量的急剧增加和各种信息词汇的不断涌现,人类仿佛置身于信息的海洋当中。信息、信息时代、信息技术、信息化、信息系统、信息资源、信息管理、经济信息、市场信息、价格信息等各类名词术语,随时随地向我们迎面扑来。

随着信息的应用与共享日益广泛。各种信息化系统已成为国家基础设施,支撑着电子政务、电子商务、电子金融、科学研究、网络教育、能源、通信、交通和社会保障等方方面面,信息成为人类社会必需的重要资源。与此同时,信息的安全问题日渐突出,情况也越来越复杂。

6.1 信息与信息安全

6.1.1 信息

1. 关于信息含义的探讨与演变

在人类社会的早期,人们对信息的认识比较肤浅和模糊,对信息的含义没有明确的定义。到了20世纪,随着科学技术的发展,特别是信息科学技术的发展,对人类社会产生了深刻的影响,迫使人们开始探讨信息的准确含义。

1928年哈特莱(L. V. R. Hartley)在《贝尔系统技术杂志》(BSTJ)上发表了一篇题为《信息传输》的论文,文中他认为信息是选择通信符号的方式,且用选择自由度来计量这种信息的大小。

1948年,美国数学家香农(C. E. Shannon)在《贝尔系统技术杂志》上发表了一篇题为《通信的数据理论》的论文,文中他认为信息是用来减少随机不定性的东西。

在香农创立信息论的同年,维纳(N. Wiener)出版了《控制论:动物和机器中的通信与控制问题》,他认为信息是人们在适应外部世界和这种适应反作用于外部世界的过程中,与外部世界进行互相交换的内容的名称,并创建了控制论。

1975年,意大利学者朗高(G. Longo)在《信息论:新的趋势与未决问题》一书中认为信息反映了事物的形式、关系和差别,它包含在事物的差异之中,而不在事物本身。

1988年,我国信息论专家钟义信教授在《信息科学原理》一书中,把信息定义为:事物的运动状态和状态变化的方式,并通过引入约束条件推导了信息的概念体系,对信息进行了完整和准确的描述。信息的这个定义具有最大的普遍性,不仅涵盖所有其他的信息定义,而且通过引入约束条件还能转化为所有其他的信息定义。

信息不同于消息,消息是信息的外壳,信息则是消息的内核,也可以说消息是信息的笼统概念,信息是消息的精确概念;信息不同于信号,信号是信息的载体,信息则是信号所载荷的内容;信息不同于数据,数据是记录信息的一种形式,同样的信息也可以用文字或图像来表述,当然,在计算机里,所有的多媒体文件都是用数据表示的,计算机和网络上信息的传递都是以数据的形式进行,此时信息等同于数据。

综上所述,一般意义上的信息可以定义为:信息是事物运动的状态和状态变化的方式。

2.信息的特征

信息有许多重要的特征,但信息最基本的特征是信息来源于物质,又不是物质本身;它从物质的运动中产生出来,又可以脱离源物质而寄生于媒体物质,相对独立地存在。信息是"事物运动的状态与状态变化的方式",但"事物运动的状态与状态变化的方式"并不是物质本身,信息不等于物质。

信息其他的基本特征还有下列几点。

①信息也来源于精神世界。既然信息是事物运动的状态与状态变化的方式,那么精神领域的事物运动(思维的过程)当然可以成为信息的一个来源。同客观物体所产生的信息一样,精神领域的信息也具有相对独立性,可以被记录下来加以保存。

②信息与能量息息相关。传输信息或处理信息总需要一定的能量来支持,而控制和利用能量总需要有信息来引导。但是信息与能量又有本质的区别,即信息是事物运动的状态和状态变化的方式,能量是事物做功的本领,提供的是动力。

③信息是具体的并可以被人(生物、机器等)所感知、提取、识别,可以被传递、储存、变换、处理、显示、检索、复制和共享。

正是由于信息可以脱离源物质而载荷于媒体物质,可以被无限制地进行复制和传播,因此信息可为众多用户所共享。

3.信息的性质

信息在具有下列一些性质:
①传递性。
②真伪性。
③可识别性。
④相对性。
⑤知识性。
⑥效用性。
⑦共享性。
⑧载体的可变性。
⑨普遍性。
⑩无限性。

6.1.2　信息安全

1.信息安全问题产生的原因

从大的方面来说,信息安全问题已威胁到国家的政治、经济、军事、文化、意识形态等领域。从小的方面来说,信息安全问题也涉及人们能否保护个人的隐私。

信息安全已成为社会稳定安全的必要前提条件。信息安全问题产生的原因主要有两大方面。

（1）信息和网络已成为现代社会的重要基础

当今世界正步入信息化、数字化时代，信息无所不在、无处不有。国与国之间变得"近在咫尺"。计算机通信网络在政治、军事、金融、商业、交通、电信、宗教等各行各业中的作用日益增大。在 Internet 上，除了电子邮件、新闻论坛等文本信息的交流与传播之外，网上电话、网上传真、电子商务和视频等通信技术也在不断地发展与完善，正在为用户提供丰富多彩的网络与信息服务，用以网络为基础和手段来获取信息、交流信息正成为现代社会的一个新特征。在某种意义上讲，信息就是时间、财富、生命，就是生产力。

随着全球信息基础设施和各个国家的信息基础的逐渐形成，社会对计算机网络的依赖日益增强。为此，人们不得不建立各种各样的信息系统来管理各种机密信息和各种有形、无形财富。但是这些信息系统都是基于计算机网络来传输和处理信息，实现其相互间的联系、管理和控制的。如各种电子商务、电子现金、数字货币、网络银行，乃至国家的经济、文化、军事和社会生活等方方面面，都日趋强烈地依赖网络这个载体。可见，信息和网络已成为现代社会的重要基础，以开放性、共享性和无限互联为特征的网络技术正在改变着人们传统的工作方式和生活方式，也正在成为当今社会发展的一个新的主题和标志。

（2）信息安全与网络犯罪危害日趋严重

事物总是辩证统一的。信息与网络科技进步在造福人类的同时，也给人们带来了新的问题和潜在危害。计算机网络的产生就像一个打开了的潘多拉魔盒，使得新的邪恶——计算机与网络犯罪相伴而来。

计算机互联网是与开放系统同时发展起来的。开放系统的标志是开放系统互连（OSI）模型的提出。自从 20 世纪 70 年代以来，OSI 模型得到了不断发展和完善，从而成为全球公认的计算机通信协议标准。除了 OSI 标准外，另一些标准化组织也相继建立了一些开放系统网络协议，其中最有影响力的是 Internet 协会提出的 TCP/IP 协议。通过围绕开放系统互连所开展的标准化活动，使得不同厂家所生产的设备进行互联成为现实。然而，在网络开发之初，由于人们考虑的是系统的开放性和资源共享的问题，忽视了信息与网络技术对安全的需要，结果导致网络技术先天不足——本质安全性非常脆弱，极易受到黑客的攻击或有组织的群体的入侵。可以说，开放性和资源共享性是网络安全问题的主要根源。与此同时，系统内部人员的不规范使用或恶意行为，也是导致网络系统和信息资源遭到破坏的重要因素。

2. 信息安全的含义

"安全"一词的基本含义为："远离危险的状态或特性"，或"主观上不存在威胁，主观上不存在恐惧"。在各个领域都存在安全问题，安全是一个普遍存在的问题。随着计算机网络的迅速发展，人们对信息在储存、处理和传递过程中涉及的安全问题越来越关注，信息领域的安全问题变得非常突出。

信息安全是一个广泛而抽象的概念。所谓信息安全就是关注信息本身的安全，而不管是否应用了计算机作为信息处理的手段。信息安全的任务是保护信息财产，以防止偶然的或未授权者对信息的恶意泄露、修改和破坏，从而导致信息的不可靠或无法处理等。这样可以使得我们在最大限度地利用信息的同时而不招致损失或使损失最小。

信息技术的应用，引起了人们生产方式、生活方式和思想观念的巨大变化，极大地推动了人类社会的发展和人类文明的进步，把人类带入了崭新的时代——信息时代。信息已成为信息发展的重要资源。然而,人们在享受信息资源所带来的巨大的利益的同时,也面临着信息安全的严峻考验。信息安全已经成为世界性的问题。

信息安全之所以引起人们的普遍关注,是由于信息安全问题目前已经涉及到人们日常生活的各个方面。以网上交易为例,传统的商务运作模式经历了漫长的社会实践,在社会的意识、道德、素质、政策、法规和技术等各个方面,都已经完善,然而对于电子商务来说,这一切却处于刚刚起步阶段,其发展和完善将是一个漫长的过程。假设你作为交易,无论你从事何种形式的电子商务,都必须清楚以下事实:你的交易方是谁? 信息在传输过程中是否被篡改(即信息的完整性)? 信息在传送途中是否会被外人看到(即信息的保密性)? 网上支付后,对方是否会不认账(即不可抵赖性)? 如此等等。因此,无论是商家、银行还是个人对电子交易安全的担忧是必然的,电子商务的安全问题已经成为阻碍电子商务发展的“瓶颈”,如何改进电子商务的现状,让用户不必为安全担心,是推动安全技术不断发展的动力。

信息安全研究所涉及的领域相当广泛。随着计算机网络的迅速发展,人们越来越依赖网络,人们对信息财产的使用主要是通过计算机网络来实现的。在计算机和网络上信息的处理是以数据的形式进行的,在这种情况下,信息就是数据。因而从这个角度来说,信息安全可以分为数据安全和系统安全,即信息安全可以从两个层次来看。从消息的层次来看,包括信息的完整性(Integrity),即保证消息的来源、去向、内容真实无误;保密性(Confidentiality),即保证消息不会被非法泄露扩散;不可否认性(Non-repudiation),也称为不可抵赖性,即保证消息的发送和接受者无法否认自己所做过的操作行为等。从网络层次来看,包括可用性(Availability),即保证网络和信息系统随时可用,运行过程中不出现故障,若遇意外打击能够尽量减少损失并尽早恢复正常,可控性(Controllability),即对网络信息的传播及内容具有控制能力的特性。

3. 信息安全的特征

信息安全可以说是一门既古老又年轻的学科,内涵极其丰富。信息安全不仅涉及计算机和网络本身的技术问题、管理问题而且还涉及法律学、犯罪学、心理学、经济学、应用数学、计算机基础科学、计算机病毒学、密码学、审计学等学科。

关于信息安全化的具体特征的标志尚无统一的界定标准。但在现阶段,对信息安全化至少应具有机密性、完整性、可用性、不可否认性和可控性几个基本特征,却具有广泛的认同。

(1)机密性保证

机密性保证是指保证信息不泄露给非授权的用户、实体的过程,或供其利用的特性。换言之,就是保证只有授权用户可以访问和使用数据,而限制其他人对数据进行访问或使用。数据机密性在商业、军事领域具有特别重要的意义。如果一个公司的商业计划和财政机密被竞争者获得,那么该公司就会有极大麻烦。数据的机密性分为网络传输机密性和数据存储机密性。如同通信电话能被窃听一样,网络传输也可能被窃听,其解决办法就是对传输数据进行加密处理。数据存储机密性主要是通过访问控制来实现的。根据不同的安全要求和等级,一般将数据分成敏感型、机密型、私有型和公用型等几种类型,管理员常对这些数据的访问加以不同的访问控制。保证数据机密性的另一个易被人们忽视的环节是管理者的安全意识。一个有经验的黑客可能会通过收买或欺骗某个职员,而获得机密数据,这是一种常见的攻击方式,在信息安全领域称之为社会工程。

(2)完整性保证

完整性是指数据未经授权不能进行任何改变的特性。完整性保证即是保证信息在存储或传输过程中不被修改、不被破坏和不丢失的特性。完整性保证的目的就是保证在计算机系统中的数据和信息处于一种完整和未受损害的状态,也就是说数据不会因有意或无意的事件而被改变或丢失。数据完整性的丧失将直接影响到数据的可用性。

影响数据完整性的因素非常多,有人为的无意失误破坏,也有人为的蓄意破坏;有系统软件、硬件的失效事件所致,也有自然灾害、不可抗拒外力因素的影响。但不管怎样,人们总是可以通过访问控制、数据备份和冗余设置来实现数据的完整性。

①蓄意破坏。在信息安全立法尚不发达的阶段,典型的蓄意破坏情况也常常发生。例如,一个被解雇的公司职员入侵到企业的内部网络,并肆意删去一些重要的文件。为了破坏一个站点,入侵者可能会利用软件的安全缺陷或网络病毒对站点实行攻击,并删去系统重要文件,迫使系统工作终止或不能正常运转。这类破坏的目的可能会很多,有的是为了显示自己的计算机水平,有的是为了报复,有的可能只是一个恶作剧。

②无意破坏。主要来自于操作失误。比如一个对计算机操作不熟悉的人可能会无意中删去有用的文件,这种操作错误对一些安全性设计好的操作系统不会是一个大的问题,如 UNIX 和 Windows NT 操作系统,因为这些系统在设计时对新手的一些常见的操作失误已给予比较充分的考虑,一些反常操作被严格控制,而在 Wndows 95 和 DOS 这样的早期系统中,误操作发生的可能性还很大。因为任何一个人都可以访问所有的文件,包括别人的文件和系统文件。为了防止这种误操作,对于 Wndows 95 和 DOS 系统,用户必须对一些重要数据文件做一个备份,对于 UNIX 和 Windows NT 系统,可以为用户划分不同的用户目录,并把用户的权限限制在他本人的目录当中,如只有对自己的目录才有写的权限,对别人的目录则无写的权限。

③硬件、软件失效造成的数据被破坏。软盘损坏即是一种典型的硬件失效。软盘是一种坆易损坏的存储介质,人们经常随身携带软盘,很容易造成软盘的物理损害,有时有些软盘的质量也不好,因此,多备份几份以防止软盘不能读是一种明智的选择。硬盘虽然比软盘可靠性高,但对于十分重要的军事和商业信息而言,硬盘的备份也是十分必要的。现在很多服务器的硬盘都能提供冗余备份。人们经常听到一些软件开发商提出一些补丁程序。而且有时一个补丁接一个补丁,这充分说明复杂软件中可能存在的先天缺陷是不可忽视的问题。

④自然灾害造成的破坏。这是谁也无法预测的,如水灾、火灾、龙卷风等,可能会破坏了通信线路或公司的整个网络,造成信息在传输中丢失、毁损,甚至使数据全部被灭毁,以致公司损失了全部的订货、发货信息以及员工信息等。美国世贸大厦中的许多公岗在"9·11"事件后纷纷倒闭和破产,并不是因为直接经济所致。恰恰是因为公司的数据信息资源被彻底毁灭而无法恢复的结果。对于这类破坏,最好的方法就是对数据进行备份。对于简单的单机系统,重要数据不多,可采用软盘人工备份,鉴于软盘可靠性较差,一般应多备份几份。对于一些大型商业、企业网络,如银行、保险交易网,必须安装先进的大型网络自动备份系统,并在空间上实施异地存储来提高信息的可恢复性。

(3)可用性

可用性是指保障信息资源随时可提供服务的特性,即授权用户根据需要可以随时访问所需信息。可用性是信息资源服务功能和性能可靠性的度量,涉及物理、网络、系统、数据、应用和用户等多方面的因素,是对信息网络总体可靠性的要求。

(4)不可否认性

不可否认性也称为不可抵赖性,即所有参与者都不可能否认或抵赖曾经完成的操作和承诺。

发送方不能否认已发送的信息,接收方也不能否认已收到的信息。

(5)可控性

可控性是指对信息的传播及内容具有控制能力的特性。授权机构可以随时控制信息的机密性,能够对信息实施安全监控。

4.信息安全的研究内容

狭义上的信息安全只是从自然科学的角度研究信息安全。虽然,现阶段关于信息安全的具体特征的标志尚无统一的界定标准。但在现阶段,信息安全研究大致可以分为基础理论研究、应用技术研究、安全管理研究等几方面的内容。各部分研究内容及相互关系如图 6-1 所示。

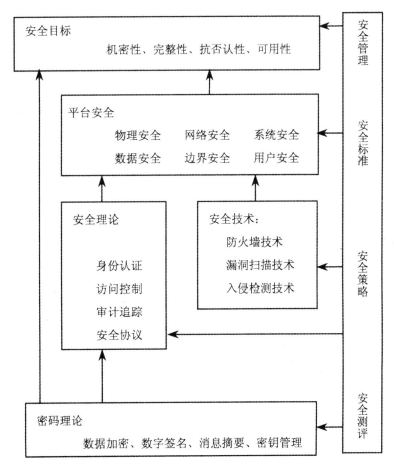

图 6-1　信息安全研究内容及相互关系

(1)信息安全基础研究

信息安全基础研究的主要包括密码学研究和网络信息安全基础理论研究。如图 6-1 所示,密码理论主要包括数据加密、数字签名、消息摘要、密钥管理等内容;安全理论主要包括身份认证、访问控制、审计追踪、安全协议等内容。

数据加密算法是一种数学变换,在选定参数(密钥)的参与下,将信息从易于理解的明文加密为不易理解的密文,同时也可以将密文解密为明文。

　　数字签名机制主要决定于签名过和验证两个过程。签名过程是利用签名者的私有信息作为密钥,或对数据单元进行加密,或产生该数据单元的密码校验值;验证过程是利用公开的规程和信息来确定签名是否是利用该签名者的私有信息产生的。数字签名主要是消息摘要和非对称加密算法的组合应用。

　　消息摘要算法也是一种数学变换,通常是单向(不可逆)的变换,它将不定长度的信息变换为固定长度(如 16 字节)的摘要,信息的任何改变(即使是 1bit)也能引起摘要面目全非,因而可以通过消息摘要检测消息是否被篡改。典型的算法有 MD5、SHA 等。

　　密码算法是可以公开的,但密钥必须严格保护。如果非授权用户获得加密算法和密钥,则很容易破解或伪造密文,加密也就失去了意义。密钥管理研究就是研究密钥的产生、发放、存储、更换和销毁的算法和协议等。

　　身份认证是指验证用户身份与其所声称的身份是否一致的过程。最常见的身份认证是口令认证。身份认证研究的主要内容包括认证的特征,如知识、推理、生物特征等和认证的可信协议及模型。

　　授权和访问控制是两个关系密切的概念,经常替换使用。授权侧重于强调用户拥有什么样的访问权限,这种权限是系统预先设定的,并不关心用户是否发起访问请求;而访问控制是对用户访问行为进行控制,它将用户的访问行为控制在授权允许的范围之内。授权和访问控制研究的主要内容是授权策略、访问控制模型、大规模系统的快速访问控制算法等。

　　审计和追踪也是两个关系密切的概念。审计是指对用户的行为进行记录、分析和审查,以确认操作的历史行为,通常只在某个系统内进行,而追踪则需要对多个系统的审计结果综合分析。审计追踪研究的主要内容是审计素材的记录方式、审计模型及追踪算法等。

　　安全协议指构建安全平台时所使用的与安全防护有关的协议,是各种安全技术和策略具体实现时共同遵循的规定,如安全传输协议、安全认证协议、安全保密协议等。典型的安全协议有网络层安全协议 IPSec、传输层安全协议 SSL、应用层安全电子商务协议 SET 等。安全协议研究的主要内容是协议的内容和实现层次、协议自身的安全性、协议的互操作性等。

　　(2)信息安全应用研究

　　信息安全的应用研究是针对信息在应用环境下的安全保护而提出的,是信息安全基础理论的具体应用,它包括安全技术研究和平台安全研究。如图 6-1 所示,安全技术中包括防火墙技术、漏洞扫描技术、入侵检测技术和防病毒技术等;平台安全研究包括物流安全、网络安全、系统安全、数据安全、边界安全以及用户安全等。

　　防火墙技术是一种安全隔离技术,它通过在两个安全策略不同的域之间设置防火墙来控制两个域之间的互访行为。防火墙技术的主要研究内容包括防火墙的安全策略、实现模式、强度分析等。

　　漏洞扫描是针对特定信息网络中存在的漏洞而进行的。由于漏洞扫描技术很难自动分析系统的设计和实现,因此很难发现未知漏洞。对于未知的漏洞,目前主要是通过专门的漏洞分析技术来完成的,如逆向工程等。漏洞扫描技术研究的主要内容包括漏洞的发现、特征分析以及定位、扫描方式和协议等。

　　入侵检测是通过计算机网络系统中的若干关键结点收集信息,并分析这些信息,监控网络中是否有违反安全策略的行为或者是否存在入侵行为,是对指向计算和网络资源的恶意行为的识别和响应过程。目前主要有基于用户行为模式、系统行为模式和入侵特征的检测等。入侵检测技术研究的主要内容包括信息流提取技术、入侵特征分析技术、入侵行为模式分析技术、入侵行为关联分析技术和高速信息流快速分析技术等。

病毒是一种具有传染性和破坏性的计算机程序,研究和防范计算机病毒也是信息安全的一个重要方面。病毒防范研究的重点包括病毒的作用机理、病毒的特征、病毒的传播模式、病毒的破坏力、病毒的扫描和清除等。

物理安全是指保障信息网络物理设备不受物理损坏,或损坏时能及时修复或替换。通常是针对设备的自然损坏、人为破坏或灾害损坏而提出的。目前常见的物理安全技术有备份技术、安全加固技术、安全设计技术等。例如保护 CA 认证中心,采用多层安全门和隔离墙,核心密码部件还要用防火、防盗柜保护。

网络安全的目标是防止针对网络平台的实现和访问模式的安全威胁。主要包括安全隧道技术、网络协议脆弱性分析技术、安全路由技术、安全 IP 协议等。

系统安全是各种应用程序的基础。系统安全关心的主要问题是操作系统自身的安全性问题。系统安全研究的主要内容包括安全操作系统的模型和实现、操作系统的安全加固、操作系统的脆弱性分析、操作系统与其他开发平台的安全关系等。

数据安全主要关心数据在存储和应用过程中是否会被非授权用户有意破坏,或被授权用户无意破坏。数据安全研究的主要内容有安全数据库系统、数据存取安全策略和实现方式等。

边界安全关心的是不同安全策略的区域边界连接的安全问题。不同的安全域具有不同的安全策略。边界安全研究的主要内容是安全边界防护协议和模型、不同安全策略的连接关系问题、信息从高安全域流向低安全域的保密问题、安全边界的审计问题等。

用户安全一方面指合法用户的权限是否被正确授权,是否有越权访问,是否只有授权用户才能使用系统资源。用户安全研究的主要内容包括用户账户管理、用户登录模式、用户权限管理、用户的角色管理等。

(3)信息安全管理研究

信息安全管理研究包括安全标准研究、安全策略研究、安全测评研究等。

安全标准研究是推进安全技术和产品标准化、规范化的基础。主要的标准化组织都推出了安全标准,著名的安全标准有可信计算机系统的评估准则(TCSEC)、通用准则(CC)、安全管理标准 ISO 17799 等。安全标准研究的主要内容包括安全等级划分标准、安全技术操作标准、安全体系结构标准、安全产品测评标准和安全工程实施标准等。

安全策略是安全系统设计、实施、管理和评估的依据。它针对具体的信息和网络的安全,决定应保护哪些资源,花费多大代价,采取什么措施,达到什么样的安全强度等。不同的国家和单位针对不同的应用都应制定相应的安全策略。例如什么级别的信息应该采取什么保护强度,针对不同级别的风险能承受什么样的代价,这些问题都应该制定策略。安全策略研究的内容包括安全风险的评估、安全代价的评估、安全机制的制定以及安全措施的实施和管理等。

安全测评是依据安全标准对安全产品或信息系统进行安全性评定。目前开展的测评有技术评测机构开展的技术测评,也有安全主管部门开展的市场准入测评。测评包括功能测评、性能测评、安全性测评、安全等级测评等。安全测评研究的内容有测评模型、测评方法、测评工具、测评规程等。

而通常对信息安全的研究从总体上又可以分为 5 个层次的研究,即安全的密码算法、安全协议、网络安全、系统安全以及应用安全灯,其层次结构如图 6-2 所示。

图 6-2　信息安全的层次

6.2　信息安全面临的威胁

信息安全威胁就是指某个人、物、事件或概念对信息资源的保密性、完整性、可用性或合法使用所造成的危险。攻击就是对安全威胁的具体体现。虽然人为因素和非人为因素都可以对通信安全构成威胁，但是精心设计的人为攻击威胁最大。

安全威胁有时可以被分为故意的和偶然的，故意的威胁如假冒、篡改等。偶然的威胁如信息被发往错误的地址、误操作等。故意的威胁又可以进一步分为主动攻击和被动攻击。被动攻击不会导致对系统中所含信息的任何改动，如搭线窃听、业务流分析等，而且系统的操作主动和状态也不会改变，因此被动攻击主要威胁信息的保密性；主动攻击则意在篡改系统中所含信息，或者改变系统的状态和操作，因此主动攻击主要威胁信息的完整性、可用性和真实性。

目前还没有统一的方法来对各种威胁进行分类，也没有统一的方法来对各种威胁加以区别。信息安全所面临的威胁与环境密切相关，不同威胁的存在及程度是随环境的变化而变化的。

6.2.1　一些常见的安全威胁

（1）信息泄露

信息被泄露或透露给某个非授权的实体。

（2）拒绝服务

对信息或其他资源的合法访问被无条件地阻止。

（3）破坏信息的完整性

数据被非授权地进行增删、修改或破坏而受到损失。

（4）非法使用（非授权访问）

某一资源被某个非授权的人，或以非授权的方式使用。

（5）重放

出于非法目的，将所截获的某次合法的通信数据进行复制，而重新发送。

（6）陷阱门

在某个系统或某个部件中设置的"机关"，使得在特定的数据输入时，允许违反安全策略。

（7）抵赖

这是一种来自用户的攻击，比如：否认自己曾经发布过的某条消息、伪造一份对方来信等。

（8）授权侵犯

被授权以某一目的使用某一系统或资源的某个人，却将此权限用于其他非授权的目的，也称做"内部攻击"。

（9）特洛伊木马

软件中含有一个察觉不出的或者无害的程序段，当它被执行时，会破坏用户的安全。这种应用程序称为特洛伊木马（Trojan Horse）。

（10）假冒

通过欺骗通信系统（或用户）达到使非法用户冒充成为合法用户，或者使特权小的用户冒充成为特权大的用户的目的。黑客大多是采用假冒攻击。

（11）业务流分析

通过对系统进行长期监听，利用统计分析方法对诸如通信频度、通言的信息流向、通信总量的变化等参数进行研究，从而发现有价值的信息和规律。

（12）窃听

用各种可能的合法或非法的手段窃取系统中的信息资源和敏感信息。例如，对通信线路中传输的信号进行搭线监听，或者利用通信设备在工作过程中产生的电磁泄露截取有用信息等。

（13）旁路控制

攻击者利用系统的安全缺陷或安全性上的脆弱之处获得非授权的权利或特权。例如，攻击者通过各种攻击手段发现原本应保密，但是却又暴露出来的一些系统"特性"，利用这些"特性"，攻击者可以绕过防线守卫者侵入系统的内部。

（14）计算机病毒

所谓计算机病毒，是一种在计算机系统运行过程中能够实现传染和侵害的功能程序。一种病毒通常含有两个功能：一种功能是对其他程序产生"感染"；另外一种或者是引发损坏功能，或者是一种植入攻击的能力。

计算机病毒造成的危害主要表现在以下几个方面：

①格式化磁盘，致使信息丢失。

②删除可执行文件或者数据文件。

③破坏文件分配表，使得无法读取磁盘上的信息。

④修改或破坏文件中的数据。

⑤改变磁盘分配，造成数据写入错误。

⑥病毒本身迅速复制或磁盘出现假"坏"扇区，使磁盘可用空间减少。

⑦影响内存常驻程序的正常运行。

⑧在系统中产生新的文件。

⑨更改或重写磁盘的卷标等。

计算机病毒是对软件、计算机和网络系统的最大威胁。计算机病毒对计算机系统所产生的破坏效应，使人们清醒地认识到其所带来的危害性。现在，每年的新病毒数量都以指数级在增长，而且由于近几年传输媒质的改变和 Internet 的大面积普及，导致计算机病毒感染的对象开始由工作站（终端）向网络部件（代理、防护和服务器设置等）转变，病毒类型也由文件型向网络蠕虫型改变。蠕虫具有病毒和入侵者双重特点:像病毒那样,它可以进行自我复制,并可能被当成假指令去执行;像入侵者那样,它以穿透网络系统为目标。蠕虫利用网络系统中的缺陷或系统管理中的不当之处进行复制,将其自身通过网络复制传播到其他计算机上,造成网络的瘫痪。

由于木马程序像间谍一样潜入用户的电脑,并开启后门,为远程计算机的控制提供方便,与古罗马战争中的"木马"十分相似,因而得名特洛伊木马。通常木马并不被当成病毒,因为它们通常不包括感染程序,因而并不自我复制,只是靠欺骗获得传播。现在,随着网络的普及,木马程序的危害变得十分强大,如今它常被用作在远程计算机之间建立连接,像间谍一样潜入用户的计算机,使远程计算机通过网络控制本地计算机。从2000年开始,计算机病毒与木马技术相结合成为病毒新时尚,使病毒的危害更大,防范的难度也更大。

计算机病毒的潜在破坏力极大,正在成为信息战中的一种新式进攻武器。

(15)窃取

重要的安全物品(如令牌或身份卡)被盗。

(16)物理侵入

侵入者通过绕过物理控制而获得对系统的访问。

(17)媒体废弃

信息被从废弃的磁盘或打印过的存储介质中获得。

(18)业务欺骗

某一伪系统或系统部件欺骗合法的用户或系统自愿地放弃敏感信息等。

(19)人员不慎

一个授权的人为了钱或利益,或由于粗心,将信息泄露给一个非授权的人。

上面给出的是一些常见的安全威胁,各种威胁之间是相互联系的,如窃听、业务流分析、人员不慎、媒体废弃物等可造成信息泄露,而信息泄露、窃取、重放等可造成假冒,而假冒等又可造成信息泄露。

6.2.2　信息系统威胁的不同方面

对于信息系统来说威胁可以是针对物理环境、通信链路、网络系统、操作系统、应用系统以及管理系统等方面。

1.物理安全威胁

物理安全威胁是指对系统所用设备的威胁。物理安全是信息系统安全的最重要方面。物理安全的威胁主要有自然灾害(如地震、水灾、火灾等)造成整个系统毁灭,电源故障造成设备断电以致操作系统引导失败或数据库信息丢失,设备被盗、被毁造成数据丢失或信息泄露。通常,计算机里存储的数据价值远远超过计算机本身,必须采取很严格的防范措施以确保不会被入侵者偷去。媒体废弃物威胁,如废弃磁盘或一些打印错误的文件都不能随便丢弃,媒体废弃物必须经过安全处理,对于废弃磁盘仅删除是不够的,必须销毁。电磁辐射可能造成数据信息被窃取或偷阅等。

2.通信链路安全威胁

网络入侵者可能在传输线路上安装窃听装置,窃取网上传输的信号,再通过一些技术手段读出数据信息,造成信息泄露;或对通信链路进行干扰,破坏数据的完整性。

3.网络安全威胁

计算机网络的使用对数据造成了新的安全威胁,由于在网络上存在着电子窃听,分布式计算机的特征使各分立的计算机通过一些媒介相互通信。局域网一般为广播式的,每个用户都可以收到发向任何用户的信息。当内部网络与国际互联网相接时,由于国际互联网的开放性、国际性与无安全管理性,对内部网络形成严重的安全威胁。如果系统内部局域网络与系统外部网络之间不采取一定的安全防护措施,内部网络容易受到来自外部网络入侵者的攻击。例如,攻击者可以通过网络监听等先进手段获得内部网络用户的用户名、口令等信息,进而假冒内部合法用户进行非法登录,窃取内部网重要信息。

4.应用系统安全威胁

应用系统安全威胁是指对于网络服务或用户业务系统安全的威胁。应用系统对应用安全的需求应有足够的保障能力。应用系统安全也受到"木马"和"陷阱门"的威胁。

5.管理系统安全威胁

不管是什么样的网络系统都离不开人的管理,必须从人员管理上杜绝安全漏洞。再先进的安全技术也不可能完全防范由于人员不慎造成的信息泄露,管理安全是信息安全有效的前提。

6.操作系统安全威胁

操作系统是信息系统的工作平台,其功能和性能必须绝对可靠。由于系统的复杂性,不存在绝对安全的系统平台。对系统平台最危险的威胁是在系统软件或硬件芯片中的植入威胁,如"木马"和"陷阱门"。操作系统的安全漏洞通常是由操作系统开发者有意设置的,这样他们就能在用户失去了对系统的所有访问权时仍能进入系统。例如,一些 BIOS 有万能密码,维护人员用这个口令可以进入计算机。

6.3　信息安全体系结构

6.3.1　OSI 安全体系

国际标准化组织于 1989 年对 OSI 开放互联环境的安全性进行了深入的研究,在此基础上提出了 OSI 安全体系,作为研究设计计算机网络系统以及评估和改进现有系统的理论依据。OSI 安全体系定义了安全服务、安全机制、管理及有关安全方面的其他问题。此外,它还定义了各种安全机制以及安全服务在 OSI 中的层位置。

1.安全服务

信息安全服务是指适应整个安全管理的需要,为企业、政府提供全面或部分信息安全解决方案的服务。信息安全服务提供包含从高端的全面安全体系到细节的技术解决措施。安全服务可以对系统漏洞和网络缺陷进行有效弥补,可以在系统的设计、实施、测试、运行、维护以及培训活动的各个阶段进行。

为应对现实中的种种情况,OSI 定义了 11 种威胁,并在对威胁进行分析的基础上,规定了五种标准的安全服务。五类安全服务包括认证(鉴别)服务、访问控制服务、数据保密性服务、数据完整性服务和抗否认性服务。

(1)认证(鉴别)服务

认证(鉴别)服务用于识别对象的身份和对身份的证实。OSI 环境可提供对等实体认证和信源认证等安全服务。对等实体认证是用来验证在某一关联的实体中,对等实体与其声称是一致的,它可以确认对等实体没有假冒身份;而信源认证是用于验证所收到的数据来源与所声称的来源是否一致,它不提供防止数据中途被修改的功能。

(2)访问控制服务

访问控制服务主要是用于防治未授权用户非法使用系统资源,包括用户身份认证和用户权限确认。身份认证是指证实主体的真实身份与其所声称的身份是否相符的过程,用于识别主体的身份和对主体身份的证实。这种服务是在两个开放系统同等层中的实体建立连接和数据传送期间,为提供连接实体身份的鉴别而规定的一种服务。这种服务防止冒充类型的攻击,它不提供防止数据中途被修改的功能。

访问控制主要可分为自主访问控制、强制访问控制两类。实现机制可以是基于访问控制属性的访问控制表、基于安全标签或用户和资源分档的多级访问控制等。

访问控制服务不仅可以提供给单个用户,也可以提供给封闭用户组中的所有用户。在用户身份认证和授权以后,访问控制服务将根据预先设定的规则对用户访问某项资源进行控制,只有规则允许时才能访问,违反预定的安全规则的访问行为将被拒绝。

(3)数据保密性服务

数据保密性服务主要是为了防止网络各系统之间交换的数据被截获或被非法存取而泄密,提供机密保护。同时,对有可能通过观察信息流就能推导出信息的情况进行防范。它是针对信息泄漏而采取的防御措施,可分为信息保密、选择段保密和业务流保密。它的基础是数据加密机制的选择。加密可向数据或业务流信息提供保密性,并且可以对其他安全机制起作用或对它们进行补充。

(4)数据完整性服务

防止非法篡改信息,如修改、复制、插入和删除等,以保证数据接收方收到的信息与发送方发送的信息完全一致。它有 5 种形式:可恢复连接完整性、无恢复连接完整性、选择字段连接完整性、无连接完整性和选择字段无连接完整性。

确定单个数据单元的完整性涉及两个处理,一个在发送实体进行,一个在接收实体进行。发送实体给数据单元附加一个由数据自己决定的量,这个量可以是分组校验码或密码校验值之类的补充信息,而且它本身可以被加密。接收实体产生一个相当的量,把它与收到的量进行比较,确定该数据在传输过程中是否被篡改。

(5)抗否认性服务

主要用于防止发送方在发送数据后否认发送和接收方在收到数据后否认收到或伪造数据的行为。

这种服务有两种形式,一种形式是源发证明,即某一层向上一层提供的服务,它用来确保数据是由合法实体发出的,它为上一层提供对数据源的对等实体进行鉴别,以防假冒。另一种形式是交付证明,用来防止发送数据方发送数据后否认自己发送过数据,或接收方接收数据后否认自己收到过数据。

如图 6-3 所示,给出了一个综合安全服务模型,该模型揭示了主要安全服务和支撑安全服务之间的关系。该模型主要由支撑服务、预防服务和恢复相关的服务等三部分组成。

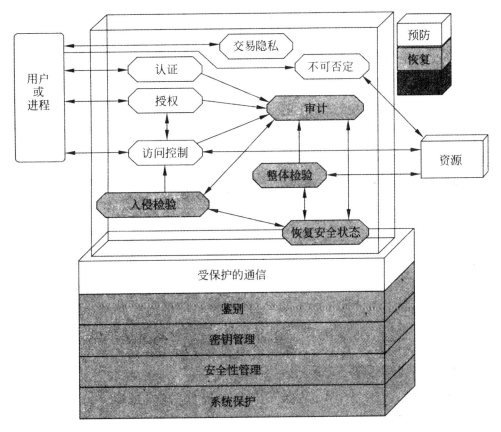

图 6-3　安全服务之间的关系

2.安全机制

一个安全策略和安全服务可以单个使用,也可以组合起来使用,在上述提到的安全服务中可以借助以下安全机制:

(1)加密机制

加密机制,即借助各种加密算法对存放的数据和流通中的信息进行加密。加密机制是确保数据安全性的基本方法,在 OSI 安全体系结构中应根据加密所在的层次及加密对象的不同,而采用不同的加密方法。信息加密机制是信息安全中最基础、最核心的机制。加密强度取决于密码算法和密钥。DES 算法已通过硬件实现,效率非常高。

通常,加密机制按算法体制划分,可以分为序列密码和分组密码。

①序列密码算法将明文逐位转换为密文,系统的安全性完全依靠密钥序列发生器的内部机制。

②分组密码是对固定长度的明文加密的算法,技术核心是利用单圈函数及对合运算,通过充

分的非线性运算,对明文迭代若干圈后得到密文。

(2)数字签名机制

采用公钥体制,使用私钥进行数字签名,使用公钥对签名信息进行证实。数字签名机制是确保数据真实性的基本方法,利用数字签名技术可进行用户的身份认证和消息认证,它具有解决收、发双方纠纷的能力。

数字签名是通过一个单向函数对要传送的报文进行处理,以认证报文来源并核实报文是否发生变化的一种技术。数字签名具有可信性、不可伪造性、不可复制性、不可改变性和不可抵赖性,可以有效地防止否认、伪造、篡改和冒充等安全问题,发送者事后不能否认发送的报文签名,接收者能够核实发送者发送的报文签名,接收者不能伪造发送者的报文签名,接收者不能对发送者的报文进行部分篡改。

(3)访问控制机制

访问控制机制是指根据访问者的身份和有关信息,决定实体的访问权限。访问控制机制是从计算机系统的处理能力方面对信息提供保护。访问控制按照事先确定的规则决定主体对客体的访问是否合法,当主体试图非法使用一个未经授权的资源时,访问控制将拒绝,并将这一非法事件报告给审计跟踪系统,审计跟踪系统将发出报警或形成审计记录。

访问控制包括主体、客体和控制策略三个要素。

①主体是指一个提出请求或要求的实体,是动作的发起者。主体可以是用户本身,也可以是进程、内存或程序。

②客体是接受其他实体访问的被动实体,客体可以是信息、文件、记录等,也可以是硬件或终端。

③控制策略是主体对客体的操作行为和约束条件的总和,它体现了一种授权行为或者称为主体的权限。访问控制规定所有的主体行为遵守控制策略。

(4)数据完整性机制

数据完整性机制是指用于保证数据流的完整性的机制,可以通过加密实现数据完整性。数据完整性的内涵体现在两个方面。

一是数据单元或域的完整性。

数据单元完整性包括两个过程,一个发生在发送实体,而另一个发生在接收实体。数据完整性的一般方法是发送实体在一个数据单元上加一个标记,接收实体也产生一个对应的标记,并将自己产生的标记和接收到的由发送实体产生的标记进行比较,从而确定数据传输中是否被修改或伪造。

二是数据单元或域的序列的完整性。

数据单元序列的完整性是要求数据编号的连续性和时间标记的正确性,以防止假冒、丢失、重复、插入或修改数据。

(5)认证交换机制

认证交换机制主要用来实现同级之间的认证。包括用户认证、消息认证、站点认证和进程认证等,可用于认证的方法有已知信息(如口令)、共享密钥、数字签名、生物特征(如指纹)等。

(6)防业务流量分析机制

防业务流量分析机制是指通过填充冗余的业务流量来防止攻击者对流量进行分析,填充过的流量需通过加密进行保护。

该机制对抗的是流量分析攻击,流量分析攻击是指攻击者通过对网络上的某一特定路径的信息流量和流向进行分析,从而判断事件的发生。

(7)路由控制机制

在大型计算机网络中,从源点到目的地往往存在多条路径,其中有些路径是安全的,有些路径是不安全的,路由控制机制可根据信息发送者的申请选择安全路径,以确保数据安全。

目前典型的应用为网络层防火墙。

(8)公证机制

由公证人(第三方)参与数字签名,它以通信双方对第三方都绝对信任为前提。

公证机构供相应的公证服务和仲裁,通信双方进行通信时必须经过这个公证机构来交换,以确保公证机构能得到必需的信息,供日后仲裁使用。

3.安全管理

为了更有效地运用安全服务,需要有其他措施来支持它们的操作,这些措施即为安全管理。安全管理是对安全服务和安全机制进行管理,把管理信息分配到有关的安全服务和安全机制中去,并收集与它们大的操作有关的信息。

OSI 概念化的安全体系结构是一个多层次的结构,它本身是面对对象的,给用户提供了各种安全应用,安全应用由安全服务来实现,而安全服务又是由各种安全机制来实现的。OSI 提供了每一类安全服务所需要的各种安全机制,而安全机制如何提供安全服务的细节可以在安全框架内找到。

6.3.2　信息系统安全体系

信息系统安全包括物理安全、网络安全、数据安全、内容安全和设备安全,安全的最终目标是确保信息的机密性、完整性、可用性、可控性和抗抵赖性。

信息系统安全主要由技术体系、管理体系和组织体系组成,如图 6-4 所示。

图 6-4　信息系统安全体系

1. 技术体系

技术体系是全面提供信息系统安全保护的技术保障系统,它包括物理安全技术和系统安全技术。物理安全技术是指对信息系统的物理环境、设备采取的防护措施,使得信息系统本身具备抗击外来自然灾害和电磁辐射的威胁、抑制信息系统的组件电磁辐射的威胁。系统安全技术包括加密、数字签名、访问控制等安全机制,以避免信息系统平台本身的脆弱性和漏洞造成的风险,同时限制任何非授权的系统入侵行为。

2. 组织机构体系

组织机构体系是信息系统安全的组织保障系统,包括机构和人员。机构的设置分为决策层、管理层和执行层。决策层是信息系统安全的领导机构,负责本单位信息安全的策略制定及其宏观调控。管理层是决策层的日常管理机关,根据决策层的信息安全策略,全面规划并且协调各方面力量实施信息系统安全。执行层负责信息系统的信息安全运行维护。人员是信息安全实施的主体,其活动在国家有关安全的法律、法规、政策范围内进行。

3. 管理体系

管理是系统安全的灵魂。信息安全系统的管理体系以法律为依据,以制度为保障。法律管理是根据相关信息安全的国家法律和法规,对信息系统主体及其相关的行为进行规范和约束,具有强制性。制度管理指信息系统内部根据需要制定的一系列规章制度,是法律管理的形式化、具体化表现。

6.3.3 典型的信息安全体系模型

由于网络信息系统受到的攻击日趋频繁,所以安全的概念不能仅仅局限于信息的保护,需要的是对整个网络信息系统的保护和防御,以确保它们的安全性,包括对系统的保护、检测和反应能力等。总的来说,安全模型已经从以前的被动保护转到了现在的主动防御,强调整个生命周期的防御和恢复。

1. P2DR 模型

所谓 PDR 模型是指基于防护(Protection)、检测(Detection)和响应(Reaction)的安全模型。20 世纪 90 年代末,美国国际互联网安全系统公司(ISS)提出了自适应网络安全模型(Adaptive Network Security Model,ANSM),并联合其他厂商组成 ANS 联盟,试图在此基础上建立网络安全的标准。该模型即可量化、可由数学证明、基于时间的、以 PDR 为核心的安全模型,亦称为 P2DR 模型。

P2DR 模型是安全策略(Policy)、防护(Protection)、检测(Detection)和响应(Response)英文字母的缩写,它是动态安全模型的代表性模型。如图 6-5 所示,在信息系统整体安全策略的控制和指导下,综合运用如防火墙、身份认证、加密等手段,将系统调整到"最安全"和"风险最低"的状态。

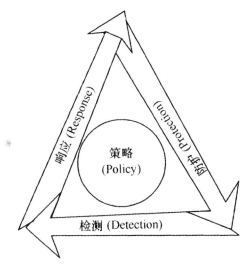

图 6-5　P2DR 模型

（1）安全策略

根据风险分析产生的安全策略描述了系统中哪些资源要得到保护，以及如何实现对它们的保护等。安全策略是 P2DR 安全模型的核心，所有的防护、检测、响应都是依据安全策略实施的，企业安全策略为安全管理提供方向和支持手段。

（2）防护

通过修复系统漏洞、正确设计、开发和安装系统来预防安全事件的发生；通过定期检查来发现可能存在的系统脆弱性；通过教育等手段，使用户和操作员正确使用系统，防止意外威胁；通过访问控制、监视等手段来防止恶意威胁。

（3）检测

在 P2DR 模型中，检测是非常重要的一个环节，检测是动态响应和加强防护的依据，它也是强制落实安全策略的有力工具，通过不断地检测和监控网络和系统，来发现新的威胁和弱点，通过循环反馈来及时做出有效的响应。

（4）响应

紧急响应在安全系统中占有最重要的地位，是解决安全潜在问题最有效的办法。从某种意义上讲，安全问题就是要解决紧急安全和异常处理问题。

信息系统的安全是基于时间特性的，P2DR 安全模型的特点就在于动态性和基于时间的特性。下面先定义几个时间值：

①攻击时间 Pt

攻击时间 Pt 表示从入侵开始到侵入系统的时间。攻击时间的衡量特性包括入侵能力和系统脆弱性两个方面。高水平的入侵及安全薄弱的系统都能增强攻击的有效性，使攻击时间 Pt 缩短。

②检测时间 Dt

系统安全检测包括系统的安全隐患和潜在攻击检测，以利于系统的安全评测。改进检测算法和设计可缩短 Dt，提高对抗攻击的效率。检测系统按计划完成所有检测的时间为一个检测周期。网络与防护是相互关联的,适当的防护措施可有效缩短检测时间。

③响应时间 Rt

响应时间 Rt 包括检测到系统漏洞或监控到非法攻击到系统启动处理措施的时间。例如,一个监控系统的响应可能包括监视、切换、跟踪、报警、反击等内容。而安全事件的后处理(如恢复、总结等)不纳入事件响应的范畴之内。

④系统暴露时间 Et

系统的暴露时间是指系统处于不安全状况的时间,可以定义为通常情况下,系统的检测时间与响应时间越长,或对系统的攻击时间越短,则系统的暴露时间越长,系统就越不安全。如果 Et ≤0(即 Dt+Rt≤Pt),那么基于 P2DR 模型的系统可以认为是安全的。所以从 P2DR 模型可以得出这样一个结论:安全的目标实际上就是尽可能地大保护时间,尽量减少检测时间和响应时间。

2. APPDRR 模型

APPDRR 是风险分析(Assessment)、安全策略(Policy)、系统防护(Protection)、实时监测(Detection)、实时响应(Response)、灾难恢复(Restoration)英文字母缩写,如图 6-6 所示。

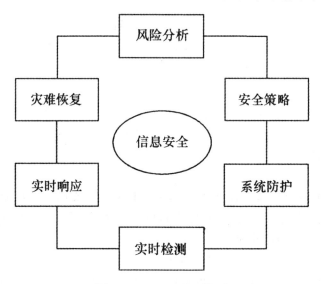

图 6-6 APPDRR 模型

该模型把风险评估作为信息安全的一个重要环节,通过风险评估,理解信息安全面临的风险,进而采取必要的处理措施,使信息系统的安全得到保障。在该模型中,信息安全策略在整个信息安全工作中处于原则性的指导地位,检测和响应都应在安全策略的基础上展开,同时还应当随着风险评估的结果和安全需求的变化做相应的更新。系统防护体现了信息安全的静态防护措施,是安全模型中的第三个环节。

APPDRR 模型表明没有百分之百的静态的信息安全,信息安全是一个不断改进的过程。从风险分析到制定安全策略,在此基础上设置系统防护措施使得系统得到安全保证。但是随着系统运行、安全问题不断出现,有必要进行检测及响应,对出现的问题进行处理。当遇到灾难性问题时,为保证业务连续性,必须进行新一轮的风险分析。如此循环流动,信息安全逐渐得以完善和提高,从而实现保护网络资源的信息安全目标。

6.4　信息安全的研究现状及发展趋势

信息是社会发展的重要战略资源。国际上围绕信息的获取、使用和控制的斗争愈演愈烈,信息安全成为维护国家安全和社会稳定的一个焦点。网络信息安全问题解决不好,将全方位地危及国家的政治、军事、经济、文化、社会生活的各个方面,使国家处于信息战、信息恐怖和高度经济金融风险的威胁之中。

6.4.1　国外信息安全形势及信息安全技术研究现状

1. 国外信息安全形势

目前,全世界各个国家都认识到信息安全问题的重要性,并相应地开展相关领域的研究,已经取得了丰硕的成果。

美国的信息化水平居全球之首,信息安全的研究、建设起步早,技术先进。美国非常重视信息安全,尤其在"9·11"之后,更加大了对信息安全的投资。美国把信息领域作为国家的重要基础设施。1998 年 5 月 22 日,美国政府颁发了《保护美国关键基础设施》总统令。围绕"信息保障"成立了多个组织,其中包括全国信息保障委员会、全国信息保障同盟、联邦计算机事件响应能动组等多个全国性机构。2000 年 1 月,美国发布了《保卫美国的计算机空间——保护信息系统的国家计划》。制定出联邦政府关键基础设施保护计划(其中包括民用机构的基础设施保护方案和国防部基础设施保护计划)以及私营部门、州和地方政府的关键基础设施保障框架。但如此庞大和细致的信息安全体系,并未很好地改善美国的信息安全水平,政府和军方存有敏感或秘密信息的计算机,仍然存在被黑客攻击的风险。

俄罗斯的信息安全保护与其他西方国家有所不同,其信息网络由联邦和地区两级构成,联邦级网络安全程度较高。1995 年,颁布了《联邦信息、信息化和信息保护法》,明确界定了信息资源开放和保密的范畴,提出了保护信息的法律责任。2000 年批准的《国家信息安全构想》明确了联邦信息安全建设的目的、任务、原则和主要内容。第一次明确地指出了俄罗斯在信息领域的利益、受到的威胁以及为确保信息安全首先要采取的措施等。

2. 国际信息安全技术研究现状

(1)基础技术研究

该项研究主要研究传统的安全基础技术,包括:访问控制,身份认证及加、解密算法,安全协议的分析研究。侧重在针对特殊应用的实用算法的分析、提出或改进、实现的研究。研究目的是掌握传统信息安全的数学工具,并可将其灵活地应用在实际系统中。例如,对大素数分解问题的研究、对 SET 协议的分析与研究、对协议形式化证明的研究、对 SSL 协议的分析与研究等,都是在这一主题下的工作。

(2)系统安全体系及策略研究

该项研究主要研究应用层基础服务系统的安全整体策略,基于受保护基础服务的特点,提出安全体系,分层、分级构筑安全屏障,包括:服务系统的特殊性、相应的攻击手段特点、全面防范体系、系统恢复技术等。目的是提供完整的体系与策略来保障特定系统的安全,例如,对如何保护 Web 服务器、E-mail 服务器安全的研究,对如何保障内外网安全隔离的研究。目前已分别实现了针对这些需求的安全系统。

(3)入侵及防范技术研究

该项研究主要研究网络层的攻击与防范技术,包括:研究攻击方法、系统漏洞,收集相应的资料,建立数据库,研究以人工智能的方法建立安全专家系统;研究网络的入侵检测、入侵响应、防范技术、网络入侵行为描述及入侵检测系统通信的统一标准和协议,提出并实现针对大规模网络的具有分布性、可扩展特点的入侵检测系统,解决网络入侵检测面临的网络规模、预报准确性、攻击复杂性等棘手的问题;研究网络系统的形式化以及网络行为的安全模型,为网络信息安全的形式化研究提供基础。

(4)内容安全分析及保障技术研究

该项研究主要研究应用层对信息内容有安全要求的高层应用的安全性,包括:网络信息内容的获取技术,研究如何在大规模网络环境中快速获取各种协议的信息内容;大规模信息的存储技术,研究如何合理存放各种格式的信息内容,使其能被高效利用;信息内容分析处理技术,研究如何分析各种格式的信息以获得需要的内容;趋势预测与分析技术,研究网络信息内容的预测分析模型,提供对网络信息内容的预警;网络预报警技术,研究在发现目标时的报警技术,包括通过终端或移动通信设备报警;数字信息的版权保护技术,研究如何在网络传播环境下保护数字作品的版权不受侵害,控制非法复制与传播等。

6.4.2 国内信息安全形势及信息安全技术研究现状

1.国内信息安全形势

近年来,我国政府越来越重视信息安全问题,制定了一系列关于网络与信息安全问题的法律和政策性文件,并采取有力的措施来规范信息领域中的行为,网络安全应急预案也逐步得到贯彻和落实。虽然我国网络信息安全状况正逐步改善,全民网络安全意识有所增强,但仍需加强重视,形势不容乐观。

2006 年 6 月,公安部公共信息网络安全监察局举办了 2006 年度信息网络安全状况与计算机病毒疫情调查活动,调查内容包括我国 2005 年 5 月至 2006 年 5 月发生网络安全事件、计算机病毒疫情状况和安全管理中存在的问题。

(1)信息网络安全状况

2005 年 5 月至 2006 年 5 月,54% 的被调查单位发生过信息网络安全事件,比前一年上升 5%。其中,发生过 3 次以上的占 22%,比前一年上升 7%。感染计算机病毒、蠕虫和木马程序仍然是最突出的网络安全情况,占发生安全事件总数的 84%;遭到端口扫描或网络攻击(36%)和垃圾邮件(35%)次之。金融证券行业发生网络安全事件的比例最低,商业贸易、制造业、广电和新闻、教育科研、互联网和信息技术等行业发生网络安全事件的比例较高。

在发生的安全事件中,攻击或传播源来自外部的占 50%,比前一年下降 7%;内外部均有的占 34.5%,比前一年上升 10.5%。发现安全事件的途径主要是网络(系统)管理员通过技术监测发现,占 54%;其次是通过安全产品报警发现,占 46%;事后分析发现的占 35%。未修补或防范软件漏洞仍然是导致安全事件发生的最主要原因占 73%。

(2)计算机病毒疫情状况

2006 年计算机病毒感染率为 74%,继续呈下降趋势;多次感染病毒的比率为 52%,比前一年减少 9%。这说明我国计算机用户的计算机病毒防范意识和防范能力在增强。2005 年 5 月至 2006 年 5 月,全国没有出现网络大范围感染的病毒疫情,比较突出的情况是,2006 年 5、6 月份,出现了"敲诈者"木马等盗取网上用户密码的计算机病毒。计算机病毒制造、传播者利用病毒盗取 QQ 账号、网络游戏账号和网络游戏装备,网上贩卖计算机病毒,非法牟利的活动增多。

计算机病毒发作造成损失的比例为 62%。浏览器配置被修改、数据受损或丢失、系统使用受限、网络无法使用、密码被盗是计算机病毒造成的主要破坏后果。

调查结果显示,我国信息网络使用单位对网络安全管理工作的重视程度有所提高,安全状况较前一年有所改善。金融、证券行业信息安全管理制度和技术措施较完善。但仍存在一些单位信息安全事件处置方法和手段单一,防范措施不完善,网络安全管理人员不足、专业素质有待提高,被调查单位信息安全管理水平整体上仍滞后于信息化发展要求,计算机病毒本土化制作、传播的趋势更加明显等不足之处。

2.我国信息安全技术研究现状

(1)需要研制新一代的防火墙和入侵检测系统

新一代的产品可针对每台主机进行适时监测,不但能监测来自外部的入侵,也能监测来自内部的入侵,并能克服防火墙的缺陷。

(2)需要研制新一代的防病毒软件

网络给人带来方便的同时,也带来了病毒。对普通用户来讲,使用杀毒软件清除病毒可能是惟一的办法,但目前的杀毒技术在与病毒攻击技术的较量中还处于被动之中,所以有必要开发新一代的防毒软件,改变目前的尴尬局面。

(3)必须研制高强度的保密算法

信息安全从本质上说与信息加密息息相关,但目前加密的核心技术也掌握在欧美国家之手,我国所使用算法的加密强度远不如欧美国家,严重地影响着中国信息化的进程。因此,研究高强度的加密算法非常重要,信息安全建设应与加密算法研制同步。同时,密钥管理理论和安全性证明方法的研究也应该重点关注。

(4)必须建立自主产权的软硬件系统

虽然我国已经跻身于 IT 产品生产和消费的大国之列,以联想、华为为代表的企业已成功地打入欧美市场,但应该看到其产品的核心部分几乎都是国外的技术。我国所使用的操作系统也几乎都是国外的产品。在这些产品中都不同程度地存在着"后门",建立在软硬件系统之上的信息安全,无论从什么角度来讲,安全性都值得怀疑。正是基于此,我国才不遗余力地独立开发"龙芯"CPU 和自主产权操作系统。

6.4.3　信息安全的发展趋势探究

1.网络信息安全攻击的发展趋势

网络信息安全攻击技术的发展主要呈现以下几种趋势,了解这些趋势对于积极防御网络信息安全攻击有非常重要的意义。

（1）攻击网络基础设施产生的威胁越来越大

如今网络已经成为人们工作和生活的一部分，人们越来越依赖网络服务，一旦黑客对网络基础设施的攻击得手，造成的损失和影响也会越来越大，这就会动摇人们对网络安全性的信心，影响信息化的进程。

（2）安全漏洞的发现越来越快

新发现安全漏洞的数量每年都在成倍地增加，而且新类型的安全漏洞也不断出现。虽然系统管理人员不断用最新的补丁程序来修补这些漏洞，但是入侵者却经常能够在厂商修补这些漏洞之前发现攻击目标。

（3）自动化程度和速度提高

攻击工具可以自动发动新一轮攻击，如"红色代码"等工具能够在 18 小时之内就达到全球饱和点。恶意代码不仅能实现自我复制，还能自动攻击内外网上的其他主机，并以受害者为攻击源继续攻击其他网络和主机。随着分布式攻击工具的出现，攻击者可以管理和协调分布在 Internet 系统上的大量已部署的攻击工具。

（4）工具越来越复杂

攻击工具开发者正在利用更先进的技术武装攻击工具，它们的攻击行为更难发现，更难利用其特征进行检测。如今的自动攻击工具可以根据随机选择、预先定义的决策路径或通过入侵者直接管理来变化它们的攻击模式和行为；攻击工具还可以通过升级或更换工具的一部分而发生迅速变化，从而发动迅速变化的攻击，并且在每一次攻击中会出现多种不同形态的攻击工具。此外，攻击工具越来越普遍地被开发为可在多种操作系统平台上执行。

2.网络信息安全防御的发展趋势

（1）安全防御技术

①身份认证技术。通常认为，基于 Radius 的鉴别、授权和管理（AAA）系统是一个非常庞大的、主要用于大的网络运营商的安全体系，企业内部并不需要这么复杂的东西。由于来自内部的攻击越来越多，管理和控制也比较复杂，所以 AAA 系统应用于内部网络是一个必然的趋势。

②逻辑隔离技术。以防火墙为代表的逻辑隔离技术将逐步向大容量、高效率，基于内容的过滤技术以及与入侵监测和主动防卫设备、防病毒网关设备联动的方向发展，形成具有统计分析功能的综合性网络安全产品。

③入侵监测和主动防卫技术。入侵检测和主动防卫（IDS、IPS）作为一种实时交互的监测和主动防卫手段，正越来越多地被政府和企业应用，但如何解决监测效率和错报、漏报率的矛盾，需要继续进行研究。

④防病毒技术。防病毒技术将逐步实现由单机防病毒向网络防病毒方式过渡，而防病毒网关产品的病毒库的更新效率和服务水平将成为今后防病毒产品竞争的核心要素。

⑤加密和虚拟专用网技术。移动办公或企业与合作伙伴之间、分支机构之间通过公用的互联网通信是必需的，因此加密通信和虚拟专用网（VPN）有很大的市场需求。

⑥网络管理。网络安全越完善，体系架构就越复杂。管理网络的多台安全设备需要集中网管。集中网管是目前安全市场的一大趋势。

（2）安全管理

①战略优先，合理保护。信息安全工作应服从企业（组织）信息化建设的总体战略，滚动式实

现系统安全体系的统一。在战略优先的前提之下,追求适度安全,合理保护组织信息资产,安全投入与资产的价值应相匹配。

②集中管理,重点防护。统筹设计安全总体架构,建立规范、有序的安全管理流程,集中管理各系统的安全问题,避免安全"孤岛"和安全"短板"现象的产生。

③七分管理,三分技术。管理是网络信息安全的核心,技术是安全管理的保证。只有完备的法律法规、健全的规章制度、严谨的行为准则并与安全技术手段合理结合,才能实现信息安全的最大化。

④整体考量,统一规划。信息安全取决于系统中最薄弱的环节,"一枝独秀"并不意味着系统的安全,真正的安全建立在统一的网络安全架构基础之上,安全策略要从整体考量,安全方案需要统一规划。

6.5 信息安全与法律

在实施信息安全的过程中,一方面,应用先进的安全技术及执行严格的管理制度建立的安全系统,不仅需要大量的资金,而且还会给使用带来不便。安全性和效率是一对矛盾,增加安全性,必然要损失一定的效率。因此,要正确评估所面临的安全风险,在安全性与经济性、安全性与方便性、安全性与工作效率之间选取折中的方案。另一方面,没有绝对的安全,安全总是相对的。即使相当完善的安全机制也不可能完全杜绝非法攻击,由于破坏者的攻击手段在不断变化,而安全技术与安全管埋义总是滞后于攻击手段的发展,信息系统存在 定的安全隐患是不可避免的。因此,为了保证信息的安全,除了运用技术手段和管理手段外,还要运用法律手段。对于发生的违法行为,只能依靠法律进行惩处,法律是保护信息安全的最终手段。同时,通过法律的威慑力,还可以使攻击者产生畏惧心理,达到惩一儆百、遏制犯罪的效果。

因此,我国从国家宪法和其他部门法的高度对个人、法人和其他组织涉及国家安全的信息活动的权利和义务进行规范,例如 1997 年新《刑法》首次界定了计算机犯罪。二是行政法规和规章层次,直接约束计算机安全和 Internet 安全,对信息内容、信息安全技术和信息安全产品的授权审批进行规定。首先,在法律层次上,主要有宪法、刑法、国家安全法和国家保密法等法律。其次,主要包括《中华人民共和国计算机信息系统安全保护条例》(简称《安保条例》)、《中华人民共和国计算机信息网络国际互联网管理暂行规定》(简称《联网规定》)、《中华人民共和国计算机信息网络国际互联网安全保护管理办法》、《电子出版物管理暂行规定》、《中国互联网络域名注册暂行管理办法》和《计算机信息系统安全专用产品检测和销售许可证管理办法》等条例和法规。

法律可以使人们了解在信息安全的管理和应用中什么是违法行为,自觉遵守法律而不进行违法活动。法律在保护信息安全中具有重要作用,可以说,法律是信息安全的第一道防线。信息安全的保护工作不仅包括加强行政管理、法律法规的制定和技术开发工作,还必须进行信息安全的法律、法规教育,提高人们的安全意识,创造一个良好的社会环境,保护信息安全。

第7章 信息加密与隐藏技术

加密技术是保障信息安全的基石,它以很小的代价,对信息提供一种强有力的安全保护。长期以来,密码技术被广泛应用于政治、经济、军事、外交、情报等重要部门。近年来,随着计算机网络和通信技术的发展,密码学得到了前所未有的重视并迅速普及,同时其应用领域也广为拓展。如今,密码技术不仅服务于信息的加密和解密,还是数字签名、身份认证等多种安全机制的基础。

信息隐藏技术(Information Hiding Techniques)是近年来国际信息技术领域出现的一个新的研究方向。该技术与密码技术的区别在于:前者隐藏信息的"内容",后者则隐藏信息的"存在性"。该技术的出现,将会给网络多媒体信息的安全保存和传送开辟一条全新的途径。

7.1 密码学概述

随着计算机和通信技术的迅猛发展,大量的敏感信息需要通过公共通信设施或计算机网络进行交换,特别是互联网的广泛应用使得越来越多的信息需要严格保密,如银行账号、商业秘密、政治机密、个人隐私等。正是这种对信息的机密性和真实性的需求,使得密码学逐渐揭去神秘的面纱,走进公众的日常生活中。

7.1.1 密码学的发展阶段

密码技术的发展历程大致经历了三个阶段:手工密码技术、机械密码技术和计算机密码技术。

1.手工密码技术

存于石刻或史书中的记载表明,许多古代文明,包括埃及人、希伯来人都在实践中逐步发明了密码系统。从某种意义上说,战争是科学技术进步的催化剂。人类自从有了战争,就面临着通信安全的需求,密码技术源远流长。

古代加密大约起源于公元前440年出现在古希腊战争中的隐写术(steganography)。当时为了安全传送军事情报,奴隶主剃光奴隶的头发,将情报写在奴隶的光头上,待头发长长后将奴隶送到另一个部落,再次剃光头发,原有的信息复现出来,从而实现这两个部落之间的秘密通信。

隐写术这种古典加密方法,通常将秘密消息隐藏于其他消息中,使真正的秘密通过一份普通的消息发送出去。隐写术分为两种,技术隐写术和语言隐写术。技术方面的隐写比较容易,例如不可见的墨水,洋葱法和牛奶法也被证明是普遍且有效的方法(只要在背面加热或紫外线照射即可复现)。语言隐写术需要用到语言的技巧,我国古代早有以藏头诗、藏尾诗、漏格诗及绘画等形式将要表达的真正意思或"密语"隐藏在诗文或画卷中特定位置的记载,一般人只注意诗或画的表面意境,而不会去注意或很难发现隐藏其中的秘密。

语言隐写术与密码编码学关系比较密切,它主要提供两种类型的方法:符号码和公开代码。符号码是以可见的方式,如手写体字或图形,隐藏秘密的书写,或使用特定标记指示秘密所在。

行话或黑话实质也是符号码,只有懂得它们的规则才能听懂。公开代码主要有两种形式,一种是双方或一个团体按照约定的规则进行信息交流,例如特定的手势、动作等,另一种是漏格,它是按照漏格定义的规则读取相应位置上的消息,以达到秘密交流的效果。

这个阶段的密码技术的特点为:基于手工的方式实现,明文消息没有经过显著的变换,只要掌握规则,非常容易获取明文。因此称为密码学发展的手工阶段,这些方法称为信息隐藏技术更为确切。由上可见,自从有了文字以来,人们为了某种需要总是想方设法隐藏某些信息,以起到保证信息安全的目的。这些古代加密方法体现了后来发展起来的密码学的若干要素,随着技术的发展和社会需求的推动,手工密码技术开始向机械密码技术过渡。

2.机械密码技术

传输密文的发明地是古希腊,一个叫 Aeneas Tacticus 的希腊人在《论要塞的防护》一书中对此做了最早的论述。公元前二世纪,一个叫 Polybius 的希腊人设计了一种将字母编码成符号对的方法,他使用了一个 Polybius 校验表,这个表中包含许多后来在加密系统中非常常见的成分,如代替与换位。

Polybius 校验表由一个 5×5 的网格组成,如表 7-1 所示。网格中包含 26 个英文字母,其中 I 和 J 在同一格中。每一个字母被转换成两个数字,第一个是字母所在的行数,第二个是字母所在的列数。如字母 A 就对应着 11,字母 B 就对应着 12,以此类推,明文"password"置换为密文"3511434352344214"。在古代,这种棋盘密码被广泛使用。

表 7-1　Polybius 校验表

	1	2	3	4	5
1	A	B	C	D	E
2	F	G	H	I/J	K
3	L	M	N	O	P
4	Q	R	S	T	U
5	V	W	X	Y	Z

古典密码的加密方法一般是文字置换,使用手工或机械变换的方式实现。古典密码系统比古代加密方法复杂,但其变化较小,是近代密码系统的雏形。古典密码的代表密码体制主要有:单表代替密码、多表代替密码及转轮密码。Caesar 密码就是一种典型的单表加密体制,多表代替密码有 Vigenere 密码、Hill 密码,二次世界大战中出现的英格玛机(Enigma)使用的是转轮密码。

在第一次世界大战期间,敌对双方都使用加密系统,主要用于战术通信,一些复杂的加密系统被用于高级通信中,直到战争结束。而密码本系统主要用于高级命令和外交通信中。

到了 20 世纪 20 年代,随着机械和机电技术的成熟,以及电报和无线电需求的出现,引起了密码设备方面的一场革命——发明了转轮密码机(简称转轮机,Rotor),转轮机的出现是密码学发展的重要标志之一。美国人 Edward Hebern 认识到:通过硬件卷绕实现从转轮机的一边到另一边的单字母代替,然后将多个这样的转轮机连接起来,就可以实现几乎任何复杂度的多个字母代替。转轮机由一个键盘和一系列转轮组成,每个转轮是 26 个字母的任意组合。转轮被齿轮连接起来,当一个转轮转动时,可以将一个字母转换成另一个字母。照此传递下去,当最后一个转轮处理完毕时,就可以得到加密后的字母。为了使转轮密码更安全,人们还把几种转轮和移动齿轮结合起来,所有转轮以不同的速度转动,并且通过调整转轮上字母的位置和速度为破译设置更大的障碍。

人们利用机械转轮可以开发出极其复杂的加密系统。1921年以后的十几年里,Hebern构造了一系列稳步改进的转轮机,并投入美国海军的试用评估,并申请了第一个转轮机的专利,这种装置在随后的近50年里被指定为美军的主要密码设备。奠定了二次世界大战中美国在密码学方面的重要地位。

在转轮密码机发明的同时,欧洲的工程师们,如荷兰的HugoKoch、德国的Arthur Scherbius都独立地提出了转轮机的概念。ArthurScherbius于1919年设计出了历史上最著名的密码机——德国的Enigma机,在二次世界大战期间,Enigma曾作为德国陆、海、空三军最高级密码机。Enigma机使用了3个正规轮和1个反射轮,结构很复杂,被德国认为是坚不可摧的密码系统。4轮Enigma机在1944年装备德国海军,刺激了英国在二次世界大战期间发明并使用TYPEX密码机。英国的TYPEX密码机是德国3轮Enigma的改进型密码机,它增加了两个轮使得破译更加困难,在英军通信中使用广泛,并帮助英军破译了德军信号。著名的现代计算机之父图灵直接参与了Enigma机的破译和解密机的研制,为二战中后方的密码大战作出杰出的贡献。

Hagelin(哈格林)密码机是在二次世界大战期间得到广泛使用的另一类转轮密码机。它由瑞典的Boris Caesar Wilhelm Hagelin发明。二战中,HagelinC-36型密码机曾在法国军队中广泛使用,它于1936年制造,密钥周期长度为3900255。对于纯机械的密码机来说,这已是非常不简单了。Hagelin C-48型(即M-209)是哈格林对C-36改进后的产品,由Smith-Corna公司负责为美国陆军生产,曾装备美军师到营级部队,在朝鲜战争期间还在使用。M-209增加了一个有26个齿的密钥轮,共由6个共轴转轮组成,每个转轮外边缘分别有17,19,21,23,25,26个齿,它们互为素数,从而使它的密码周期达到了 $26 \times 25 \times 23 \times 21 \times 19 \times 17 = 101405850$。

二次大战后,电子学开始被引入到密码机中。第一个电子密码机仅仅是一个转轮机,只是转轮被电子器件取代。这些电子转轮机的唯一优势在于它们的操作速度,但它们仍受到机械式转轮密码机固有弱点——密码周期有限和高昂的制造费用等的影响。

这个阶段的密码技术的基本特点为:依靠机械,采用一些古典密码技术如代替和换位,能够抵抗一定强度的基于字符频率的密文分析攻击,后期引入密码,加强了密码系统的复杂性。

3.计算机密码技术

20世纪70年代以后,由于计算机科学蓬勃发展,密码学成为一门新的学科。快速电子计算机和现代数学方法一方面为加密技术提供了新的概念和工具,另一方面也给破译者提供了有力武器,两者相辅相成,有力地促进了密码学的发展。计算机和电子学时代的到来给密码设计者带来了前所未有的自由,可以摆脱电子机械的束缚,设计出更为复杂的密码系统。

密码学的理论基础之一是1949年香农发表的《保密系统的通信理论》,阐明了关于密码系统的分析、评价和设计的科学思想。1976年W. Diffie和M. Hellman发表了《密码学的新方向》一文,提出了适应网络上保密通信的公钥密码思想,开辟了公开密钥密码学的新领域,激发了公钥密码研究的热潮。

随后各种公钥密码体制被提出,特别是 1978 年 RSA 公钥密码体制的出现,成为公钥密码的杰出代表,在密码学史上是一个重要的里程碑。同年,美国国家标准局(NBS,即现在的国家标准与技术研究所 NIST)正式公布实施了美国的数据加密标准(Data Encryption Standard,DES),公开它的加密算法,并被批准用于政府等非机密单位及商业上的保密通信。上述两篇重要的论文和美国数据加密标准 DES 的实施,标志着密码学的理论与技术的划时代的革命性变革,宣布了近代密码学的开始。

近代密码学与计算机技术、电子通信技术紧密相关。在这一阶段,密码理论蓬勃发展,密码算法设计与分析互相促进,出现了大量的密码算法和各种攻击方法。另外,密码使用的范围也在不断扩张,而且出现了许多通用的加密标准,促进网络和技术的发展。密码学研究领域出现了许多新的课题、新的方向。例如,在分组密码领域,由于 DES 已经无法满足高保密性的要求,美国于 1997 年 1 月开始征集新一代数据加密标准,即高级数据加密标准(Advanced Encryption Standard,AES)。

AES 选择了比利时密码学家所设计的 Rijndael 算法作为标准草案,并正在对 Rijndael 算法做进一步评估。AES 征集活动使国际密码学界又掀起了一次分组密码研究高潮。同时,在公开密钥密码领域,椭圆曲线密码体制由于其安全性高、计算速度快等优点引起了人们的普遍关注,许多公司与科研机构都投入到对椭圆曲线密码的研究当中。目前,椭圆曲线密码已经被列入一些标准中作为推荐算法。由于嵌入式系统的发展、智能卡的应用,这些设备上所使用的密码算法由于系统本身资源的限制,要求密码算法以较小的资源快速实现,这样,公开密钥密码的快速实现成为一个新的研究热点。

目前,世界各国仍然对密码的研究高度重视,已经发展到了现代密码学时期。密码学已经成为结合物理、量子力学、电子学、语言学等多个专业的综合科学,出现了如"量子密码"、"混沌密码"等先进理论,在信息安全中起着十分重要的作用。

以下是近代密码学相关的重要事件:

1949 年,Shannon 提出第一篇讨论密码系统理论之论文——《Communication Theory of Secrecy Systems》。

1960 年,IBM 开始计算器密码学研究计划。

1973 年,美国国家标准局(NBS)公开征求保密系统。

1974 年,IBM 将其密码算法送审。

1974 年,法国罗兰莫里诺发明 IC 卡。

1975 年 8 月 1 日,NBS 公开 IBM 算法为可能的标准。

1975 年,公开密钥密码学观念萌芽并于 1976 年发表。W. Diffie and M. E. Hellman《New Directions in Cryptography》,Diffie-hellman 公开密钥分配系统提出。

1977 年 1 月 15 日,NBS 建议采用 IBM 算法为数据加密标准(Data Encryption Standard,DES)。截至 1991 年 5 月止,NBS 共认可 45 种硬件及韧体实现方法。

1978 年,迷袋公开密码系统提出(Knapsack PKC)。

1978 年,RSA 公开密码系统提出。

1978 年,McEliece 公开密码提出(基于编码理论)。

1979 年,Merkle 定义 One-Way Hash Function 供数字签署使用。

1979 年,Shamir 及 Blakery 分别提出秘密分享策略(Secret Sharing scheme)。

1981 年，国际密码研究学会（International Association for Cryptologic Research，IACR）成立。

1982 年，迷袋式 PKC 被 Shamir 破解。

1984 年，Shamir 提出 ID-Based PKC 之观念。

1985 年，EIGamal PKC 及 Digital Signature 提出。

1985 年，Miller 提出基于椭圆曲线问题的公开密钥分配系统。

1985 年，Goldwasser、Micali 及 Rackoff 提出交互式验证系统之观念，从此零知识交换证明法被广泛研究。

1985 年，美国的贝内特（Bennet）根据戴维·多伊奇（David Deutsch）关于量子密码术的协议，在实验室第一次实现了量子密码加密信息的通信。

1986 年，NTT 发展 Fast Data Encipherment Algorithm（FEAL-8）。

1986 年，Fiat 及 Shamir 提出可行的 ZKIP 系统。

1987 年，Koblitz 提出基于椭圆曲线之 PKC。

1989 年，韩国召开第一次信息安全与密码学会议。

1990 年 7 月，我国由国科会工程处成立计算机密码学研究规划小组。

1990 年，Biham 及 Shamir 提出针对 DES 型式密码系统之 Differential Attack。

1990 年 12 月，我国举行第一届信息安全会议。

1991 年 8 月 31 日，美国 NIST 提出数字签署算法。

1993 年，Smith 及 Lennon 提出 LUC 系统。

1993 年，Matsui 提出针对 DES 密码系统之线性攻击法。

1993 年元月，RSA110 被 Maspar（包括 128×128 个，每一 PE 有 64K bytes，0.2MIPS）约一个月 CPU 时间分解。

1994 年 4 月，RSA129 被 Lenstra 领导小组破解。

2000 年，欧盟启动了新欧洲数据加密、数字签名、数据完整性计划 NESSIE，研究适应于 21 世纪信息安全发展全面需求的序列密码、分组密码、公开密钥密码、hash 函数以及随机噪声发生器等技术。

2004 年，三东大学王小云和她的研究小组宣布，用普通电脑成功破解 MD5、HAVAL-128、MD4、RIPEMD、SHA-1 等国际著名密码算法。

2007 年 3 月 27 日，中国密码学会成立。

7.1.2 密码学的基本概念

密码学（Cryptology）作为数学的一个分支，是研究信息系统安全保密的科学，是密码编码学和密码分析学的统称。

在密码学中，有一个五元组：{明文，密文，密钥，加密算法，解密算法}，对应的加密方案称为密码体制（或密码）。一般地，数据加密模型可用图 7-1 表示。

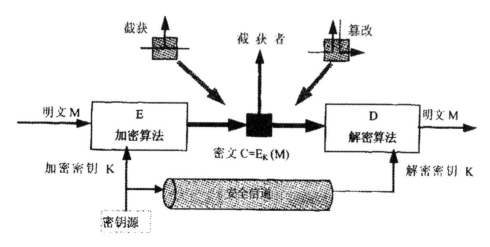

图 7-1　数据加密模型

（1）明文

直观地讲，明文就是需要保密的信息，也就是最初可以理解的消息。明文用 M（Message，消息）或 P（Plaintext，明文）表示，它可能是比特流、文本文件、位图、数字化的语音流或者数字化的视频图像等。

（2）密文

密文是指明文经过转换而成的表面上无规则、无意义或难以察觉真实含义的消息。密文用 C（Ciphertext）表示，也是二进制数据，有时和 M 一样大，有时稍大。通过压缩和加密的结合，C 有可能比 P 小一些。

（3）密钥

由于计算机性能的不断提高，单纯依靠密码算法的保密来实现信息的安全性是难以实现的。而且在公用系统中，算法的安全性需要经过严格的评估，算法往往需要公开。对信息的安全性往往依赖于密码算法的复杂性和参与加密运算的参数的保密，这个参数就是密钥。用于加密的密钥称为加密密钥，用于解密的密钥称为解密密钥。

（4）密码算法

密码算法指将明文转换成密文的公式、规则和程序等，在多数情况下是指一些数学函数。密码算法规定了明文转换成密文的规则，在多数情况下，接收方收到密文后，希望密文能恢复成明文，这就要求密码算法具有可逆性。将明文转换成密文的过程称为加密，相应的算法称为加密算法。反之，将密文恢复成明文的过程称为解密，相应的算法称为解密算法。

加密算法 E（Encrypt）作用于 M 得到密文 C，用数学公式表示为：$C = E_K(M)$。

解密算法 D（Decrypt）作用于 C 产生明文 M，用数学公式表示为：$M = D_K(C)$。

对于有实用意义的密码体制而言，总是要求它满足：$M = D_K(E_K(M))$。即用加密算法得到的密文总是能用一定的解密算法恢复出原始的明文来。而密文消息的获取同时依赖于初始明文和密钥的值。

密码系统的安全性取决于两个因素。

第一，密码算法是否足够强大。

所谓强大，是指算法的复杂性，在计算机中可以用消耗的 CPU 时间来计算。在仅知道密文的情况下,如果破译密文需要花费的时间足够长,使得难以在有效的时间内找到明文(即计算上不可行),就称密码算法是安全的。

第二,密钥的安全性。

在已知密文和密码算法知识的情况下,破译出明文消息在计算上是不可行的。

密码算法可以公开,也可以被分析,因此可以大量生产使用密码算法的产品,如各种加密标准、加密系统、加密芯片等,从而促进了密码系统的应用。由于密码系统的复杂性,人们只要对自己的密钥进行保密,就可以信赖密码系统的安全性。

一般情况下,要求加密和解密函数是互逆的。

由于密码系统的安全不是基于密码算法本身的安全性,只要破译者不知密钥,对密码系统就无能为力。但值得注意的是,绝对的安全算法是不存在的。根据攻击者已知信息量的多少,对密码系统的攻击可以分为四种攻击类型。

①唯密文攻击

攻击者只有获得的密文,没有其他任何消息。显然这时想破译密文是十分困难的,因而最易抵抗。但在很多情况下,攻击者可能有更多的信息,如截获一个或多个明文及其对应的密文,或者知道消息中将出现的某种明文格式,或者可能的部分信息等。

②可能字攻击

与已知明文攻击密切相关的一种攻击法称为可能字攻击。如对一篇文学作品加密,攻击者可能对消息含义知之甚少。然而,如果对非常特别的信息加密,攻击者也许能知道消息中的某一部分。例如一个公司开发的程序的源代码中,可能在某个标准位置上有该公司的版权声明。如果这些可能的信息越多、越具体,就十分有利于密文的分析。

③选择明文攻击

如果攻击者能在加密系统中插入自己选择的明文消息,则通过该明文消息对应的密文,有可能确定出密钥的结构,这种攻击称为选择明文攻击。

④选择密文攻击

攻击者利用解密算法,根据自己所猜测的密文和由对应密钥生成的已破译明文,进行比较分析。

在实际应用中,如果密码算法产生的密文不能给出惟一决定相应明文的足够信息,就称该算法是足够安全的。因此,加密算法需要满足以下两条准则之一:

①破译密文的代价超过被加密信息的价值。

②破译密文所花的时间超过信息有用的生命周期。

满足以上两个准则的加密算法称为计算上安全的。

7.1.3 加密技术分类和形式

1.加密技术分类

数据加密技术可以分对称型加密、不对称型加密和不可逆加密 3 类。

(1)对称型加密

对称型加密是指使用单个密钥对数据进行加密或解密,其主特点是计算量小、加密效率高。但是此类算法在分布式系统上使用较为困难,主要是因为密钥管理困难,此外这类算法的使用成本较高,安全性能也不易保证。

对称型加密的加密密钥和解密密钥或者相同,或者实质上等同,即易于从一个密钥得出另一个,如图 7-2 所示。

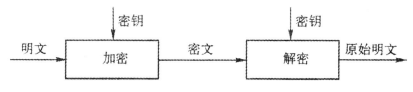

图 7-2 对称型加密的加密、解密过程

(2)不对称型加密

不对称型加密也称公开密钥算法,其特点是有两个密钥(即公用密钥和私有密钥),只有两者搭配使用才能完成加密和解密的全过程。由于不对称算法拥有两个密钥,它特别适用于分布式系统中的数据加密,已经被广泛应用于 Internet 中。

不对称型加密系统的两个密钥,一个是公开的,谁都可以使用;另一个是私人密钥,只由采用此系统的人自己掌握。从公开的密钥推不出私人密钥,如图 7-3 所示。

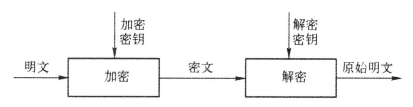

图 7-3 使用两个密钥的加密、解密过程

(3)不可逆加密算法

不可逆加密算法的特点是加密过程不需要密钥,并且经过加密的数据无法被解密,只有同样的输入数据经过同样的不可逆加密算法才能得到相同的加密数据。不可逆加密算法不存在密钥保管和分发问题,适合于分布式网络系统上使用,但是其加密计算机工作量相当可观,所以通常用于数据量有限的情形下。

2.加密技术形式

加密技术用于网络安全通常有面向网络或面向应用服务两种形式。

(1)面向网络服务的加密技术

通过工作在网络层或传输层,使用经过加密的数据包传送、认证网络路由及其他网络协议所需的信息,从而保证网络的连通性和可用性不受损害。在网络层上实现的加密技术对于网络应用层的用户通过是透明的。此外,通过适当的密钥管理机制,使用这一方法还可以在公用的互联网络上建立虚拟专用网络并保障虚拟专用网上信息的安全性。

(2)面向网络应用服务的加密技术

目前较为流行的加密技术的使用方法,例如使用 Kerberos 服务的 telnet、NFS、rlogin 等,以及用作电子邮件加密的 PEM 和 PGP。这一类加密技术的优点在于实现相对较为简单,不需要对电子信息(数据包)所经过的网络的安全性能提出特殊要求,对电子邮件数据实现了端到端的安全保障。

此外,从通信网络的传输方面,数据加密技术还可分为链路加密方式、结点加密方式和端加密方式等3类。(1)链路加密方式

通常将网络层之下的加密称为链路加密,用于保护通信节点间传输的数据,加解密由置于线路上的密码设备实现。根据传递的数据的同步方式可分为同步通信加密和异步通信加密两种,其中同步通信加密又分为字节同步通信加密和位同步通信加密。

(2)结点加密方式

节点加密是对链路加密的改进,在传输层上进行加密,主要是对源节点和目标节点之间传输数据进行加密保护,与链路加密类似,只是加密算法要结合在依附于节点的加密部件中,克服了链路加密在节点处易遭非法存取的缺陷。

(3)端加密方式

网络层以上的加密称为端对端加密。它是面向网络层主体,对应用层的数据信息进行加密,易于用软件实现,且成本低,但密钥管理问题困难,主要适合大型网络系统中信息在多个发方和收方之间传输的情况。

7.2 传统密码体制

传统密码技术是密码技术的起源,主要指在手工密码技术和机械密码技术两个阶段采用的一些密码技术。这些技术大多比较简单,甚至可用手工进行加、解密,这类密码大多经受不住现代手段的攻击,因此,现在已很少使用了,但研究这些密码的相关原理,对于理解、构造和分析现代秘密是很有帮助的。

传统的密码技术有三种:替代密码、换位密码以及一次性加密。虽然这些传统密码技术都显得过于简单,但它们却是现代密码技术的基础,它们的基本思想是指导人们采用越来越复杂的算法和密钥,使数据达到尽可能高的保密性的参考。

7.2.1 替代密码

古典的替代技术是指按照一定的规则将明文的字母由其他字符或符号代替。它在古代密码技术中应用最广泛。替代技术的经典是凯撒密码。

1. 凯撒密码

凯撒密码据传是古罗马凯撒大帝用来保护重要军情的加密系统。它是一种典型的置换密码,通过将字母按顺序推后3位起到加密作用,如将字母 A 换作字母 D,将字母 B 换作字母 E。其字母转换表如下:

表 7-2 凯撒密码转换表

明文	a	b	c	d	e	f	g	h	i	j	k	l	m	n	o	p	q	r	s	t	u	v	w	x	y	z
密文	D	E	F	G	H	I	J	K	L	M	N	O	P	Q	R	S	T	U	V	W	X	Y	Z	A	B	C

如果为每一个字母分配一个数值($a=1,b=2\cdots,z=26$),则该算法可以表示为:

$$C = E(M) = (M+3)\bmod(26)$$

例:

明文：he is a cute boy

密文：KHLVDFAWHERB

显然这份密文从字面上看不出任何意义，在不知加密规则的情况下，通过人工的方法是不易破解密文的。

凯撒密码可以看成是密码 k 为 3 的字母替代算法，经过一定的修改，密码 k 可以是 1-25 之间的任意整数值：

$$C = E(M) = (M + k)\mathrm{mod}(26)$$

相应地，解密算法为：

$$M = E(C) = (C - k)\mathrm{mod}(26)$$

这种加密方法还可以依据移位密码的不同产生 25 个不同的密码表，如密码为 10 时，就产生这样一个密码转换表：

表 7-3　扩展的凯撒密码转换表

明文	a	b	c	d	e	f	g	h	i	j	k	l	m	n	o	p	q	r	s	t	u	v	w	x	y	z
密文	K	L	M	N	O	P	Q	R	S	T	U	V	W	X	Y	Z	A	B	C	D	E	F	G	H	I	J

根据表 7-3 中明文与密文的对照关系，容易进行一种新的加密，例：

明文：he is a cute boy

密文：ROSCKMEDOLYI

凯撒密码具有以下三个典型特征：

①加密和解密算法已知。

②可能的密钥只有 25 个。

③明文的语言很容易识别。

在已知密文是使用凯撒密码系统的情况下，只有 25 个密码，任何密文是很容易遭到破解的。因此产生了单一字母替代密码，其字母替代无固定规则。但是，通过语言规律的分析，人们发现任何一门语言中的单元字符都具有一定的分布规律。Dewey.G 在统计了约 438 023 个英文字母后发现英文字母的相对频率具有稳定的规律。其结果可以用图 7-4 表示。

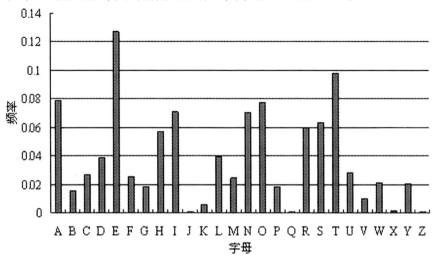

图 7-4　英文字母频率统计图

2.维吉尼亚密码

在词频统计规律的作用下,任何单字母替换的加密技术都容易被破解。由此历史上出现了许多改进的方法,以弱化单字母的统计特征,如数学家 Carl Friedrich Gause 发明的同音字密码,英国科学家 Sir Chaeles Wheaststone 发明的 Playfair 密码,数学家 Lester Hill 发明的 Hill 密码等。这些算法虽然抗攻击能力大大提高,但是在已知一定消息的情况下,仍然可以较容易被破解。

于是人们在单一凯撒密码的基础上研究多表密码,称为"维吉尼亚"密码。它是由 16 世纪法国亨利三世王朝的布莱瑟·维吉尼亚发明的。这种替代法是循环地使用有限个字母来实现替代的一种方法。如果明文信息 $m_1 m_2 m_3 \cdots m_n$,采用 n 个字母(n 个字母为 B_1, B_2, B_3)替代法,则 m_1 将根据字母 B_n 的特征来替代,m_{n+1} 又将根据 B_1 的特征来替代,m_{n+2} 又将根据 B_2 的特征来替代,如此循环。可见,$B_1, B_2, \cdots, B_n$ 就是加密的密钥。

表 7-4 所示的加密表是以字母表移位为基础,把 26 个英文字母进行循环移位,排列在一起形成 26×26 的方阵。该方阵被称为 Vigenere 密码表。采用的算法为:

$$f(a) = (a + B_i) \bmod n (i = 1, 2, \cdots, n)$$

表 7-4 维吉尼亚密码表

	A	B	C	D	E	F	G	H	I	J	K	L	M	N	O	P	Q	R	S	T	U	V	W	X	Y	Z
A	A	B	C	D	E	F	G	H	I	J	K	L	M	N	O	P	Q	R	S	T	U	V	W	X	Y	Z
B	B	C	D	E	F	G	H	I	J	K	L	M	N	O	P	Q	R	S	T	U	V	W	X	Y	Z	A
C	C	D	E	F	G	H	I	J	K	L	M	N	O	P	Q	R	S	T	U	V	W	X	Y	Z	A	B
D	D	E	F	G	H	I	J	K	L	M	N	O	P	Q	R	S	T	U	V	W	X	Y	Z	A	B	C
E	E	F	G	H	I	J	K	L	M	N	O	P	Q	R	S	T	U	V	W	X	Y	Z	A	B	C	D
F	F	G	H	I	J	K	L	M	N	O	P	Q	R	S	T	U	V	W	X	Y	Z	A	B	C	D	E
G	G	H	I	J	K	L	M	N	O	P	Q	R	S	T	U	V	W	X	Y	Z	A	B	C	D	E	F
H	H	I	J	K	L	M	N	O	P	Q	R	S	T	U	V	W	X	Y	Z	A	B	C	D	E	F	G
I	I	J	K	L	M	N	O	P	Q	R	S	T	U	V	W	X	Y	Z	A	B	C	D	E	F	G	H
J	J	K	L	M	N	O	P	Q	R	S	T	U	V	W	X	Y	Z	A	B	C	D	E	F	G	H	I
K	K	L	M	N	O	P	Q	R	S	T	U	V	W	X	Y	Z	A	B	C	D	E	F	G	H	I	J
L	L	M	N	O	P	Q	R	S	T	U	V	W	X	Y	Z	A	B	C	D	E	F	G	H	I	J	K
M	M	N	O	P	Q	R	S	T	U	V	W	X	Y	Z	A	B	C	D	E	F	G	H	I	J	K	L
N	N	O	P	Q	R	S	T	U	V	W	X	Y	Z	A	B	C	D	E	F	G	H	I	J	K	L	M
O	O	P	Q	R	S	T	U	V	W	X	Y	Z	A	B	C	D	E	F	G	H	I	J	K	L	M	N
P	P	Q	R	S	T	U	V	W	X	Y	Z	A	B	C	D	E	F	G	H	I	J	K	L	M	N	O
Q	Q	R	S	T	U	V	W	X	Y	Z	A	B	C	D	E	F	G	H	I	J	K	L	M	N	O	P
R	R	S	T	U	V	W	X	Y	Z	A	B	C	D	E	F	G	H	I	J	K	L	M	N	O	P	Q

S	S	T	U	V	W	X	Y	Z	A	B	C	D	E	F	G	H	I	J	K	L	M	N	O	P	Q	R
T	T	U	V	W	X	Y	Z	A	B	C	D	E	F	G	H	I	J	K	L	M	N	O	P	Q	R	S
U	U	V	W	X	Y	Z	A	B	C	D	E	F	G	H	I	J	K	L	M	N	O	P	Q	R	S	T
V	V	W	X	Y	Z	A	B	C	D	E	F	G	H	I	J	K	L	M	N	O	P	Q	R	S	T	U
W	W	X	Y	Z	A	B	C	D	E	F	G	H	I	J	K	L	M	N	O	P	Q	R	S	T	U	V
X	X	Y	Z	A	B	C	D	E	F	G	H	I	J	K	L	M	N	O	P	Q	R	S	T	U	V	W
Y	Y	Z	A	B	C	D	E	F	G	H	I	J	K	L	M	N	O	P	Q	R	S	T	U	V	W	X
Z	Z	A	B	C	D	E	F	G	H	I	J	K	L	M	N	O	P	Q	R	S	T	U	V	W	X	Y

维吉尼亚密码引入了密钥的概念,即根据密钥来决定用哪一行的密表来进行替换,以此来对抗字频统计。为了加密一个消息,需要使用一个与消息一样长的密钥。密钥通常是一个重复的关键词。例:

密钥:deceptivedeceptivedeceptive

明文:wearediscoveredsaveyourself

密文:ZICVTWQNGRZGVTWAVZHCQYGLMGJ

维吉尼亚密码的强度在于对每个明文字母有多个密文字母对应,而且与密钥关键词相关,因此字母的统计特征被模糊了。但由于密钥是重复的关键词,并非所有明文结构的相关知识都丢失,而是仍然保留了很多的统计特征。即使是采用与明文同长度的密钥,一些频率特征仍然是可以被密码分析所利用。解决的办法是使用字母没有统计特征的密钥,而且密钥量足够多,每次加密使用一个密钥。二战时一位军官 Joesph Mauborgne 提出随机密钥的方案,但要求通信双方同时掌握随机密钥,缺乏实用性。历史上以维吉尼亚密表为基础又演变出很多种加密方法,其基本元素无非是密表与密钥,并一直沿用到二战以后的初级电子密码机上。

替代技术将明文字母用其他字母、数字或符号来代替。如果明文是比特序列,也可以看成是比特系列的替代,但古典加密技术本身并没有对比特进行加密操作,随着计算机的应用,古典密码技术引入到比特级的密码系统。

7.2.2　置换密码

在替代密码中保持了明文的符号顺序,只是将它们隐藏起来,而换位密码却是要对明文字母作重新排序,但不隐藏它们。

古代,斯巴达人使用称为"Scytail"的加密方法加密消息。它是一个带状物,用纸带或皮带缠在一圆柱体上,例如一根权杖或木棍上,之后再沿着棍子的纵轴书写文字。将皮带解开后,上面的文字即为加密的密文。解密的过程很简单,将皮带缠到同样直径的圆柱体上,沿着棍子的纵轴就可读取消息。显然,斯巴达人通过改变消息中字母的顺序来实现加密,这种方法称为"置换(transposition)"。

简单的置换密码栅栏密码(rail fence cipher),这类密码在加密的时候将明文按照纵向顺序写在想象中的栅栏格子中,当写完一列后再从第二列纵向写,而密文就是横向读取的字母置换。

例如,假设有一个五行的栅栏,明文为 WE ARE DISCOVERED,如表 7-5 则加密以后的栅栏密文为 WDVEIEASRRCEEOD。其解密比较简单,栅栏的行数是解密密文的关键。实际上,栅栏密码和 Scytail 密码本质上是相同的,其密钥就是栅栏的行数或是木棍的直径。栅栏密码并不安全,它的密钥空间很小。密码分析者可以将密文置换成不同的矩阵组合来进行破解。

表 7-5　栅栏密码

W	D	V
E	I	E
A	S	R
R	C	E
E	O	D

还存在一种对栅栏密码的改进方法,就是改变行的置换顺序,这样行的次序就是算法的密钥。

例如,以上例为基础假设行的置换顺序为 54312,明文 WE ARE DISCOVERED,则按栅栏加密方法置换如下:

置换前:

第1行	W	D	V
第2行	E	I	E
第3行	A	S	R
第4行	R	C	E
第5行	E	O	D

置换后:

E	O	D
R	C	E
A	S	R
W	D	V
E	I	E

则置换后的密文便为:EODRCEASRWDVEIE。这种方式的置换密码由于有着与明文相同的字母频率特征,无法抵御频率统计分析的攻击。

如果将明文完全随机打乱重新置换生成密钥,则其安全强度会大大提高。一般来讲,明文长度越长,则破解的复杂度和难度就越大。若只考虑三个字母的组合(abc),则它扰乱后的置换顺序至多只有 6 种(abc,acb,bac,bca,cab,cba)。若明文长度为 n 的话,则密文空间为 n!。

7.2.3　一次一密钥密码

一次一密钥密码为一种理想的加密方案,是由 Major Joseph Mauborgne 和 AT&T 公司的 Gilbert Vernam 在 1917 年发明的。一次一密钥密码就是指每次都使用一个新的密钥进行加密,然后该密钥就被丢弃,下次加密时再选择一个新密钥。一次一密钥密码的密钥就像每页都印有密钥的簿子一样,称为一次一密密钥本(One-Time Pad)。一次一密密钥本就是一个包括多个随机密钥的密钥字母集,其中每一页上记录一条密钥。

使用一次一密密钥本加密的过程类似于日历的使用过程,每使用一个密钥加密一条信息后,就将该页撕掉作废,下次加密时再使用下一页的密钥。

发送者使用密钥本中每个密钥字母串加密一条明文字母串的过程,就是将明文字母串和密钥本中的密钥字母串进行模 26 加法运算。

接收者有一个同样的密钥本,并依次使用密钥本上的每个密钥去解密密文的每个字母串。在解密信息后,同样销毁密钥本中用过的一页密钥。

例如,如果信息是:

ONETIMEPAD

密钥本中的一页密钥是:

GINTBDEYWX

则可得到密文:

VWSNKQJOXB

这是因为:

(O+G) mod 26＝V

(N+I) mod 26＝W

(E+N) mod 26＝S

这样,加密后得到的密文与明文的位数相同。

如果破译者不能得到加密信息的密钥本,则该方案就是安全的。由于每个密钥序列都是等概率的(因为密钥是以随机方式产生的),因此,破译者没有任何信息对密文进行密码分析。

如果接收者选择的密钥是:

QIPVLAPFIN

则解密后可得明文为:

ENCRYPTION

如果接收者选择的密钥是:

RRPVLAPFIN

则解密后可得明文为:

DECRYPTION

可见,选择不同的密钥就能得到不同的明文。由于密钥是等概率的,得到的明文也是等概率的,因此,绝大多数明文是不可理解的。即使是像上述两例的明文一样碰巧是有意义的,解密者也没有办法确定哪个明文是正确的。随机密钥序列异或随机的明文信息,产生完全随机的密文信息,再大的计算能力对它也无能为力。

一次一密钥的密钥字母必须是随机产生的。对这种方案的攻击实际上是依赖于产生密钥序列的方法。不要使用伪随机序列发生器产生密钥,因为它们通常有非随机性。如果采用真随机序列发生器产生密钥,这种方案就是安全的。

理论上,对一次一密钥密码已经很清楚了。但是在实际中,一次一密钥密码提供完全的安全性存在两个基本难点:

①产生大规模随机密钥的实际困难。一次一密钥密码需要非常长的密钥序列,这需要相当

大的代价去产生、运输和保存,而且密钥不允许重复使用进一步增大了这个困难。实际应用中提供这样规模的真正随机字符是相当艰巨的任务。

②密钥的分配和保护。对每一条发送的消息,需要提供给发送方和接收方等长度的密钥。因此,存在庞大的密钥分配问题。

因为上面这些困难,一次一密钥密码在实际中很少使用,而主要用于安全性要求很高的低带宽信道。例如,美国和前苏联两国领导人之间的热线电话据说就是用一次一密钥密码技术加密的。

7.3　对称密码体制

对称密码体制,也叫单钥密码体制。它是指如果一个加密系统的加密密钥和解密密钥相同,或者虽然不相同,但是由其中的任意一个可以很容易地推导出另一个,即密钥是双方共享的,则该系统所采用的就是对称密码体制。形象地说就是一把钥匙开一把锁。

对称密码体制根据每次加密的数据单元的大小,又可分为序列密码和分组密码。

(1)序列密码

序列密码也叫流密码,是用随机的密钥序列依次对明文字符加密,一次加密一个字符。流密码速度快、安全强度高。由于字符前后不相关,因此,序列密码很适合在实时性要求较高的场合使用。

(2)分组密码

分组密码是将明文划分为长度固定的组,逐组进行加密,得到长度固定的一组密文。密文分组中的每一个字符与明文分组的每一个字符都有关。分组密码是目前应用最为广泛的一种对称密码体制。

对称加密算法使用起来简单快捷,密钥较短,加密和解密速度快,且破译困难,适合于对大量数据进行加密,但其密钥管理比较困难。这种算法可简化加密处理过程,信息交换双方都不必彼此研究和交换专用的加密算法。这种加密方法如果在交换阶段密钥未曾泄露,那么机密性和报文完整性就可以得以保证。由于要求通信双方事先通过安全信道(如邮寄、电话等)交换密钥,当系统用户很多时,将非常不方便。常用的对称密钥加密算法有 DES、IDEA、三重 DES 等。

7.3.1　对称密码技术基础

在许多密码系统中,对称加密技术是系统安全的一个重要组成部分。它将明文消息编码后表示的数字序列 $x_0, x_1, \cdots, x_i, \cdots$ 划分成长为 n 的组 $x = (x_0, x_1, \cdots, x_{n-1})$,各组(长为 n 的矢量)分别在密钥 $k = (k_0, k_1, \cdots, k_{t-1})$ 控制下变换成等长的输出数字序列 $y = (y_0, y_1, \cdots, y_{m-1})$(长为 m 的矢量),其加密函数 $E: Vn \times K \rightarrow Vm$,$Vn$ 和 Vm 分别是 n 维和 m 维矢量空间,K 为密钥空间。它输出的每一位数字与一组长为 n 的明文数字有关。在相同密钥下,分组密码对长为 n 的输入明文组所实施的变换是等同的,所以只需研究对任一组明文数字的变换规则。这种密码实质上是字长为 n 的数字序列的代换密码。

通常取 $m=n$。若 $m>n$,则为有数据扩展的分组密码;若 $m<n$,则为有数据压缩的分组密码。在二元情况下,x 和 y 均为二元数字序列,它们的每个分量 x_i,$y_i \in GF(2)$。

现代对称加密技术扩展和丰富了古典密码技术,典型技术包括代换、扩散和混淆。

1.代换

如果明文和密文的分组长都为 $n$bit,则明文的每一个分组都有 2^n 个可能的取值。为使加密运算可逆(使解密运算可行),明文的每一个分组都应产生惟一的密文分组,称明文分组到密文分组的可逆变换为代换。不同可逆变换的个数有 $2n!$ 个。

图 7-5 表示 $n=4$ 的代换密码的一般结构,4 比特输入产生 16 个可能输入状态中的一个,由代换结构将这一状态映射为 16 个可能输出状态中的一个,每一输出状态由 4 个密文比特表示。

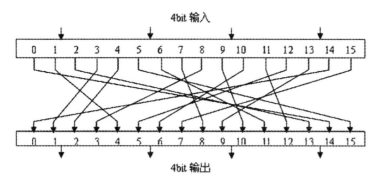

图 7-5　代换结构

加密映射和解密映射可由代换表来定义,如表 7-6 所示。从表中可以看出,比特输入为 0 号状态时,经过这种代换密码系统,输出密文为 14 号状态,即 1110。这种定义法是分组密码最常用的形式,能用于定义明文和密文之间的任何可逆映射。

表 7-6　代换结构状态映射表

状态号	明文	密文
0	0000	1110
1	0001	0100
2	0010	1101
3	0011	0001
4	0100	0010
5	0101	1111
6	0110	1011
7	0111	1000
8	1000	0011
9	1001	1010
10	1010	0110
11	1011	1100
12	1100	0101
13	1101	1001
14	1110	0000
15	1111	0111

读者不妨写出解密时的状态转换表，即代换结构状态逆映射表。

这种代换结构在实际应用中还有一些问题需考虑。如果分组长度太小，如 $n=4$，系统则等价于古典的代换密码，容易通过对明文的统计分析而被攻破。这个弱点不是代换结构固有的，只是因为分组长度太小。如果分组长度 n 足够大，而且从明文到密文可有任意可逆的代换，那么明文的统计特性将被隐藏，而使以上的攻击不能奏效。

但从实现的角度来看，分组长度很大的可逆代换结构是不实际的。一般地，对 $n$bit 的代换结构，密钥的大小是 $n \times 2^n$ bit。如对 64bit 的分组，密钥大小应是 $64 \times 2^{64} = 2^{70} \approx 10^{21}$ bit，因此难以处理。

实际中常将 n 分成较小的段，可选 $n = r \cdot n_0$，其中 r 和 n_0 都是正整数，将设计 n 个变量的代换变为设计 r 个较小的子代换，而每个子代换只有 n_0 个输入变量。一般 n_0 都不太大，称每个子代换为代换盒，简称为 S 盒。

2.扩散和混淆

扩散和混淆是由 Shannon 提出的设计密码系统的两个基本方法，目的是抗击攻击者对密码系统的统计分析。如果攻击者知道明文的某些统计特性，如消息中不同字母出现的频率、可能出现的特定单词或短语，而且这些统计特性以某种方式在密文中反映出来，那么攻击者就有可能得出加密密钥或其一部分，或者得出包含加密密钥的一个可能的密钥集合。在 Shannon 称之为理想密码的密码系统中，密文的所有统计特性都与所使用的密钥独立。

所谓扩散，就是将明文的统计特性散布到密文中去，实现方式是使得明文的每一位影响密文中多位的值，等价于密文中每一位均受明文中多位影响。

分组密码在将明文分组依靠密钥变换到密文分组时，扩散的目的是使明文和密文之间的统计关系变得尽可能复杂，以使攻击者无法得到密钥；混淆是使密文和密钥之间的统计关系变得尽可能复杂，以使攻击者无法得到密钥。因此即使攻击者能得到密文的一些统计关系，由于密钥和密文之间的统计关系复杂化，攻击者也无法得到密钥。使用复杂的代换算法可以得到预期的混淆效果，而简单的线性代换函数得到的混淆效果则不够理想。

扩散和混淆成功地实现了分组密码的本质属性，因而成为设计现代分组密码的基础。

7.3.2　数据加密标准 DES

由 IBM 公司开发的数据加密标准（Data Encryption Standard，DES）算法，于 1977 年被美国政府定为非机密数据的数据加密标准。

数据加密标准（DES）是迄今为止世界上最为广泛使用和流行的一种分组密码算法，它的分组长度为 64bit，密钥长度为 56bit，是早期的称作 Lucifer 密码的一种发展和修改。

1.DES 算法的基本思想

DES 算法是一个分组密码算法，它将输入的明文分成 64 位的数据组块进行加密，密钥长度为 64 位，有效密钥长度为 56 位（其他 8 位用于奇偶校验）。其加密过程大致分成 3 个步骤，即初始置换、16 轮的迭代变换和逆置换，如图 7-6 所示。

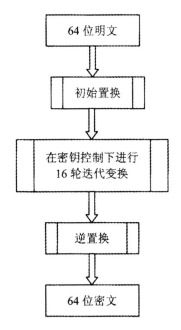

图 7-6　DES 算法的加密过程

首先,将 64 位的数据经过一个初始置换(这里记为 IP 变换)后,分成左右各 32 位两部分进入迭代过程。在每一轮的迭代过程中,先将输入数据右半部分的 32 位扩展为 48 位,然后与由 64 位密钥所生成的 48 位的某一子密钥进行异或运算,得到的 48 位的结果通过 S 盒压缩为 32 位,将这 32 位数据经过置换后,再与输入数据左半部分的 32 位数据异或,最后得到新一轮迭代的右半部分。同时,将该轮迭代输入数据的右半部分作为这一轮迭代输出数据的左半部分。这样,就完成了一轮的迭代。通过 16 轮这样的迭代后,产生了一个新的 64 位数据。需要注意的是,最后一次迭代后,所得结果的左半部分和右半部分不再交换,这样做的目的是为了使加密和解密可以使用同一个算法。最后,再将这 64 位的数据进行一个逆置换,就得到了 64 位的密文。

可见,DES 算法的核心是 16 轮的迭代变换过程,这个迭代过程如图 7-7 所示。

从图中可以看出,对于每轮迭代,其左、右半部的输出分别为:

$$L_i = R_{i-1}$$
$$R_i = L_{i-1} \oplus f(R_{i-1}, k_i) \quad (i=1,2,3\cdots16)$$

其中,i 表示迭代的轮次,$\oplus$ 表示按位异或运算,f 是指包括扩展变换 E、密钥产生、S 盒压缩、置换运算 P 等在内的加密运算。

这样,可以将整个 DES 加密过程用数学符号简单表示为:

$$L_0 R_0 \leftarrow IP(<64\text{ 位明文}>)$$
$$L_i \leftarrow R_{i-1}$$
$$R_i \leftarrow L_{i-1}$$
$$R_i \leftarrow L_{i-1} \oplus f(R_{i-1}, k_i)$$
$$<64\text{ 位明文}> \leftarrow IP^{-1}(R_{16} L_{16})$$

DES 的解密过程和加密过程完全类似,只是在 16 轮的迭代过程中所使用的子密钥刚好和加密过程中的反过来,即第一轮迭代时使用的子密钥采用加密时最后一轮(第 16 轮)的子密钥,

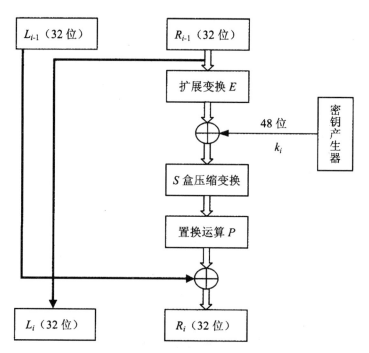

图 7-7　DES 算法的迭代过程

第 2 轮迭代时使用的子密钥采用加密时第 15 轮的子密钥……最后一轮（第 16 轮）迭代时使用的子密钥采用加密时第 1 轮的子密钥。

2. DES 算法的安全性分析

鉴于 DES 的重要性，美国参议院情报委员会于 1978 年曾经组织专家对 DES 的安全性进行了深入地分析，最终的报告是保密的。IBM 宣布 DES 是独立研制的。

DES 算法的整个体系是公开的，其安全性完全取决于密钥的安全性。在该算法中，由于经过了 16 轮的替换和换位的迭代运算，使得密码的分析者无法通过密文获得该算法的一般特性以外的更多信息。对于这种算法，破解的唯一可行途径是尝试所有可能的密钥。对于 56 位长度的密钥，可能的组合达到 $2^{56}=7.2\times10^{16}$ 种。对 17 轮或 18 轮 DES 进行差分密码的强度已相当于穷尽分析；而对 19 轮以上 DES 进行差分密码分析则需要大于 2^{64} 个明文，但 DES 明文分组的长度只有 64bit，因此实际上是不可行的。

为了更进一步提高 DES 算法的安全性，可以采用加长密钥的方法。例如，IDEA（International Data Encryption Algorithm）算法，它将密钥的长度加大到 128 位，每次对 64 位的数据组块进行加密，从而进一步提高了算法的安全性。

DES 算法在网络安全中有着比较广泛的应用。但是由于对称加密算法的安全性取决于密钥的保密性，在开放的计算机通信网络中如何保管好密钥一直是个严峻的问题。因此，在网络安全的应用中，通常将 DES 等对称加密算法和其他的算法结合起来使用，形成混合加密体系。在电子商务中，用于保证电子交易安全性的 SSL 协议的握手信息中也用到了 DES 算法来保证数据的机密性和完整性。另外，在 UNIX 系统中，也使用了 DES 算法用于保护和处理用户密码的安全。

7.3.3　国际数据加密算法 IDEA

国际数据加密算法(International Data Encryption Algorithm,IDEA)是由瑞士的著名学者首先提出的,1990 年被正式公布并在随后得到了增强。这种算法是在 DES 算法的基础上发展起来的,类似于三重 DES。发展 IDEA 也是因为 DES 算法存在密钥太短、容易被攻破等缺点。

类似于 DES,IDEA 也是一种分组密码算法,分组长度为 64bit,但密钥长度为 128bit。作为对称密码体制的密码,其加密与解密过程雷同,只是密钥存在差异,IDEA 无论是采用软件还是硬件实现都比较容易,而且加解密的速度很快。IDEA 算法的加密流程如图 7-8 所示。

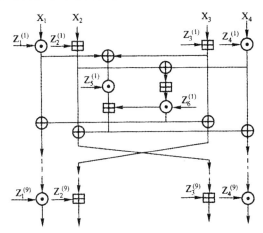

⊞ 表示 16 bit 的整数进行 mod 2^{16} 的加法运算
⊕ 表示 16 bit 子块间诸位进行异或运算
⊙ 表示 16 bit 的整数进行 mod ($2^{16}+1$) 的乘法运算

图 7-8　IDEA 的加密流程

64 bit 的数据块分成 4 个子块,每一子块 16 bit,令这 4 个子块为 X_1、X_2、X_3 和 X_4,作为迭代第 1 轮的输入,全部共 8 轮迭代运算。每轮迭代都是 4 个子块彼此间及 16bit 的子密钥进行异或,mod 2^{16} 进行加法运算,mod ($2^{16}+1$)进行乘运算。任何一轮迭代第 3 和第 4 子块互换,每一轮迭代运算步骤如下。

① X_1 和第 1 个子密钥块进行乘法运算。

② X_2 和第 2 个子密钥块进行加法运算。

③ X_3 和第 3 个子密钥块进行加法运算。

④ X_4 和第 4 个子密钥块进行乘法运算。

⑤将①和③的结果进行异或运算。

⑥将②和④的结果进行异或运算。

⑦将⑤的结果与第 5 子密钥块进行乘法运算。

⑧将⑥和⑦的结果进行加法运算。

⑨将⑧的结果与第 6 个子密钥块进行乘法运算。

⑩将⑦和⑨的结果进行加法运算。

⑪将①和⑨的结果进行异或运算。

⑫将③和⑨的结果进行异或运算。

⑬将②和⑩的结果进行异或运算。

⑭将④和⑩的结果进行异或运算。

结果的输出为⑪、⑬、⑫、⑭,除最后一轮外,第2和第3块交换。第8轮结束后,最后输出变换如下。

① X_1 和第1个子密钥块进行乘法运算。

② X_2 和第2个子密钥块进行加法运算。

③ X_3 和第3个子密钥块进行加法运算。

④ X_4 和第4个子密钥块进行乘法运算。

一次完整的IDEA加密运算需要52个子密钥。这52个16bit的子密钥都是由一个128bit的加密密钥产生的,生成过程如下。

首先,将128bit加密密钥以16bit为单位分为8组,其中前6组作为第一轮迭代运算的子密钥,后2组用于第二轮迭代运算的前2组子密钥,然后将128bit加密密钥循环左移25bit,再分为8组子密钥,其中前4组用于第二轮迭代运算的后4组子密钥,后4组用作第三轮迭代运算的前4组子密钥,照此方法直至产生全部52个子密钥。这52个密钥子块的顺序为:

$$Z_1^{(1)}, Z_2^{(1)}, \cdots, Z_6^{(1)}; Z_1^{(2)}, Z_2^{(2)}, \cdots, Z_6^{(2)};$$

$$Z_1^{(3)}, Z_2^{(3)}, \cdots, Z_6^{(3)}; \cdots; Z_1^{(8)}, Z_2^{(8)}, \cdots, Z_6^{(8)};$$

$$Z_1^{(9)}, Z_2^{(9)}, Z_3^{(9)}, Z_4^{(9)}$$

IDEA的解密过程本质上与加密过程相同,唯一不同的是解密密钥子块 $K_i^{(r)}$ 是从加密密钥子块 $Z_i^{(r)}$ 按下列方式计算出来的:

$$(K_1^{(r)}, K_2^{(r)}, K_3^{(r)}, K_4^{(r)}) = ((Z_1^{(10-r)})^{-1}, -Z_3^{(10-r)}, -Z_2^{(10-r)}, (Z_4^{(10-r)})^{-1}) \quad r=2,3,\cdots,8$$

$$(K_1^{(r)}, K_2^{(r)}, K_3^{(r)}, K_4^{(r)}) = ((Z_1^{(10-r)})^{-1}, -Z_2^{(10-r)}, -Z_3^{(10-r)}, (Z_4^{(10-r)})^{-1}) \quad r=1,9$$

$$(K_5^{(r)}, K_6^{(r)}) = (Z_5^{(9-r)}, Z_6^{(9-r)}) \quad r=1,2,\cdots,8$$

其中,Z^{-1} 表示 $Z \bmod (2^{16}+1)$ 的乘法逆,亦即 $Z \odot Z^{-1} = 1$,$-Z$ 表示 $Z \bmod 2^{16}$ 的加法逆,亦即 $Z \oplus (-Z) = 0$。

IDEA的密钥长度为128bit,若采用穷搜索进行破译,则需要进行 $2^{128} = 34028 \times 10^{38}$ 次尝试,这将是用同样方法对付DES的 $2^{72} = 4.7 \times 10^{21}$ 倍工作量。目前,尚没有成功攻击IDEA的报道,有关学者进行分析也表明IDEA对于线性和差分攻击是安全的。此外,将IDEA的字长由16bit加长为32bit,密钥相应长为256bit,采用 2^{32} 模加,$2^{32}+1$ 模乘,可进一步强化IDEA的安全性能。

7.3.4　高级加密标准AES

近年来,对数据的加密基本上都采用DES,DES的56bit密钥太短,虽然三重DES可以解决密钥长度问题,但DES设计主要针对硬件实现。目前,在许多领域,需要针对软件实现相对有效的算法。

高级加密标准(Advanced Encryption Standard,AES),又称Rijndael加密算法,是美国政府所采用的一种分组加密标准。这个标准用来替代原先的DES,已经被多方分析并且在全世界内广泛使用。

美国国家标准和技术研究所(NIST)于1997年发起征集AES算法活动,其基本要求是该算法是对称密码体制,亦即秘密密钥算法。算法应为分组密码算法,分组长度为 128bit,密钥长度为 128bit、192bit 和 256bit。AES 比 3 重 DES 快,至少和 3 重 DES 一样安全。1998 年 8 月 NIST 公布了 15 个候选算法;1999 年 4 月从 15 个候选算法中再选出 5 个候选算法;2000 年 10 月 2 日,美国商务部长宣布"Rijndael 数据加密算法"为 21 世纪的美国高级加密标准推荐算法。

而目前通称的 AES 算法就是"Rijndael 数据加密算法",由比利时学者提出。该算法依据良好的有限域/有限环数学理论基础,既能高强度地隐藏信息,又同时保证了算法的可逆性,解决了加密的问题。算法的软硬件环境适应性强,密钥使用灵活,存储量较低,即便使用空间有限也有良好的性能。

AES 算法中使用的字节都被当作是有限域上的元素。所谓有限域就是一种代数系统,其中元素的个数为有限并且对运算"+"和"·"满足:加法封闭性,加法结合律,加法恒等元,加法逆元,加法可换律,乘法封闭性,乘法结合律,乘法单位,乘法逆元,乘法可换律和分配律,并以 GF(q)表示,其中 q 表示域中元素的个数。

有限域上的元素可以做加法和乘法,但它和一般数的运算不同。下面就详细介绍 Rijndael 算法的数学基础、设计的基本原理、数据加密算法的整个过程,并分析该算法的抗攻击的能力。

1. 设计思想

AES 算法的设计主要有下列三条设计的准则:
①能抵抗所有已知的攻击。
②在多个平台上同时运行时速度要快并且编码紧凑。
③设计简单。

针对以上标准,AES 算法采用了分层的轮函数的形式,每一轮的变换由三层组成,每一层都实现一定的功能。此外,在第一轮前还应用了一个初始密钥加层。
①线性混合层:确保多轮之上的高度扩散。
②非线性加层:并行使用多个 S 盒,可优化最坏情况非线性特性。
③密钥加层:轮密钥(子密钥)简单异或到中间级状态上。

轮是 AES 算法进行迭代的主要部分,轮函数被执行的次数(N_n)主要取决于初始密钥分组的大小(N_k),且

$$N_n = \begin{cases} 10, N_k = 4 \\ 12, N_k = 6 \\ 14, N_k = 8 \end{cases}$$

而 AES 的优点主要有下列几点:
①可变的密钥长度。
②混合的运算。
③数据相关的圈数。
④密钥相关的圈数。
⑤密钥相关的 S 盒。
⑥长密钥调度算法。
⑦变量 F。
⑧可变长明文/密文块长度。

⑨可变圈数。

⑩每圈操作作用于全部数据。

2. 数据基础

(1)GF(2^8)域

一个形如$[a_3, a_2, a_1, a_0]$的32bit的字可以表示为系数在有限域上的一个四项的多项式：

$$a(x) = a_3 x^3 + a_2 x^2 + a_1 x + a_0$$

其中各个系数分别表示一个字节。将其与下面的多项式相加，

$$b(x) = b_3 x^3 + b_2 x^2 + b_1 x + b_0$$

也就是对上面两式相应的系数执行有限域上的加法。就是做四个系数的字节向量的逐比特异或运算。

现在来做上面两式的乘法。假定乘积为下面的多项式：

$$c(x) = c_6 x^6 + c_5 x^5 + c_4 x^4 + c_3 x^3 + c_2 x^2 + c_1 x + c_0 \qquad (7-1)$$

则可得各系数之间的关系为

$$c_0 = a_0 \cdot b_0$$

$$c_1 = a_1 \cdot b_0 \oplus a_0 \cdot b_1$$

$$c_2 = a_2 \cdot b_0 \oplus a_1 \cdot b_1 \oplus a_0 \cdot b_2$$

$$c_3 = a_3 \cdot b_0 \oplus a_2 \cdot b_1 \oplus a_1 \cdot b_2 \oplus a_0 \cdot b_3$$

$$c_4 = a_3 \cdot b_1 \oplus a_2 \cdot b_2 \oplus a_1 \cdot b_3$$

$$c_5 = a_3 \cdot b_2 \oplus a_2 \cdot b_3$$

$$c_6 = a_3 \cdot b_3$$

上式中"·"、"$\oplus$"分别表示有限域上的乘法和加法。若对式(7-1)用多项式 $x^4 + 1$ 做模运算，则取模后的结果对应的多项式系数为

$$d_3 = a_3 \cdot b_0 \oplus a_2 \cdot b_1 \oplus a_1 \cdot b_2 \oplus a_0 \cdot b_3$$

$$d_2 = a_2 \cdot b_0 \oplus a_1 \cdot b_1 \oplus a_0 \cdot b_2 \oplus a_3 \cdot b_3$$

$$d_1 = a_1 \cdot b_0 \oplus a_0 \cdot b_1 \oplus a_3 \cdot b_2 \oplus a_2 \cdot b_3$$

$$d_0 = a_0 \cdot b_0 \oplus a_3 \cdot b_1 \oplus a_2 \cdot b_2 \oplus a_1 \cdot b_3$$

将上式表示成矩阵的形式：

$$\begin{bmatrix} d_3 \\ d_2 \\ d_1 \\ d_0 \end{bmatrix} = \begin{bmatrix} a_0 & a_1 & a_2 & a_3 \\ a_3 & a_0 & a_1 & a_2 \\ a_2 & a_3 & a_0 & a_1 \\ a_1 & a_2 & a_3 & a_0 \end{bmatrix} \begin{bmatrix} b_3 \\ b_2 \\ b_1 \\ b_0 \end{bmatrix}$$

(2)加法

在多项式表示中，两个元的和是一个对应系数模 2 和的多项式。即两个 GF 域上的元素相加可以通过相对应的多项式系数模 2 相加来实现。在这中表示方式下，加法和减法是等价的，有限域上的加法用符号"$\oplus$"表示。例如

$$(x^6 + x^4 + x^3 + x + 1) + (x^7 + x + 1) \equiv x^7 + x^6 + x^4 + x^3$$

等价于$\{01011011\} \oplus \{10000011\} \equiv \{11011000\}$，若表示为十六进制的形式就是$\{57\} \oplus \{83\}$ $\equiv \{D_4\}$。

（3）乘法

多项式表示中,乘法对应多项式乘积对一个次数是 8 的既约多项式取模。在 Rijndael 算法里,这个既约多项式记为

$$m(x) = x^8 + x^4 + x^3 + x + 1$$

乘法运算是封闭的,可结合的,可交换的。对任一个次数低于 8 的二元多项式 $b(x)$,由扩展的欧几里得算法可找到两个多项式 $a(x)$ 和 $c(x)$ 使得

$$b(x)a(x) + m(x)c(x) = 1$$

因此

$$a(x) \cdot b(x) \bmod m(x) = 1$$

即

$$b^{-1}(x) = a(x) \bmod m(x)$$

$$a(x) \cdot (b(x) + c(x)) = a(x) \cdot b(x) + a(x)c(x) \qquad （分配律）$$

（4）※ x

通常

$$x \text{ ※ } b(x) = b_3 x^4 + b_2 x^3 + b_1 x^2 + b_0 x \bmod M(x)$$
$$= b_2 x^3 + b_1 x^2 + b_0 x + b_3$$

也就是说※ x 就对应于向量中字节的循环左移。

Rijndael 算法的优点:在计算机上可以快速实现、算法设计简单、分组长度可变、分组长度和密钥长度都易于扩充。Rijndael 算法的局限性:逆密码的实现相对比较复杂,需要占用较多的代码和轮数,几乎不适于在智能卡上实现;在软件实现中,该密码及其逆密码使用不同的代码和表。

AES 算法的公布标志着 DES 算法已完成了它的历史使命。由于这是非美国人提出的算法,人们在使用时不用再担心美国 NIST 设有后门的问题,因此 Rijndael 算法将迅速被全世界广泛采用。

7.4　非对称密码体制

1975 年,由斯坦福大学的 Diffie 与 Hellman 提出公开密钥加密算法的概念。公开密钥加密算法是密码学发展道路上一次革命性的进步。从密码学最初到现代,几乎所有的密码编码系统都是建立在基本的替换和换位工具的基础之上的。公开密钥密码体制则与以前的所有方法都完全不同,一方面公开密钥密码算法基于数学函数而不是替换和换位,更重要的是公开密钥密码算法是非对称的,会用到两个不同的密钥,这对于保密通信、密钥分配和鉴别等领域有着深远的影响。

公钥密码体制的产生主要有两个原因,一是由于常规密码体制的密钥分配问题,二是由于对数字签名的需求。

在公钥密码体制中,加密密钥也称为公钥(Public Key,PK),是公开信息;解密密钥也称为私钥(Secret Key,SK),不公开是保密信息,私钥也叫秘密密钥;加密算法 E 和解密算法 D 也是公开的。SK 是由 PK 决定的,不能根据 PK 计算出 SK。私钥产生的密文只能用公钥来解密;另一方面,公钥产生的密文也只能私钥来解密。

利用公钥和私钥对可以实现以下安全功能。

（1）提供认证

用户 B 用自己的私钥加密发送给用户 A 的报文,当 A 收到来自 B 的加密报文时,可以用 B 的公钥解密该报文,由于 B 的公钥是众所周知的,所有其他用户也可以用 B 的公钥解密该报文,但是 A 可以知道该报文只可能是由 B 发送的,因为只有 B 才知道自己的私钥。

（2）提供机密性

如果 B 不希望报文对其他用户都是可读的,B 可以利用 A 的公钥对报文加密,A 可以利用他的私钥解密报文,由于没有其他用户知道 A 的私钥,所以其他用户都无法解密报文。

（3）提供认证和机密性

B 可以先用 A 的公钥来加密报文,这样就确保了只有 A 才能解密报文,然后再用 B 自己的私钥对密文进行加密,这就确保了报文是来自 B 的。当 A 收到该报文时,他先用 B 的公钥解密该报文,得到一个结果,然后 A 自己的私钥对得到的结果再次进行解密。

公开密钥加密算法解决了密钥的管理和分发问题,每个用户都可以把自己的公钥进行公开,如发布到一个公钥数据库中。采用公开密钥加密算法进行数据加密和解密的过程如图 7-9 所示。

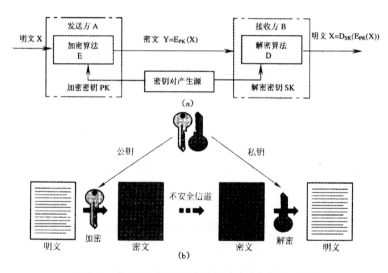

图 7-9　公开密钥加密算法加密和解密过程

公钥算法的特点为:

①发送方用加密密钥 PK（公钥）对明文 X 加密,在接收方用解密密钥 SK（私钥）解密,恢复出明文,即

$$D_{SK}(E_{PK}(X))=X$$

加密和解密运算可以对调,运算结果是一样的,即

$$E_{PK}(D_{SK}(X))=X$$

②加密密钥不能用它来解密,即

$$D_{PK}(E_{PK}(X))\neq X$$

③从已知的 PK 不可能推导出 SK,在计算上是不可能的。

④加密算法和解密算法是公开的。

⑤可以很容易地生成 PK 和 SK 对。

7.4.1　非对称密码技术原理

公钥密码体制的概念是在解决单钥密码体制中最难解决的两个问题时提出的,这两个问题是密钥分配和数字签字。1976 年 W. Diffie 和 M. Hellman 对解决上述两个问题有了突破,从而提出了公钥密码体制。

1.非对称密码体制的原理

非对称密码算法的最大特点是采用两个相关密钥将加密和解密能力分开。算法有以下重要特性:已知密码算法和加密密钥,求解密密钥在计算上是不可行的。

非对称体制的加密过程有以下几步:

① 要求接收消息的端系统,产生一对用来加密和解密的密钥,如图中的接收者 B,产生一对密钥(PK_B,SK_B),其中 PK_B 是公钥,SK_B 是私钥。

② 端系统 B 将加密密钥(如图中的 PK_B)予以公开。另一密钥则被保密(图中的 SK_B)。

③ A 要想向 B 发送消息 m,则使用 B 的公钥加密 m,表示为 $c=E_{PK_B}[m]$,其中 c 是密文,E 是加密算法。

④ B 收到密文 c 后,用自己的私钥 SK_B 解密,表示为 $m=D_{SK_B}[c]$,其中 D 是解密算法。

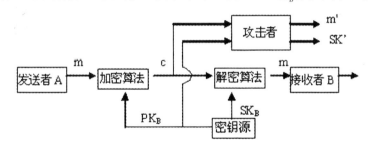

图 7-10　非对称体制加密的框图

因为只有 B 知道 SK_B,所以其他人都无法对 c 解密。

非对称加密算法不仅能用于加、解密,还能用于对发方 A 发送的消息 m 提供认证。用户 A 用自己的私钥 SK_A 对 m 加密,表示为

$$c=E_{SK_A}[m]$$

将 c 发往 B。B 用 A 的公钥 PK_A 对 c 解密,表示为

$$m=D_{PK_A}[c]$$

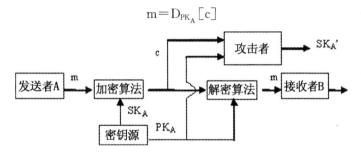

图 7-11　非对称密码体制认证框图

因为从 m 得到 c 是经过 A 的私钥 SK_A 加密,只有 A 才能做到。另一方面,任何人只要得不到 A 的私钥 SK_A 就不能篡改 m,所以以上过程获得了对消息来源和消息完整性的认证。

认证过程中,由于消息是由用户自己的私钥加密的,所以消息不能被他人篡改,但却能被他人窃听。这是因为任何人都能用用户的公钥对消息解密。为了同时提供认证功能和保密性,可使用双重加、解密。如图 7-12 所示。

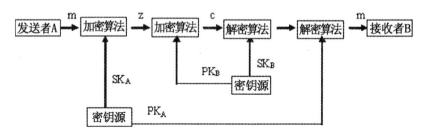

图 7-12 非对称密码体制的认证、保密框图

发方首先用自己的私钥 SK_A 对消息 m 加密,用于提供数字签字。再用收方的公钥 PK_B 第 2 次加密,表示为

$$c = E_{PK_B}[E_{SK_A}[m]]$$

解密过程为

$$m = D_{PK_A}[D_{SK_B}[c]]$$

即收方先用自己的私钥,再用发方的公钥对收到的密文两次解密。

2. 非对称密码算法应满足的要求

非对称密码算法应满足以下要求:

① 接收方 B 产生密钥对(公钥 PK_B 和私钥 SK_B)在计算上是容易的。

② 发方 A 用收方的公钥对消息 m 加密以产生密文 c,即 $c = E_{PK_B}[m]$,在计算上是容易的。

③ 收方 B 用自己的私钥对 c 解密,即 $m = D_{SK_B}[c]$ 在计算上是容易的。

④ 攻击者由 B 的公钥 PK_B 求私钥 SK_B 在计算上是不可行的。

⑤ 攻击者由密文 c 和 B 的公钥 PK_B 恢复明文 m 在计算上是不可行的。

⑥ 加、解密次序可换,即 $E_{PK_B}[D_{SK_B}(m)] = D_{SK_B}[E_{PK_B}(m)]$。

其中最后一条虽然非常有用,但不是对所有的算法都作要求。

以上要求的本质在于要求一个陷门单向函数。对于指数函数而言,能在其输入长度的多项式时间内求出函数值,即如果输入长 $n$bit,则求函数值的计算时间是 n^a 的某个倍数,其中 a 是一固定的常数。这时称该函数为计算可行,否则就是不可行的。例,假设函数的输入是 $n$bit,如果求函数值所用的时间是 2^n 的某个倍数,则认为求函数值是不可行的,否则求函数值的复杂度为多项式时间,容易被攻击。

满足这些安全强度要求的算法很多,著名的几种算法包括 RSA,椭圆曲线密码等。

7.4.2 RSA 密码体制

MIT 的 Ron Rivest、Adi Shemir 和 Len Adleman 于 1978 在题为《获得数字签名和公开钥密码系统的方法》的论文中提出了基于数论的非对称密码体制,称为 RSA 密码体制。RSA 算法是最早提出的满足要求的公钥算法之一,也是被广泛接受且被实现的通用公钥加密方法。

RSA 是一种分组密码体制,其理论基础是数论中"大整数的素因子分解是困难问题"的结论,即求两个大素数的乘积在计算机上是容易实现的,但要将一个大整数分解成两个大素数之积则是困难的。RSA 公钥密码体制安全、易实现,是目前广泛应用的一种密码体制。

1.算法描述

RSA 明文和密文均是 $0 \sim n-1$ 之间的整数,通常 n 的大小为 1024 位二进制数,即 n 小于 2^{1024}。

(1)公钥

选择两个互异的大质数 p 和 q,使 $n = pq$,$\varphi(n) = (p-1)(q-1)$,$\varphi(n)$ 是欧拉函数,选择一个正数 e,使其满足 $(e,\varphi(n)) = 1$,$\varphi(n) > 1$ 将 $K_p = (n,e)$ 作为公钥。

(2)私钥

求出正数 d 使其满足 $ed = 1 \bmod \varphi(n)$,$\varphi(n) > 1$,将 $K_s = (d,p,q)$ 作为私钥。

(3)加密变换

将明文 M 作变换,使 $C = E_{K_p}(M) = M^e \bmod n$,从而得到密文 C。

(4)解密变换

将密文 C 作变换,使 $M = D_{K_s}(C) = C^d \bmod n$,从而得到明文 M。

一般要求 p,q 为安全质数,现在商用的安全要求为 n 的长度不少于 1024bit。RSA 算法被提出来后已经得到了很多的应用,例如,用于保护电子邮件安全的 Privacy Enhanced Mail (PEM)和 Pretty Good Privacy(PGP),还有基于该算法建立的签名体制。

2.RSA 算法的安全性

若 $n = pq$ 被因子分解,则 RSA 便被击破。

因为若 p,q 已知,则 $\varphi(n) = (p-1)(q-1)$ 便可算出。解密密钥 d 满足下式:

$$ed = 1 \bmod \varphi(n)$$

所以并不难求得。因此,RSA 的安全依赖于因子分解的困难性。目前,因子分解速度最快的方法,其时间复杂度为:

$$\exp(sqrt(\ln(n)\ln\ln(n)))$$

Rivest、Shamir 和 Adleman 建议取 p 和 q 为 100 位十进制数(2^{332}),这样 n 为 200 位十进制数。要分解 200 位的十进制数,使用每秒 10^7 次运算的超高速电子计算机,也要 10^8 年。近来,对大数分解算法的研究引起了数学工作者的重视。1990 年有 150 位的特殊类型的数(第 9 个费尔玛(Fermat)数)已被成功分解。最新记录是 129 位十进制数在网络上通过分布计算被分解成功。估计对 200 位十进制数的因数分解,在亿次机上需进行 55 万年。

若 n 被分解成功,则 RSA 便被攻破。但还不能证明对 RSA 攻击的难度和分解 n 相当,也没有比因数分解 n 更好的攻击方法。故对 RSA 的攻击的困难程度不比大数分解更难。当然,若从求 $\varphi(n)$ 入手对 RSA 进行攻击,它的难度和分解 n 相当。已知 n,求得 $\varphi(n)$,则 p 和 q 可以求得。因为:

$$\varphi(n) = (p-1)(q-1) = pq - (p+q) + 1$$

及　　　　　　　　　　　　　$$(p-q)^2 = (p+q)^2 - 4pq$$

所以：
$$n-\varphi(n)+1=p+q,\ \sqrt{(p+q)^2-4n}=p-q$$

为了安全起见，对 p 和 q 还要求如下：

① p 和 q 的长度相差不大。

② $p-1$ 和 $q-1$ 有大素数因子。

③ $(p-1,q-1)$ 很小。

满足这些条件的素数称作安全素数。

7.4.3　ElGamal 密码体制

ElGamal 算法是由 ElGamal 于 1985 年提出来的，是一种基于离散对数问题的密码体制。ElGamal 既可以用于加密，又可以用于签名，是 RSA 之外最有代表性的公钥密码体制之一，并得到了广泛的应用。

1. ElGamal 算法的基本思想

①选取大素数 p，$\alpha\in Z_p^*$ 是一个本原元，p 和 α 公开。

②随机选取整数 d，且使 $1\leqslant d\leqslant p-1$，计算
$$\beta=\alpha^d\bmod p$$

其中，β 是公开的加密密钥，d 是保密的解密密钥。

③明文空间为 Z_p^*，密文空间为 $Z_p^*\times Z_p^*$。

④加密变换：对任意明文 $M\in Z_p^*$，秘密随机选取一个整数 k，$1\leqslant k\leqslant p-2$，计算
$$C_1=\alpha^k\bmod p,\ C_2=M\beta^k\bmod p$$

得到密文 $C=(C_1,C_2)$。

⑤解密变换：对任意密文 $C=(C_1,C_2)\in Z_p^*\times Z_p^*$，明文为
$$M=C_2(C_1^d)^{-1}\bmod p$$

2. ElGamal 算法的安全性分析

ElGamal 算法的安全性基于有限域 Z_p 上的离散对数问题的困难性。目前，尚没有求解有限域 Z_p 上的离散对数问题的有效算法。所以当 p 足够大时，ElGamal 算法是安全的。

此外，加密中使用了随机数 k。k 必须是一次性的，否则攻击者获得 k 就可以在不知道私钥的情况下加密新的密文。

7.4.4　椭圆曲线密码体制

古老而深奥的椭圆曲线理论一直作为一门纯理论被少数科学家掌握，直到 1985 年 Neal Koblitz 和 Victor Miller 把椭圆曲线群引入公钥密码理论中，分别独立的提出了基于椭圆曲线的公钥密码体制 ECC，使椭圆曲线成为构造公钥密码体制的一个有效的工具，取得了公钥密码理论和应用的突破性进展。

使用基于椭圆曲线密码体制的安全性依赖于由椭圆曲线群上的点构成的代数系统中的离散对数问题的难解性。这一问题自椭圆曲线密码体制提出后，就得到了世界上一流数学家的极大关注并且它们对其进行了大量的研究。它与有限域上的离散对数问题或整数分解问题的情形不

同,目前对椭圆曲线离散对数问题还没有一般的指数时间算法,至今已知的最好算法需要指数时间,这意味着用椭圆曲线来实现的密码体制可以用小一些的数来达到使用更大的有限域所获得的安全性。与其他公钥密码体制相比,椭圆曲线密码体制的优势在于密钥长度大大减少、实现速度快等。这是因为随着计算机速度的加快,为达到特定安全级别所需的密钥长度增长,相比之下RSA 及使用有限域的公钥密码体制要比 ECC 慢得多。

椭圆曲线就是域 K 上的椭圆曲线 E,其定义为:

$$E:y^2 + a_1xy + a_3y = x^3 + a_2x^2 + a_4x + a_6$$

其中,$a_1,a_2,a_3,a_4,a_6 \in K$,且 $\Delta \neq 0$,Δ 是 E 的判别式,密码学上通常使用以下形式的椭圆曲线:

$$y^2 \equiv x^3 + ax + b$$

其中,$a,b \in K$,曲线的判别式是 $\Delta = -16(4a^3 + 27b^2)$,$\Delta \neq 0$ 确保了椭圆曲线是"光滑"的,即曲线的所有点都没有两个或两个以上不同的切线。

椭圆曲线上所有的点外加一个叫做无穷远点的特殊点构成的集合,连同一个定义的加法运算构成一个 Abel 群。在等式 $kP = P + P + \cdots + P = Q$ 中,已知 k 和点 P 求点 Q 比较容易,反之已知点 Q 和点 P 求 k 却是相当困难的,这个问题称为椭圆曲线上点群的离散对数问题。椭圆曲线密码算法正是利用这个困难问题而设计的。

以 ElGamal 为例,ElGamal 的椭圆曲线密码算法如下:

(1)密钥产生

假设系统公开参数为一个椭圆曲线 E 及模数 p,使用者执行:

①任选一个整数 k,$0 < k < p$。

②任选一个点 $A \in E$,并计算 $B = kA$。

③公钥为 (A,B),私钥为 k。

(2)加密过程

令明文 M 为 E 上的一点。首先任选一个整数 $r \in \mathbf{Z}_p$,然后计算密文 $(C_1,C_2) = (rA, M + rB)$,密文为两个点。

(3)解密过程

计算明文 $M = C_2 - kC_1$。

公钥密码体制根据其所依据的难题主要分为三类:大整数分解问题类、离散对数问题类和椭圆曲线离散对数类。有时也把椭圆曲线离散对数类归为离散对数类。椭圆曲线密码体制的安全性是建立在椭圆曲线离散对数的数学难题之上的。椭圆曲线离散对数问题被公认为要比整数分解问题和模 p 离散对数问题难解得多。目前解椭圆曲线上的离散对数问题的最好算法是 Pollard Rho 方法,其计算复杂度上是完全指数级的,而目前对于一般情况下的因数分解的最好算法的时间复杂度是亚指数级的。ECC 算法在安全强度、加密速度以及存储空间方面都有巨大的优势。如 161 位的 ECC 算法的安全强度相当于 RSA 算法 1024 位的强度。这也表明 ECC 算法需要的存储空间要比 RSA 算法的小得多。

7.5　密钥管理

随着计算机网络的发展,人们对网络上传递敏感信息的安全性要求也越来越高,密码技术得到了广泛应用。随之而来的,如何生成、分发、管理密钥也成为一个重要的问题。密钥管理的核心问题是:确保使用中的密钥能安全可靠。

通常情况下,密钥管理包括密钥的产生、存储、分配、组织、使用、停用、更换、销毁等一系列技术问题。每个密钥都有其生命周期,密钥管理就是对密钥的整个生命周期的各个阶段进行全面管理。因为密码体制不同,所以密钥的管理方法也不同。例如,公开密钥密码和传统密码的密钥管理就有很大的不同。

1.密钥管理的基本原则

由于密钥管理是一个系统工程,因此,必须从整体考虑,从细节着手,严密细致地施工,充分完善地测试,才能较好地解决密钥管理问题。所以,首先应当弄清密钥管理的一些基本原则,其基本原则如下所列。

①区分密钥管理的策略和机制。

②全程安全原则。

③最小权利原则。

④责任分离原则。

⑤密钥分级原则。

⑥密钥更换原则。

⑦密钥应当有足够的长度原则。

⑧密码体制不同,密钥管理也不相同。

而一般任何密钥都有一定的生存周期,也就是授权使用该密钥的周期。原因主要有以下几点:

①如果基于同一密钥加密的数据过多,这就使攻击者有可能拥有大量的同一密钥加密的密文,从而有助于他们进行密码分析。

②如果我们限制单一密钥的使用次数,那么,在单一密钥受到威胁时,也只有该密钥加密的数据受到威胁,从而限制信息的暴露。

③对密钥使用周期的考虑,也是考虑到一个技术的有效期,随着软硬件技术的发展,56位密钥长度的 DES 已经不能满足大部分安全的需要,而被 128 位密钥长度的 AES 所代替。

④对密钥生存期的限制也限制了计算密集型密码分析攻击的有效时间。

2.密钥的类型

通常,我们把保护数据的密钥,叫做数据加密密钥,当它保护的是两个通信终端用户的一次通话或交换数据时,也称为会话密钥。当它用于加密文件时,称为文件密钥。

数据加密密钥可由用户自己提供,也可由系统根据用户的请求产生,它们是被另一个密钥加密从而得到保护的。用于对会话密钥或文件密钥进行加密时采用的密钥称为密钥加密密钥,又称辅助(二级)密钥或密钥传送密钥。通信网中的每个节点都分配有一个这类密钥。

一个终端只要求存储一个密钥加密密钥,它称为终端主密钥。终端主密钥的保密是通过把它存储在一个叫做密码设施的保护区域里实现的。密码设施是一个安全部件,它包含通常的密码算法,以及放置少量的密钥和数据参数的存储器。

对于能够进行输入-输出操作的一些终端而言,终端用户是人。基本密钥,又称初始密钥、用户密钥,是由用户选定或由系统分配给用户的,可在较长时间内由一对用户所专用的密钥。

在公钥体制下,还有公开密钥、秘密密钥、签名密钥之分。

3.密钥的产生登记

密钥的产生可以是手工的,也可以是以自动化的方式产生。选择密钥方式的不当会影响安全性,比如选择不同的密钥产生方式,密钥空间是不同的,如表 7-7 所示。

表 7-7　不同产生方式时的密钥空间

	4 字节	5 字节	6 字节	7 字节	8 字节
小写字母(26)	4.6×10^5	1.2×10^7	3.1×10^8	8.0×10^9	2.1×10^{11}
小写字母＋数字(36)	1.7×10^6	6.0×10^7	2.2×10^9	7.8×10^{10}	2.8×10^{12}
字母数字字符(62)	1.5×10^7	9.2×10^8	5.7×10^{10}	3.5×10^{12}	2.2×10^{12}
印刷字符(95)	8.1×10^7	7.7×10^9	7.4×10^{11}	7.0×10^{13}	6.6×10^{15}
ASCII 字符(128)	2.7×10^8	3.4×10^{10}	4.4×10^{12}	5.6×10^{14}	7.2×10^{16}
8 位 ASCII 字符(256)	4.3×10^9	1.1×10^{12}	2.8×10^{14}	7.2×10^{16}	1.8×10^{19}

当采用 4 个小写英文字母做密钥时,密钥空间仅为 4.6×10^5,如果采用每秒测试 100 万个密钥的硬件进行攻击,只需要 0.5 秒,而当采用任意的 8 个 8 位 ASCII 码字符做密钥时,密钥空间为 1.8×10^{19},其搜索时间为 580000 年,抵抗穷举攻击的时间大大增加。其次,差的选择方式易受字典式攻击。用户选择自己的密钥时,往往选择容易记忆的字符或者数字串,而攻击者也正是抓住了人们选择密钥上的这一心理特点进行攻击。攻击者并不按照数字或者字母顺序去尝试所有的密钥,首先尝试可能的密钥,例如英文单词、名字等。一个名叫 Daniel Klein 的人,使用此法破译了 40%的计算机口令。而他构造字典的方法如下:

①用户的姓名、首字母、账户名等与用户相关的个人信息。

②从各种数据库得到的单词,如地名、山名、河名、著名人物的名字、著名文章或者小说的名字等。

③数据库单词的置换,如数据库单词的大写置换,字母 O 变成数字 0,或者单词中的字母颠倒顺序。

④如果被攻击者为外国人,可以尝试外国文字。

⑤尝试一些词组。

由此可见,一个真正好的密钥是某些自动过程产生的真随机位串,而真随机位串通常并不具有任何意义且不容易记忆,因此,一般建议在实际操作过程中建议采用以下方式:

①与特定算法相关的弱密钥和敏感密钥将被删除,如 DES 有 16 个弱密钥和半弱密钥。

②公钥体制的密钥必须满足一定的数学关系。

③选用易记难猜的密钥,如较长短语的首字母,词组用标点符号分开,或者使用单向散列函数将一个任意长的短语转换成一个伪随机串。

④不同等级的密钥,因为其重要性不同,也要选用不同的产生方式。

⑤主机主密钥对系统中存储的所有密钥提供加密保护,可能在相当长的时间保持不变,其安全性至关重要,故要保证其完全随机性、不可重复性和不可预测性。

⑥在一个有 n 个通信节点的系统中,为了得到较好的安全性,在每对节点之间都要使用不同的密钥加密密钥,需要的数量为 n(n−1)/2,在节点数目较多时,需要的量非常大,可采用一些安全算法或者伪随机数发生器由机器自动产生。

⑦会话密钥可利用密钥加密密钥及某种算法产生。

密钥生产形式现有是由中心(或分中心)集中生产,也称有边界生产和由个人分散生产,也称无边界生产两种方式。表 7-8 从两种生产方式的生产者、用户数量、特点、安全性和适用范围进行了对比。

表 7-8　两种密钥生产方式的对比

方式	代表	生产者	用户数量	特点	安全性	适用范围
集中式	传统的密钥分发中心 KDC 和证书分发中心 CDC 等方案	在中心统一进行	生产有边界,边界以所能配置的密钥总量定义,其用户数量受限	密钥的认证协议简洁	交易中的安全责任由中心承担	网络边界确定的有中心系统
分散式	由个人生产		密钥生产无边界,其用户数量不受限制	密钥变量中的公钥必须公开,需经第三方认证	交易中安全责任由个人承担	无边界的和无中心系统

如果是用户自己产生的密钥,那就需要进行密钥的登记。密钥登记指的是将产生的密钥与特定的使用捆绑在一起,例如,用于数字签名的密钥,必须与签名者的身份捆绑在一起。这个捆绑必须通过某一授权机构来完成。

4.密钥保护

密钥从产生到终结的整个生存期中,都需要加强安全保护。密钥决不能以明文的形式出现,所有密钥的完整性也需要保护,因为一个攻击者可能修改或替代密钥,从而危机机密性服务。另外,除了公钥密码系统中的公钥,所有的密钥需要保密。

在实际中,存储密钥的最安全的方法是将其放在物理上安全的地方。当一个密钥无法用物理的办法进行安全保护时,密钥必须用其他的方法来保护,可通过机密性(例如,用另一个密钥加密)或完整性服务来保护。在网络安全中,用最后一种方法可导致密钥的层次分级保护。

5.密钥使用与存储

密钥的使用是指从存储介质上获得密钥进行加密和解密的技术活动。在密钥的使用过程中,要防止密钥被泄露,同时也要在密钥过了使用期后更换新的密钥。在密钥的使用过程中,如果密钥的使用期已到、确信或怀疑密钥已经泄露出去或者已经被非法更换等,应该立即停止密钥的使用,并要从存储介质上删除密钥。

密钥存储包括无介质存储、记录介质存储和物理介质存储等。

(1)无介质存储

无介质存储也就是不存储密钥,这也许是最安全的方法之一。只要管理者自己不泄露,别人就根本无法知道密钥的一丝信息；相反，无介质存储也可能转化为最不安全的方法，因为一旦管理者忘记了密钥，就再也不可恢复那些经过加密的信息了。

（2）记录介质存储

记录介质存储是把密钥存储在计算机的硬盘、移动存储器等上面。当然，该存储介质如果能够进行严格的授权访问，那将是一个很不错的方法。

（3）物理介质存储

物理介质存储是将密钥存储在一个特殊的物理介质（如 IC 卡）上。这种物理介质便于携带、安全、方便。当需要使用密钥时可以将其插入到特殊的读入装置上，然后把密钥输入到系统中去。

6.密钥的备份与恢复

密钥备份是指在密钥使用期内，存储一个受保护的复制，用于恢复遭到破坏的密钥。密钥的恢复是指当一个密钥由于某种原因被破坏了，在还没有被泄露出去以前，从它的一个备份重新得到密钥的过程。密钥的备份与恢复保证了即使密钥丢失，由该密钥加密保护的信息也能够恢复。密钥托管技术就是一种能够满足这种需求的有效的技术。

密钥恢复时，所有保存该密钥分量的人都应该到场，并负责自己保管的那份密钥分量的输入工作。密钥的恢复工作同样也应该被记录在安全日志上。

另一个更好的方法是采用一种秘密共享协议，即将密钥分成若干片，然后，每片由有关的人员各保管一部分，单独的任何一部分都不是密钥，只有将所有的密钥片搜集全，才能重新把密钥恢复出来。

密钥的安全是所有的协议、技术、算法安全的基本条件，如果密钥丢失、被盗、出现在报纸上或以其他方式泄露，则所有的保密性都失去了，惟一补救的办法是及时更换新密钥。

7.密钥的销毁

没有哪个加密密钥能无限期地使用，任何密钥必须像许可证、护照一样能够自动失效，否则可能带来不可预料的后果，其主要有下列几点原因：

①密钥使用时间越长，它泄露的机会就越大。

②如果密钥已泄露，那么密钥使用越久，损失就越大。

③密钥使用越久，人们花费精力来破译它的诱惑力就越大，甚至采用穷举法进行攻击。

④对用同一密钥加密的多个密文进行密码分析一般比较容易。

因此，密钥必须定期更换，而密钥更换以后，原来的密钥就必须销毁，包括该密钥所有的拷贝以及重新生成或重新构造该密钥所需的信息都要全部删除，结束该密钥的生命周期。

密钥必须安全地销毁，例如，如果密钥是写在纸上的，那么必须切碎或烧掉；如果密钥存在 EEPROM 硬件中，密钥就应进行多次重写；如果密钥存在 EPROM 或 PROM 硬件中，芯片就应被打碎成小碎片；如果密钥保存在计算机磁盘里，就应多次重写覆盖磁盘存储的实际位置或将磁盘切碎。值得注意的是，由于计算机中的密钥易于被多次复制并存储在计算机硬盘的多个地方，一般可采用防窜器件，自动销毁存储在其中的密钥。

7.6 信息隐藏技术

信息隐藏是近些年来信息安全和多媒体领域中提出的一种解决媒体信息安全问题的新方法。它通过把秘密信息永久地隐藏在可公开的媒体信息中,达到证实该媒体信息的所有权归属和数据完整性或传递秘密信息的目的,从而为数字信息的安全问题提供一种崭新的解决办法。

7.6.1 信息隐藏的概念、特征及分类

1.信息隐藏的概念

所谓信息隐藏,是指把一个有含义的信息隐藏在另一个载体信息中得到隐密载体的一种新型加密方式。攻击者不知道普通信息中是否隐藏了其他信息,即使知道,也难以提取或去除隐藏的信息。

信息隐藏的可能性在于:一是多媒体信息本身存在很大的冗余性,特别是压缩的多媒体信息的编码效率是很低的,容易将某些信息嵌入到多媒体信息中隐藏,且不影响它本身的传送和使用;二是人体的眼耳等功能的局限性,尤其是眼睛对灰度的识别只有几十个灰度级,对边沿信息不敏感,所以隐藏的信息也不易被察觉。正是这些客观的因素,促进了信息隐藏技术的研究和发展。

信息隐藏技术常与加密技术相结合,以增加安全强度。即要先对消息 M 加密得到密文 M',再把密文 M' 隐藏到载体 C 中。这样,攻击者要想获取消息,首先要检测消息的存在,并知道如何从隐藏信息的载体中提出 M',以及如何对 M' 解密以恢复消息 M。信息隐藏和提取的基本原理如图 7-13 所示。

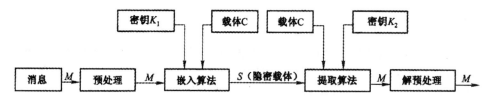

图 7-13 信息隐藏和提取基本原理图

信息隐藏的基本过程可以概括为以下两大方面:

(1)信息隐藏嵌入过程

①对原始主信号作信号变换。

②对原始主信号作感知分析。

③在步骤②的基础上,基于事先给定的关键字,在变换域上将隐藏信息嵌入主信号,得到带有隐藏信息的主信号。

(2)信息隐藏检测过程

①对原始主信号作感知分析。

②在步骤①的基础上,基于事先给定的关键字,在变换域上将原始主信号和可能带有隐藏信息的主信号作对比,判断是否存在隐藏信息。

由此可知道,信息隐藏技术由两部分组成:

①信息嵌入算法:在密钥的控制下实现对秘密信息的隐藏。

②隐蔽信息的检测/提取算法:利用密钥从隐蔽宿主中检测/恢复出秘密信息(在未知密钥的情况下,攻击者很难从隐蔽宿主中恢复、发现秘密信息)。

信息隐藏技术与传统加密技术不同,它的真正的目的不在于限制正常资料的存取,而是保证隐藏数据不被侵犯和发现。信息隐藏技术还必须考虑对正常的数据操作具有免疫能力,其关键在于保证隐藏信息的部分不会轻易被正常的数据操作(如数据压缩等)所破坏。但是,要求隐藏的数据和隐藏数据的免疫力是一对矛盾,不可能同时满足两种要求,只能根据需求的不同寻求一种合理的折衷。

2. 信息隐藏的特征

(1)安全性(Security)

安全性是指隐藏算法有较强的抗攻击能力,即它必须能够承受一定程度的人为攻击,而使隐藏信息不会被破坏。

(2)不可检测性(Undetectability)

不可检测性是指隐蔽载体与原始载体具有一致的特性。如具有一致的统计噪声分布等,使非法拦截者无法判断是否有隐蔽信息。

(3)透明性(Invisibility)

透明性是指利用人类视觉系统或人类听觉系统属性,经过一系列隐藏处理,使目标数据没有明显的降质现象,而隐藏的数据却无法看见或听见。

(4)自恢复性(Self-reparability)

由于经过一些操作或变换后,可能会使原图产生较大的破坏,如果只从留下的片段数据仍能恢复隐藏信号,而且恢复过程不需要宿主信号,这就是所谓的自恢复性。

(5)鲁棒性(Robustness)

鲁棒性是指不因数据文件的某种改动而导致隐藏信息丢失的能力。这里所谓"改动"包括传输过程中的信道噪音、滤波操作、重采样、有损编码压缩、D/A 或 A/D 转换等。

3. 信息隐藏的分类

根据不同应用场合的需求,信息隐藏技术可以分为隐写技术和数字水印技术两大分支。根据信息隐藏协议的不同,信息隐藏技术又可以分为无密钥信息隐藏技术、私钥信息隐藏技术和公钥信息隐藏技术,如图 7-14 所示。

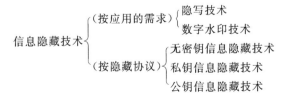

图 7-14　信息隐藏技术分类

(1)隐写技术

所谓隐写术,是指将秘密消息隐藏在其他消息中,掩盖或隐藏真正存在的秘密,以避免被发现或破译。隐写技术作为信息隐藏技术的一个重要应用领域又分为传统的物理隐写技术和现代的隐写技术,研究的重点是如何实现信息伪装。

传统的物理隐写技术最典型的方法是利用化学药水的密写。其他的还比如,用熔化蜡烛封存密件,用极小针眼刺出秘密字符,二战中德国人发明的微粒胶片技术等,无不铭刻隐写术的烙印,即使最常见的信鸽传递秘密消息至今也仍有使用。

现代的隐写技术是在数字信息上的隐写,是物理密写方法的数字仿真,其基本原理是利用人类听觉、视觉系统分辨率上的限制,以数字媒体信息为载体,(在密钥的控制下)将秘密信息隐藏于载体中,从而掩盖了秘密信息的存在,如果没有密码根本就不可能存取其中的信息。

在计算机处理的数据流中,可以以不同方式设置或清除高位信息,或者将非打印字符放入数据流中。隐写技术经常将数据隐藏在复杂文件中,多半是隐藏在图片或音乐文件中,因为在图片或音乐文件中通常有数量相当可观的冗余,以致在其中包含其他内容不会产生明显的影响。如果文件是一段技术摘录,那么任何人无论如何也不会注意到其中包含了其他内容。

隐写技术同所有密码技术一样,它的主要风险并不在于加密被破解,而在于人为错误。用于这一目的的图片和音乐必须非常恰当。如果画家或摄影师同一家广告公司相互发送和接收图像,那当然很好。但如果他在一家公司工作并且定期同在竞争对手所在公司的同事相互发送和接收相同的图片,那么麻烦就来了。

近年来,数据隐写技术得到了巨大发展,出现许多不同方式的数据隐写技术,其中大部分都可以看作是替换系统,即尽量把信息的冗余部分替换成秘密信息。其主要缺点是对修改隐蔽宿主具有很大的脆弱性。根据近几年发展的情况和所使用的算法,数据隐写技术可以分成以下六大类:

①替换系统。使用秘密信息隐蔽宿主的冗余信息部分。

②变换域技术。在信号的变换域中嵌入秘密信息(比如在频域或时域中)。

③扩展频谱技术。利用信息扩频通信的原理来实现秘密信息隐藏。

④失真技术。利用信号处理过程中的失真来保存信息,在解密时通过测量与原始信息载体的偏差以恢复秘密信息。

⑤载体生成方法。通过对信息进行编码以生成用于秘密通信的伪装载体,以隐蔽秘密信息。

⑥统计方法。通过改装伪装载体的若干统计特性对信息进行编码,并在提取过程中使用假设检验方法来达到恢复秘密信息的目的。

(2)数字水印技术

数字水印技术并不是控制信息被使用,而是通过信息隐藏技术,为数字媒体信息打上一个永久性的标志,研究的重点是隐藏标志的健壮性。不论如何传播,标志都不会消失。因此,作为加密技术的补充,数字水印可望在技术上为数字信息及其所有者的权益提供有效的保护工具。值得注意的是,数字水印和加密技术是两种不同的手段,二者并不互相排斥。

(3)无密钥信息隐藏技术

如果一个信息隐藏系统不需要预先约定密钥,称其为无密钥信息隐藏系统。在无密钥信息隐藏技术中,信息隐藏系统不需要预先交换一些秘密信息(如密钥),信息的隐藏和提取是按照事先设计好的算法和过程来进行的,其安全性完全由隐藏和提取算法的秘密性来保证。如果非法用户拥有提取算法并截获到秘密信息,就可以提取秘密信息。而且,如果非法用户还拥有隐藏算法,还可以冒充合法用户进行欺骗。

在数学上,信息隐藏过程可描述为一个映射 $E: C \times M \rightarrow C'$,这里 C 是所有可能载体的集合,

M是所有可能秘密消息的集合,C′是所有伪装对象的集合。信息提取过程也可看作一个映射
D：C′→M,从伪装对象中提取秘密消息。发送方和接收方事先约定嵌入算法和提取算法,但这些算法是要求保密的。

因此,无密钥信息隐藏技术的安全性存在两个问题,一个是该技术通过算法的保密来保证秘密信息的安全,在实际应用中是不可靠的,算法的保密只能作为增强隐藏信息秘密性的手段之一,而不能作为基本保证,也不符合现代密码学的思想;另一个是当信息隐藏技术成为工业标准被广泛使用时,保密算法是不可能做到的。

(4)私钥信息隐藏技术

对于无密钥信息隐藏,系统的安全性完全依赖于隐藏和提取算法的保密性,如果算法被泄漏,则信息隐藏无任何安全性可言。

在密码学的研究中,有一个公认的设计准则。1883年,Auguste Kerckhoffs阐明了第一个密码系统的设计准则:密码设计者应该假设对手知道数据加密的方法,数据的安全性必须仅依赖于密钥的安全性。因此,在密码设计时应该考虑满足Kerckhoffs准则。尽管如此,在密码学的历史上,仍不断出现"通过对加密算法的保密来确保安全性"的事情。

信息隐藏的安全性也同样存在这样的问题,信息隐藏系统的设计也应该考虑满足Kerckhoffs准则。前面的无密钥信息隐藏系统,其安全性完全建立在隐藏算法的安全性上,显然违反了Kerckhoffs准则,在现实中是很不安全的。

因此,设计安全的信息隐蔽传输算法时,应该假定信息隐藏算法是公开的,也就是说,之间传递的每一个载体对象以及在线路上监视的第三方知道信息隐藏算法,他可以对A,B之间传递每一个载体对象进行分析,用相应的信息提取算法秘密信息。但是,在他不知道伪装密钥的情况下,无法提取出有效的秘密信息,正如同已知加解密算法,但不知道密钥,仍然无法破译密码一样。

一个私钥隐藏系统类似于私钥密码系统:发送者选择一个载体对象c,并使用伪装密钥k将秘密信息嵌入到c中。伪装密钥是由发送者和接收者所共同拥有的。接收者利用手中的密钥,用提取算法就可以提取出秘密信息。而不知道这个密钥的任何人都不可能得到秘密信息,并且载体对象和伪装对象在感官上是相似的。

(5)公钥信息隐藏技术

公钥信息隐藏系统使用了公钥密码系统的概念,它需要使用两个密钥:一个公开钥和一个秘密钥。通信各方使用约定的公钥体制,各自产生自己的公开钥和秘密钥,将公开钥存储在一个公开的数据库中,通信各方可以随时取用,秘密钥由通信各方自己保存,不予公开。公开钥用于信息的嵌入过程,秘密钥用于信息的提取过程。

一个公钥信息隐藏的协议由Anderson首次提出。它的方法是:A用B的公钥对需要保密的消息进行加密,得到一个"外观"随机的消息,并将它嵌入到一个载体对象中去,嵌入方法就是替换掉载体的测量噪声。前面说过,任何数字化的载体信号都存在或多或少的测量噪声,测量噪声具有"自然随机性"。如果加密后的消息可以达到近似于"自然随机性",那么嵌入后不会影响载体的感官特性。这里还可以假设加密算法和嵌入函数是公开的,因此任何人都可以利用提取函数得到外观上随机的序列。但是只有接收者B拥有解密钥,用解密钥可以解出A发来的秘密信息。而第三方监视者虽然也可以得到这样的随机序列,但是由于他不拥有解密钥,他无法肯定这样的随机序列是载体信号的自然噪声还是秘密信息被加密后产生的随机序列。当然,

接收者 B 也无法肯定他每一次接收的伪装对象中都包含有加密信息,因此他只能每次运行解密算法,试图用秘密钥去解密,如果伪装载体确实含有秘密信息,则解密出来的就是 A 发来的秘密信息。

这样一种公钥信息隐藏的安全性取决于所选用的公钥密码体制的安全性。同时,还要求用公钥加密后的数据具有良好的随机性,并且这种随机性应该与载体测量噪声的自然随机性在统计特征上是不可区分的。

在密码系统中,公钥体制和私钥体制可以结合使用。首先用公钥体制完成密钥的交换,然后用这个密钥进行数据的加密传递。与密码系统中的公钥体制和私钥体制的使用一样,公钥信息隐藏和私钥信息隐藏也可以结合使用。首先,通过使用公钥信息隐藏系统执行一个密钥交换协议,使得 A 和 B 可以共享一个密钥,然后它们就可以在私钥信息隐藏系统中使用这个密钥。

7.6.2　信息隐藏的方法

隐藏算法的结果应该具有较高的安全性和不可察觉性,并要求有一定的隐藏容量。隐写术和数字水印在隐藏的原理和方法等方面基本上是相同的,不同的是它们的目的。隐写术是为了秘密通信,而数字水印是为了证明所有权,因而数字水印技术在健壮性方面的要求更严格一些。

信息隐藏的方法主要分为两类:空间域算法和变换域算法。空间域算法通过改变载体信息的空间域特性来隐藏信息;变换域算法通过改变数据(主要指图像、音频、视频等)变换域的一些系数来隐藏信息。

1.基于空间域算法的信息隐藏方法

基于空域的信息隐藏方法是指在图像和视频的空域上进行信息隐藏,通过直接改变宿主图像/视频的某些像素的值来嵌入标志信息(水印)。较早的信息隐藏算法从本质上说都是空间域上的,隐藏信息直接加载在数据上,载体数据在嵌入信息前不需要经过任何处理。

(1)空间域算法的视觉理论基础

由于受灰度分辨率的限制,尽管 HVS(视觉系统)在比较两个物体的不同亮度时有较好的分辨能力,但在决定物体的绝对亮度上比较困难。在感觉一个物体的亮度时,不但受物体的客观照度的影响,还受物体周围的亮度的影响。因此,对图像灰度值一定范围内的改变,HVS 可能察觉不到。简而言之,HVS 只可能辨别超过一定门限(阈值)的灰度变化,而这个门限受图像的信息和频率特性的影响,这就是 HVS 的对比度特性。

Weber 定律对 HVS 的对比度特性所作的定量的描述如下。

Weber 定律是指假设物体背景的亮度是均匀的,表示为 B,则刚好可以被 HVS 识别的物体亮度应为 $B + \Delta B$,且 ΔB 满足:$\Delta B / B \approx 0.2$。

其中,ΔB 为恰好识别的亮度差(JND),$\Delta B / B$ 称为 Weber 比。

Weber 定律说明,物体要能被 HVS 识别,其亮度与背景必须存在一个亮度差,但是,该亮度差与背景亮度无关。

近年来的一些对 HVS 的进一步研究表明,对比度的敏感门限与背景亮度的关系更接近指数规律,因此人们提出了一些更准确的对比度敏感函数。对比度敏感门限可表示为:

$$\Delta B = B_0 \max\{1, B/B_0\}^a$$

式中,B_0 为当 B=0 时的对比度敏感门限;a 为常数,根据视觉生理实验,其值为 0.6～0.7。

从 HVS 的对比度特性,我们可以看到这样的一个事实:可以对图像的像素灰度值做一定程度的改变而不为 HVS 所察觉。所允许改变的量来自于 HVS 亮度分辨率有限,对绝对亮度分辨率能力较低;HVS 对某个像素区域的亮度分辨能力受周围背景亮度的影响。通常,空域信息隐藏算法就是利用这些特性来改善数据的健壮性,以达到隐藏秘密信息的目的。

(2)基于替换最低有效位(LSB)算法的空域信息隐藏方法

基于替换 LSB 的空域信息隐藏是空域信息隐藏方法中最简单和最典型的一种,LSB(Least Significant Bit)算法是空间域水印算法的代表算法,该算法是利用原数据的最低几位来隐藏信息,也就是说图像部分像素的最低一个或多个位平面的值被隐藏数据所替换。即载体像素的 LSB 平面先被设置为"0",然后根据需要隐藏的数据改变为"1"或不变,以达到隐藏数据的目的。由于图像都存在着一定的噪声,LSB 的变化可以被噪声掩盖,这就是替换 LSB 来隐藏信息的依据。对于数字图像,就是通过修改表示数字图像颜色(或者颜色分量)的较低位平面,即通过调整数字图像中对感知不重要的像素低比特位来表达水印的信息,达到嵌入水印信息的目的。改变 LSB 主要是因为不重要数据的调整对原始图像的视觉效果影响较小。

大量的实践证明,将隐藏数据嵌入至最低位比特,对宿主图像的图像品质影响最小,其嵌入容量最多为图像文件大小的 1/8,但是需要注意的问题是嵌入隐藏信息后,宿主图像的品质会变差。

LSB 算法的优点是算法简单,嵌入和提取时不需耗费很大的计算量,计算速度通常比较快,而且很多算法在提取信息时不需要原始图像。但采用此方法实现的水印是很脆弱的,无法经受一些无损和有损的信息处理,不能抵抗如图像的几何变形、噪声污染和压缩等处理。

(3)基于调色板图像的信息隐藏方法

为了节省存储空间,将一幅彩色图像最具有代表性的颜色组选取出来,利用 3 个字节分别记录每个颜色,将其存放在文件头部,这就是调色板;然后针对图像中的每个像素的 RGB 值,在调色板中找到最接近的颜色,记录其索引值(Index)。调色板的颜色总数若为 256,则需要用 1 个字节来记录每个颜色在调色板中的索引值;最后,再使用非失真压缩技术,如 LZW 将这些索引值压缩后存储在文件中。在这类图像文件的存储格式中,最具有代表性的就是 GIF 格式文件。

在早些时候,信息是被隐藏在彩色图像的这个调色板中,利用调色板中的颜色排列次序来表示嵌入的信息,由于这种方法并没有改变每个像素的颜色值,只是改变了调色板中颜色的排列号,因此嵌入信息后的图像(宿主信息)与原始图像是一模一样的。但是,该方法嵌入的信息量小,无论宿主图像的尺寸有多大,可嵌入的信息量最多为调色板颜色的总数,因此嵌入信息量小是该方法的缺点之一。再加上有些图像处理软件在产生调色板时,为了减少搜寻调色板的平均时间,会根据图像本身的特性去调整调色板颜色的排列次序,所以在嵌入秘密信息时,改变调色板颜色的次序,自然会暴露嵌入的行为。后来研发出来的技术就不再将秘密信息隐藏在调色板中,而是直接嵌入到每个像素的颜色值上,这些嵌入的秘密信息的容量和图像的大小成正比,而不再局限于调色板的大小。

另外一种秘密信息嵌入法是将秘密信息嵌入在每个像素的索引值中。由于调色板中相邻颜色的差异可能很大,因此直接在某个索引值的最低比特上嵌入信息。虽然索引值的误差仅仅为 1,但是像素的颜色也可能变化很大,使整张图像看起来极不自然,增加了暴露嵌入行为的风险。为了弥补这个缺陷,一种直觉的做法是先将调色板中的颜色排序,使其相邻的颜色差异缩小。但是如前所述,如果更改调色板中颜色的次序,也有暴露嵌入行为的风险。Romana Machado 提出了一种改进方法,其秘密信息嵌入过程如下所列:

①复制一份调色板，依颜色的亮度排序，使得在新调色板中，相邻颜色之间的差异减至最小。

②找出预嵌入秘密信息的像素颜色值的新索引值。

③在预嵌入的秘密信息中取出一个比特的信息，将其嵌入至新索引值的最低比特位。

④取出嵌入秘密信息后索引值的 RGB 值。

⑤找出这个 RGB 值在原始调色板中的索引值。

⑥将这个像素索引值改成步骤⑤找到的索引值。

而提取秘密信息时的步骤如下：

①复制一个调色板，并依颜色的亮度排序。

②取出一个像素，在旧调色板中根据索引值取出其颜色的 RGB 值。

③找出这个 RGB 值在新调色板中的索引值。

④取出这个索引值的 LSB，即得到所需要的秘密信息。

（4）其他空域信息隐藏方法

许多研究者还提出了其他一些空域信息隐藏方法，例如 Schndel R. G. Van 等提出的利用一个扩展的 m 序列作为秘密信息并把其嵌入到图像的每行像素的 LSB 中，其主要缺点是抗 JPEG 压缩的健壮性不好，且由于所有像素的 LSB 全部改变和利用 m 序列而易受到攻击；Wolfgang 等在此基础上做了改进，把 m 序列扩展成二维，并应用互相关函数改进了检测过程，从而提高了健壮性。Bruyndoncky 等提出了一种基于空域分块的方法，通过改变块均值来嵌入秘密信息。Nikolaidis 等根据一个二进制伪随机序列，把图像中的所有像素分为两个子集，改变其中一个子集的像素值来嵌入秘密信息。

2. 基于变换域的信息隐藏方法

基于变换域的信息隐藏方法是借助于信号在进行正交变换后能量重新分布的特点，在变换域中进行信息隐藏，这可以较好地解决不可感知性和健壮性的矛盾。它是在宿主图像的显著区域隐藏信息，例如压缩、裁减及其他一些图像处理，这样该方法不仅能够更好地抗击各种信号的干扰，而且还保持了人类器官对其的不可觉察性。因此，目前基于变换域的信息隐藏方法在信息隐藏的研究中占主流。

目前有许多基于变换域的信息隐藏方法，包括离散余弦变换（DCT）、小波变换（WT）、傅氏变换（FT）以及哈达马变换（HT）等，其中 DCT 是最常用的变换之一。

（1）基于变换域的信息隐藏技术

以余弦变换的 JPEG 图像文件隐藏为例，JPEG 图像压缩属于一种分块压缩技术，每个分块大小为 8 像素×8 像素，由左而右、由上而下依序对每个分块分别去做压缩。以灰阶图像模式为例，它的压缩步骤为：

①分块中每个像素灰阶值都减去 128。

②将这些值利用 DCT 变换，得到 64 个系数。

③将这些系数分别除以量化表中对应的值，并将结果四舍五入。

④将二维排列的 64 个量化值，使用 Zigzag 次序表（如表 7-9 所示）转化成一维排序。

⑤将一串连续的 0 配上一个非 0 的量化值，当成一个符号，并用 Huffman 码来编码。

表 7-9　Zigzag 次序表

0	1	5	6	14	15	27	28
2	4	7	13	16	26	29	42
3	8	12	17	25	30	41	43
9	11	18	24	31	40	44	53
10	19	23	32	39	45	52	54
20	22	33	38	46	51	55	60
21	34	37	47	50	56	59	61
35	36	48	49	57	58	62	63

表 7-10　JPEG 标准量化表

16	11	10	16	24	40	51	61
12	12	14	19	26	58	60	55
14	13	16	24	40	57	69	56
14	17	22	29	51	87	80	62
18	22	37	56	68	109	103	77
24	35	55	64	81	104	113	92
49	64	78	87	103	121	120	101
72	92	95	98	112	110	103	99

在整个压缩过程中,用系数分别除以量化表中对应的值会造成失真,因为量化表中的值越大,则压缩倍率就越大,而图像品质也就越差。在 JPEG 标准规范中,并没有强制限定量化中的值为什么,只是提供了一个参考的标准量化表(如表 7-10 所示)。一般的图像软件在压缩前都会让用户选定压缩品质等级,然后再根据下列计算公式计算出新的量化表。

$$\text{scalefactor} = \begin{cases} 5000/\text{quality}, & \text{quality} \leqslant 50 \\ 200 - \text{quality} \times 2, & \text{quality} > 50 \end{cases}$$

$$\text{quantization}[i,j] = (\text{staquantization}[i,j] \times \text{scalefactor} + 50)/100$$

式中各变量的含义分别如下:
- quality 表示用户设定的压缩品质等级;
- stdquantization[i,j]表示标准化量化表中的第(i,j)个值;
- quantization[i,j]表示计算出来的信量化表。

为了确保嵌入的秘密信息不会遭受破坏,嵌入秘密信息必须在量化之前进行。若直接将秘密信息嵌入在四舍五入后整数系数的最低比特位,那么嵌入所造成的最大可能误差为 1,再加上前面四舍五入产生的最大可能误差,这样最大可能误差达到 1.5。

如图 7-15 所示是一个针对每一个分块的嵌入与取出的流程图。从图中可以看出在取出嵌入的秘密信息时,并不需要将整张图像解压缩,只要将 Huffman 码解码后,即可检查每一个非 0 系数的最低比特,也即可以取出所嵌入的秘密信息了。

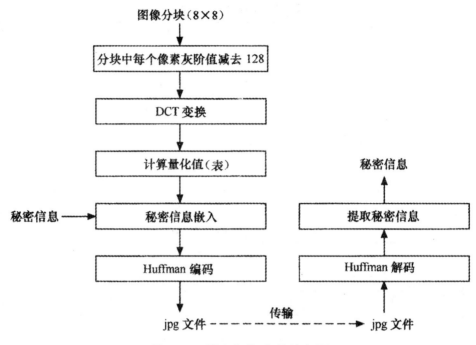

图 7-15　嵌入与取出的流程图

事实上,要将秘密信息嵌入到 JPEG 压缩文件中并不容易,这是因为图像中许多容易嵌入信息的地方,都已经被压缩掉了,压缩的倍率越高,嵌入越不容易;而且嵌入的信息越多,图像的品质越来越差。

(2)基于压缩的信息隐藏方法

通常,由于数据量巨大,图像与视频在很多场合下是以压缩的形式存储和传输的。如果是需要对宿主信息压缩后的信息进行处理,则需要经过下列过程(图 7-16)。

图 7-16　压缩码流的处理流程

从图中可以看出,需要经过一个解压缩和再压缩的过程,增加计算复杂度,但这却是压缩域信息隐藏方法的一个优点。在信息隐藏中,压缩域的嵌入方法还有一个优势,由于压缩对于隐藏信息相当于一次攻击,压缩过程总是或多或少影响隐藏信息的健壮性,因此直接在压缩域中嵌入秘密信息,有利于改善其健壮性。

(3)基于变换域的信息隐藏方法的优缺点

基于变换域的信息隐藏方法与基于空间域的信息隐藏方法相比,具有如下优点:

①变换域中嵌入秘密信息,能量可以较均匀地分布到空域/时域的所有像素上,有利于保证可见性。

②在变换域中,HVS(视觉系统)/HAS(听觉系统)的某些特性(如频率特性)可以更方便地结合到嵌入过程中,有利于健壮性的提高。

③变换域的信息隐藏方法与国际压缩数据标准兼容,从而便于实现在压缩域内的信息隐藏算法。

其具有的缺点如下:

①一般而言,基于变换域的信息隐藏方法隐藏的信息量比空域要小。

②计算量大于基于空域/时域的信息隐藏方法。

③在正变换/反变换的计算过程中,由于数据格式的转换,通常会造成信息的丢失,这将等效为依次轻微的攻击,对于信息隐藏量较大的情况是不利的。

7.6.3　信息隐藏分析的方法及分类

1. 信息隐藏分析的方法

隐藏分析,需要在载体对象、伪装对象和可能的部分秘密消息之间进行比较。隐藏的信息可以加密也可以不加密,如果隐藏的信息是加密的,那么即使隐藏信息被提取出来,还需要使用密码破译技术,才能得到秘密信息。

信息隐藏分析的目的有三个层次。第一,要回答在一个载体中是否隐藏有秘密信息。第二,如果藏有秘密信息,提取出秘密信息。第三,如果藏有秘密信息,不管是否能提取出秘密信息,都不想让秘密信息正确到达接收者手中,因此,第三步就是将秘密信息破坏,但是又不影响伪装载体的感官效果(视觉、听觉、文本格式等),也就是说使得接收者能够正确收到伪装载体,但是又不能正确提取秘密信息,并且无法意识到秘密信息已经被攻击。

(1)发现隐藏信息

信息隐藏技术主要分为这样几大类,一个是时域替换技术,它主要是利用了在载体固有的噪声中隐藏秘密信息;另一个是变换域技术,主要考虑在载体的最重要部位隐藏信息;另外还有一些其他常用的技术,如扩频隐藏技术、统计隐藏技术、变形技术、载体生成技术等。在信息隐藏分析中,应该根据可能的信息隐藏的方法,分析载体的变化,来判断是否隐藏了信息。

①对于在时域(或空间域)的最低比特位隐藏信息的方法,主要是用秘密信息比特替换了载体的量化噪声和可能的信道噪声。在对这类方法的隐藏分析中,如果在仅知伪装对象的情况下,那么只能是从感官上感觉载体有没有降质,如看图像是不是出现明显的质量下降,对声音信号,听是不是有附带的噪声,对视频信号,要观察是不是有不正常的画面跳动或者噪声干扰等。如果还能够得到原始载体(即已知载体攻击的情况下),可以对比伪装对象和原始载体之间的差别,这里应该注意,应区别正常的噪声和用秘密信息替换后的噪声。正常的量化噪声应该是高斯分布的白噪声,而用秘密信息替换后(或者秘密信息加密后再替换),它们的分布就可能不再满足高斯分布了,因此,可以通过分析伪装对象和原始载体之间的差别的统计特性,来判断是否存在信息隐藏。

②在带调色板和颜色索引的图像中,调色板的颜色一般按照使用最多到使用最少进行排序,以减少查寻时间以及编码位数。颜色值之间可以逐渐改变,但很少以 1bit 增量方式变化。灰度图像颜色索引是以 1bit 增长的,但所有的 RGB 值是相同的。如果在调色板中出现图像中没有的颜色,那么图像一般是有问题。如果发现调色板颜色的顺序不是按照常规的方式排序的,那么也应该怀疑图像有问题。对于在调色板中隐藏信息的方法,一般是比较好判断的。即使无法判断是否有隐藏信息,对图像的调色板进行重新排序,按照常规的方法重新保存图像,也有可能

破坏掉用调色板方法隐藏的信息,同时对传输的图像没有感官的破坏。

③对于用变换域技术进行的信息隐藏,其分析方法就不那么简单了。首先,从时域(或空间域)的伪装对象与原始载体的差别中,无法判断是否有问题,因为变换域的隐藏技术,是将秘密信息嵌入在变换域系数中,也就是嵌入在载体能量最大的部分中,而转换到时域(或空间域)后,嵌入信息的能量是分布在整个时间或空间范围内的,因此通过比较时域(空间域)中的伪装对象与原始载体的差别,无法判断是否隐藏了信息。因此,要分析变换域信息隐藏,还需要针对具体的隐藏技术,分析其产生的特征。这一类属于已知隐藏算法、载体和伪装对象的攻击。

④对于以变形技术进行的信息隐藏,通过细心的观察就可能发现破绽。如在文本中,注意到一些不太规整的行间距和字间距,以及一些不应该出现的空格或其他字符等。对于通过载体生成技术产生的伪装载体,通过观察可以发现与正常文字的不同之处。比如用模拟函数产生的文本,尽管它符合英文字母出现的统计特性,尽管能够躲过计算机的自动监控,但是人眼一看就会发现那根本不是一个正常的文章。对于用英语文本自动生成技术产生的文本,尽管它产生的每一个句子都是符合英文语法的,但是通过阅读就会发现问题,比如句与句之间内容不连贯,段落内容混乱,通篇文章没有主题,内容晦涩不通等,它与正常的文章有明显的不同。因此通过人的阅读就会发现问题,意识到有隐藏信息存在。

⑤另外还有一些隐藏方法,是在文件格式中隐藏信息的。比如说声音文件(∗ . wav)、图像文件(∗ . bmp)等,在这些文件中,先有一个文件头信息,主要说明了文件的格式、类型、大小等数据,然后是数据区,按照它定义的数据的大小存放声音或图像数据。而文件格式的隐藏就是将要隐藏的信息粘贴在数据区之后,与载体文件一起发送。任何人都可以用正常的格式打开这样的文件,因为文件头没有变,而且数据尺寸是根据文件头定义的数据区大小来读入的,因此打开的文件仍然是原始的声音或图像文件。这种隐藏方式的特点是隐藏信息的容量,与载体的大小没有任何关系,而且隐藏信息对载体没有产生任何修改。它容易引起怀疑的地方就是,文件的大小与载体的大小不匹配,比如一个几秒钟的声音文件以一个固定的采样率采样,它的大小应该是可以计算出来的,如果实际的声音文件比它大许多,就说明可能存在以文件格式隐藏的信息。

另外,计算机磁盘上未使用的区域也可以用于隐藏信息,可以通过使用一些磁盘分析工具,来查找未使用区域中存在的信息。

(2)提取隐藏信息

如果觉察到载体中有隐藏信息,那么接下来的任务就是试图提取秘密信息。提取信息是更加困难的一步。首先,在不知道发送方使用什么方法隐藏信息的情况下,要想正确提取出秘密信息是非常困难的。即使知道发送方使用的隐藏算法,但是对伪装密钥、秘密信息嵌入位置等仍然是未知的,其困难可以说是等同于前一情况。再退一步,即使能够顺利地提取出嵌入的比特串,但是如果发送方在隐藏信息前进行了加密,那么要想解出秘密信息,还需要完成对密码的破译工作。一般情况下,为了保证信息传递的安全,除了用伪装的手段掩盖机密信息传输的事实外,还同时采用了密码技术对信息本身进行保护。可以想见,要想从一个伪装对象中提取出隐藏的秘密信息,其难度有多大。

(3)破坏隐藏信息

在信息监控时,如果发现有可疑的文件在传输,但是又无法提取出秘密信息,无法掌握确凿的证据证明其中确实有问题,这时可以采取的对策就是,让伪装对象在信道上通过,但是破坏掉其中有可能嵌入的信息,同时对伪装载体不产生感官上的破坏,使得接收方能够收到正常的载体,但是无法正确提取出秘密信息。这样也能够达到破坏非法信息秘密传递的目的。

①对于以变形技术在文本的行间距、字间距、空格和附加字符中隐藏的信息,可以使用文字处理器打开,将其格式重新调整后再保存,这样就可以去掉有可能隐藏的信息。在第二次世界大战中,检查者截获了一船手表,他们担心手表的指针位置隐含了秘密信息,因此对每一个手表的指针都做了随机调整,这也是一个类似的破坏隐藏信息的方法。

②对于时域(或空间域)中的 LSB 隐藏方法,可以采用叠加噪声的方法破坏隐藏信息,还可以通过一些有损压缩处理(如图像压缩、语音压缩等)对伪装对象进行处理,由于 LSB 方法是隐藏在图像(或声音)的不重要部分,经过有损压缩后,这些不重要的部分很多被去掉了,因此可以达到破坏隐藏信息的目的。

③对于采用变换域方法的信息隐藏技术,要破坏其中的信息就困难一些。因为变换域方法是将秘密信息与载体的最重要部分"绑定"在一起,比如在图像中的隐藏,是将秘密信息分散嵌入在图像的视觉重要部分,因此,只要图像没有被破坏到不可辨认的程度,隐藏信息都应该是存在的。对于用变换域技术进行的信息隐藏,采用叠加噪声和有损压缩的方法一般是不行的。可以采用的有效方法包括图像的轻微扭曲、裁剪、旋转、缩放、模糊化、数字到模拟和模拟到数字的转换(图像的打印和扫描,声音的播放和重新采样)等,还可以采用变换域技术再嵌入一些信息等,将这些技术结合起来使用,可以破坏大部分的变换域的信息隐藏。

这里讨论破坏隐藏信息的方法,不是有意提倡非法破坏正常的信息隐藏,它主要有两个方面的作用。一方面,国家安全机关对违法犯罪分子的信息监控过程中,为了对付犯罪分子利用信息隐藏技术传递信息,可以采用破坏隐藏信息的手段。另一方面,作为合法的信息隐藏技术研究的辅助手段,来研究一个隐藏算法的健壮性。当我们研究信息隐藏算法时,为了证明其安全性,必须有一个有效的评估手段,检查其能否经受各种破坏,需要了解这一算法的优点何在,能够经受哪几类破坏,其弱点是什么,对哪些攻击是无效的,根据这些评估,才能确定一个信息隐藏算法适用的场合。因此,研究信息隐藏的破坏是研究安全的信息隐藏算法所必须的。

2. 信息隐藏分析的分类

(1)根据已知的消息进行分类

①仅知伪装对象分析:在研究时,只能得到伪装对象作为进行检测的条件。这是最主要的检测方式,检测是否存在秘密信息。

②已知载体分析:可以获得原始的载体和伪装对象。可以利用原始的载体和伪装对象进行对比,从而得出伪装对象是否含有秘密消息。这种类型的分析相对较容易,但是能够得到原始载体的场合不多。

③已知消息分析:攻击者可以获得隐藏的消息。即使这样,分析同样是非常困难的,甚至可以认为难度等同于仅知伪装对象分析。许多时候通过这些分析,可以为其他未知秘密消息情况的检测提供一些基础。

④选择伪装对象分析:知道被怀疑的对象所常用的隐藏工具(算法)和该对象的一些媒体信息,利用已知的隐藏工具(算法)对该对象作适当操作,从而推导出该对象是否含有秘密信息。

⑤选择消息攻击:攻击者可以用某个隐藏算法对一个选择的消息产生伪装对象,然后分析伪装对象中产生的模式特征。它可以用来指出在隐藏中具体使用的隐藏算法。

⑥已知隐藏算法、载体和伪装对象攻击:已知隐藏算法和伪装对象,并且能得到原始载体情

况下的攻击。

（2）根据隐藏算法进行分类

①空域信息隐藏的分析。对于利用文件格式法进行的信息隐藏，首先要分析每种媒体文件格式，利用文件结构块之间的关系，或根据块数据和块大小之间的关系等，来判断是否存在不正常的信息。

最低有效位（LSB）信息隐藏算法是通过修改较低比特位来进行信息隐藏的，它是一种常见的信息隐藏方式，在商业隐藏软件中得到大量应用。一般认为，数字载体中总存在噪声，不容易检测 LSB 上的变化。但是，自然噪声与人为替换后的噪声还是有细微的差别的，利用这一点可以进行信息隐藏的分析。

②频域信息隐藏的分析。空间域的信息隐藏由于涉及的技术简单、计算量小且隐藏的信息量大，仍是主要的信息隐藏方式。但随着科技进步，变换域信息隐藏的不足也被逐渐克服，而且人们对短信息传递的需求也在增长，同时变换域信息隐藏也较为健壮。变换域信息隐藏较空间域信息隐藏涉及的技术要复杂的多。变换域信息隐藏的方法千变万化，其复杂性表现在变换域可包括 FFT 域、DCT 域、小波变换域等，并且在变换域的基础上，其隐藏算法也千差万别，如有修改低频系数进行信息隐藏的，也有修改中频系数进行信息隐藏的，有利用相邻变换域系数之间关系来隐藏信息的，也有利用与原图像的变换域系数之间关系来隐藏信息的等等。针对变换域的信息隐藏分析较难，但针对一些具体的隐藏算法，仍可能研究出适当的信息隐藏分析方法。

（3）根据分析方法分类

①感官分析。为了能够抵抗攻击，一般在载体比较敏感的区域隐藏信息，但同时也可能产生感官痕迹，从而暴露隐藏信息。感官分析利用人类感知和清晰分辨噪音的能力来对数字载体进行分析检测。在数字载体的失真和噪声中，人类可感知的失真或模式最易被检测到。辨别这种模式的一个方法是比较原始载体和携密载体，注意可见的差异。如果没有原始载体，这种噪声就会作为载体的一个有机部分而不被注意，感官检测的思想是移去载体信息部分，这时人的感官就能区分剩余部分是否有潜在的信息或仍然是载体的内容。当然，因为人的感知有一定的冗余度，感官检测并不表示单纯的用人的感官感知，而信息隐藏的首要要求就是不能超出人类感觉的冗余度，但是即使人类感官系统不易觉察到，这种变形和降质确实存在，可以配合对载体的处理，使得感官检测达到一定的功效。

②统计分析。这种分析方法是将原始载体的理论期望频率分布和从可能是隐密的载体中检测到的样本分布进行比较，从而找出差别的一种检测方法。信息隐藏改变载体数据流的冗余部分虽然不改变感觉效果，但是却经常改变了原始载体数据的统计性质，通过判定给定载体的统计性质是否属于非正常情况，从而可以判断是否含有隐藏信息。统计分析的关键问题是如何得到原始载体数据的理论期望频率分布，在大多数应用情况下，我们无法得到原始信号的频率分布。

③特征分析。特征分析的依据是：由于进行隐藏操作使得载体产生变化，由这些变化产生特有的性质——特征，这种特征可以是感官的、统计的或可以度量的。广义地来说，进行分析所依赖的就是特征，这种特征必须根据具体的应用情况通过分析发现，进而利用这些特征进行分析。感官上的、格式上的特征一般来说较明显，也较容易，如基于文件格式中空余空间的隐藏分析，磁盘上未使用区域的信息隐藏分析，TCP/IP 协议包头中隐藏信息的分析，这些都比较直观。其他较复杂的隐藏特征则要根据隐藏算法进行数学推理分析，确定原始载体和隐密载体的度量特征差异。通过度量特征差异分析信息隐藏往往还需要借助对特征度量的统计分析。

7.6.4　信息隐藏技术的应用

信息隐藏技术作为一种新兴的信息安全技术已经被许多应用领域所采用。并且,不同的应用背景对其技术要求也不尽相同。

1. 版权保护

到目前为止,信息隐藏技术的绝大部分研究成果都是在这一领域中取得应用的。信息隐藏技术在应用于版权保护时,所嵌入的签字信号通常被称作"数字水印"。版权保护所需嵌入的数据量最小,但对签字信号的安全性和鲁棒性要求也最高,甚至是十分苛刻的。为明确起见,应用于版权保护的信息隐藏技术一般称作"鲁棒型水印技术",而所嵌入的签字信号则相应的称作"鲁棒型水印",从而与下文将要提到的"脆弱型水印"区别开来。一般所提到的"数字水印"则多指鲁棒型水印。

由于鲁棒型数字水印用于确认原始信号的原作者或版权的合法拥有者,因此,它必须保证对原始版权的准确无误的标识。因为数字水印时刻面临着用户或侵权者无意或恶意的破坏,所以,鲁棒型水印技术必须保证在原始信号可能发生的各种失真变换下,以及各种恶意攻击下都具备很高的抵抗能力。与此同时,由于要求保证原始信号的感知效果尽可能不被破坏,因此,对鲁棒型水印的不可见性也有很高的要求。如何设计一套完美的数字水印算法,并同时制定相应的安全体系结构和标准,从而实现真正实用的版权保护方案,是信息隐藏技术最具挑战性也极具吸引力的一个课题。目前,尚无十分有效地应用于实际版权保护的鲁棒水印算法。

2. 数据篡改验证

当数字作品被用于法律、医学、新闻及商业领域,常常需要确定其内容是否被修改、伪造或进行过某些特殊的处理,"脆弱型水印技术"为数据篡改验证提供了一种新的解决途径。该水印技术在原始真实信号中嵌入某种标记信息,通过鉴别这些标记信息的改动,达到对原始数据完整性检验的目的。

与鲁棒型水印不同的是,脆弱型水印应随着主信号的变动而做出相应的改变,即体现出脆弱性。但是,脆弱型水印的脆弱性并不是绝对的,对主信号的某些必要性操作,如修剪或压缩,脆弱型水印也应体现出一定的鲁棒性,从而将这些不影响主信号最终可信度的操作与那些蓄意破坏操作区分开来。另一方面,对脆弱型水印的不可见性和所嵌入数据量的要求与鲁棒型水印是近似的。

3. 扩充数据的嵌入

扩充数据包括对主信号的描述或参考信息、控制信息以及其他媒体信号等等。描述信息可以是特征定位信息、标题或内容注释信息等,而控制信息的嵌入则可实现对主信号的存取控制和监测。例如,一方面针对不同所有权级别的用户,可以分别授予不同的存取权限。另一方面,也可通过嵌入一类通常被称作"时间戳"的信息,以跟踪某一特定内容对象的创建、行为以及被修改的历史。这样,利用信息隐藏技术可实现对这一对象历史使用操作信息的记录,而无需在原信号上附加头文件或历史文件,因为使用附加文件,一是容易被改动或丢失,二是需要更多的传输带宽和存储空间。与此同时,在给定的主信号中还可嵌入其他完整而有意义的媒体信号,如在给定视频序列中嵌入另一视频序列。因此,信息隐藏技术提供了这样一种非常有意义的应用前景,它允许用户将多媒体信息剪裁成他们所需要的形式和内容。例如,在某一频道内收看电视,可以通过信息隐藏方法在所播放的同一个电视节目中嵌入更多的镜头以及多种语言跟踪,使用户能够按照个人的喜好和指定的语言方式播放。这在一定意义上实现了视频点播(Video on Demand,VOD)的功能,而其最大的优点在于它减少了一般 VOD 服务所需的传输带宽和存储空间。

7.7 数字水印技术

随着数字社会的到来和因特网向世界各个角落的延伸,数字化成为信息表示的一种重要手段。然而,数字技术在把其优点奉献给人类社会并给人们带来方便的同时,也带来了一些问题——其无失真、无限制拷贝的自然特性给信息拥有者的合法权益造成了潜在的威胁。保护数字信息的版权是一个新的信息安全问题。加密技术是保护信息和数据的传统手段。典型和成功的例子是有线加密电视,通过控制用户的使用达到了保护电视台的合法权益。然而,数据传输过程中虽有保护作用,但数据一旦被接收并解密,其保护作用也随着消失。因此只能满足有限的要求。数字水印就是在这一背景下被提出的。

7.7.1 数字水印的概念、特征及分类

1. 数字水印的概念

数字水印(Digital Watermarking)技术是一种信息隐藏技术,基本思想是在数字载体当中如数字图像、音频和视频等数字产品中嵌入秘密信息以便保护数字产品的版权、证明产品的真实可靠性、跟踪盗版行为或者提供产品的附加信息。也可以间接表示(修改特定区域的结构),且不影响原载体的使用价值,也不容易被探知和再次修改。其中的秘密信息可以是版权标志、用户序列号或者是产品相关信息。通常经过适当变换再嵌入到数字产品中,一般将变换后的秘密信息称为数字水印。数字水印是信息隐藏技术的一个重要研究方向。数字水印是当前实现版权保护的很有效的办法,是信息隐藏技术研究领域的重要分支。

①作品(或产品):具体的一首歌、一段视频、一幅图画或者它们的一个拷贝。不含水印的原始作品常被称为"载体作品"。

② 内容:所有可能的作品集合。如音乐是一类"内容",而具体某首歌则是一件作品。

③媒体:用来再现、传输和记录"内容"的媒介。

从数字水印正式出现到现在,短短十几年的时间里,人们对于数字水印技术的研究不断深入,出现了众多相关研究机构致力于该项技术的研究。目前,国内外关于数字水印的研究主要在以下几个方面:

①具有良好鲁棒性的算法研究。

②水印信息的编码。

③水印检测器的优化。

④水印系统评价理论和测试基准。

⑤水印攻击的建模。

⑥非对称水印和公钥水印。

⑦水印的应用研究。

一般来说,数字水印的研究对象主要是图像、音频、视频和文本等几大方面,而大部分的水印研究都集中在图像上,随着互联网的飞速发展,图像水印的应用越来越多,还有很多音频、视频应用中大数据量、实时的特性及其他特点还未被研究者所知,因此,水印在音频、视频上有极为广阔的应用前景。

随着各种研究的深入,数字水印技术与其他学科的结合也日益密切,如通信与信息理论、图像与语音处理、信号检测与估计、数据压缩技术、人类视觉与听觉系统、计算机网络与应用、电波传播等。从国内外对数字水印的研究现状来看,变换域数字水印技术是当前数字水印技术的主流。总体来说水印技术的研究已经取得了一定的成绩,但是在水印技术进一步的研究和应用方面还需要更为深入的研究。

可大致将数字水印系统分为嵌入器和检测器两大部分。嵌入器至少具有两个输入量:一个是原始信息,通过适当变换后作为待嵌入的水印信号;另一个就是要在其中嵌入水印的载体作品。水印嵌入器的输出结果为含水印的载体作品,通常用于传输和转录。之后这件作品或另一件未经过这个嵌入器的作品可作为水印检测器的输入量。大多数检测器试图尽可能地判断出水印存在与否,若存在,则输出为所嵌入的水印信号。如图 7-17 所示的为数字水印处理系统基本框架的详细示意图。

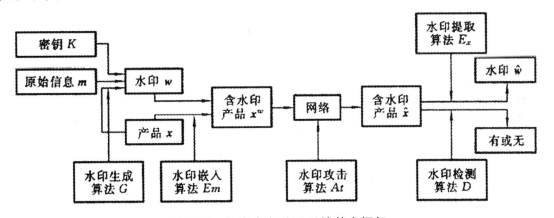

图 7-17　数字水印处理系统基本框架

上图中,M 代表所有可能原始信息 m 的集合;X 代表所要保护的数字产品 x(或称为作品)的集合,即内容;W 代表所有可能水印信号 w 的集合;K 代表水印密钥 k 的集合;G 表示利用原始信息 m、密钥 K 和原始数字产品 x 共同生成水印的算法,即

$$G: M \times X \times K \rightarrow W, w = G(m, x, K)$$

值得注意的是原始数字产品不一定参与水印生成过程。

Em 表示将水印 w 嵌入数字产品 x 中的嵌入算法,即

$$Em: X \times W \rightarrow X, x^w = Em(x, w)$$

上式中,x 代表原始产品,x^w 代表含水印的产品。为了提高安全性,有时在嵌入算法中包含密钥。

At 表示对含水印产品 x^w 的攻击算法,也即

$$At: X \times K \rightarrow X, x = At(x^w, K')$$

上式中，K' 代表攻击者伪造的密钥，x 表示被攻击后的含水印的产品。

D 表示水印检测算法，即

$$D:X \times K \to \{0,1\}, D(\hat{x},K) = \begin{cases} 1,若\ \hat{x}\ 中存在\ w(H_1) \\ 0,若\ \hat{x}\ 中不存在\ w(H_0) \end{cases}$$

上式中的 H_1 和 H_0 表示有无水印。

Ex 表示水印提取算法，即

$$Ex:X \times K \to W, \hat{w} = Ex(\hat{x},K)$$

2. 数字水印的特征

由于不同的应用对数字水印的要求不同，所以，通常数字水印具有下列特点。

(1) 安全性

安全性表现为水印抵抗恶意攻击的能力。恶意攻击指任何意在破坏水印功用的行为。攻击类型可归纳为：非授权去除、非授权嵌入和非授权检测。

① 非授权去除是指通过攻击可以使作品中的水印无法检测。

② 非授权嵌入也指伪造，即在作品中嵌入本不该含有的非法水印信息。

③ 非授权检测可以按严重程度分为三个级别，即最严重级别为对手检测并破译了嵌入的消息；次严重攻击为对手检测出水印，并辨认出每一点印记，但却不能破译这些印记的含义；非严重攻击为对手可以确定水印的存在，但却不能够对消息进行破译，也无法分辨出嵌入点。

非授权去除和非授权嵌入会改动含水印作品，因而可看成主动攻击；而非授权检测不会改动含水印作品，可看成被动攻击。

在宿主数据中隐藏的数字水印应该是安全的，难以被发现、擦除、篡改或伪造，同时，要有较低的误检测率，当宿主内容变化时，数字水印应当发生变化，从而可以检测原始数据的变更。

(2) 可证明性

数字水印应能为宿主数据的产品归属问题提供完全和可靠的证据。数字水印可以是已注册的用户号码、产品标志或有意义的文字等，它们被嵌入到宿主数据中，需要时可以将其提取出来，判断数据是否受到保护，并能够监视被保护数据的传播以及非法复制，进行真伪鉴别等。一个好的水印算法应该能够提供没有争议的版权证明。

(3) 不可感知性

在宿主数据中隐藏的数字水印应该是不能被感知的。不可感知包含两方面的含义，一个是指感官上的不可感知，一个是指统计上的不可感知。感官上的不可感知就是通过人的视觉、听觉无法察觉出宿主数据中因嵌入数字水印而引起的变化，也就是从人类的感官角度看，嵌入水印的数据与原始数据之间完全一样。统计上的不可感知性是指，对大量的用同样方法经水印处理过的数据产品，即使采用统计方法也无法确定水印是否存在。

(4) 健壮性

数字水印应该难以被擦除。在不能得到水印的全部信息（如水印数据、嵌入位置、嵌入算法、嵌入密钥等）的情况下，只知道部分信息，应该无法完全擦除水印，任何试图完全破坏水印的操作将对载体的质量产生严重破坏，使得载体数据无法使用。也就是说经过一些处理后，多媒体数据发生一定程度的变化后，版权所有者仍然可以证明水印的存在。一个好的水印算法应该对信号处理、通常的几何变形，以及恶意攻击具有健壮性。

衡量一个水印算法的健壮性,通常使用下列一些处理。

①数据压缩处理。图像、声音、视频等信号的压缩算法是去掉这些信号中的不重要部分,因此,也被称作有损压缩处理。通常水印的不可感知性就是将水印嵌入在载体对感知不敏感的部位,而这些不敏感的部位经常是被压缩算法所去掉的部分。因此,一个好的水印算法应该将水印嵌入在载体的最重要部分,使得任何压缩处理都无法将其去除。当然这样可能会降低载体的质量,但是只要适当选取嵌入水印的强度,就可以使得水印对载体质量的影响尽可能小,以至于不引起察觉。

②量化与增强。水印应该能够抵挡对载体信号的 A/D,D/A 转换、重采样等处理,还有一些常规的图像操作,如图像在不同灰度级上的量化、亮度与对比度的变化、图像增强等,都不应对水印产生严重的影响。

③滤波、平滑处理。水印应该具有低通特性,低通滤波和平滑处理应该无法删除水印。

④几何失真。大部分的水印算法对几何失真处理都非常脆弱,水印容易被擦除。几何失真包括图像尺寸大小变化、图像旋转、裁剪、删除或添加等。

3. 数字水印的分类

(1)按水印所附载的媒体划分

依据水印所附载媒体的不同分类,数字水印可分为图像水印、语音水印、视频水印、网格水印、文本水印等。图像、语音、视频信号由于具有较大的感觉冗余,因而提供了较大的信息隐藏空间;而 Word、PDF、PostScript 及 HTML 等格式的存储文件也可以隐藏一定的数据,但由于其隐藏空间较小,水印的稳健性不是很好。

(2)按照水印图像中的水印是否可见划分

①可见水印:人眼可以看见,主要用于图像的可见标记,如数字图书、数字图书馆等。由于其易受攻击,应用范围受到较大的限制。

②不可见水印:也称为隐形水印,是视觉系统难以感知的,它是通过在原始图像中嵌入秘密信息——不可见水印来达到证实该数据的目的。不可见水印是目前图像水印的主要研究内容。

(3)按内容划分

①有意义水印:水印本身也是数字图像(如商标图像)或数字音频片段的编码。如果受到攻击或使解码后的水印破损,人们仍然可以通过感觉观察,确认是否有水印。

②无意义水印:只对应于一个序列号。如果解码后的水印序列有若干码元错误,则只能通过统计决策,确定信号中是否含有水印。

(4)按水印应用目的的不同划分

①版权水印:数字作品既是商品又是知识作品的双重性,决定了版权保护水印主要强调隐蔽性和鲁棒性,对数据量的要求相对较小。当前,这类研究比较多。

②篡改提示水印:篡改提示水印是一种脆弱水印,其目的是标识原文件信号的完整性和真实性。

③票证防伪水印:它是一类比较特殊的水印,主要用于打印票据和电子票据、各种证件的防伪。一般来说,伪币的制造者不可能对票据图像进行过多的修改,所以,诸如尺度变换等信号编辑操作是不用考虑的。但另一方面,人们必须考虑票据破损、图案模糊等情形,而且考虑到快速检测的要求,用于票证防伪的数字水印算法不能太复杂。

④隐蔽标识水印：其目的是将保密数据的重要标注隐藏起来，限制非法用户对保密数据的使用。

（5）按含水印载体的抗攻击能力划分

①易碎水印：它对任何变换或处理都非常敏感。

②半易碎水印：它对一部分特定的图像处理方法有鲁棒性而对其他处理不具备鲁棒性。

③鲁棒水印：它对常见的各种图像处理方法都具备鲁棒性。

随着数字技术的发展，越来越丰富的数字媒体的出现同时也伴随着相应的水印技术的诞生。

7.7.2 数字水印的攻击及相应对策

数字水印技术在实际应用中必然会遭到各种各样的攻击。人们对新技术的好奇、盗版带来的巨额利润都会成为攻击的动机（恶意攻击）；而且数字制品在存储、分发、打印、扫描等过程中，也会引入各种失真（无意攻击）。

所谓水印攻击分析，就是对现有的数字水印系统进行攻击，以检验其鲁棒性，通过分析它的弱点及其易受攻击的原因，以便在以后数字水印系统的设计中加以改进。攻击的目的在于使相应的数字水印系统的检测工具无法正确地恢复水印信号，或不能检测到水印信号的存在。

按照攻击原理可以将攻击分为以下几类：简单攻击、同步攻击、迷惑攻击和删除攻击。

1.简单攻击

简单攻击也称为波形攻击或噪声攻击，即只是通过对水印图像进行某种操作，削弱或删除嵌入的水印，而不是试图识别或分离水印。常见的攻击方法有线性或非线性滤波、基于波形的图像压缩（JPEG、MPEG）、添加噪声、图像裁减、图像量化、模数转换等。

简单攻击中的操作会给水印化数据造成类噪声失真，在水印提取和校验过程中将得到一个失真、变形的水印信号。抵抗这种类噪声失真可以采用增加嵌入水印的幅度和冗余嵌入的方法。通过增加嵌入水印幅度的方法，可以大大地降低攻击产生的类噪声失真现象，在大多数应用中是有效的。嵌入的最大容许幅度应该根据人类视觉特性决定，不能影响水印的不可感知性。冗余嵌入是一种更有效的对抗方法。在空间域上可以将一个水印信号多次嵌入，采用大多数投票制度实现水印提取。另外，采用错误校验码技术进行校验，可以更有效地根除攻击者产生的类噪声失真。实际应用中应该折中鲁棒性和增加水印数据嵌入比率两者之间的矛盾。

2.同步攻击

同步攻击也称检测失效攻击，即试图使水印的相关检测失效或使恢复嵌入的水印成为不可能。这类攻击的一个特点主要是水印还存在，但水印检测函数已不能提取水印或不能检测到水印的存在。同步攻击通常采用几何变换方法，如缩放、空间方向的平移、时间方向的平移、旋转、剪切、像素置换、二次抽样化、像素或者像素簇的插入或抽取等。

同步攻击比简单攻击更加难以防御。它能破坏水印化数据中的同步性，使得水印提取时无法确定嵌入水印的确切位置，造成水印很难被提取出来。比较可取的对抗同步攻击的对策是在载体数据中嵌入一个参照物。在提取水印时，首先对参照物进行提取，得到载体数据所有经历的攻击的明确判断，然后对载体数据依次进行反转处理。这样可以消除所有同步攻击的影响。

3. 迷惑攻击

迷惑攻击是试图通过伪造原始图像和原始水印来迷惑版权保护,也称 IBM 攻击。一个例子是倒置攻击,虽然载体数据是真实的,水印信号也存在,但是由于嵌入了一个或多个伪造的水印,混淆了第一个含有主权信息的水印,失去了唯一性。

在迷惑攻击中,同时存在伪水印、伪源数据、伪水印化数据和真实水印、真实源数据、真实水印化数据。要解决数字作品正确的所有权,必须在一个数据载体的几个水印中判断出具有真正主权的水印。一种对策是采用时间戳技术。时间戳由可信的第三方提供,可以正确判断谁第一个为载体数据加了水印。这样就可以判断水印的真实性。另一种对策是采用不可逆水印技术。构造不可逆的水印技术的方法是使水印编码互相依赖。

4. 删除攻击

删除攻击是针对某些水印方法通过分析水印数据,估计图像中的水印,然后将水印从图像中分离出来并使水印检测失效。常见的方法有:合谋攻击、去噪、确定的非线性滤波、采用图像综合模型的压缩。针对特定的加密算法在理论上的缺陷也可以构造出对应的删除攻击。合谋攻击,通常采用一个数字作品的多个不同的水印化复制实现。针对这种基于统计学的联合攻击的对策是考虑如何限制水印化复制的数量。当水印化复制的数量少于 4 个时,基于统计学的合谋攻击将不成功,或者不可实现。

对于特定的水印技术采用确定的信号过滤处理,可以直接从水印化数据中删除水印。另外,若在知道水印嵌入程序和水印化数据的情况下,还存在着一种基于伪随机化的删除攻击。其原理是,首先根据水印嵌入程序和水印化数据得到近似的源数据,利用水印化数据和近似的源数据之间的差异,将近似的源数据进行伪随机化操作,最后可以得到不包含水印的源数据。为了对抗这种攻击,必须在水印信号生成过程中采用随机密钥加密的方法。

数字水印技术是一个新兴的研究领域,还有许多没有触及的研究课题,现有技术也需要进一步的改进和提高。

7.7.3　几种典型的数字水印技术

1. 图像数字水印技术

自 20 世纪 90 年代起,数字水印和信息隐藏就已经引起了人们广泛的关注。数字图像水印技术是目前数字水印技术研究的重点,相关文章非常多,而且也取得了非常多的成就,但大部分水印技术采用的原理基本相同。即在空/时域或频域中选定一些系数并对其进行微小的随机变动,改变的系数的数目远大于待嵌入的数据位数,这种冗余嵌入有助于提高鲁棒性。实际上,许多图像水印方法是相近的,只是在局部有差别或只是在水印信号设计、嵌入和提取的某个方面域有所差别。也就是说图像水印可以在空域,也可以在变换域上实现,典型的嵌入过程如图 7-18 所示。

作为信息隐藏的一个分支,图 7-18 所示的图像水印是信息隐藏模型的特例。对于数字水印,强调的不是隐藏的数据量,而是稳健性。因此,信源编码一般用得较少,而纠错编码或扩频技术用得较多。为了达到好的稳健性,嵌入对策和 HVS 的特点在图像水印的研究中受到特别的

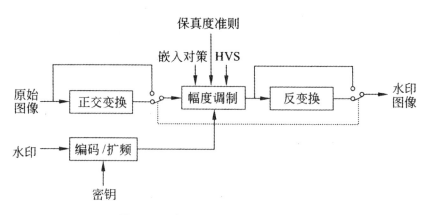

图 7-18   数字图像水印嵌入过程

注意。最后需要说明的一点是,尽管在空域也可以实现图像水印,但通常所实现的水印稳健性比变换域要差。因此变换域的图像水印才是主流。

(1)空域图像水印技术

空域图像水印技术是指在图像的空间域中嵌入水印的技术。最简单和有代表性的方案就是用水印信息代替图像的最低有效位(LSB)或者多个位平面的所有比特的算法,这里的水印信息指的是二值比特序列。图像的最低有效位也称为最不显著位,它是指数字图像的像素值用二进制表示时的最低位。1993 年,Tirkel 等人提出了数字图像水印的一种方法。该方法将 m 序列的伪随机信号以编码形式的水印嵌入到灰度图像数据的 LSB 中。为了能得到完整的 LSB 位平面而不引入噪声,图像通过自适应直方图处理,首先将每个像素值从 8b 压缩为 7b,然后将编码信息作为像素值的第 8 个比特,即嵌入了水印。这一方法是单个 LSB 编码方法的扩展,在单个 LSB 编码方法中,LSB 直接被编码信息所代替。

由于 LSB 位平面携带着水印,因此,在嵌入水印图像没有产生失真的情况下,水印的恢复很简单,只需要提取含水印图像的 LSB 位平面即可,而且这种方法是盲水印算法。但是,LSB 算法最大的缺陷是对信号处理和恶意攻击的稳健性很差,对含水印图像进行简单的滤波、加噪等处理后,就无法进行水印的正确提取。

但是,这种方法不仅对噪声非常敏感,而且容易被破坏掉。同时,这种方法不能容忍对图像的任何修改。这 Wolfgang 和 Delp 对 Schyndel 的方法进行了改进,采用称为 VW2D 的技术。即水印的添加是通过在空间域中加入 m 序列,水印的检测是通过相关检测器实现的。在嵌入和检测过程中,使用块结构实现了对于篡改的定位。

目前对于 LSB 算法提出了很多改进算法,Lippman 曾经提出将水印信号隐藏在原始图像的色度通道中。Bender 曾经提出了两种方法,一种是基于统计学的"patchwork"方法,另一种是纹理块编码方法。

空域水印算法以其简洁、高效的特性而在水印研究领域占有一席之地,在空域中,通常选择改变原始图像中像素的最低位来实现水印的嵌入和提取。

(2)变换域图像水印技术

为提高水印的稳健性,一些脆弱性水印算法采用了变换域方法。在许多脆弱性水印系统的应用场合是要求水印能抵抗有损压缩的,这在变换域中更容易实现,而且容易对图像被篡改的特征进行描述。变换域算法中有代表性的是基于 DCT 算法。

静止图像通用压缩标准 JPEG 的核心部分就是 DCT 变换,它根据人眼的视觉特性把图像信号从时域空间转换到频率域空间。由于低频信号是图像的实质而高频信号则是图像的细节信息,因此,人眼对于细节信息即高频信号部分的改变并不是很敏感,JPEG 压缩通过丢弃高频部分来最大程度的满足压缩和人眼视觉的需要。

2. 视频数字水印技术

数字视频水印可理解为针对数字视频载体的主观和客观的时间冗余和空间冗余加入信息,既不影响视频质量,又能达到用于版权保护和内容完整性检验目的的水印技术。在现实生活中,数字视频(如 VCD、DVD、VOD)已成为大众生活中不可或缺的娱乐方式,而相应的版权保护技术尚未发展成熟,这就使得以数字视频水印为重要组成部分的数字产品版权保护技术的应用研究更为迫切。

作为信息隐藏技术的分支,各种数字视频水印技术都具有下列共同的基本特征。

① 透明性。视觉不可见并且不会使原信号有明显的失真现象。

② 不可检测性。统计不可见,非法拦截者无法用统计的方法发现和删除水印。

③ 健壮性。水印能够承受各种不同的物理和几何失真。

④ 安全性。有一定程度的抗攻击能力。

⑤ 可恢复性。经过一些操作或变换后,仍能恢复隐藏信号。

视频水印技术是在静止图像水印技术的基础上逐渐发展起来的。视频数字水印技术的研究是目前数字水印技术研究中的一个热点和难点,热点是因为大量的消费类数字视频产品的推出,如 DVD、VCD,使得以数字水印为重要组成部分的数字产品版权保护更加迫切。难点是因为数字水印技术虽然近几年得到了发展,但方向主要是集中于静止图像的水印技术。然而在视频水印的研究方面,由于包括时间域掩蔽效应等特性在内的更为精确的人眼视觉模型尚未完全建立,使得视频水印技术相对于图像水印技术发展滞后,同时现有的标准视频编码格式又造成了水印技术引入上的局限性。另一方面,由于一些针对视频水印的特殊攻击形式,如帧重组、帧间组合等的出现,给视频水印提出了与静止图像水印相区别的独特要求。主要有以下几个方面:

① 随机检测性。可以在视频的任何位置、在短时间内(不超过几秒种)检测出水印。

② 实时处理性。水印嵌入和提取应该具有低复杂度。

③ 与视频编码标准相结合。相对于其他的多媒体数据,视频数据的数据量非常大,在存储、传输中一般先要对其进行压缩,现在最常用到的标准是一组由国际电信联盟和国际标准化组织制定并发布的音、视频数据的压缩标准。若在压缩视频中嵌入水印,则应与压缩标准相结合;但若是在原始视频中嵌入水印,则水印的嵌入是利用视频的冗余数据来携带信息的,而视频的编码技术则是尽可能的除去视频中的冗余数据,若不考虑视频的压缩编码标准而盲目地嵌入水印,则嵌入的水印很可能丢失。

④ 盲水印方案。若检测时需要原始信号,则此水印被称为非盲水印,否则称为盲水印。由于视频数据量非常大,所以采用非盲水印技术是很不现实的。因此,除了极少数方案外,当前主要研究的是盲视频水印技术。

通过分析现有的数字视频编解码系统,可以将当前的视频水印分为以下几种视频水印的嵌入与提取方案,如图 7-19 所示。

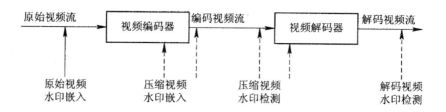

图 7-19　视频水印的嵌入和提取方案

嵌入方案一：

水印直接嵌入在原始视频流中。该方案的优点是水印嵌入的方法比较多,原则上数字图像水印方案均可以应用于此。缺点是会增加视频码流的数据比特率;经 MPEG-2 压缩后会丢失水印;降低视频质量;对于已压缩的视频,需先进行解码,然后嵌入水印后,再重新编码。

嵌入方案二：

水印嵌入在编码阶段的离散余弦变换(DCT)域中的量化系数中。该方案的优点是水印仅嵌入在 DCT 系数中,不会增加视频流的数据比特率;很容易设计出抵抗多种攻击的水印。缺点是会降低视频的质量,因为一般它也有一个解码、嵌入、再编码的过程。

嵌入方案三：

水印直接嵌入在 MPEG-2 压缩比特流中。此该方案的优点是没有解码和再编码的过程,因而不会造成视频质量的下降,同时计算复杂度低。缺点是由于压缩比特率的限制,所以限定了嵌入水印的数据量的大小。

视频水印最初是为了保护数字视频产品(如 VCD、DVD、VOD 等)的版权,但因为其具有不可感知性、健壮性和安全性等特点,近年来其应用领域得到不断地扩展。总的说来,视频水印有以下一些主要应用领域。

(1)电视监视

如果在数字电视节目的内容中,嵌入标记电视台的数字水印信息,通过监测设备的实时检测,判断节目内容的来源,便可有效地用于电视监视,防止电视台之间的大规模的侵权行为。

(2)版权保护

目前,版权保护可能是水印最主要的应用,为了表明对数字视频作品内容的所有权,数字视频作品所有者用密钥产生水印,并将其嵌入原始载体对象中,然后就可公开发布嵌入水印的数字视频作品。如果该作品被盗版或出现版权纠纷时,所有者可利用从盗版作品或水印作品中提取水印信号作为依据,保护所有者的权益。

(3)复制控制

在数字视频作品发行体系中,人们希望有一种复制保护机制,即不允许未授权的媒体复制。这种应用的一个典型的例子是 DVD 防复制系统,即将水印信息加人 DVD 数据中,这样 DVD 播放机即可通过检测 DVD 数据中的水印信息而判断其合法性和可复制性,从而保护制造商的商业利益。1997 年夏天,版权保护技术工作组(CPTWG)专门成立了数据隐藏子工作组(DHSG)来评价当前的水印技术应用于防复制系统的先进性和可靠性。

(4)内容认证

目前许多视频编辑和处理软件可以轻易地修改数字视频的内容,使得视频内容不再可靠。

利用视频水印进行内容认证和完整性校验的目的是检测对数字视频作品的修改,其优点在于:认证和内容是密不可分的,简化了处理过程。

（5）安全隐蔽通信

视频水印同样可用于军事保密或商业保密,其属于信息隐藏的范畴。发送者可以将秘密信息,如软件、图像、数据、文本、音频、视频等嵌入到公开的视频中,只有指定的接收方才能根据事先约定的密钥和算法提取出其中的信息,而其他人无法觉察到隐藏的水印,从而实现秘密信息的安全传输。

（6）数字指纹

为了避免未经授权的复制和分发数字视频,数字视频作品的所有者可在其发行的每个备份中嵌入不同的水印（数字指纹）。如果发现了未经授权的备份,则通过检索指纹来追踪其来源。例如,在 VOD 的应用中,在媒体公司的压缩视频节目销售之前,把每个备份都加上特定水印,用以对非法复制者和传播者进行跟踪监督;在付费电视节目系统里,采用给每个收看者一个私有水印的方案,接收者用一个装置（机顶盒）提取水印,在得到权限确认后才能进行视频解码,这种系统的好处是在接收方进行身份认证,从而大大降低了视频销售商的工作负担,节约的各种资源反过来又可以进行更好的服务。典型的 VOD 视频系统框图 7-20 所示。

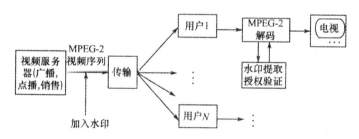

图 7-20　数字视频水印的 VOD 中的应用

3. 语音数字水印技术

随着数字多媒体技术及互联网技术的迅猛发展,数字化音像制品和音乐制品的大量制作、存储和传输都变得极为便利。但是,Internet 上肆无忌惮地复制和传播盗版音乐制品的现象,使得艺术作品的作者和发行者的利益受到极大损害。在这种背景下,音频数据的版权保护也显得越来越重要,能够有效地实行版权保护的数字音频水印技术应运而生。

数字音频水印技术就是在不影响原始音频质量的条件下,向其中嵌入具有特定意义且易于提取的信息的过程。根据应用目的的不同,被嵌入的信息可以是版权标记符、作品序列号、文字,例如艺术家和歌曲的名字,甚至是一个小的图像或一小段音频等。水印与原始音频数据紧密结合并隐藏在其中,通常是不可听到的,而且能够抵抗一般音频信号处理和盗版者的某些恶意攻击。

相对图像水印而言,对音频水印的研究还较少。但由于数字音频信号在人们生活中的普遍性,特别是近年来 MP3 应用的日益广泛,使得工业界对音频作品的版权保护有越来越迫切的需要。虽然对音频水印的要求与图像水印类似,而且一些图像或视频的水印算法的原理也可以应用到音频水印中,但音频水印也有自身独有的特点和要求:

①人耳对声音变化的感觉要比人眼对图像视频变化的感觉敏感,因此对音频水印的嵌入必

须充分利用 HAS 特性；对于水印的预处理也相对复杂。

②现代音频压缩利用 HAS 特性已经压缩掉音频信号中的大部分冗余信息，因此如何直接在压缩域中嵌入水印成为一个极具挑战性的课题。

③音频信号的持续时间一般较长，在许多情况下无法像图像水印那样得到完整的图像后再进行水印的嵌入和检测。此外，由于语音信号是时间轴上的函数，剪裁等攻击会引起严重的同步错误。因此，对水印的同步有较高要求。

在实际的应用中，含有水印的音频信号从编码到解码之间大致有下列几种传播途径。

①声音文件从一台机器复制到另一台机器，其中没有任何形式的改变。也就是说，编码方和解码方的采样率完全一样。

②信号依旧保持数字的形式，但是采样率发生变化。也就是说保持信号的幅度和相位值，但是改变信号的时域特征。

③信号被转换为模拟形式，通过模拟线路进行传播，在终端被重新采样。在此过程中，信号的幅度、量化方式和时域采样率都得不到保持。通常，这种情形下信号的相位值可以得到保持。

④信号在空气中传播，经过麦克风接收后重新采样。此时，信号受到未知的非线性改变，会导致相位改变、幅度改变、不同频率成分的漂移和产生回声等。

在选择水印嵌入算法时，需要考虑信号的表述和传输路径。如果音频信号在传输中没有改变，则对水印算法的约束最小。如果音频信号在传输中发生很大改变，则对水印算法的约束很大，要求算法有很强的稳健性。

音频水印的稳健性通常是要求能抵抗下列攻击的。

①D/A、A/D 变换。计算机上的数字音频信号要输出到磁带机或扬声器等外设时，需要经过 D/A 过程；模拟的音频信号要输入计算机则需要进行 A/D。

②抽样频率转换。为适应不同的硬件播放条件，或者与不同抽样频率的音频合成为同一个音频文件，都需要变换抽样频率。例如 32kHz 通过插值变换为 44.1kHz。

③量化精度变换。例如每抽样点 16b 精度变换为 8b 精度。

④声道数改变。例如双声道改变为单声道。

⑤线性或非线性滤波。在某些场合，需要滤波以去除不需要的频率成分或改善信号质量。例如低通滤波。

⑥时域上的裁剪或拉伸。例如，对音频信号进行编辑、伸展（缩短）音频信号以适应播放时间、恶意裁剪等。

⑦加性或乘性噪声。音频在有噪信道中传输，或者在传输中受到幅度修改，都可看作引入噪声。

⑧有损压缩/解压缩。例如使用 MPEG Layer 3，Dolby AC-3 等，而播放时则又需要经过相应的解压缩过程。

而在理论上，一个成功的数字音频水印算法需要达到以下几方面的要求：

①对数据变换处理操作的稳健性。要求水印本身应能经受得住各种有意无意的攻击。典型的攻击有添加噪声、数据压缩、滤波、重采样、A/D-D/A 转换、统计攻击等。

②听觉透明性。数字水印是在音频载体对象中嵌入一定数量的掩蔽信息，为使第三方不易察觉这种嵌入信息，需谨慎选择嵌入方法，使嵌入信息前后不产生听觉可感知的变化。

③数据提取误码率。数据提取误码率也是音频水印方案中的一个重要技术指标。因为一方

面存在来自物理空间的干扰,另一方面信道中传输的信号会发生衰减和畸变,再加上人为的数据变换和攻击,都会使数据提取的误码率增加。

④是否需要原始数据进行信息提取。原则上水印的检测不应需要原始音频,即实现盲检测,因为寻找原始音频是非常困难的。

⑤嵌入数据量指标。根据用途的不同,在有些应用场合中必须保证一定的嵌入数据量,如利用音频载体进行隐蔽通信。

⑥安全性依赖因素。水印算法应该公开,安全性最好依赖于密钥而不是算法的秘密性。

通常,在音频文件中嵌入数据的方法利用了人类听觉系统的特性。人类听觉系统对音频文件中附加的随机噪声敏感,并能察觉出微小的扰动。人的听觉系统作用于很宽的动态范围之上。HAS能察觉到大于 100000000:1 的能量,也能感觉到大于 1000:1 的频率范围,对加性的随机干扰也同样敏感。可以测出音频文件中低于 1/10000000 的干扰。

在音频文件中嵌入数据最简单的方法就是加入噪声,这种方法是在载体的最不重要位中引入秘密数据,该方法对原始信号质量降低的程度必须低于 HAS 可以感知的程度。较好的方法是在信号中较重要的区域里隐藏数据,在这种情况下,改动应当是不可感知的,因此可以抵御一些有损压缩算法的强攻击手段。

与图像水印算法类似,音频水印算法也可以分为空间域的算法和变换域的算法。

(1)最不重要位(LSB)算法

最不重要位(LSB)方法是将秘密数据嵌入到载体数据中去的最简单的一种方法,它是在空域中隐藏数据。任何的秘密数据都可以看作是　中二进制位流,而音频文件的每一个采样数据也是用二进制数来表示。这样,我们可以将部分采样值的最不重要位用代表秘密数据的二进制位替换掉,达到在音频信号中编码加入秘密数据的目的。为了加大对秘密数据攻击的难度,可以用一段伪随机序列来控制嵌入秘密二进制位的位置。

采用这种算法时,在音频文件嵌入水印的过程大致如下:

①以二进制数的形式读取载体音频数据,得到原始信号。

②将秘密数据转换为二进制位流的形式,并计算秘密数据位的总数。

③将上一步中得到的数据流作置乱变换,得到待隐藏的数据流。

④将秘密数据位的总数首先嵌入到载体文件中。

⑤循环操作上一步,直至秘密信息全部被嵌入。

通过上述的过程,我们就可以得到含有数字水印的音频文件。由于水印数据是在载体数据的最低一位被嵌入的,因此保证了数字水印的不可见性。

而在音频文件中对数字水印的提取过程大致为:

①提出秘密数据位的总数。

②提取水印信息的数据位。

③循环上一步的操作,直至所有的秘密二进制位全部被提取出来。

④根据嵌入过程使用的置乱变换,采取逆变换,得到我们所需要的数据水印信息。

通过上述分析,可以知道最不重要位(LSB)方法具有以下的一些优点:

①方法简单易行。

②音频信号里可编码的数据量大。

③信息嵌入和提取算法简单,速度快。

在具有上述优点的同时,它还具有对信道干扰及数据操作的抵抗力很差;信道干扰、数据压缩、滤波、重采样等等都会破坏编码信息等缺点。

为了提高健壮性,我们也可以将秘密数据位嵌入到载体数据的较高位,但这样带来的结果是大大降低了数据隐藏的隐蔽性。当然,在变化域进行数字水印的嵌入能获得更好的健壮性。

（2）小波变换算法

随着小波水印技术日益受到重视。小波水印的健壮性强,在经历了各种处理和攻击后,如加噪、滤波、重采样、剪切、有损压缩和几何变形等,仍可以保持很高的可靠性。对于水印的嵌入而言,小波变换的类型、水印的种类、水印添加的位置以及水印的强度,这四大要素决定了水印添加算法的类型。其中水印的类型一般是预先就确定的。小波变换的类型也可以进行选择,因此也可以说决定算法类型的是水印添加的位置和水印的强度两大要素,同时也决定了算法的性能。而在水印的提取过程中,要求上述各要素与添加的过程保持一致,否则就无法将水印提取出来。

在嵌入时对语音信号序列按下式进行 Harr 小波分解:

$$c_{j+1,k} = \sum_m h_{0(m-2k)} c_{j,m}$$

$$d_{j+1,k} = \sum_m h_{1(m-2k)} c_{j,m}$$

式中,$h_0 = 0.7071$,$h_1 = -0.7071$.

在提取水印信息时,数据按下列式子进行重构:

$$c_{j-1,m} = \sum_k c_{j,k} h_0(m-2k) + \sum_k d_{j,k} h_1(m-2k)$$

式中,$h_0 = 0.7071$,$h_1 = -0.7071$.

在音频文件中水印信息的嵌入和提取过程分别如图 7-21、7-22 所示。

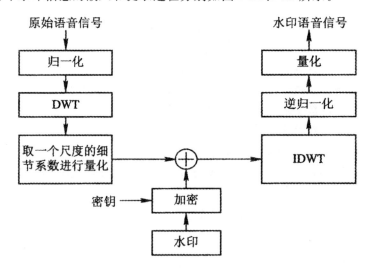

图 7-21　小波域音频水印的嵌入过程

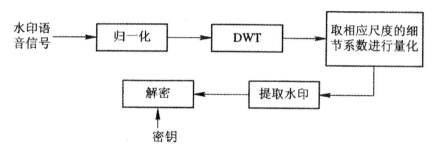

图 7-22　小波音频水印的提取过程

随着音频素材在互联网上的指数级增加,数字音频水印技术有着广泛的应用前景,其典型应用如下。

①为了便于对音频素材进行查找和检索,可以用水印技术实现元数据(描述数据的数据)的传输,就是用兼容的隐藏的带内方式传送描述性信息。

②在广播领域中,可以用水印技术执行自动的任务,比如广播节目类型的标识、广告效果的统计分析、广播覆盖范围的分析研究等。其优点是不依赖于特定的频段。

③用水印技术实现知识产权的保护,包括所有权的证明、访问控制、追踪非法复制等。这也是水印技术最初的出发点。

4. 文本数字水印技术

当前数字水印的研究大多数集中在图像视频和音频方面,文本数字水印的研究很有限。

最原始的文档,包括 ASCII 文本文件或计算机原码文件,是不能被插入水印的,因为这种类型的文档中不存在可插入标记的可辨认空间。然而,一些高级形式的文档通常都是格式化的,对这些类型的文档可以将一个水印藏入版面布局信息或格式化编排中。可以将某种变化定义为1,不变化定义为0,这样嵌入的数字水印信号就是具有某种分布形式的伪随机序列。

一个英文文本文件一般由单词、行和段落等有规律的结构组合而成,对它作一些细微的改动难以察觉。这种方式既可以修改文档的图像表示,也可以修改文档格式文件。后者是一个包含文档内容及其格式的文件,基于此可以产生出可供阅读的文字(图像)。而图像表示则是将一个文本页面数字化为二值图像,其结果是一个二维数组:

$$f(x,y)=0 \text{ 或 } 1 \qquad x=0,1,\cdots,W; y=0,1,\cdots,L$$

其中,$f(x,y)$ 表示在坐标 (x,y) 处的像素强度;W 和 L 的取值取决于扫描解析度,分别表示一页的宽度和长度。

轮廓是文本图像的一维投影,单个文本行的水平轮廓表示为:

$$h(y)=\sum_{x=0}^{W} f(x,y) \qquad y=t,t+1,\cdots,b$$

其中,t 和 b 分别是图像中处于该文本行最上方和最下方的像素行坐标。

使用这种方法可以只修改第 2、4、6…行,而使第 1、3、5…行保持不变。这种方法能够防止在传输过程中出现的意外或故意的图像损坏。

数据隐藏需要一个编码器和一个解码器。如图 7-23 所示,编码器的输入是原始文件,输出是加了标记的文件。首先对原始文档进行预处理,将所得到的图像页按照从码本中选取的码字进行修改。编码器的输出即为修改过的文件并被分送出去。解码器输入修改过的文件,输出其中所嵌入的数据信息,图 7-24 表示解码过程。

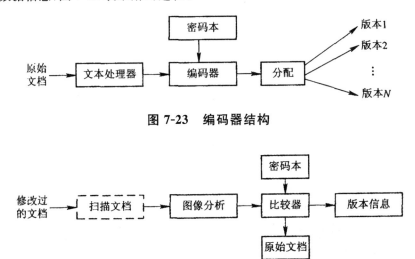

图 7-23 编码器结构

图 7-24 解码器结构

在图像中隐藏信息主要有三种方法:行移编码、字移编码和特征编码。

(1)行移编码的嵌入方法

数字水印的标记插入是通过将文本的某一整行垂直移动。通常,当一行被上移或下移时,与其相邻的两行或其中的一行保持不动。不动的相邻行被看做是解码过程中的参考位置。大部分文档的格式有一个特点,一段内的各行的间距是均匀的。

根据视觉区分不均衡的经验,当垂直位移量≤1/300 英寸时,我们将无法辨认。这种方法的主要特点体现于解码过程中。既然一个文本最初的行间距是均匀的,则一个被接收文档是否被作为标记,可以通过分析行间距来判断,而不需要任何有关这个文档最初未被作标记时的附加信息。

(2)字移编码的嵌入方法

数字水印的标记插入是通过将文本的某一行中的一个单词水平移位。通常在编码过程中,某一个单词左移或右移,而与其相邻的单词并不移动。这些单词被看做是解码过程中的参考位置。

对于格式化的文档,一般使用变化的单词间距,这样使得文本在外观上吸引人。读者可以接受文本中单词间距在一行上的广泛变化,因为人眼无法辨认 1/150 英寸以内的单词的水平位移量。由于在最初的文档中单词间距是不均匀的,检测一个单词的位移量,需要对最初文档的单词间距有所了解,所以提取隐藏信息时必须掌握未作标记文档的单词位置。因此,只有拥有最初文档的组织或其代理人,可以读到隐藏信息。

(3)特征编码的嵌入方法

数字水印的标记插入是通过改变某个单个字母的某一特殊特征来实现的。例如,改变字母的高度特征等。同样,总有一些字母特征未作改变以帮助解码。

例如,一个检测算法可能会将那些被认为发生变化的字母,与该页中其他地方没有变化的相同字母的高度进行比较。通过字母变化在文本中插入不易辨认的标记必须非常细心,以不改变该字母和上下文的结合关系。若有一个发生变化的字母,又有与其相邻而未作变化的相同字母,则读者就易于识别出该字母的变化。检测一个标记是否存在,需不需要掌握最初的未作标记的原文,由标记技术以及选择将要被变化的字母的规律共同决定。

通过上述分析,我们可以看到文本水印在将来必定会有非常广阔的应用前景。它不仅可以推动期刊、报纸、杂志等的网络发行,而且还可以通过网络发行的方式,大大提高生产和流通速度,降低出版成本,发行的范围更广,覆盖面更宽。随着网络化办公的发展,在政府上网工程中将有更多的文本文档文件在互联网上传送,如果不采取有效的版权保护措施,一旦出现恶意篡改,而又无法证明真伪,后果是无法设想的。对于电子商务中的、一些经济合同文本等也存在着这些问题。

文本水印现在还是一个不完全成熟的技术,还有下列一些问题需要解决。

①算法的健壮性问题,目前还没有一种方法可以抵抗各种攻击,都是在有限的范围内具有鲁棒性。

②本文件的格式和传播方式也很多,要提出一种可以处理所有格式的文本的算法也很难。

③文本文件的批处理问题,要针对批量文本文件嵌入水印提出解决方案。

基于自然语言的文本水印技术为文本水印技术指出了新的方向,在信息传播的过程中提供了更大的安全性、保密性,在国防、国民经济、日常生活等领域有着广泛的应用前景和重要的应用价值。

7.7.4　数字水印技术的应用

通常来说,若一段元数据同一项著作的附加信息有关联的话,则这段元数据便可作为水印嵌入。当然,将信息同著作联系起来也有很多其他的方法,如将其置于数字文件头中,将其编码为条形码的形式置于图像中,或者在一段音频之前宣布信息内容作为其介绍。问题在于:什么场合下水印是一种更好的选择,水印能够解决其他简单技术所不能解决的什么问题。实际上,水印技术同其他技术的差别主要体现在以下三个方面。

①水印是不可感知的。与条形码不同,它不会影响图像的美感。

②水印同其所嵌入的作品不可分离。与文件头不同,在作品被展示或者被转变为其他文件格式时,水印不会被清除。

③水印能够同作品经历同样的变换。这意味着在某些情况下可以通过观察最终水印而获得作品所经过的变换的一些信息。

鉴于以上这些性质,水印在一些应用场合下非常有用。一个水印处理系统的性能评价可以基于某些特性指标,如鲁棒性描述了水印经历常见的信号处理操作而继续存留的能力,保真度描述了水印的不可感知性等。这些特性之间的相对重要性取决于系统设计所适用的具体场合。例如,从通过模拟信道广播的作品中检测水印时,水印必须具有极强的鲁棒性以抵抗信道性能恶化造成的干扰。当然,若能保证作品在水印嵌入与检测前后不会遭到更改,则水印的鲁棒性无关紧要。

水印技术的应用极为广泛。主要有以下应用领域:广播监控、所有者识别、所有权验证、交易跟踪、真伪鉴别、拷贝与设备控制。

1. 广播监控

广播监测即监测影视节目和音乐作品在电视台和广播电台上播出的时间和次数。广告是电视台的主要收入来源,但让广告客户放心不下的是自己花了那么多钱,电视台有没有把自己的广告播放足够的时间长度;作曲家想确定电台播出他们的作品的次数,好收取版税;制片商要防止自己的影视产品被电视台非法重播。这些都可以通过广播监测来解决。在影视或音乐作品播出前嵌入特别的水印,然后由自动监测台接收广播,搜索其中的水印,从而确定这些作品在什么时候、由什么电台播放。

水印技术可以对识别信息进行编码,是替代动态监控技术的一个好方法。它利用自身嵌入在内容之中的特点,无需利用广播信号的某些特殊片段,因而能够完全兼容于所安装的模拟或数字的广播基础设备。

2. 所有者识别

文本版权声明用于作品所有者识别具有一些局限。首先,在拷贝时这些声明很容易被去除,有时甚至不是故意为之。例如,一位教授对一本书的某几页进行拷贝时,很可能会忽略复印主题页上的版权声明。另一个问题是它可能会占据一部分图像空间,破坏原图像的美感且易被剪切除去。由于水印既不可见,也同其嵌入的作品不可分离,因此,水印比文本声明更利于使用在所有者识别中。若作品的用户拥有水印检测器,则他们就能够识别出含水印作品的所有者,即使能够将文本版权声明除去的方法来改动它,水印也依然能够被检测到。

3. 所有权验证

除了对版权所有者信息进行识别外,利用水印技术对其进行验证也是令人关注的一项应用。传统的文本声明极易被篡改和伪造,无法用来解决该问题。针对此问题的一个解决办法是建立一个中央资料库,对数字产品的拷贝进行注册,但人们可能会因费用高而打消注册念头。为了省去注册费,人们可以使用水印来保护版权,而且为了使所有权验证达到一定安全级别,可能需要限制检测器的发放。攻击者没有检测器的话,清除水印是相当困难的。然而,即使水印不能被清除,攻击者也可以使用自己的水印系统,让人觉得数字产品里好像也具有攻击者的水印。因此,人们无需通过所嵌入的水印信息直接证明版权,而是要设法证明一幅图像从另一幅得来这个事实。这种系统能够间接证明有争议的这幅图像更有可能为版权所有者所有而不是攻击者所有,因为版权所有者拥有创作出含水印图像的原始图像。这种证明方式类似于版权所有者可以拿出底片,而攻击者却只能够伪造受争议图像的底片,而不可能伪造出原始图像的底片来通过测试。

4. 交易跟踪

利用水印可以记录作品的某个拷贝所经历的一个或多个交易。例如,水印可以记录作品的每个合法销售和发行的拷贝的接收者。作品的所有者或创作者可在不同的拷贝中加入不同水印。如果作品被滥用,则所有者可找出责任人。

5.真伪鉴别

如今以难以察觉的方式对数字作品进行篡改已经变得越来越容易。消息真伪鉴别问题在密码学中已有比较成熟的研究。数字签名是最常用的加密方法,它实际上是加密的消息概要。若将经过篡改的消息同原始签名相对照,则会发现签名不符,说明消息被篡改过。这些签名均为源数据,需要同它们所要验证的作品一同传送。一旦签名遗失,作品便无法再进行真伪鉴别。使用水印技术将签名嵌入作品中可能是一种较好的解决方法。人们将这种被嵌入的签名称为真伪鉴别印记。若极微小改动就能造成真伪鉴别印记失效,则这种印记便可称为"脆弱水印"。

6.拷贝、设备控制

在拷贝控制的应用中,防止他人对受版权保护的内容进行非法拷贝。人们通常希望媒体数据可以被观赏,但却不希望它被人拷贝。此时人们便可以将水印嵌于内容中,与内容一同播放。如果每个录制设备都装有一个水印检测器,设备就能够在输入端检测到"禁止拷贝"水印的时候禁用拷贝操作。设备控制是指设备能够在检测到内容中所含的水印时作出相对应的反应。例如,"媒体桥"系统可将水印嵌入到经印刷、发售的图像中,如杂志广告、票据等。若这幅图像被数字摄像机重新拍照,那么 PC 机上的"媒体桥"软件和识别器便会设法打开一个指向相关网站的链接。

第8章　病毒与恶意代码分析

计算机病毒是一个程序，一段可执行代码。就像生物病毒一样，计算机病毒有独特的自我复制能力。很多计算机病毒可以很快的蔓延，并难以根除。病毒程序能把自身附着在各类型的文件上面，通过文件的传送在网络和计算机之间不断蔓延。随着计算机网络技术的飞速发展，计算机病毒逐渐融合木马、网络蠕虫和网络攻击等技术，形成了以普通病毒、木马、网络蠕虫、移动代码和复合型病毒等形态存在的恶意代码，社会危害性极强。为了有效防止计算机病毒，必须对计算机病毒的特征、原理有所了解，并掌握计算机病毒的检测和防治技术。

8.1　计算机病毒概述

8.1.1　计算机病毒的产生过程及发展趋势

1.计算机病毒的产生过程

计算机病毒并非是最近才出现的新产物，事实上，早在 1949 年，计算机的先驱者约翰·冯·诺伊曼(John Von Neumann)在他的一篇论文《复杂自动装置的理论及组织的行为》中，就提出一种会自我繁殖的程序(现在称为病毒)。

"磁芯大战(core war)"是在冯·诺伊曼病毒程序蓝图的基础上提出的概念。起初绝大部分的电脑专家都无法想象这种会自我繁殖的程序是可能的，只是少数几位科学家默默地研究着这个问题。10 年之后，在美国电话电报公司(AT&T)的贝尔(Bell)实验室中，这一概念在一种很奇怪的电子游戏磁芯大战(Core war)中形成。磁芯大战是当时贝尔实验室中 3 个年轻工程师完成的。Core war 的进行过程如下：双方各编写一套程序，输入同一台计算机中；这两套程序在计算机内存中运行，它们相互追杀；有时它们会设置一些关卡，停下来修复被对方破坏的指令；当它们被困时，可以自己复制自己，逃离险境。这是计算机病毒的雏形。

1983 年，弗雷德·科思(Fred Cohen)研制出一种在运行过程中可以复制自身的破坏性程序，制造了第一个病毒，并将病毒定义为"一个可以通过修改其他程序来复制自己并感染它们的程序"，伦·艾德勒曼(Len Adleman)将它命名为计算机病毒(Computer Vires)。之后，专家们在 VAXIU750 计算机系统上运行它，第一个病毒实验成功，从而在实验中验证了计算机病毒的存在。

1986 年初，在巴基斯坦的拉合尔(Lahore)，巴锡特(Basit)和阿姆杰德(hrnjad)两兄弟经营着一家 IBM-PC 机及其兼容机的小商店。他们编写的 Pakistan 病毒，即 Brain，在一年内流传到了世界各地。

1987 年，世界各地的计算机用户几乎同时发现了形形色色的计算机病毒，如大麻、IBM 圣诞树、黑色星期五等。面对计算机病毒的突然袭击，众多计算机用户甚至专业人员都惊慌失措。

1988 年 3 月 2 日，一种苹果机的病毒发作。这天受感染的苹果机都停止了工作，只显示"向所有苹果电脑的使用者宣布和平的信息",以庆祝苹果机生日。

1988 年冬天,正在康乃尔大学攻读的莫里斯,把一个称为"蠕虫"的电脑病毒送进了美国最大的电脑网络——因特网。1988 年 11 月 2 日下午 5 时,因特网的管理人员首次发现网络有不明入侵者。当晚,从美国东海岸到西海岸,因特网用户陷入一片恐慌。

1989 年,全世界的计算机病毒攻击十分猖獗,我国也未幸免。其中"米开朗基罗"病毒给许多计算机用户造成极大损失。这种病毒比较著名的原因,除了它拥有一代艺术大师米开朗基罗的名字之外,更重要的是它具有非常强大的杀伤力。

1991 年,在"海湾战争"中,美军第一次将计算机病毒用于实战,在空袭巴格达的战斗中,成功地破坏了对方的指挥系统,使之瘫痪,保证了战斗的顺利进行,直至最后胜利。

1992 年,出现了针对杀毒软件的"幽灵"病毒,如 One-half。

1996 年,首次出现针对微软公司 Office 的"宏病毒"。宏病毒的出现使病毒编制工作不再局限于晦涩难懂的汇编语言,因此,越来越多的病毒出现了。

1997 年,被公认为计算机反病毒界的"宏病毒"年。宏病毒主要感染 Word、Excel 等文件。如 Word 宏病毒,早期是用一种专门的 Basic 语言即 Word Basic 所编写的程序,后来使用 Visual Basic。与其他计算机病毒一样,它能对用户系统中的可执行文件和数据文本类文件造成破坏。常见的宏病毒有 Tw no. 1(台湾一号)、Setmd、Consept、Mdma 等。

1998 年,出现针对 Windows 95/98 系统的病毒,例如,CIH 病毒(1999 年被公认为计算机反病毒界的 CIH 病毒年)。CIH 病毒是继 DOS 病毒、Windows 病毒、宏病毒后的第四类新型病毒。这种病毒与 DOS 下的传统病毒有很大不同,它使用面向 Windows 的 VXD 技术编制。1998 年 8 月份从中国台北传入中国大陆的 CIH 病毒共有三个版本:1.2 版、1.3 版、1.4 版。它们的发作时间分别是 4 月 26 日、6 月 26 日和每月 26 日。该病毒是第一个直接攻击、破坏硬件的计算机病毒,也是破坏最为严重的病毒之一。它主要感染 Windows95/98 的可执行程序,破坏计算机 Flash BIOS 芯片中的系统程序,导致主板损坏,同时破坏硬盘中的数据。当病毒发作时,硬盘驱动器不停旋转,硬盘上所有数据(包括分区表)被破坏,只有对硬盘重新分区才有可能挽救硬盘。同时,病毒对于部分厂牌的主板(如技嘉和微星等),会将 Flash BIOS 中的系统程序破坏,造成开机后系统无反应。1999 年 4 月 26 日,CIH 病毒在全球范围大规模爆发,造成近 6000 万台电脑瘫痪。中国也未能在这次灾难中幸免,直接经济损失达 8000 万元,间接经济损失超过了 10 亿元。该病毒给整个世界带来的经济损失在数十亿美元以上。

1999 年,Happy99 等完全通过 Internet 传播的病毒的出现标志着 Internet 病毒将成为病毒新的增长点。其特点就是利用 Internet 的优势,快速进行大规模的传播,从而使病毒在极短的时间内遍布全球。

2001 年 7 月中旬,一种名为"红色代码"的病毒在美国大面积蔓延,这个专门攻击服务器的病毒攻击了白宫网站,造成了全世界的恐慌。8 月初,其变种"红色代码 II"针对中文系统作了修改,增强了对中文网站的攻击能力,开始在中国蔓延。"红色代码"病毒通过一种黑客攻击手段利用服务器软件的漏洞来传播,它造成了全球 100 万个以上的系统被攻陷从而导致瘫痪。这是计算机病毒与网络黑客首次结合,可以说对后来的病毒产生了很大的影响。

2003 年,"2003 蠕虫王"病毒在亚洲、美洲、澳大利亚等地迅速传播,造成了全球性的网络灾害。其中受害最严重的无疑是美国和韩国这两个因特网发达的国家。其中韩国 70% 的网络服务器处于瘫痪状态,网络连接的成功率低于 10%,整个网络速度极慢。美国不仅公众网络受到了破坏性的攻击,而且连银行网络系统也遭到了破坏,全国1.3万台的自动取款机处于瘫痪状态。

2004年是"蠕虫"泛滥的一年,根据中国计算机病毒应急中心的调查显示,2004年10大流行病毒都是蠕虫病毒,它们包括:网络天空、高波、爱情后门、震荡波、SCO炸弹、冲击波、恶鹰、小邮差、求职信、大无极。随着Internet的进一步发展,蠕虫病毒成为当前最具威胁的病毒。像冲击波、震荡波等带来的损失都是不可估量的。

2005年是木马流行的一年。在经历了操作系统漏洞升级、杀毒软件技术改进后,蠕虫的防范效果已经大大提高,真正有破坏作用的蠕虫已经销声匿迹。然而,Vxer(病毒编制者)们永远不甘寂寞,他们又开辟了新的高地——计算机木马。2005年的木马既包括安全领域耳熟能详的经典木马(例如,B02K、冰河、灰鸽子等),也包括很多新鲜的木马,如闪盘窃密者、证券大盗、外挂陷阱、我的照片等。

2006年木马仍然是病毒主流,其变种层出不穷。2006年上半年,江民反病毒中心共截获新病毒33358种。据江民病毒预警中心监测的数据显示,1至6月全国共有7322453台计算机感染了病毒,其中感染木马病毒的电脑有2384868台,占病毒感染电脑总数的32.56%;感染广告软件的电脑有1253918台,占病毒感染电脑总数的17.12%;感染后门程序的电脑有664589台,占病毒感染电脑总数的9.03%;感染蠕虫病毒的电脑有216228台,占病毒感染电脑总数的2.95%;监测发现漏洞攻击代码感染的电脑181769台,占病毒感染电脑总数的2.48%;脚本病毒感染的电脑15152台,占病毒感染电脑总数的2.06%。由此可见,木马将是未来几年的病毒主流。

计算机病毒发展主要经历了5个重要的阶段,即原始病毒阶段、混合型病毒阶段、多态性病毒阶段、网络病毒阶段、主动攻击型病毒阶段。计算机病毒伴随计算机、网络信息技术的快速发展而日趋复杂多变,其破坏性和传播能力也不断增强。

2.计算机病毒的发展趋势

当前,计算机病毒已经由原来的单一传播、单种行为变成依赖于Internet传播,集电子邮件、文件传染等多种传播方式,融木马、黑客等多种攻击手段于一身的新病毒。根据这些病毒的发展演变,可预见未来计算机病毒的更新换代将向多元化方向发展,可能具有如下发展趋势。

(1)多平台化

目前,各种常用的操作系统平台病毒均已出现,跨各种新型平台的病毒也陆续推出和普及。手机和PDA等移动设备病毒也出现了,而且还将有更大的发展。

(2)传播方式网络化

通过网络应用(主要是电子邮件)进行传播已经成为计算机病毒的主要传播方式。此类病毒发作和传播通常会造成系统运行速度的减慢。由于很多病毒运用了社会工程学,发信人的地址也许是熟识的,邮件的内容带有欺骗性、诱惑性,意识不强的用户往往会轻信,从而运行邮件的带毒附件并形成感染。部分蠕虫的病毒邮件还能利用IE漏洞,在用户没有打开附件的情况下感染病毒。

(3)传播途径多样化

病毒通过网络共享、网络漏洞、电子邮件、即时通信软件等途径进行传播。

(4)攻击对象趋于混合型

随着防病毒技术的日新月异、传统软件保护技术的广泛探讨和应用,当今的计算机病毒在实现技术上有了一些质的变化,病毒攻击对象趋于混合,逐步转向对可执行文件和系统引导区同时感染,在病毒源码的编制、反跟踪调试、程序加密、隐蔽性、攻击能力等方面的设计都呈现了许多不同一般的变化。

(5)使用反跟踪技术

当用户或防病毒技术人员发现一种病毒时,一般都要先借助于 Debug 等调试工具对其进行详细分析、跟踪解剖。为了对抗动态跟踪,目前的病毒程序中一般都嵌入了一些破坏性的中断向量程序段,从而使动态跟踪难以完成。

病毒代码还通过在程序中使用大量非正常的转移指令,使跟踪者不断迷路,造成分析困难。而且,近来一些新的病毒肆意篡改返回地址,或在程序中将一些命令单独使用,从而使用户无法迅速摸清程序的转向。

(6)进行加密技术处理

①对程序段进行动态加密。病毒采取一边执行一边译码的方法,即后边的机器码是与前边的某段机器码运算后还原的,而用 Debug 等调试工具把病毒从头到尾打印出来,打印出的程序语句将是被加密的,无法阅读。

②对宿主程序段进行加密。病毒将宿主程序入口处的几个字节经过加密处理后存储在病毒体内,这给杀毒修复工作带来很大困难。

③对显示信息进行加密。例如,"新世纪"病毒在发作时,将显示一页书信,但作者对此段信息进行加密,从而不可能通过直接调用病毒体的内存映像寻找到它的踪影。

(7)病毒不断繁衍、变种

目前病毒已经具有许多智能化的特性,例如自我变形、自我保护、自我恢复等。在不同宿主程序中的病毒代码,不仅绝大部分不相同,且变化的代码段的相对空间排列位置也有变化。对不同的感染目标,分散潜伏的宿主也不一定相同,在活动时又能自动组合成一个完整的病毒。例如,经过多态病毒感染的文件在不同的感染文件之间相似性极少,使得防病毒检测成为一项艰难的任务。

8.1.2　计算机病毒的定义及不同种类

1.计算机病毒的定义

计算机病毒的定义在很多方面借用了生物学病毒的概念,因为它们有着诸多相似的特征,例如,能够自我复制,能够快速"传染",且都能够危害"病原体",当然计算机病毒危害的"病原体"是正常工作的计算机系统和网络。

冯·诺依曼勾画出病毒程序的蓝图是这样的:计算机病毒实际上就是一种可以自我复制、传播的具有一定破坏性或干扰性的计算机程序,或是一段可执行的程序代码。计算机病毒可以把自己附着在各种类型的正常文件中,使用户很难察觉和根除。

人们从不同的角度给计算机病毒下了定义:

美国加利福尼亚大学的弗莱德·科恩(Fred Cohen)博士为计算机病毒所作的定义是:计算机病毒是一个能够通过修改程序,并且自身包括复制品在内去"感染"其他程序的程序。

美国国家计算机安全局出版的《计算机安全术语汇编》中,对计算机病毒的定义是:计算机病毒是一种自我繁殖的特洛伊木马,它由任务部分、触发部分和自我繁殖部分组成。

在我国的《中华人民共和国计算机信息系统安全保护条例》中,计算机病毒被明确定义。病毒,是指编制或者在计算机程序中插入的破坏计算机功能或者用户数据,影响计算机使用并且能够自我复制的一组计算机指令或者程序代码。此定义具有法律性、权威性。

计算机病毒是一种特殊的程序,它寄生在正常的、合法的程序中,并以各种方式潜伏下来,伺机进行感染和破坏。在这种情况下,称原先的那个正常的、合法的程序为病毒的宿主或宿主程序。病毒程序一般由以下部分组成。

①初始化部分:它指随着病毒宿主程序的执行而进入内存并使病毒相对独立于宿主程序的部分。

②传染部分:它指能使病毒代码连接于宿主程序之上的部分,由传染的判断条件和完成病毒与宿主程序连接的病毒传染主体部分组成。

③破坏部分或表现部分:主要指破坏被传染系统或者在被传染系统设备上表现特定的现象。病毒的破坏或表现部分是病毒程序的主体,它在一定程度上反映了病毒设计者的意图。

2.计算机病毒的不同种类

计算机病毒技术的发作,病毒特征的不断变化,给计算机病毒的分类带来了一定的困难。根据多年来对计算机病毒的研究,按照不同的体现可对计算机病毒进行如下分类。

(1)按病毒感染的对象分类

根据病毒感染对象的不同,病毒可分为引导型病毒、文件型病毒、网络型病毒和复合型病毒。

①引导型病毒。引导型病毒是指寄生在磁盘引导区或主引导区的计算机病毒。这种病毒主要是用病毒的全部或部分逻辑取代正常的引导记录,而将正常的引导记录隐藏在磁盘的其他地方。引导型病毒利用操作系统的引导模块放在某个固定的位置,并且控制权的传递方式是以物理地址为依据,而不是以操作系统引导区的内容为依据的,因而病毒占据该物理位置即可获得控制权,而将真正的引导区内容搬家转移或替换,待病毒程序被执行后,将控制权交给真正的引导区内容,使得这个带病毒的系统看似正常运转,而病毒已隐藏在系统中伺机传染、发作。

按照引导型病毒在硬盘上的寄生位置又可细分为主引导记录病毒和分区引导记录病毒。主引导记录病毒感染硬盘的主引导区,如大麻病毒、2708病毒、火炬病毒等;分区引导记录病毒感染硬盘的活动分区引导记录,如Brain、小球病毒等。

②文件型病毒。文件型病毒是指能够寄生在文件中的计算机病毒。这类病毒主要以感染文件扩展名为.com、.exe和.bat等可执行程序为主。寄生在可执行程序中的病毒,一旦程序被执行,病毒也就被激活,病毒程序首先被执行,并将自身驻留内存,然后设置触发条件进行传染。如果这些可执行程序是操作系统的一部分,只要计算机开始工作,病毒就处在随时被触发的状态。

文件型病毒的特点是附着于正常程序文件,成为程序文件的一个外壳或部件。它的安装必须借助于病毒的载体程序,即要运行病毒的载体程序,方能把文件型病毒引入内存,像"黑色星期五"、"1575"等就是文件型病毒。

③网络型病毒。网络型病毒是近几年来网络的高速发展的产物,感染的对象不再局限于单一的模式和单一的可执行文件,而是更加综合、更加隐蔽。现在某些网络型病毒可以对几乎所有的Office文件进行感染,如Word、Excel、电子邮件等。其攻击方式也有转变,从原始的删除、修改文件到现在进行文件加密、窃取用户有用信息(如黑客程序)等。传播的途径也发生了质的飞跃,不再局限于磁盘,而是多种方式进行,如电子邮件、电子广告等。

④复合型病毒。复合型病毒是指同时具备了"引导型"和"文件型"病毒的某些特点,这种病毒扩大了病毒程序的传染途径,它既可以感染磁盘的引导扇区文件,又可以感染某些可执行文件,如果没有对这类病毒进行全面的解除,则残留病毒可自我恢复,所以这类病毒查杀难度极大,所用的抗病毒软件要同时具备查杀两类病毒的功能。

（2）按病毒传染的途径分类

根据病毒传染的途径不同,可分为驻留内存型病毒和非驻留内存型病毒。

①驻留内存型病毒。驻留内存型病毒感染计算机后,会把自身的内存驻留部分放在内存(RAM)中,始终处于激活状态,一直到关机或重新启动。

②非驻留内存型病毒。非驻留内存型病毒在得到机会激活时,并不感染计算机内存。另有一些病毒在内存中留有小部分,但是并不通过这一部分进行传染,这类病毒也被划分为非驻留内存型病毒。

（3）按病毒传播的媒介分类

根据计算机病毒传播媒介来分类,可分为单机病毒和网络病毒。

①单机病毒。单机病毒就是 DOS 病毒、Windows 病毒和能在多操作系统下运行的宏病毒。单机病毒的载体是磁盘,常见的是病毒从软盘、光盘、U 盘等移动载体传入硬盘,感染系统,然后再传染其他软盘,软盘又传入其他系统。

DOS 病毒就是在 MS-DOS 及其兼容系统上编写的病毒程序,例如,"黑色星期五"病毒。它运行在 DOS 平台上,但是由于 Win3.x/Win9x 含有 DOS 的内核,所以这类病毒仍然会感染 Windows 操作系统。Windows 病毒是在 Win3.x/Win9x 上编写的纯 32 位病毒程序,例如,1999 年 4 月 26 日发作的 CIH 病毒等,这类病毒只感染 Windows 操作系统,发作时破坏硬盘引导区、感染系统文件和破坏用户资料等。

②网络病毒。网络病毒是通过计算机网络来传播感染网络中的可执行文件。网络病毒的传播媒介不再是移动式载体,而是网络通道,这种病毒的传染能力更强,破坏力更大。

利用网络传播病毒,一旦在网络中传播、蔓延,很难控制,往往是防不胜防。由网络病毒所带来的灾难也是举不胜举,有的会造成网络拥塞,甚至瘫痪;有的造成数据丢失;还有的造成计算机内存储的机密信息被窃等。

（4）按病毒破坏的情况分类

根据病毒破坏的情况,计算机病毒可分为良性病毒、恶性病毒、极恶性病毒和灾难性病毒。

①良性病毒。良性计算机病毒是指其不包含有立即对计算机系统产生直接破坏作用的代码。这类病毒有小球病毒、1575/1591 病毒、救护车病毒、扬基病毒和 Dabi 病毒等。它们入侵的目的不是破坏用户的系统,只是想玩一玩而已,多数是一些初级病毒发烧友想测试一下自己的开发病毒程序的水平。它们只是发出某种声音,或出现一些提示,除了占用一定的硬盘空间和CPU 处理时间外没有其他破坏性。

有些人对这类计算机病毒的传染不以为然,认为这只是恶作剧,没什么关系。其实良性、恶性都是相对而言的。良性病毒取得系统控制权后,会导致整个系统和应用程序争抢 CPU 的控制权,可能会导致整个系统死锁,给正常操作带来麻烦。有时系统内还会出现几种病毒交叉感染的现象,一个文件不停地反复被几种病毒所感染。因此,也不能轻视所谓良性病毒对计算机系统造成的损害。

②恶性病毒。恶性病毒就是指在其代码中包含有损伤和破坏计算机系统的操作,在其传染

或发作时会对系统产生直接的破坏作用。这类病毒是很多的,如黑色星期五病毒、火炬病毒、米开朗基罗病毒等。恶性病毒会对软件系统造成干扰、窃取信息、修改系统信息,不会造成硬件损坏、数据丢失等严重后果。这类病毒入侵后系统除了不能正常使用之外,没有其他损失,但系统损坏后一般需要格式化引导盘并重装系统,这类病毒危害比较大。

有的病毒还会对硬盘进行格式化等破坏性操作。因此,这类恶性病毒是很危险的,应当注意防范。防病毒系统可以通过监控系统内的这类异常动作识别出计算机病毒的存在与否,或至少发出警报提醒用户注意。

③极恶性病毒。这类病毒比恶性病毒损坏的程度更大,如果感染上这类病毒,用户的系统就要彻底崩溃,用户保存在硬盘中的数据也可能被损坏。

④灾难性病毒。这类病毒从它的名字就可以知道它会给用户带来的损失程度,这类病毒一般是破坏磁盘的引导扇区文件、修改文件分配表和硬盘分区表,造成系统根本无法启动,甚至会格式化或锁死用户的硬盘,使用户无法使用硬盘。一旦感染了这类病毒,用户的系统就很难恢复了,保留在硬盘中的数据也就很难获取了,所造成的损失是非常巨大的,因此,企业用户应充分作好灾难性备份。

(5)按病毒链接的方式分类

根据病毒链接的方式不同,可分为源码性病毒、嵌入型病毒、外壳型病毒和操作系统型病毒。

①源码型病毒。源码型病毒攻击高级语言编写的程序,该病毒在高级语言所编写的程序编译前插入到源程序中,经编译成为合法程序的一部分。

②嵌入型病毒。这种病毒是将自身嵌入到现有程序中,把计算机病毒的主体程序与其攻击的对象以插入的方式链接。这种计算机病毒是难以编写的,一旦侵入程序体后也较难消除。如果同时采用多态性病毒技术、超级病毒技术和隐蔽性病毒技术,将给当前的反病毒技术带来严峻的挑战。

③外壳型病毒。外壳型病毒将其自身包围在主程序的四周,对原来的程序不进行修改。这种病毒最为常见,易于编写,也易于发现,一般测试文件的大小即可得知。

④操作系统型病毒。这种病毒试图把它自己的程序加入或取代部分操作系统进行工作,具有很强的破坏力,可以导致整个系统的瘫痪。圆点病毒和大麻病毒就是典型的操作系统型病毒。

这种病毒在运行时,用自己的逻辑部分取代操作系统的合法程序模块,根据病毒自身的特点和被替代的操作系统中合法程序模块在操作系统中运行的地位与作用,以及病毒取代操作系统的取代方式等,对操作系统进行破坏。

8.1.3　计算机病毒所具有的特点

在病毒的发展历史上,出现过成千上万种病毒。根据计算机病毒的产生、传染和破坏行为的分析,计算机病毒一般具有以下特征。

1.传染性

传染性是计算机病毒的基本特征,是判别一个程序是否为计算机病毒的重要条件。我们都熟悉生物界中的"流感"病毒,它会通过传染的方式扩散到其他的生物体,并在适当的条件下大量繁殖,结果导致被感染的生物体患病甚至死亡。同样,计算机病毒也会通过各种渠道从已被感染的计算机扩散到未被感染的计算机,它也会造成被感染的计算机工作失常甚至瘫痪。

正常的程序一般是不会将自身的代码强行加载到其他程序之上的,而计算机病毒却能使自身的代码强行传染到一切符合其传染条件的程序之上。计算机病毒程序代码一旦进入计算机并执行,它就会搜寻其他符合其传染条件的程序或存储介质,确定目标后再将自身代码插入其中,达到自我繁殖的目的。

如果计算机染毒不能被及时地处理,则病毒就会从这台计算机开始迅速扩散,其中的大量文件(一般是可执行文件)会被感染,而被感染的文件又成了新的传染源,再与其他机器进行数据交换或通过网络接触,病毒会继续进行传染。

2. 隐蔽性

病毒一般是具有很高编程技巧的短小精悍的程序,通常附在正常程序中或磁盘较隐蔽的地方,从而做到在被发现及清除之前,能够在更广泛的范围内进行传染和传播,期待发作时可以造成更大的破坏性。

计算机病毒都是一些可以直接或间接运行的具有较高超技巧的程序,它们可以隐藏在操作系统中,也可以隐藏在可执行文件或数据文件中,目的是不让用户发现它的存在。如果不经过代码分析,病毒程序与正常程序是不容易区别开来的。一般在没有防护措施的情况下,受到感染的计算机系统通常仍能正常运行,用户不会感到任何异常。正是由于这种隐蔽性,计算机病毒才得以在用户没有察觉的情况下传播到千万台计算机中。

大部分的病毒代码之所以设计得非常短小,就是为了便于隐藏。病毒一般只有几百或上千字节,而 PC 机对 DOS 文件的存取速度可达到每秒几百甚至上千字节以上,所以病毒传播瞬间便可将这短短的几百字节附着到正常程序中,非常不易被察觉。

3. 主动性

病毒程序是为了侵害他人的计算机系统或网络系统。在计算机系统的运行过程中,病毒始终以功能过程的主体出现,而形式则可能是直接或间接的。病毒的侵害方式代表了设计者的意图,因此病毒对计算机运行控制权的争夺、对其他程序的侵入、传染和危害,都采取了积极主动的方式。

4. 破坏性

进行破坏是计算机病毒的目的。任何病毒只要侵入系统,都会对系统及应用程序产生不同程度的影响。良性病毒可能只显示些画面或发出点音乐、无聊的语句,或者根本没有任何破坏动作,只是会占用系统资源。恶性病毒则有明确的目的,或破坏数据、删除文件或加密磁盘、格式化磁盘,有的甚至对数据造成不可挽回的破坏。

5. 潜伏性(触发性)

大部分的病毒感染系统之后一般不会马上发作,而是隐藏在系统中,就像定时炸弹一样,只有在满足特定条件时才被触发。例如,黑色星期五病毒,不到预定时间,用户就不会觉察出异常。

潜伏性一方面是指病毒程序不容易被检查出来,另一方面是指计算机病毒的内部往往有一种触发机制,不满足触发条件时,计算机病毒除了传染外不做什么破坏。触发条件一旦得到满足,就会进行格式化磁盘、删除磁盘文件、对数据文件做加密、封锁键盘以及使系统死锁等破坏活动。使计算机病毒发作的触发条件主要有以下几种：

①利用系统时钟提供的时间作为触发器。

②利用病毒体自带的计数器作为触发器。病毒利用计数器记录某种事件发生的次数,一旦计算器达到设定值,就执行破坏操作。这些事件可以是计算机开机的次数,也可以是病毒程序被运行的次数,还可以是从开机起被运行过的程序数量等。

③利用计算机内执行的某些特定操作作为触发器。特定操作可以是用户按下某些特定键的组合,也可以是执行的命令,还可以是对磁盘的读写。

计算机病毒所使用的触发条件是多种多样的,而且往往是由多个条件的组合来触发的。但大多数病毒的组合条件是基于时间的,再辅以读写盘操作、按键操作以及其他条件。

6. 不可预见性

从对病毒的检测来看,病毒还有不可预见性。不同的病毒,它们的代码相差甚远,但有些操作是共有的,如驻内存、改中断。有些人利用病毒的这种共性,制作了声称可查所有病毒的程序。这种程序的确可查出一些新病毒,但由于目前软件的种类极其丰富,且某些正常程序也使用了类似病毒的操作甚至借鉴了某些病毒的技术。使用这种方法对病毒进行检测势必会造成较多的误报。病毒的制作技术也在不断地提高,病毒对反病毒软件永远是超前的。

8.1.4　计算机病毒的危害

在计算机病毒出现的初期,提到计算机病毒的危害,往往注重于病毒对信息系统的直接破坏作用,例如,格式化硬盘、删除文件数据等。其实这些只是病毒劣迹的一部分,随着计算机网络的不断发展,病毒的种类也是越来越繁多,如果没有对系统加上安全防范措施,计算机病毒可能会破坏系统的数据甚至导致系统瘫痪。归纳起来,计算机病毒的具体危害主要表现在以下几个方面。

1. 直接破坏计算机数据信息

大部分病毒在激发的时候直接破坏计算机的重要信息数据,所利用的手段有格式化磁盘、改写文件分配表和目录区、删除重要文件或者用无意义的"垃圾"数据改写文件、破坏 CMO5 设置等。

磁盘杀手病毒(DISK KILLER)内含计数器,在硬盘染毒后累计开机时间 48 小时内激发,激发的时候屏幕上显示"Warning!! Don't turn off power or remove diskette while Disk Killer is Processing!"(警告! DISK KILLER 在工作,不要关闭电源或取出磁盘),改写硬盘数据。被 DISK KILLER 破坏的硬盘可以用杀毒软件修复,不要轻易放弃。

2. 非法占用磁盘空间

寄生在磁盘上的病毒总要非法占用一部分磁盘空间。

引导型病毒的一般侵占方式是由病毒本身占据磁盘引导扇区,而把原来的引导区转移到其他扇区,也就是引导型病毒要覆盖一个磁盘扇区。被覆盖的扇区数据永久性丢失,无法恢复。

文件型病毒利用一些 DOS 功能进行传染,这些 DOS 功能能够检测出磁盘的未用空间,把病毒的传染部分写到磁盘的未用部位去。所以在传染过程中一般不破坏磁盘上的原有数据,但非法侵占了磁盘空间。一些文件型病毒传染速度很快,在短时间内感染大量文件,每个文件都不同程度地加长了,从而就造成磁盘空间的严重浪费。

3. 抢占系统资源

除少数病毒(VIENNA、CASPER 等)外,其他大多数病毒在动态下都是常驻内存的,这就必然抢占一部分系统资源。病毒所占用的基本内存长度大致与病毒本身长度相当。病毒抢占内存,导致可用内存减少,一部分软件不能运行。

此外,病毒还抢占中断,干扰系统的运行。计算机操作系统的许多功能是通过中断调用技术来实现的。病毒为了传染激发,总是修改一些有关的中断地址,在正常中断过程中加入病毒的"私货",从而干扰了系统的正常运行。

4. 影响计算机运行速度

病毒进驻内存后,不但干扰系统运行,还影响计算机速度,主要表现在以下几个方面。

①病毒为了判断传染激发条件,总要对计算机的工作状态进行监视。

②有些病毒为了保护自己,不但对磁盘上的静态病毒加密,而且进驻内存后的动态病毒也处在加密状态,CPU 每次寻址到病毒处时,都要运行一段解密程序把加密的病毒解密成合法的 CPU 指令再执行;而病毒运行结束时,再用一段程序对病毒重新进行加密。这样 CPU 额外执行数千条以至上万条指令。

③病毒在进行传染时,同样要插入非法的额外操作,特别是传染软盘时,不但计算机速度明显变慢,而且软盘正常的读写顺序被打乱。

5. 病毒错误引发未知危害

计算机病毒与其他计算机软件的一大差别是病毒的无责任性。编制一个完善的计算机软件需要耗费大量的人力、物力,经过长时间调试完善,软件才能推出。但在病毒编制者看来既没有必要这样做,也不可能这样做。很多计算机病毒都是个别人在一台计算机上匆匆编制调试后就向外抛出。反病毒专家在分析大量病毒后发现绝大部分病毒都存在不同程度的错误。

错误病毒的另一个主要来源是变种病毒。有些初学计算机者尚不具备独立编制软件的能力,出于好奇或其他原因修改别人的病毒,造成错误。计算机病毒错误所产生的后果往往是不可预见的,反病毒工作者曾经详细指出黑色星期五病毒存在 9 处错误,乒乓病毒有 5 处错误等。但是人们不可能花费大量时间去分析数万种病毒的错误所在。大量含有未知错误的病毒扩散传播,其后果是难以预料的。

6. 兼容性影响系统运行

兼容性是计算机软件的一项重要指标,兼容性好的软件可以在各种计算机环境下运行,反之兼容性差的软件则对运行条件"挑肥拣瘦",要求机型和操作系统版本等。病毒的编制者一般不会在各种计算机环境下对病毒进行测试,因此,病毒的兼容性较差,常常导致死机。

7. 给用户造成严重的心理压力

据有关计算机销售部门统计,计算机售后用户怀疑"计算机有病毒"而提出咨询约占售后服务工作量的 60% 以上。经检测确实存在病毒的约占 70%，另有 30% 情况只是用户怀疑，而实际上计算机并没有病毒。这些用户怀疑计算机有病毒的原因，是因为出现诸如计算机死机、软件运行异常等现象，这些现象确实很有可能是计算机病毒造成的。但又不全是，实际上在计算机工作"异常"的时候很难要求一位普通用户去准确判断是否是病毒所为。大多数用户对病毒采取宁可信其有的态度，这对于保护计算机安全无疑是非常必要的，然而往往要付出时间、金钱等方面的代价。仅仅怀疑病毒而冒然格式化磁盘所带来的损失更是难以弥补。不仅是个人单机用户，在一些大型网络系统中也难免为甄别病毒而停机。

总之，计算机病毒像"幽灵"一样笼罩在广大计算机用户心头，给人们造成巨大的心理压力，极大地影响了现代计算机的使用效率，由此带来的无形损失是难以估量的。

8.2　计算机病毒的工作原理

8.2.1　计算机病毒的结构分析

要想了解计算机病毒的工作原理，首先要了解病毒的结构。计算机病毒在结构上有着共同性，一般由引导模块、感染模块、表现模块和破坏模块四部分组成，但并不是所有的病毒都必须包括这些模块。

1. 引导模块

计算机病毒要对系统进行破坏，争夺系统控制权是至关重要的，一般的病毒都是由引导模块从系统获取控制权，引导病毒的其他部分工作。

当用户使用带毒的软盘或硬盘启动系统，或加载执行带毒程序时，操作系统将控制权交给该程序并被病毒载入模块截取，病毒由静态变为动态。引导模块把整个病毒程序读入内存安装好并使其后面的两个模块处于激活状态，再按照不同病毒的设计思想完成其他工作。

2. 感染模块

计算机病毒的感染是病毒由一个系统扩散到另一个系统，由一张磁盘传入另一张磁盘，由一个系统传入到另一张磁盘，由一个网络传播至另一个网络的过程。计算机病毒的感染模块担负着计算机病毒的扩散感染任务。此外，促成病毒的传染分为被动传染和主动传染。

3. 表现模块

这是病毒间差异最大的部分，前两部分是为这一部分服务的。它会破坏被感染系统或者在被感染系统的设备上表现出特定的现象。大部分病毒都是在一定条件下，才会触发其表现部分的。

4. 破坏模块

破坏模块在设计原则、工作原理上与感染模块基本相同。在触发条件满足的情况下，病毒对系统或磁盘上的文件进行破坏活动，这种破坏活动不一定都是删除磁盘文件，有的可能是显示一串无用的提示信息。有的病毒在发作时，会干扰系统或用户的正常工作。而有的病毒，一旦发作,则会造成系统死机或删除磁盘文件。新型的病毒发作还会造成网络的拥塞甚至瘫痪。

8.2.2　不同类型计算机病毒的工作原理

计算机病毒的种类繁多,它们的具体工作原理也多种多样,这里只对几种常见的病毒工作原理进行剖析。

1. 引导型病毒的工作原理

引导型病毒传染的对象主要是软盘的引导扇区,硬盘的主引导扇区和引导扇区。因此,在系统启动时,这类病毒会优先于正常系统的引导将其自身装入到系统中,获得对系统的控制权。病毒程序在完成自身的安装后,再将系统的控制权交给真正的系统程序,完成系统的引导,但此时系统已处在病毒程序的控制之下。绝大多数病毒感染硬盘主引导扇区和软盘 DOS 引导扇区。

引导型病毒可传染主引导扇区和引导扇区,因此,引导型病毒可按寄生对象的不同分为主引导区病毒和引导区病毒。主引导区病毒又称为分区表病毒,将病毒寄生在硬盘分区主引导程序所占据的硬盘 0 磁头 0 柱面第 1 个扇区中。典型的病毒有"大麻"和"Bloody"等。引导区病毒是将病毒寄生在硬盘逻辑 0 扇区或软盘逻辑 0 扇区(即 0 面 0 道第 1 个扇区)。典型的病毒有"Brain"和"小球"病毒等。

引导型病毒还可以根据其存储方式分为覆盖型和转移型两种。覆盖型引导病毒在传染磁盘引导区时,病毒代码将直接覆盖正常引导记录。转移型引导病毒在传染磁盘引导区之前保留了原引导记录,并转移到磁盘的其他扇区,以备将来病毒初始化模块完成后仍然由原引导记录完成系统正常引导。绝大多数引导型病毒都是转移型的引导病毒。

2. 文件型病毒的工作原理

文件型病毒攻击的对象是可执行程序,病毒程序将自己附着或追加在后缀名为 .exe 或 .com 的可执行文件上。当被感染程序执行之后,病毒事先获得控制权,然后执行以下操作(具体某个病毒不一定要执行所有这些操作,操作的顺序也可能不一样)。

文件型病毒通过与磁盘文件有关的操作进行传染,主要传染途径有以下几种。

(1)加载执行文件

加载传染方式每次传染一个文件,即用户准备运行的那个文件,传染不到用户没有使用的那些文件。

(2)浏览目录过程

一些病毒编制者可能感到加载传染方式每次传染一个文件速度较慢,不够过瘾,于是造出通过浏览目录进行传染的病毒。在用户浏览目录的时候,病毒检查每一个文件的扩展名,如果是适合感染的文件,就调用病毒的感染模块进行传染。这样病毒可以一次传染硬盘一个目录下的全部目标。DOS 下通过 DIR 命令进行传染,Windows 下利用 Explorer. exe 文件进行传染。

(3)创建文件过程

创建文件是操作系统的一项基本操作,功能是在磁盘上建立一个新文件。已经发现利用创建文件过程把病毒附加到新文件上的病毒,这种传染方式更为隐蔽狡猾。因为加载传染和浏览目录传染都是病毒感染磁盘上原有的文件,细心的用户往往会发现文件染毒前后长度的变化,从而暴露病毒的踪迹。而创建文件的传染手段却造成了新文件生来带毒的奇观。好在一般用户很少去创建一个可执行文件,但经常使用各种编译、连接工具的计算机专业工作者应该注意文件型病毒发展的这一动向,特别在商品软件最后生成阶段要严防此类病毒。

3.宏病毒的工作原理

宏病毒是随着 Microsoft Office 软件的日益普及而流行起来的。为了减少用户的重复劳作,Office 提供了一种所谓宏的功能。利用这个功能,用户可以把一系列的操作记录下来作为一个宏。之后只要运行这个宏,计算机就能自动地重复执行那些定义在宏中的所有操作。这就为病毒制造者提供了可乘之机。

宏病毒是一种专门感染 Office 系列文档的恶性病毒。当 Word 打开一个扩展名为.doc 的文件时,首先检查里面有没有模块/宏代码。如果有,则认为这不是普通的.doc 文件,而是一个模板文件。如果里面存在以 AUTO 开头的宏,则 Word 随后就会执行这些宏。

除了 Word 宏病毒外,还出现了感染 Excel、Access 的宏病毒。宏病毒还可以在它们之间进行交叉感染,并由 Word 感染 Windows 的 VxD。很多宏病毒具有隐形、变形能力,并具有对抗防病毒软件的能力。此外,宏病毒还可以通过电子邮件等进行传播。一些宏病毒已经不再在 File Save As 时暴露自己,并克服了语言版本的限制,可以隐藏在 RTF 格式的文档中。

4.网络病毒的工作原理

为了容易理解,以典型的"远程探险者"病毒为例进行分析。"远程探险者"是真正的网络病毒,一方面它需要通过网络方可实施有效的传播;另一方面要想真正地攻入网络,本身必须具备系统管理员的权限,如果不具备此权限,则只能对当前被感染的主机中的文件和目录起作用。

该病毒仅在 Windows NT Server 和 Windows NT Workstation 平台上起作用,专门感染.exe文件。Remote Explorer 的破坏作用主要表现为:加密某些类型的文件,使其不能再用,并且能够通过局域网或广域网进行传播。

当具有系统管理员权限的用户运行了被感染的文件后,该病毒将会作为一项 NT 的系统服务被自动加载到当前的系统中。为增强自身的隐蔽性,该系统服务会自动修改 Remote Explorer 在 NT 服务中的优先级,将自己的优先级在一定时间内设置为最低,而在其他时间则将自己的优先级提升一级,以便加快传染。

Remote Explorer 的传播无需普通用户的介入。该病毒侵入网络后,直接使用远程管理技术监视网络,查看域登录情况并自动搜集远程计算机中的数据,然后再利用所搜集的数据,将自身向网络中的其他计算机传播。由于系统管理员能够访问到所有远程共享资源,因此,具备同等权限的 Remote Explorer 也就能够感染网络环境中所有的 NT 服务器和工作站中的共享文件。

8.3　计算机病毒的检测与防范

8.3.1　计算机病毒的检测依据

病毒检测是在特定的系统环境中,通过各种检测手段来识别病毒,并对可疑的异常情况进行报警。

1.检查磁盘主引导扇区

硬盘的主引导扇区、分区表,以及文件分配表、文件目录区是病毒攻击的主要目标。

引导病毒主要攻击磁盘上的引导扇区。当发现系统有异常现象时,特别是当发现与系统引导信息有关的异常现象时,可通过检查主引导扇区的内容来诊断故障。方法是采用工具软件,将当前主引导扇区的内容与干净的备份相比较,若发现有异常,则很可能是感染了病毒。

2.检查内存空间

计算机病毒在传染或执行时,必然要占据一定的内存空间,并驻留在内存中,等待时机再进行传染或攻击。病毒占用的内存空间一般是用户不能覆盖的。因此,可通过检查内存的大小和内存中的数据来判断是否有病毒。

虽然内存空间很大,但有些重要数据存放在固定的地点,可首先检查这些地方,如 BIOS、变量、设备驱动程序等是放在内存中的固定区域内。根据出现的故障,可检查对应的内存区以发现病毒的踪迹。

3.检查 FAT 表

病毒隐藏在磁盘上,通常要对存放的位置做出坏簇信息标志反映在 FAT 表中。因此,可通过检查 FAT 表,看有无意外坏簇,来判断是否感染了病毒。

4.检查可执行文件

检查.com 或.exe 文件的内容、长度、属性等,可判断是否感染了病毒。检查可执行文件的重点是在这些程序的头部即前面的 20 字节左右。因为病毒主要改变文件的起始部分。

对于前附式.com 文件型病毒,主要感染文件的起始部分,一开始就是病毒代码;对于后附式.com 文件型病毒,虽然病毒代码在文件后部,但文件开始必有一条跳转指令,以使程序跳转到后部的病毒代码。对于.exe 文件型病毒,文件头部的程序入口指针一定会被改变。对可执行文件的检查主要查这些可疑文件的头部。

5.检查特征串

一些经常出现的病毒,具有明显的特征,即有特殊的字符串。根据它们的特征,可通过工具软件检查、搜索,以确定病毒的存在和种类。

这种方法不仅可检查文件是否感染了病毒,并且可确定感染病毒的种类,从而能有效地清除病毒。但缺点是只能检查和发现已知的病毒,不能检查新出现的病毒,而且由于病毒不断变形、更新,老病毒也会以新面孔出现。因此,病毒特征数据库和检查软件也要不断更新版本,才能满足使用需要。

6.检查中断向量

计算机病毒平时隐藏在磁盘上,在系统启动后,随系统或随调用的可执行文件进入内存并驻留下来,一旦时机成熟,它就开始发起攻击。病毒隐藏和激活一般是采用中断的方法,即修改中断向量,使系统在适当时候转向执行病毒代码。病毒代码执行完后,再转回到原中断处理程序执行。因此,可通过检查中断向量有无变化来确定是否感染了病毒。

8.3.2 计算机病毒的检测方法

计算机病毒的检测技术是指通过一定的技术手段判定计算机病毒的一门技术。现在判定计算机病毒的手段主要有两种:一种是根据计算机病毒特征来进行判断;另一种是对文件或数据段进行校验和计算,保存结果,定期和不定期地根据保存结果对该文件或数据段进行校验来判定。总的来说,常用的检测病毒方法有特征代码法、校验和法、行为监测法、软件模拟法和病毒指令码模拟法等。这些方法依据的原理不同,实现时所需开销不同,检测范围不同,各有所长。

1.特征代码法

通常计算机病毒本身存在其特有的一段或一些代码,这是因为病毒要表现和破坏,操作的代码是各病毒程序所不同的。所以早期的 SCAN 与 CPAV 等著名病毒检测工具均使用了特征代码法。它是检测已知病毒的最简单和开销最小的方法。

特征代码法的实现步骤如下。

①采集已知病毒样本。病毒如果既感染.com 文件,又感染.exe 文件,对这种病毒要同时采集.com 型病毒样本和.exe 型病毒样本。

②在病毒样本中,抽取特征代码。选好特征代码是扫描程序的精华所在。首先,抽取的病毒特征代码应是该病毒最具代表性的与最特殊的代码串;其次,要注意所选择的特征代码应在不同的环境中都能将所对应的病毒检查出来。另外,抽取的代码要有适当长度,既要维持特征代码的唯一性,又要使抽取的特征代码长度尽量短。

③将特征代码纳入病毒数据库。

④打开被检测文件,在文件中搜索,检查文件中是否含有病毒数据库中的病毒特征代码。如果发现病毒特征代码,由于特征代码与病毒一一对应,便可以断定,被查文件中染有何种病毒。

因此,一般使用特征代码法的扫描软件都由两部分组成:一部分是病毒特征代码数据库;另一部分是利用该代码数据库进行检测的扫描程序。

特征代码法的优点为:检测准确快速,可识别病毒的名称,误报警率低,依据检测结果可做解毒处理。缺点为:不能检测未知病毒,不能检查多形性病毒,不能对付隐蔽性病毒,费用开销大,而且在网络上运行效率低。

2.校验和法

将正常文件的内容,计算其校验和,将该校验和写入文件中或写入别的文件中保存。在文件使用过程中,定期地或每次使用文件前,检查文件现在内容算出的校验和与原来保存的校验和是否一致,因而可以发现文件是否感染,这种方法称为校验和法,它既可发现已知病毒,又可发现未知病毒。在 SCAN 和 CPAV 工具的后期版本中除了病毒特征代码法之外,也纳入校验和法,以提高其检测能力。

但是,这种方法不能识别病毒类,不能报出病毒名称。由于病毒感染并非文件内容改变的唯一原因,文件内容的改变有可能是正常程序引起的,因此,校验和法常常误报警。而且此种方法也会影响文件的运行速度。

病毒感染的确会引起文件内容变化,但是校验和法对文件内容的变化太敏感,又不能区分正常程序引起的变动,而频繁报警。用监视文件的校验和来检测病毒,不是最好的方法。

这种方法遇到已有软件版本更新、变更口令、修改运行参数等,都会发生误报警。

校验和法对隐蔽性病毒无效。隐蔽性病毒进驻内存后,会自动剥去染毒程序中的病毒代码,使校验和法受骗,对一个有病毒文件算出正常校验和。

因此,校验和法的优点为:方法简单,能发现未知病毒,被查文件的细微变化也能发现。缺点为:会误报警,不能识别病毒名称,不能对付隐蔽型病毒。

3. 行为监测法

行为监测法是常用的行为判定技术,其工作原理是利用病毒的特有行为特征进行检测,一旦发现病毒行为则立即警报。经过对病毒多年的观察和研究,人们发现病毒的一些行为是病毒的共同行为,而且比较特殊。在正常程序中,这些行为比较罕见。监测病毒的行为特征如下:

①占用 INT 13H。引导型病毒攻击引导扇区后,一般都会占用 INT 13H 功能,在其中放置病毒所需的代码,因为其他系统功能还未设置好,无法利用。

②修改 DOS 系统数据区的内存总量。病毒常驻内存后,为了防止 DOS 系统将其覆盖,必须修改内存总量。

③向 .com 和 .exe 可执行文件做写入动作。写 .com 和 .exe 文件是文件型病毒的主要感染途径之一。

④病毒程序与宿主程序的切换。染毒程序运行时,先运行病毒,而后执行宿主程序。在两者切换时,有许多特征行为。

行为监测法的优点在于可以相当准确地预报未知的多数病毒,但也有其短处,即可能虚假报警和不能识别病毒名称,而且实现起来有一定难度。

4. 软件模拟法

多态性病毒每次感染都改变其病毒密码,对付这种病毒,特征代码法失效。因为多态性病毒代码实施密码化,而且每次所用密钥不同,把染毒的病毒代码相互比较,也无法找出相同的可能作为特征的稳定代码。虽然行为检测法可以检测多态性病毒,但是在检测出病毒后,由于不知病毒的种类,所以很难进行消毒处理。

为了检测多态性病毒,可应用新的检测方法,即软件模拟法。它是一种软件分析器,用软件方法来模拟和分析程序的运行。

新型检测工具纳入了软件模拟法,该类工具开始运行时,使用特征代码法检测病毒,如果发现隐蔽病毒或多态性病毒嫌疑时,则启动软件模拟模块,监视病毒的运行,待病毒自身的密码译码以后,再运用特征代码法来识别病毒的种类。

5.病毒指令码模拟法

病毒指令码模拟法是软件模拟法后的一大技术上的突破。既然软件模拟可以建立一个保护模式下的 DOS 虚拟机,模拟 CPU 的动作,并假执行程序以解开变体引擎病毒,则应用类似的技术也可以用来分析一般程序,检查可疑的病毒代码。因此,可将工程师用来判断程序是否有病毒代码存在的方法,分析和归纳为专家系统知识库,再利用软件工程模拟技术假执行新的病毒,则可分析出新的病毒代码以对付以后的病毒。

不论使用哪种检测方法,一旦病毒被识别出来,就可以采取相应措施,阻止病毒的行为。

8.3.3　计算机病毒的防范准则

计算机病毒的防治是网络安全体系的一部分,应该与防黑客和灾难恢复等方面综合考虑,形成一整套安全机制。

从计算机病毒对抗的角度来看,病毒防治策略必须具备以下准则。

(1)拒绝访问能力

来历不明的尤其是通过网络传过来的各种应用软件,不得进入计算机系统。因为它是计算机病毒的重要载体。

(2)病毒检测能力

计算机病毒总是有机会进入系统,因此,系统中应设置检测病毒的机制来阻止外来病毒的侵犯。除了检测已知的计算机病毒外,能否检测未知病毒(包括已知行为模式的未知病毒和未知行为模式的未知病毒)也是衡量病毒检测能力的一个重要指标。

(3)控制病毒传播的能力

计算机病毒防治的历史告诉我们,迄今还没有一种方法能检测出所有的病毒,更不可能检测出所有未知病毒,因此,计算机被病毒感染的风险性极大。关键是,一旦病毒进入了系统,系统应该具有阻止病毒到处传播的能力和手段。因此,一个健全的信息系统必须要有控制病毒传播的能力。

(4)清除能力

如果病毒突破了系统的防护,即使控制了它的传播,也要有相应的措施将它清除掉。对于已知病毒,可以使用专用病毒清除软件。对于未知类病毒,在发现后使用软件工具对它进行分析,并尽快编写出杀毒软件。当然,如果有后备文件,也可使用它直接覆盖受感染文件,但一定要查清楚病毒的来源,防止再次感染病毒。

(5)恢复能力

在病毒被清除以前,它就已经破坏了系统中的数据,这是非常可怕但又很可能发生的事件。因此,系统应提供一种高效的方法来恢复这些数据,使数据损失尽量减到最小。

(6)替代操作

可能会遇到这种情况:当发生问题时,手头又没有可用的技术来解决问题,但是任务又必须继续执行下去。为了解决这种窘况,系统应该提供一种替代操作方案:在系统未恢复前用替代系统工作,等问题解决以后再换回来。这一准则对于战时的军事系统是必须的。

8.3.4　计算机病毒的防范策略

通过采取技术上和管理上的措施,计算机病毒是完全可以防范的。对于一般用户而言,安装正版的防毒软件和网络"防火墙"是预防病毒的第一步,虽然难免仍有新出现的病毒,采用更隐秘的手段,利用现有系统安全防护机制的漏洞,以及反病毒防御技术尚存在的缺陷,能够一时得以在某一台 PC 机上存活并进行某种破坏,但是只要在思想上有反病毒的警惕性,依靠反病毒技术和管理措施,新病毒就无法逾越计算机安全保护屏障,从而不能广泛传播。

下面的战略是公司保护计算机系统免受病毒、恶意代码和垃圾邮件攻击的常用方法。

1. 多层保护战略

过去,病毒和恶意代码是通过软盘传播到个人的工作站中的。感染集中在本地,防毒软件主要针对桌面保护。然而,今天的大多数病毒和恶意代码都是来自互联网或电子邮件,通常是先攻击服务器和网关,然后再扩散到公司的整个内部网络。由于这种感染方式的变化,所以,当前许多防毒产品都是基于网络的而不是基于桌面上的。

一个多层次的保护战略应该能够将防毒软件安装在所有这三个网络层中,提供对计算机病毒的集中防护。一个多层的战略可以由一个厂商的产品实施,也可以由多个厂商的产品共同实施。

2. 基于点的保护战略

同多层次方案不同,一个基于点的保护战略只会将产品置入网络中已知的进入点。桌面防毒产品就是其中的一个例子,它不负责保护服务器或网关。这个战略比多层次方案更有针对性,也更加经济。但应该注意,CodeRed 和 Nimda 这样的混合型病毒经常会攻击网路中多个进入点。一个基于点的战略可能无法提供应付这种攻击的有效防护。同时,基于点的防毒产品还存在着管理上的问题,因为这些产品不能够从一个集中的位置进行管理。

3. 集成方案战略

一个集成方案可以将多层次的保护和基于点的方法相结合来提供抵御计算机病毒的最广泛的防护。许多防毒产品包都是根据这个战略设计而成的。另外,一个集成的方案通过提供一个中央控制台还会提高管理水平,尤其是在使用单厂商的产品包时更是如此。

4. 被动型战略和主动型战略

除了在网络中的哪个位置实施防毒保护的问题以外,还存在着对抗病毒的最佳时机问题。许多公司都拥有一个被动型战略:只有在系统被感染以后,他们才会对抗恶意代码的问题。有些公司甚至没有部署一个保护性基础设施。在被动型战略中,被病毒感染的公司会与防毒厂商进行联络,希望厂商能够为他们提供所需的代码文件和其他工具来扫描和清除病毒。这个过程很耽误时间,进而造成生产效率和数据的损失。

一个主动型战略指的是在病毒发生之前便准备好对抗病毒的办法,具体就是定期获得最新的代码文件,并进行日常的恶意代码扫描。一个主动型的战略不能保证公司永远不被病毒感染,但它却能够使公司快速检测到和抑制住病毒感染,减少损失的时间,以及被破坏的数据量。

5.基于订购的防毒支持服务

对病毒保护采取主动型方案的公司通常会订购防毒支持服务。这些服务由防毒厂商提供，包括定期更新的代码文件以及有关新病毒的最新消息，对减少病毒感染的建议，提供解决病毒问题的解决方案。订购服务通常都设有支持中心，能够为客户提供全天候的信息和帮助服务。

8.3.5 计算机病毒的清除

病毒清除(杀毒)是将感染病毒的文件中的病毒模块摘除，并使之恢复为可以正常使用的文件的过程。根据病毒编制原理的不同，计算机病毒清除的原理也是大不相同。下面我们介绍一些简单类型的病毒清除原理。

1.引导型病毒的清毒原理

引导型病毒感染时的攻击部位和破坏行为包括硬盘主引导扇区、硬盘或软盘的 Boot 扇区，病毒可能随意地写入其他扇区，从而毁坏扇区。

根据感染和破坏部位的不同，可以按以下方法进行修复：

①硬盘主引导扇区染毒，可以用无毒软盘启动系统；或寻找一台同类型、硬盘分区相同的无毒计算机，将其硬盘主引导扇区写入一张软盘中，将此软盘插入染毒计算机，将其中采集的主引导扇区数据写入染毒硬盘，即可修复。

②硬盘、软盘 Boot 扇区染毒，可以寻找与染毒盘相同版本的无毒系统软盘，执行 SYS 命令，即可修复。

③如果引导型病毒将原主引导扇区或 Boot 扇区覆盖式写入第一 FAT 表时，第二 FAT 表未被破坏，可以将第二 FAT 表复制到第一 FAT 表中，即修复。

④引导型病毒如果将原主引导扇区或 Boot 扇区覆盖式写入根目录区，被覆盖的根目录区完全损坏，不可能再修复。

2.文件型病毒的消毒原理

覆盖型文件病毒可以硬性地覆盖掉一部分宿主程序，使宿主程序被破坏，即使把病毒杀掉，程序也已经不能修复。对覆盖型的文件只能将其彻底删除，没有挽救原来文件的余地。因此，用户必须靠平日备份自己的资料来确保万无一失。

对于其他感染.com 和.exe 的文件型病毒都可以清除干净。因为病毒是在基本保持原文件功能的基础上进行传染的，既然病毒能在内存中恢复被感染文件的代码并予以执行，则也可以仿照病毒的方法进行传染的逆过程，即将病毒清除出被感染文件，并保持其原来的功能。

由于某些病毒会破坏系统数据，因此在清除完计算机病毒之后，系统要进行维护工作。

3.清除交叉感染病毒

有时一台计算机内同时潜伏着几种病毒，当一个健康程序在这个计算机上运行时，会感染多种病毒，引起交叉感染。

如果在多种病毒在一个宿主程序中形成交叉感染的情况下杀毒，一定要格外小心，因为杀毒时必须分清病毒感染的先后顺序，先清除感染的病毒，否则虽然病毒被杀死了，但程序也不能使用了。

计算机病毒可以通过以下方法清除。

(1)手工清除

手工清除病毒的方法使用 Debug、Regedit 和反汇编语言等简单工具,从感染病毒的文件中,摘除病毒代码,使之复原。手工操作复杂、速度慢并且风险大,需要熟练的技能和丰富的知识。

(2)自动清除

自动清除病毒的方法是使用杀毒软件自动清除染毒文件中的病毒代码,使之复原。自动清除病毒方法的操作简单、效率高且风险小。从与病毒对抗的全局看,人们总是从手工杀毒开始,获取杀毒经验后再研制成相应的软件产品,使计算机自动地完成全部杀毒操作。

手工修复很麻烦,而且容易出错,还要求对病毒的原理很熟悉。用杀毒软件进行自动杀毒则比较方便,一般按照菜单提示和联机帮助就可以工作了。程序自动清除的方法基本上是将手工操作加以编码并用程序实现。为了使用方便,杀毒软件需要附加许多功能,如错误和例外情况检测和处理、内存中病毒的检测与清除、对网络驱动器的支持、清除病毒软件自身的完整性的保护措施以及对多种病毒的检测和清除能力等。

(3)格式化

如果手工清除和自动杀毒仍不奏效,最后一招就是对软盘或硬盘进行低级格式化。就算再厉害的病毒也跑不掉,但这种方法也要以软盘或硬盘上所有文件的丢失作为代价,使用时一定要三思而后行。

8.4　反病毒技术

8.4.1　反病毒技术的现状及发展趋势

1.反病毒技术的现状

自 20 世纪 80 年代末 90 年代初反病毒产品市场初步形成以来,我国反病毒研究取得了长足发展,涌现出不少品牌厂商,初步形成一大产业。但是与先进国家相比还存在着不少问题。

从信息安全管理和法制的角度来看,目前的国家信息安全管理和法制是多年以前发布的。随着我国信息化建设的不断推进和技术的发展,不少方面已不足以应付安全管理的需要,还有一些也已不适应科学技术的飞速发展。

从防范意识的角度来看,国内防治计算机病毒安全的意识也亟需增强。目前仍然有人认为我国信息化程度不高,重要部门还没有广泛联网,病毒事件在我国不可能发生,发生了损失也不大,不必大惊小怪,其实这种看法有失偏颇。另外,反病毒领域在研究开发、产业发展、人才培养、队伍建设等方面与迅速发展的形势极不相称。

针对目前我国反病毒技术的现状,专家在"2003 年中国网络病毒技术发展趋势及对策高级论坛"上提出一系列建议:

①建立反病毒技术备案制度。反病毒技术的资源共享将有力推动我国反病毒研究的发展。有利于发挥各有关部门的积极性共同为国内反病毒技术服务。这样做同时也可以规范反病毒产业市场,认定国内具有自主知识产权的厂商,有针对性地支持和使用相关产品。

②建立病毒信息共享制度。根据我国法规规定,任何最新的病毒信息都必须统一由国家执法部门公安部发布,严禁任何单位与个人私自发布,这样可以规范病毒信息,为反病毒厂商开发软件提供公平竞争机会。

③积极支持反病毒新技术理论的研究。国家既要加强对基础研究的投入,又要建立一种机制,来鼓励个人与企业积极开发研究自主知识产权的技术。

2.反病毒技术的发展趋势

面对病毒所具有的目的性和网络性的特征,传统的反病毒技术暴露出很多不足。如,传统的反病毒技术只能针对本地系统进行防御;传统的病毒查杀技术是采取病毒特征匹配的方式进行病毒的查杀,而病毒库的升级是滞后于病毒传播的,使其无法查杀未知病毒;传统的病毒查杀技术是基于文件进行扫描的,无法适应对效率要求极高的网络查毒。

由于以上三点,传统的反病毒技术已经远远不能满足反病毒的需要。反病毒技术必须要能够针对病毒的网络性和目的性进行防御。于是,众多的反病毒厂家都开始了新一代反病毒技术的研发。总的说来,反病毒技术的发展具有以下趋势。

（1）未知病毒查杀技术付诸实用

目前,对未知病毒检测的最大挑战是 Win32 文件型病毒（PE 病毒）、木马和蠕虫病毒。许多操作系统漏洞除了微软自己知道外,不能被广大用户主动发现和知晓,这给反病毒造成的困难远远大于给病毒编写造成的困难。反病毒技术只能跟在病毒后面去亡羊补牢。另外,Win32 程序的虚拟运行机制要比 DOS 环境下复杂很多,涉及虚拟内存资源的 API 调用和很多系统资源进程调度,而很多木马程序,都善打擦边球,反病毒程序很难用传统行为分析的方法去区别木马程序和一些正常网络服务程序的区别,因为从技术的角度讲,这些木马程序的运行机制和正常的网络服务完全一样,不同的只是目的。

未知病毒查杀技术是对未知病毒进行有效识别与清除的技术。该技术的核心是以软件的形式虚拟一个硬件的 CPU,然后将可疑文件放入这个虚拟的 CPU 进行解释执行,在执行的过程中对该可疑文件进行病毒的分析、判定。虚拟机机制在智能性和执行效率上都存在很多难题需要克服,在今后几年内,该技术将会有一个突破性的发展,完全进入实用阶段。

（2）防病毒体系趋于立体化

从以往传统的单机版杀毒,到网络版杀毒,再到全网安全概念的提出,反病毒技术已经由孤岛战略延伸出立体化架构。这种将传统意义的防病毒战线从单机延伸到网络接入的边缘设备;从软件扩展成硬件;从防火墙、IDS 到接入交换机的转变,是在长期的病毒和反病毒技术较量中的新探索。

（3）流扫描技术广泛使用于边界防毒

为了能够更好地避免病毒的侵袭,边界防毒方案将会得到更加广泛的采用。它在网络入口处对进出内部网络的数据和行为进行检查,以在第一时间发现病毒并将其清除,有效地防止病毒进入内部网络。由于边界防毒需要在网络入口进行,那么就会对病毒的查杀效率提出极高的要求,以防止明显的网络延迟。于是,流扫描技术应运而生。它是专门为网络边界防毒而设计的病毒扫描技术,面向网络流和数据包进行检测,大大减少了系统资源的消耗和网络延迟。

8.4.2　典型的反病毒技术研究

1.特征码技术

特征码技术是反病毒技术中最基本的技术,也是反病毒软件普遍采用的方法,是基于已知病毒的静态反病毒技术。目前的大多数杀病毒软件采用的方法主要是特征码查毒方案与人工解毒并行,亦即在查病毒时采用特征码查毒,在杀病毒时采用人工编制解毒代码。特征码查毒方案实际上是人工查毒经验的简单表述,它再现了人工辨识病毒的一般方法,采用了"同一病毒或同类病毒的某一部分代码相同"的原理,也就是说,如果病毒及其变种、变形病毒具有同一性,则可以对这种同一性进行描述,并通过对程序体与描述结果(亦即"特征码")进行比较来查找病毒。而并非所有病毒都可以描述其特征码,很多病毒都是难以描述甚至无法用特征码进行描述。使用特征码技术需要实现一些补充功能,例如近来的压缩包、压缩可执行文件自动查杀技术。但是,特征码查毒方案也具有极大的局限性。特征码的描述取决于人的主观因素,从长达数千字节的病毒体中撷取十余字节的病毒特征码,需要对病毒进行跟踪、反汇编以及其他分析,如果病毒本身具有反跟踪技术和变形、解码技术,那么跟踪和反汇编以获取特征码的情况将变得极其复杂。此外,要撷取一个病毒的特征码,必然要获取该病毒的样本,再由于对特征码的描述各个不同,特征码方法在国际上很难得到广域性支持。特征码查病毒主要的技术缺陷表现在较大的误查和误报上,而杀病毒技术又导致了反病毒软件的技术迟滞。反病毒研究人员通过对病毒样本的分析,提取病毒中具有代表性的数据串写入反病毒软件的病毒库。当反病毒软件查毒时发现目标文件中的代码与反病毒软件病毒库中的特征码相符合时,就认为该文件含毒并对其进行清除。

为了躲避杀毒软件的查杀,电脑病毒开始进化,逐渐演变为变形的形式,即每感染一次,就对自身变一次形,通过对自身的变形来躲避查杀。这样,同一种病毒的变种病毒大量增加,甚至可以达到天文数字的量级。大量的变形病毒不同形态之间甚至可以做到没有超过 3 个连续字节是相同的。为了对付这种情况,首先特征码的获取不可能再是简单的取出一段代码来,而是分段的且中间可以包含任意的内容,也就是增加了一些不参加比较的"掩码字节",在出现"掩码字节"的地方,出现任何内容都不参加比较。这就是曾经提出的广谱特征码的概念。这个技术曾在一段时间内,对于处理某些变形的病毒提供了一种方法,但是也使误报率大大增加。

2.虚拟机技术

虚拟机技术是用程序代码虚拟出一个 CPU,同样也虚拟 CPU 的各个寄存器,甚至将硬件端口也虚拟出来,用调试程序调入"病毒样本",并将每一个语句放到虚拟环境中执行,这样就可以通过内存和寄存器以及端口的变化来了解程序的执行,从而判断系统是否中毒。在这样的虚拟环境里,可以通过虚拟执行方法来查杀病毒。通过这种技术,可以对付加密、变形、异型、压缩型及大部分未知病毒和破坏性病毒。

目前,一些基于病毒特征码查杀病毒的方法不能识别未知或变种病毒,而独到的虚拟执行技术可以部分解决这些问题。

虚拟机技术的主要执行过程为:

①在查杀病毒时,在计算机虚拟内存中模拟出一个"指令执行虚拟计算机"。

②在虚拟机环境中虚拟执行可疑带毒文件。

③在执行过程中,从虚拟机环境内截获文件数据,如果含有可疑病毒代码,则说明发现了病毒。

④杀毒过程是在虚拟环境下摘除可疑代码,然后将其还原到原文件中,从而实现对各类可执行文件内病毒的杀除。

如今,个别反病毒软件选择了样本代码段的前几 K 字节虚拟执行,其查出概率已高达 95% 左右。虚拟机用来侦测已知病毒速度更为惊人,误报率可降到一个千分点以下。

3. 实时监控技术

实时监控技术已经形成了包括内存监控、脚本监控、注册表监控、文件监控和邮件监控在内的多种监控技术。它们协同工作形成的病毒防护体系,使计算机预防病毒的能力大大增强,据统计,只要电脑运行实时监控系统并进行及时升级,基本上能预防 80% 的计算机病毒,这一完整的病毒防护体系已经被所有的反病毒公司认可。当前,几乎每个反病毒产品都提供了这些监控手段。

实时监控技术最根本的优点是解决了用户对病毒的"未知性",或者说是"不确定性"问题。用户的"未知性"是计算机反病毒技术发展至今一直没有得到很好解决的问题之一。也许现在还会听到有人说,有病毒用杀毒软件杀就行了。可判断有无病毒的标准是什么。实际上等到感觉到系统中确实有病毒在作怪的时候,系统往往已到了崩溃的边缘。

实时监控技术能够始终作用于计算机系统之中,监控访问系统资源的一切操作,并能够对其中可能含有的病毒代码进行清除。

实时监控是先前性的,而不是滞后性的。任何程序在调用之前都必须先过滤一遍。一有病毒侵入,它就报警,并自动杀毒,将病毒拒之门外,做到防患于未然。这和等病毒侵入甚至破坏以后再去杀绝对不一样,其安全性更高。因特网本身就是实时的、动态的,网络已经成为病毒传播的最佳途径,迫切需要具有实时性的反病毒软件。

4. 启发式代码扫描技术

启发式指的"自我发现的能力"或"运用某种方式或方法去判定事物的知识和技能"。一个运用启发式扫描技术的病毒检测软件,实际上就是以特定方式实现的动态跟踪器或反编译器,通过对有关指令序列的反编译逐步理解和确定其蕴藏的真正动机。

在具体的实现上,启发式扫描技术是相当复杂的。通常这类病毒检测软件要能够识别并探测许多可疑的程序代码指令序列,如搜索和定位各种可执行程序的操作、格式化磁盘类操作、实现驻留内存的操作以及发现非常的或未公开的系统功能调用的操作等,所有这些功能操作将被按照安全和可疑的等级进行排序,根据病毒可能使用和具备的特点而授以不同的加权值。

有时,启发式扫描技术也会把一个本无病毒的程序指证为染毒程序,这就是所谓的查毒程序虚警或谎报现象。因为被检测程序中含有病毒所使用或含有的可疑功能。

然而,不管启发式代码分析扫描技术有怎样的缺点和不足,与其他的扫描识别技术相比,它几乎总能提供足够的辅助判断信息让我们最终判定被检测的目标对象是染毒的,亦或是干净的。启发式扫描技术仍是一种正在发展和不断完善中的新技术,但已经在大量优秀的反病毒软件中得到迅速的推广和应用。按照最保守的估计,一个精心设计的算法支持的启发式扫描软件,在不依赖任何对病毒预先的学习和了解的辅助信息如特征代码、指纹字串和校验和等的支持下,可以毫不费力地检查出 90％以上的对它来说是完全未知的新病毒。适当的对可能出现的一些虚报、谎报的情况加以控制,这种误报的概率可以很容易地被降低在 0.1％以下。

5.无缝连接技术

无缝连接技术是在充分掌握系统的底层协议和接口规范的基础上,开发出与之完全兼容的产品技术。通过该技术,我们可以对病毒经常攻击的应用程序或对象提供重点保护,它利用操作系统或应用程序提供的内部接口来实现,对使用频度高、范围广的主要的应用软件提供被动式的防护。

无缝连接的概念也适用于主流应用软件,比如微软的 Office、IE、Winzip 以及 NetAnt 等应用软件。为什么从宏病毒产生至今,国内围绕宏病毒防治方案始终争论不休? 这正是因为各厂家对 Office 各种文档格式缺乏统一、全面的了解所致。实践证明,谁能够较好解决 Office 文档格式,谁就可能开发出先进的宏病毒防治技术。

6.立体防毒技术

随着病毒数量、上网人数的猛增,不同种类病毒同时泛滥的概率也大大增加,从而给用户的电脑造成了全方位立体的威胁,单一的病毒防治手段已经不能满足防毒需求,因此出现了立体防病毒体系。

立体防毒体系将计算机的使用过程进行逐层分解,对每一层进行分别控制和管理,从而达到病毒整体防护的效果。该体系是一些防病毒公司提出的新概念,通过安装杀毒、漏洞扫描、病毒查杀、实时监控、数据备份以及个人防火墙等多种病毒防护手段,将电脑的每一个安全环节都监控起来,从而全方位地保护了用户电脑的安全。这种立体防毒体系是近年来产生的新技术,一经推出就成为了病毒防护的新标准。

7.网络病毒防御技术

防治计算机网络病毒需要考虑多方面的因素,同时也要加强对网络的综合管理。因此,基于网络的多层次病毒防护策略成了保障企业信息安全、保证网络安全运行的重要手段。从网络系统的各个组成环节来看,多层防御的网络防毒体系应该由用户桌面、服务器、工作站、Internet 网关和病毒防火墙等各个层次的防护体系组成。

先进的网络多层病毒防护策略具有以下几个特点:

①层次性。在用户桌面、服务器、Internet 网关以及病毒防火墙安装适当的防毒部件,以网为本,多层次地、最大限度地发挥作用。

②自动化。系统能自动更新病毒特征码数据库、杀毒策略和其他相关信息。

③集成性。所有的保护措施是统一并且相互配合的,支持远程集中式配置和管理。

8.4.3　常用的反病毒软件

病毒的发展使得病毒编制的花样也在不断变化,反病毒软件也在经受一次又一次的考验,各种反病毒产品不断地推陈出新、更新换代,希望能够为网络安全营造一个健康的空间。这些产品的特点表现为:技术领先误报率低、杀毒效果明显、界面友好、良好的升级和售后服务技术支持、与各种软硬件平台兼容性好等方面。

常用的反病毒软件有金山杀毒、瑞星杀毒、江民杀毒软件以及目前非常流行的 360 安全卫士等。

对病毒造成的危害进行修复,不论是手工修复还是用专用工具修复,都是危险操作,有可能不仅修不好,反而彻底破坏。因此,建议在修复前应对重要数据进行备份。没有把握的情况下,立刻切断电源关机,这样可以提高修复成功率。也可以先备份染毒信息,再想办法解决。

反病毒软件具有以下特点。

(1)能够识别并清除病毒

识别并清除病毒是防杀病毒软件的基本特征之一,它最突出的技术特点和作用就是能够比较准确地识别病毒,并有针对性地加以清除,杀灭病毒的个体传染源,从而限制病毒的传染和破坏。

(2)查杀病毒引擎库需要不断更新

由于病毒的多样性和复杂性,以及 DOS、Windows 等操作系统的开放性和技术上的原因,再加上病毒变种的不断出现,使得目前流行的防杀病毒软件的更新总是落后于病毒的出现,防杀病毒处于被动的地位。它只是对已知病毒进行检测、清除,而对新出现的病毒还很难防治。

由于病毒的不断出现,任何病毒防治产品,如果不能及时更新,查杀病毒引擎就不能起到很好的防杀病毒的效果。目前,世界上公认的病毒防治产品的更新周期为 2 周,遇到恶性病毒爆发时更是要立即更新病毒库,否则病毒防治产品几乎形同虚设。

8.5 恶意代码分析

8.5.1 恶意代码的概念及分类

1. 恶意代码的概念

恶意代码是一种程序,通常在人们没有察觉的情况下把代码寄宿到另一段程序中,从而达到破坏被感染计算机的数据,运行具有入侵性或破坏性的程序,破坏被感染系统数据的安全性和完整性的目的。

恶意代码的特征主要体现在以下三个方面:①恶意的目的;②本身是程序;③通过执行发生作用。

2. 恶意代码的分类

按恶意代码的工作原理和传输方式的不同,恶意代码可以分为普通病毒、木马、网络蠕虫、移动代码和复合型病毒等类型。

(1)特洛伊木马

特洛伊木马(简称木马)是根据古希腊神话中的木马来命名的。黑客程序以此命名有"一经潜入,后患无穷"之意。木马程序表面上没有任何异常,但实际上却隐含着恶意企图。

一些木马程序会通过覆盖系统文件的方式潜伏于系统中,还有一些木马以正常软件的形式出现。木马类的恶意代码通常不容易被发现,这主要是因为它们通常以正常应用程序的身份在系统中运行。

（2）网络蠕虫

网络蠕虫是一种可以自我复制的完全独立的程序，其传播过程不需要借助于被感染主机中的其他程序。网络蠕虫的自我复制不像其他病毒，它可以自动创建与其功能完全相同的副本，并在不需要人工干涉的情况下自动运行。网络蠕虫通常是利用系统中的安全漏洞和设置缺陷进行自动传播，因此，它可以以非常快的速度传播。

（3）移动代码

移动代码是能够从主机传输到客户端计算机上并执行的代码，它通常是作为病毒、蠕虫、木马等的一部分被传送到目标计算机。

此外，移动代码可以利用系统的安全漏洞进行入侵，如窃取系统账户密码或非法访问系统资源等。移动代码通常利用 Java Applets、ActiveX、Java Script 和 VBScript 等技术来实现。

（4）复合型病毒

恶意代码通过多种方式传播就形成了复合型病毒，著名的网络蠕虫 Nimda 实际上就是复合型病毒的一个例子，它可以同时通过 E-mail、网络共享、Web 服务器、Web 终端四种方式进行传播。除上述方式外，复合型病毒还可以通过点对点文件共享、直接信息传送等方式进行传播。

8.5.2　木马

特洛伊木马（简称木马），英文名字称为"Trojan Horse"，病毒的名字来源于《荷马史诗》的特洛伊战记。传说希腊人围攻特洛伊城久攻不下，后来受雅典娜的启发：把士兵藏匿于巨大的木马中佯作退兵。于是特洛伊人将木马作为战利品拖入城内。夜晚，木马里的士兵爬出来，与城外的部队里应外合而攻下了特洛伊城。而计算机世界的特洛伊木马是指隐藏在正常程序中的一段具有特殊功能的恶意代码，是具备破坏和删除文件、发送密码、记录键盘和攻击 DoS 等特殊功能的后门程序。

木马的运行，可以采用以下 3 种模式。

①潜伏在正常的程序应用中，附带执行独立的恶意操作。

②潜伏在正常的程序应用中，但会修改正常的应用进行恶意操作。

③完全覆盖正常的程序应用，执行恶意操作。

1. 木马的分类

木马主要可以分为以下几种类型。

（1）破坏型木马

这种木马的唯一功能是毁坏和删除文件，使得它们简单易用。它们能自动删除计算机上所有的 DLL、EXE 以及 INI 文件。这是一种非常危险的木马，一旦被感染，如果文件没有备份，毫无疑问，计算机上的某些信息将永远不复存在。

（2）远程控制型木马

每个人都想有这样的木马，因为它们可以使你方便地访问受害人的硬盘。远程控制木马可以使远程控制者在宿主计算机上做任意的事情。这种类型的木马有著名的 BO 和"冰河"等。

（3）发送密码型木马

这种木马的目的是为了得到所有缓存的密码，然后将它们送到特定的 E-mail 地址。绝大多数的这种木马在 Windows 每次加载时自动加载，它们使用 25 号端口发送邮件。也有一些木马发送其他的信息,如 ICQ 相关信息等。如果你有任何密码缓存在电脑的某些地方,这些木马将对你造成威胁。

(4)键盘记录型木马

这种木马唯一做的事情就是记录受害人在键盘上的敲击,然后在日志文件中检查密码。在大多数情况下,这种木马在 Windows 每次重启时加载,它们有"在线"和"下线"两种选项。当用"在线"选项时,它们知道受害人在线,会记录每一件事情。当用"下线"选项时,用户的每一件事情会被记录并保存在受害人的硬盘中等待传送。

(5)DoS 攻击木马

随着 DoS 攻击越来越广泛的应用,被用做 DoS 攻击的木马也越来越流行。当攻击者入侵了一台主机,并种上 DoS 攻击木马,则以后这台主机就会成为攻击者进行 DoS 攻击的最得力助手。攻击者控制的主机数量越多,发动 DoS 攻击取得成功的机率就越大。所以,这种木马的危害不是体现在被感染主机上,而是体现在攻击者可以利用它做"跳板"来攻击其他的主机,给网络造成的伤害和损失是十分大的。

(6)FTP 木马

这种木马可能是最简单和古老的木马了,它的唯一功能就是打开 21 端口,等待用户连接。现在新 FTP 木马还加上了密码功能,这样,只有攻击者本人才知道正确的密码,从而进入对方计算机。

(7)反弹端口型木马

木马开发者在分析了防火墙的特性后发现:防火墙对于进入的链接往往会进行非常严格的过滤,但是对于外出的链接却疏于防范。于是,与一般的木马相反,反弹端口型木马的服务端(被控制端)使用主动端口,客户端(控制端)使用被动端口。木马定时监测控制端的存在,发现控制端上线立即弹出端口主动连接控制端打开的主动端口(也称反弹攻击)。为了隐蔽起见,控制端的被动端口一般开在 80,即使用户使用扫描软件检查自己的端口。

(8)代理木马

黑客在入侵的同时掩盖自己的足迹,谨防别人发现自己的身份是非常重要的,因此,给被控制的主机种上代理木马,让其变成攻击者发动攻击的跳板就是代理木马最重要的任务。通过代理木马,攻击者可以在匿名的情况下使用 Telnet、ICQ、IRC 等程序,从而隐蔽自己的踪迹。

(9)程序杀手木马

上面的木马功能虽然形形色色,不过到了对方机器上要发挥自己的作用,还要过防木马软件这一关才行。常见的防木马软件有 ZoneAlarm、Norton Anti-Virus 等。程序杀手木马的功能就是关闭对方机器上运行的这类程序,让其他的木马更好地发挥作用。

2.木马的伪装方式

常见的木马伪装方式有以下几种。

(1)捆绑文件

捆绑文件是木马伪装的又一手段,是指将木马捆绑到一个可执行程序上,当正常程序运行时,木马会在用户毫无察觉的情况下偷偷地进入系统。

(2)修改图标

木马的服务器端程序所用的图标是有讲究的,否则就会很容易被识破。所以,木马经常故意伪装成对系统没有危害的文件图标,目的是诱惑用户把它打开并运行。

(3)木马重命名

木马服务器端程序的命名也有讲究,如果不做任何修改,而使用原来的名字,则木马就会很容易被发现。目前不少木马程序都把其命名为和系统文件名差不多的名字,如有的木马把名字改为 Window.exe,如果用户对系统文件不够了解,就无法知道其中的意义;还有的更改一些后缀名,如把.dll 改为.dl 等,这也是很难被发现的。

(4)出错信息提示

在实际应用中,如果打开一个文件却没有任何反应,这很可能就是中了木马。当然,这个现象会引起用户怀疑的,木马的设计者也意识到了这个缺陷。因此,有的木马程序会提供一个叫做出错信息提示的欺骗功能,即当服务器端用户打开木马程序时,会弹出一个错误提示框,其中会显示一些诸如"文件已破坏,无法打开!"之类的信息。如果服务器端用户信以为真可就麻烦了。

(5)自我销毁

这项功能是为了弥补木马的一个缺陷。当服务器端运行含有木马的程序后,木马会将自己拷贝到 Windows 的系统文件夹中(C:\Windows 或 C:\Windows\System 目录下)。木马的自我销毁功能是指安装完木马后,源木马文件会自动销毁,这样服务器端用户就很难找到木马的来源,在没有查杀木马的工具帮助下,是很难删除木马的。

3. 木马的清除

可以通过查看系统端口开放的情况、系统服务情况、系统任务运行情况、网卡的工作情况、系统日志及运行速度有无异常等对木马进行检测,检测到计算机感染木马后,就要根据木马的特征来进行清除。

(1)查看开放端口

当前最为常见的木马通常是基于 TCP/UDP 协议进行客户端与服务器端之间通信的,因此,可以通过查看在本机上开放的端口,看是否有可疑的程序打开了某个可疑的端口。如果查看到有可疑的程序在利用可疑端口进行连接,则很有可能就是感染了木马。查看端口的方法通常有以下几种:使用 Windows 本身自带的 netstat 命令;使用 Windows 下的命令行工具 fport;使用图形化界面工具 Active Ports。

(2)查看和恢复 Win.ini 和 System.ini 系统配置文件

查看 Win.ini 和 System.ini 文件是否有被修改的地方。例如,有的木马通过修改 Win.ini 文件中 Windows 节下的"load=file.exe,run=file.exe"语句进行自动加载,还可能修改 System.ini 中的 boot 节,实现木马加载。

例如,"妖之吻"病毒将 Windows 系统的图形界面命令解释器"shell=explorer.exe"修改成"shell=yzw.exe",在计算机每次启动后就自动运行程序 yzw.exe。此时可以把 System.ini 恢复为原始配置,即将"shell=yzw.exe"修改回"shell=explorer.exe",再删除掉病毒文件即可。

(3)查看启动程序并删除可疑的启动程序

如果木马自动加载的文件是直接通过在 Windows 菜单中自定义添加的,一般都会放在主菜单的"开始"→"程序"→"启动"处,在 Windows 资源管理器里的位置是"C:\Windows\startmenu\programs\启动"处。通过这种方式使文件自动加载时,一般都会将其存放在注册表中以下几个位置上:

①HKEY_CURRENT_user\software\microsoft\windows\currentversion\explorer\userShellfolders

②HKEY_CURRENT_user\software\microsoft\windows\currentversion\explorer\shellfolders

③HKEY_LOCAL_machine\software\microsoft\windows\currentversion\explorer\userShellFolders

④HKEY_LOCAL_machine\software\microsoft\windows\eurrentversion\explorer\shellfolders

检查是否有可疑的启动程序,便很容易查到是否感染了木马。若查出有木马存在,则除了要查出木马文件并删除外,还要将木马自动启动程序删除。

(4)查看系统进程并停止可疑的系统进程

木马只是一个应用程序,需要进程来执行。可以通过查看系统进程来推断木马是否存在。在 Windows NT/XP 系统下,按 Ctrl+Alt+Del 键进入任务管理器,就可看到系统正在运行的全部进程。在 Windows 下,可以通过 proview 和 winproc 工具来查看进程。在查看进程时,如果对系统很熟悉,对系统运行的每个进程知道它是做什么的,则在木马运行时,就能很容易发现哪个是木马程序的活动进程了。

在对木马进行清除时,首先要停止木马程序的系统进程。例如,Hack. Rbot 病毒除了将自身复制到一些固定的 Windows 自启动项中外,还在进程中运行 wuamgrd. exe 程序,修改注册表,以便病毒可随时自启动。看到有木马程序在运行时,需要马上停止系统进程,并进行下一步操作,修改注册表和清除木马文件。

(5)查看和还原注册表

木马一旦被加载,一般都会对注册表进行修改。通常木马在注册表中实现加载文件是在以下几处:

①HKEY_LOCAL_MACHINE\software\microsoft\windows\currentversion\run

②HKEY_LOCAL_MACHINE\software\microsoft\windows\currentversion\runonce

③HKEY_LOCAL_MACHINE\software\microsoft\windows\currentversion\runservices

④HKEY_LOCAL_MACHINE\software\microsoft\windows\currentversion\runservicesonce

⑤HKEY_CURRENT_USER\software\microsoft\windows\currentversion\run\runonce

⑥HKEY_CURRENT_USER\software\microsoft\windows\currentversion\runservices

此外,在注册表中的HKEY_CLASSES_ROOT\exefile\shell\open\command="%1"%*处,如果其中的"%1"被修改为木马,则每启动一次该可执行文件木马就会启动一次。

查看注册表,将注册表中木马修改的部分还原。例如,Hack. Rbot 病毒已向注册表的有关目录中添加键值"Microsoft Update=wuamgrd. exe",以便病毒可随机自启动。这就需要先进入注册表,将键值"Microsoft Update=wuamgrd. exe"删除掉。

(6)使用杀毒软件和木马查杀工具检测和清除木马

最简单的检测和删除木马的方法是安装木马查杀软件,例如,瑞星、KV 3000、"木马克星"、"木马终结者"等。此外,Anti-TrojanShield 和 McAfee Virus Scan 也是非常好的木马查杀工具。

8.5.3 蠕虫

网络蠕虫是一种智能化、自动化的计算机程序,综合了网络攻击、密码学和计算机病毒等技术,是一种无需计算机使用者干预即可运行的攻击程序或代码,它会扫描和攻击网络上存在系统漏洞的结点主机,通过局域网或者国际互联网从一个结点传播到另外一个结点。

蠕虫具有主动攻击、行踪隐蔽、利用漏洞、造成网络拥塞、降低系统性能、产生安全隐患、反复性和破坏性等特征,网络蠕虫是无需计算机使用者干预即可运行的独立程序,它通过不停地获得网络中存在漏洞的计算机上的部分或全部控制权来进行传播。

1.蠕虫的分类

按其传播和攻击特征,可将蠕虫病毒分为 3 类,即漏洞蠕虫、邮件蠕虫和传统蠕虫病毒。其中,以利用系统漏洞进行破坏的蠕虫病毒最多,占蠕虫病毒总数量的 69%;邮件蠕虫居第二位,占蠕虫病毒总数量的 27%;其他传统蠕虫病毒占 4%。

蠕虫病毒可以造成互联网大面积瘫痪,引起邮件服务器堵塞,最主要的症状表现在用户浏览不了互联网,或者企业用户接收不了邮件。

漏洞蠕虫可利用微软的系统漏洞进行传播,主要是 SQL 漏洞、RPC 漏洞和 LSASS 漏洞,其中,RPC 漏洞和 LSASS 漏洞最为严重。漏洞蠕虫极具危害性,大量的攻击数据堵塞网络,并可造成被攻击系统不断重启、系统速度变慢等故障。漏洞蠕虫的特性若被集成到黑客病毒,造成的危害就更大了。

邮件蠕虫主要通过电子邮件进行传播。邮件蠕虫使用自己的 SMTP 引擎,将病毒邮件发送给搜索到的邮件地址。邮件蠕虫还能利用 IE 漏洞,使用户在没有打开附件的情况下感染病毒。最新的 MYDOOM 变种 AH 甚至能利用 IE 漏洞,使病毒邮件不再需要附件就可感染用户。

2.蠕虫的功能模块

蠕虫的功能模块可以分为主体功能模块和辅助功能模块。实现了主体功能模块的蠕虫能够完成复制传播流程,而包含辅助功能模块的蠕虫程序则具有更强的生存能力和破坏能力。蠕虫功能结构如图 8-1 所示。

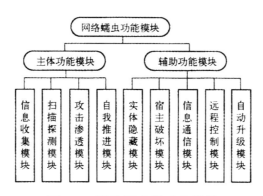

图 8-1　网络蠕虫的功能模块

(1)主体功能模块

主体功能模块由以下四个模块构成:

①信息收集模块:决定采用何种搜索算法对本地或者目标网络进行信息搜集,包括本机系统信息、用户信息、邮件列表、对本机的信任或授权的主机、本机所处网络的拓扑结构、边界路由信息等,所有这些信息可以单独使用或被其他个体共享。

②扫描探测模块:完成对特定主机的脆弱性检测,决定采用何种攻击渗透方式。

③攻击渗透模块:利用扫描探测模块获得的安全漏洞,建立传播途径。

④自我推进模块:可以采用各种形式生成各种形态的蠕虫副本,并在不同主机间完成蠕虫副本传递。

(2)辅助功能模块

辅助功能模块是对除主体功能模块以外的其他模块的总称,主要由以下五个功能模块构成:

①实体隐藏模块:包括对蠕虫各个实体组成部分的隐藏、变形、加密及进程的隐藏,其主要目的是提高蠕虫的生存能力。

②宿主破坏模块:用于摧毁或破坏被感染主机,破坏网络正常运行,在被感染主机上留下后门等。

③信息通信模块:能使蠕虫间、蠕虫同攻击者之间进行交流,这是当前蠕虫发展的重点。

④远程控制模块:它的功能是调整蠕虫行为,控制被感染主机,执行蠕虫控制者下达的指令。

⑤自动升级模块:可以使蠕虫控制者随时更新其他模块的功能,从而实现不同的攻击目的。

3.蠕虫的传播模块

从编程的角度来看,蠕虫由两部分组成:主程序和引导程序。主程序一旦在计算机中建立,就可以开始收集与当前计算机联网的其他计算机的信息。它能通过读取公共配置文件并检测当前计算机的联网状态信息,尝试利用系统的缺陷在远程计算机上建立引导程序。引导程序负责把"蠕虫"病毒带入它所感染的每一台计算机中。

主程序中最重要的是传播模块。传播模块实现了自动入侵功能,这是蠕虫病毒能力的最高体现。传播模块可以笼统地分为扫描、攻击和复制三个步骤。

①扫描。由蠕虫的扫描模块负责探测存在漏洞的主机。当程序向某个主机发送探测漏洞的信息并收到成功的反馈信息后,就得到一个可传播的对象。

②攻击。攻击模块按漏洞攻击步骤自动攻击上一步骤中找到的对象,取得该主机的权限(一般为管理员权限),获得一个 shell。

③复制。复制模块通过原主机和新主机的交互将蠕虫程序复制到新主机并启动。

可以看到,传播模块实现的实际上是自动入侵的功能,所以蠕虫的传播技术是蠕虫技术的核心。

4.蠕虫的特点

(1)较强的独立性

从某种意义上来讲,蠕虫病毒开辟了计算机病毒传播和破坏能力的"新纪元"。传统计算机病毒一般都需要宿主程序,病毒将自己的代码写到宿主程序中,当该程序运行时先执行写入的病毒程序,从而造成感染和破坏。而蠕虫病毒不需要宿主程序,它是一段独立的程序或代码,因此也就避免了受宿主程序的牵制,可以不依赖于宿主程序而独立运行,从而主动地实施攻击。

(2)利用漏洞主动攻击

由于不受宿主程序的限制,蠕虫病毒可以利用操作系统的各种漏洞进行主动攻击。"尼姆达"病毒利用了 IE 浏览器的漏洞,使感染了病毒的邮件附件在不被打开的情况下就能激活病毒;"红色代码"利用了微软 IIS 服务器软件的漏洞(idq. dll 远程缓存区溢出)来传播;而蠕虫王病毒则是利用了微软数据库系统的一个漏洞进行攻击。

（3）传播更快更广

蠕虫病毒比传统病毒具有更大的传染性，它不仅仅感染本地计算机，而且会以本地计算机为基础，感染网络中所有的服务器和客户端。蠕虫病毒可以通过网络中的共享文件夹、电子邮件、恶意网页以及存在着大量漏洞的服务器等途径肆意传播，几乎所有的传播手段都被蠕虫病毒运用得淋漓尽致。因此，蠕虫病毒的传播速度可以是传统病毒的几百倍，甚至可以在几个小时内蔓延全球，造成难以估量的损失。

（4）更好的伪装和隐藏方式

为了使蠕虫病毒在更大范围内传播，病毒的编制者非常注重病毒的隐藏方式。

在通常情况下，我们在接收、查看电子邮件时，都采取双击打开邮件主题的方式浏览邮件内容，如果邮件中带有病毒，用户的计算机就会立刻被病毒感染。因此，通常的经验是：不运行邮件的附件就不会感染蠕虫病毒。但是，目前比较流行的蠕虫病毒将病毒文件通过 base64 编码隐藏到邮件的正文中，并且通过 mine 的漏洞造成用户在单击邮件时，病毒就会自动解码到硬盘上并运行。

此外，诸如 Nimda 和求职信（Klez）等病毒及其变种还利用添加带有双扩展名的附件等形式来迷惑用户，使用户放松警惕性，从而进行更为广泛的传播。

（5）技术更加先进

一些蠕虫病毒与网页的脚本相结合，利用 VBScript、Java、ActiveX 等技术隐藏在 HTML 页面里。当用户上网浏览含有病毒代码的网页时，病毒会自动驻留内存并伺机触发。还有一些蠕虫病毒与后门程序或木马程序相结合，比较典型的是"红色代码病毒"，它会在被感染计算机的 Web 目录下的\scripts 下将生成一个 root.exe 后门程序，病毒的传播者可以通过这个程序远程控制该计算机。这类与黑客技术相结合的蠕虫病毒具有更大的潜在威胁。

（6）清除难度大

在单机中，再顽固的病毒也可通过删除带毒文件、低级格式化硬盘等措施将病毒清除。而网络中只要有一台工作站未能将病毒查杀干净就可使整个网络重新全部被病毒感染，甚至刚刚完成杀毒工作的一台工作站马上就能被网上另一台工作站的带毒程序所传染。因此，仅仅对单机进行病毒杀除不能彻底解决蠕虫病毒的问题。

（7）破坏性强

网络中蠕虫病毒将直接影响网络的工作状态，轻则降低速度，影响工作效率，重则造成网络系统的瘫痪，破坏服务器系统资源，使多年的工作毁于一旦。

5. 蠕虫的防范措施

与普通病毒不同，蠕虫病毒往往能够利用漏洞来入侵、传播。这里的漏洞（或者说是缺陷）分为软件缺陷和人为缺陷两类。软件缺陷（例如，远程溢出、微软 IE 和 Outlook 的自动执行漏洞等）需要软件厂商和用户共同配合，不断地升级软件来解决。人为缺陷主要是指计算机用户的疏忽。对于企业用户来说，威胁主要集中在服务器和大型应用软件上；而对个人用户，主要是防范第二种缺陷。

（1）企业类蠕虫的防范

当前，企业网络主要应用于文件和打印服务共享、办公自动化系统、企业管理信息系统 MIS、Internet 应用等领域。网络具有便利的信息交换特性，蠕虫病毒也可以充分利用网络快速传播以达到其阻塞网络的目的。企业在充分利用网络进行业务处理的同时，也要考虑病毒的防范问题,以保证关系企业命运的业务数据的完整性和可用性。

企业防治蠕虫病毒需要考虑病毒的查杀能力、病毒的监控能力和新病毒的反应能力等几个问题。而企业防病毒的一个重要方面就是管理策略,现建议企业防范蠕虫病毒的策略如下:

①加强网络管理员的安全管理水平,提高安全意识。由于蠕虫病毒利用的是系统漏洞,所以需要在第一时间保持系统和应用软件的安全性,保持各种操作系统和应用软件的更新。由于各种漏洞的出现,使得安全问题不再是一劳永逸的事,而作为企业用户而言,所经受攻击的危险也是越来越大,要求企业的管理水平和安全意识也越来越高。

②建立病毒检测系统,能够在第一时间内检测到网络的异常和病毒的攻击。

③建立一个紧急响应系统,在病毒爆发的第一时间即能提供解决方案。

④建立备份和容灾系统,对于数据库和数据系统,必须采用定期备份、多机备份和容灾等措施,防止意外灾难下的数据丢失。

(2)个人用户蠕虫的防范

对于个人用户而言,威胁大的蠕虫病毒一般采取电子邮件和恶意网页传播方式。这些蠕虫病毒对个人用户的威胁最大,同时也最难以根除,造成的损失也更大。

对于利用电子邮件传播的蠕虫,通常利用的是社会工程学欺骗,即以各种各样的欺骗手段诱惑用户单击的方式进行传播。确切地说,恶意网页是一段黑客代码程序,它内嵌在网页中,当用户在不知情的情况下将其打开时,病毒就会发作。这种病毒代码内嵌技术的原理并不复杂,所以能够很容易地被利用。在很多黑客网站中竟然出现了关于用网页进行破坏的技术论坛,并提供破坏程序代码下载,从而造成了恶意网页的大面积泛滥,也使越来越多的用户遭受损失。

通过上述的分析可知,病毒并不是非常可怕的,网络蠕虫对个人用户的攻击主要还是通过社会工程学,而不是利用系统漏洞,所以防范此类病毒需要注意以下几点:

①选购合适的杀毒软件。蠕虫病毒的发展已经使传统的杀毒软件的"文件级实时监控系统"落伍,杀毒软件必须向内存实时监控和邮件实时监控发展。另外,面对防不胜防的网页病毒,也使得用户对杀毒软件的要求越来越高。目前,国内的杀毒软件也具有了相当高的水平,像瑞星杀毒软件对蠕虫兼木马程序有很大的克制作用。

②经常升级病毒库。杀毒软件对病毒的查杀是以病毒的特征码为依据的,而病毒每天都层出不穷,尤其是在网络时代,蠕虫病毒的传播速度快、变种多,因此,必须随时更新病毒库,以便能够查杀最新的病毒。

③提高防杀毒意识。不要轻易去点击陌生的网站,有可能里面就含有恶意代码。当运行 IE 时,单击"工具→Internet 选项→安全→Internet 区域的安全级别"命令,把安全级别由"中"改为"高"。因为这一类网页主要是含有恶意代码的 ActiveX 或 Applet、JavaScript 的网页文件,所以在 IE 设置中将 ActiveX 插件和控件、Java 脚本等全部禁止,就可以大大减少被网页恶意代码感染的几率。具体方案是:在 IE 窗口中单击"工具"→"Internet 选项"命令,在弹出的对话框中选择"安全"选项卡,再单击"自定义级别"按钮,就会弹出"安全设置"对话框,把其中所有 ActiveX 插件和控件以及与 Java 相关全部选项选择"禁用"。但是,这样做在以后的网页浏览过程中有可能会使一些正常应用 ActiveX 的网站无法浏览。

④不随意查看陌生邮件。不随意查看陌生邮件,尤其是带有附件的邮件。由于有的病毒邮件能够利用 IE 和 Outlook 的漏洞自动执行,所以计算机用户需要升级 IE 和 Outlook 程序,以及常用的其他应用程序。

第9章　黑客与攻击技术

Internet 的飞速发展促进了网络互连、信息共享与信息的全球化。随着网络互连的范围越来越大，期间也伴随着出现了一大批复杂的黑客攻击技术。信息与网络的安全成为全球关注的焦点。从这一点上来说，没有网络信息安全，就没有完整的国家信息系统的安全，因此，应从战略的高度考虑网络信息的安全，不仅要重视网络信息系统的安全防御，还应当重视对网络信息系统的攻击技术与手段，更好地保护我国基础信息网络和重要网络信息系统的安全。

9.1　黑客攻击概述

9.1.1　黑客的历史

20 世纪 60 年代，美国麻省理工学院（MIT）成为现今的电脑黑客概念的发源地，当时，黑客被定义为打破某种限制的开发者。与此同时，第一个在多个平台上运行的操作系统 UnixOS 首次公诸于世。

20 世纪 70 年代初，使用一支简单的口哨便发现可复制 2600Hz 音频，这一方法能让黑客们轻易地破解电话交换机，从而可以进行免费通话。这种欺诈手段广为流传，而且不更换，所有交换机根本没法杜绝。20 世纪 70 年代也正是微软建立基业和第一份计算机 OS 编写协议诞生的时期；第一个基于电脑的电子公告牌系统的出现使得黑客们可以远程共享他们的经验和信息，后来又确立国际网络工作组（INWG）对发展中的网络标准进行管理。

20 世纪 80 年代，随着上百万美元的银行盗窃案及电脑间谍的出现（特别是通过一些电影如1983 年出品的战争游戏 War Games），黑客问题受到公众更广泛的关注。这期间，首次认真地尝试采用拘留和监禁等法律手段来对抗黑客攻击，在美国，财政部特工处被授权处理信用卡等电脑诈骗案件。由于发生越来越多入侵政府或公司电脑的事件，因此，美国国会于 1983 年通过了《计算机诈骗和滥用法案》（Computer Fraudand Abuse Act），其中将侵入他人计算机系统的行为列为犯罪行为。凯文.米特尼克（Kevin Mitnick）成为第一个被定罪的黑客，首次因以秘密监测大公司安全部门电子邮件的罪名被判处一年监禁。

1988 年，能够自我复制的"莫里斯的蠕虫（Morrisworm）"病毒在美国政府的 ARPA 网（互联网的先驱）中发作，专攻 Unix 系统。病毒大肆传播，感染了近 6000 台连网的电脑，造成政府和学校的网络系统阻塞瘫痪。这是有史以来第一个网络病毒，它首次例证了计算机能量的恶意应用所能造成的巨大破坏性。此次事件的作恶者被判处缓期 3 年的监禁和 10000 美元的罚款，也因此而变成公众皆知的名人。

20 世纪 90 年代出现了两个与黑客技术进一步发展有关的重要程序。一是微软的视窗操作系统，现在对我们所有人来说，其重要性显而易见，而对于黑客来说，则是世界上每个电脑用户都成了一个易受攻击和容易滥用的目标。另一个是 Linux 代码的公开，它在安全领域占有非常重要的地位，防火墙的发布代表着引入专门设计用于对抗黑客和保障通信渠道安全的第一大软件。

由于越来越多的人意识到安全的重要性,白帽公共信息共享组织迅速扩张,并引入基本的入侵检测系统(IDS),虽然它们的实际应用范围很小而且也不太重要。

同样在20世纪90年代,黑客已可以轻易潜入万维网进行破坏活动。具有代表性的例子如"美国在线地狱(AOHell)",一些资历较浅的黑客,通常是被人们称作"脚本小子"的十几岁孩子,利用这个免费软件对美国在线进行报复性的大肆破坏,发送大量垃圾邮件阻塞AOL的用户邮箱;攻破微软的Windows-NT操作系统;攻击五角大楼的机密电脑并窃取软件程序;还有,传播有史以来造成损失最大的恶性产物-梅利莎蠕虫病毒。

结果,这十年间出现了一大批复杂的黑客攻击技术。一些年轻的黑客利用群发邮件和蠕虫病毒就能致使网络——瘫痪,同时,分布式拒绝服务攻击(DDoS)、僵尸网络(BotNets)、分布式破解等一系列威力巨大的黑客工具也让家用电脑和商用电脑转变成黑客手中的致命工具。网站被大范围地集中攻陷及信用卡被盗事件说明了网络上的个人信息不再安全。

9.1.2 黑客的概念、类型与守则

1.黑客的概念

黑客(Hacker)源于动词"Hack",其引申意义是指"干了一件非常漂亮的事",原指一群专业技能超群、聪明能干、精力旺盛、对计算机信息系统进行非授权访问的人员。

现在的黑客鱼目混珠,其概念也随着信息技术的发展而有所变化。通常,将泛指的黑客认为是在计算机技术上有一定特长,并凭借掌握的技术知识,采用非法的手段逃过计算机网络系统的访问控制,而进入计算机网络进行未授权或非法访问的人。很多书籍和资料将"黑客"认为是网络"入侵者"和"破坏者"。

2.黑客的类型

实际上,较早的黑客一共分为3类:破坏者、红客、间谍。其中,破坏者又称为骇客(Cracker),而红客是指"国家利益至高无上"的正义的"网络大侠",计算机情报间谍则是指"利益至上"的情报"盗猎者"。

黑客攻击其实质就是指利用被攻击方信息系统自身存在的安全漏洞,通过使用网络命令和专用软件进入对方网络系统的攻击。目前黑客网络攻击的类型主要有以下几种。
①利用网络协议上存在的漏洞进行网络攻击。
②利用拒绝服务攻击使目的网络暂时或永久性瘫痪。
③利用侦听嗅探技术获取对方网络上传输的有用信息。
④利用网络数据库存在的安全漏洞,获取或破坏对方重要数据。
⑤利用计算机病毒传播快、破坏范围广的特性,开发合适的病毒破坏对方网络。
⑥利用系统漏洞,例如缓冲区溢出或格式化字符串等,以获得目的主机的控制权。

3.黑客守则

任何职业都有相关的职业道德,黑客也有其"行规",一些守则是必须遵守的,归纳起来就是"黑客守则"。
①不要破坏别人的软件和资料。

②将自己的笔记放在安全的地方。

③不要入侵或破坏政府机关的主机。

④已侵入的电脑中的账号不得清除或修改。

⑤勿做无聊、单调并且愚蠢的重复性工作。

⑥在发表黑客文章时不要用自己的真实名字。

⑦正在入侵的时候,不要随意离开自己的电脑。

⑧不要恶意破坏任何系统,否则会给自己带来麻烦。

⑨不要轻易地将你要黑的或者黑过的站点告诉不信任的朋友。

⑩要做真正的黑客,读遍所有有关系统安全或系统漏洞的书籍。

⑪不要修改任何系统文件,如果是由于进入系统的需要,则应该在目的达到后将其恢复原状。

⑫可以为隐藏自己的侵入而作一些修改,但要尽量保持原系统的安全性,不能因为得到系统的控制权而将门户大开。

9.1.3　黑客攻击的动机、步骤与手段

1. 黑客攻击的动机

黑客侵入计算机系统是否造成破坏,因其主观动机不同而有很大的差别。一些黑客纯粹出于好奇心和自我表现欲而闯入他人的计算机系统,有时只是窥探一下他人的秘密或隐私,并不打算窃取任何数据和破坏系统。另有一些黑客出于某种原因,如泄私愤、报复、抗议而侵入和篡改目标网站的内容,羞辱对方。

也有的黑客为既得利益大肆进行恶意攻击和破坏,其危害性最大,所占的比例也最大。有的谋取非法的经济利益、盗用账号非法提取他人的存款、股票和有价证券,或对被攻击对象进行敲诈勒索,使个人、团体、国家遭受重大的经济损失,还有的蓄意毁坏对方的计算机系统,为一定的政治、军事、经济目的窃取情报和其他隐蔽服务。系统中重要的程序数据可能被篡改、毁坏,甚至全部丢失,导致系统崩溃、业务瘫痪,后果不堪设想。

随着时间的推移,黑客攻击的动机变得越来越多样化,主要有以下几种。

①贪欲:偷窃或者敲诈财物和重要资料。

②黑客道德:这是许多黑客人物的动机。

③仇恨义愤:国家、民族的利益和情感等原因。

④恶作剧:无聊的计算机程序员通过网络戏弄他人。

⑤好奇心:因对网络系统、网站或数据内容的好奇而窥视。

⑥获取机密:以政治、军事、商业经济竞争为目的的机密窃取。

⑦名声显露:显示计算机经验与才智,以便证明自己的能力和获得名气。

⑧宿怨报复:被解雇、受批评或者被降级的雇员,或者其他任何认为其被不公平地对待的人员,利用网络进行肆意报复。

2. 黑客攻击的步骤

想防范黑客的攻击,了解黑客攻击的手段与方法是非常必要的。虽然黑客攻击的手段种类

繁多,但其攻击的步骤一般可归纳如下。

(1)确定目标

黑客进行攻击,首先要确定攻击的目标,如某个具有特殊意义的站点,某个可恶的 ISP,具有敌对观点的宣传站点,解雇了黑客的单位的主页等。黑客也可能找到 DNS(域名系统)表,通过 DNS 可以知道机器名、Internet 地址、机器类型,甚至还可知道机器的属主和单位。攻击目标还可能是偶然看到的一个调制解调器的号码,或贴在机器旁边的使用者的名字。

(2)信息搜集

信息收集的目的是为了进入所要攻击的目标网络的数据库。利用社会学攻击、黑客技术等方法和手段收集要攻击的目标系统的信息,包括目标系统的位置、路由、目标系统的结构及技术细节等。收集目标主机的各种信息。收集信息并不会对目标主机造成危害,只是为进一步攻击提供有价值的信息。这一过程可能通过网络扫描、监听软件等工具实现。

以下的工具或协议可以帮助完成信息收集。

Ping 程序:可以测试一个主机是否处于活动状态、到达主机的时间等。

Tracert 程序:可以用该程序来获取到达某一主机经过的网络及路由器的列表。

Finger 协议:可以用来取得某一主机上所有用户的详细信息(如用户注册名、电话号码、最后注册时间以及他们有没有读邮件等)。

DNS 服务器:该服务器提供了系统中可以访问的主机的 IP 地址和主机名列表。

SNMP 协议:可以查阅网络系统路由器的路由表,从而了解目标主机所在网络的拓扑结构及其他内部细节。

Whois 协议:该协议的服务信息能提供所有有关的 DNS 域和相关的管理参数。

(3)探测系统安全弱点

入侵者根据收集到的目标网络的有关信息,对目标网络上的主机进行探测,以发现系统的弱点和安全漏洞。发现系统弱点和漏洞的主要方法有如下两种。

①自编程序:对于某些产品或者系统,已经发现了一些安全漏洞,该产品或系统的厂商或组织会提供一些"补丁"程序给予弥补。但是用户并不一定及时使用这些"补丁"程序。黑客发现这些"补丁"程序的接口后会自己编写程序,通过该接口进入目标系统。这时该目标系统对于黑客来讲就变得一览无余了。

②利用公开的工具:像 Internet 的电子安全扫描程序 ISS(Internet Security Scanner)、审计网络用的安全分析工具 SATAN(Security Analysis Tool for Auditing Network)等。这样的工具可以对整个网络或子网进行扫描,寻找安全漏洞。这些工具有两面性,就看是什么人在使用它们。系统管理员可以使用它们,以帮助发现其管理的网络系统内部隐藏的安全漏洞,从而确定系统中哪些主机需要用"补丁"程序去堵塞漏洞。而黑客也可以利用这些工具,收集目标系统的信息,获取攻击目标系统的非法访问权。

(4)实施攻击

攻击者通过上述方法找到系统的弱点后,就可以对系统实施攻击。攻击者的攻击行为一般可以分为以下 3 种表现形式。

①掩盖行迹,预留后门。攻击者潜入系统后,会尽量销毁可能留下的痕迹,并在受损害系统中找到新的漏洞或留下后门,以备下次光顾时使用。

②安装探测程序。攻击者可能在系统中安装探测软件,即使攻击者退出去以后,探测软件仍

可以窥探所在系统的活动,收集攻击者感兴趣的信息,如用户名、账号、口令等,并源源不断地把这些秘密传给幕后的攻击者。

③取得特权,扩大攻击范围。攻击者可能进一步发现受损害系统在网络中的信任等级,然后利用该信任等级所具有的权限,对整个系统展开攻击。如果攻击者获得根用户或管理员的权限,后果将不堪设想。

(5)隐藏自己

当黑客实施攻击以后,通常会在被攻击主机的日志中留下相关的信息,所以黑客一般会采用清除系统日志或者伪造系统日志等方法来销毁痕迹,以免被跟踪。

3.黑客攻击的手段

(1)社会工程学攻击

社会工程学攻击是指利用人性的弱点、社会心理学等知识来获得目标系统敏感信息的行为。攻击者如果没有办法通过物理入侵的办法直接取得所需要的资料时,就会通过计策或欺骗等手段间接获得密码等敏感信息,通常使用电子邮件、电话等形式对所需要的资料进行骗取,再利用这些资料获取主机的权限以达到其攻击的目的。

目前,社会工程学攻击主要包括以下两种方式:

①打电话请求密码。尽管此种方法不是很聪明,但打电话寻问密码却经常奏效。在社会工程中那些黑客冒充失去密码的合法雇员,经常通过这种简单的方法重新获得密码。

②伪造 E-mail。通过使用 Telnet 黑客可以截取任何用户 E-mail 的全部信息,这样的 E-mail 消息是真实的,因为它发自于合法的用户。利用这种机制黑客可以任意进行伪造,并冒充系统管理员或经理就能较轻松地获得大量的信息,以实施他们的恶意阴谋。

(2)信息收集型攻击

信息收集就是对目标主机及其相关设施、管理人员进行非公开的了解,用于对攻击目标安全防卫工作情况的掌握。

①简单信息收集。可以通过一些网络命令对目标主机进行信息查询。

②网络扫描。使用扫描工具对网络地址扫描、开放端口等情况扫描。

③网络监听。使用监听工具对网络数据包进行监听,以获得口令等敏感信息。

(3)利用型攻击

利用型攻击是指试图直接对主机进行控制的攻击,主要形式包括:

①猜口令。通过分析或暴力攻击等手段获取合法账户的口令。

②木马攻击。这里的"木马"是潜在威胁的意思,种植过木马的主机将会完全被攻击者掌握和控制。

(4)漏洞与缺陷攻击

漏洞与缺陷攻击通常是利用系统漏洞或缺陷进行的攻击,主要形式包括:

①缓冲区溢出。缓冲区溢出是指通过有意设计而造成缓冲区溢出的现象,目的是使程序运行失败,或者为了获得系统的特权。

②拒绝服务攻击。如果一个用户占用大量资源,系统就没有剩下的资源再提供服务的能力,导致死机等现象的发生。例如,死亡之 Ping、泪滴(Teardrop)、UDP 洪水、SYN 洪水、Land 攻击、邮件炸弹、Fraggle 攻击等。

③分布式拒绝服务攻击。攻击者通常控制多个分布的"傀儡"主机对某一目标发动拒绝服务的攻击。

(5)欺骗型攻击

欺骗型攻击通常是利用实体之间的信任关系而进行的一种攻击方式,主要形式包括:

①IP 欺骗。使用其他主机的 IP 地址来获得信息或者得到特权。

②Web 欺骗。通过主机间的信任关系,以 Web 形式实施的一种欺骗行为。

③邮件欺骗。用冒充的 E-mail 地址进行欺骗。

④非技术类欺骗。主要是针对人力因素的攻击,通过社会工程技术来实现。

(6)病毒攻击

病毒攻击是指使目标主机感染病毒从而造成系统损坏、数据丢失、拒绝服务、信息泄密、性能下降等现象的攻击。病毒是当今网络信息安全的主要威胁之一。

9.1.4 黑客攻击的发展趋势

从 1988 年开始,位于美国卡内基梅隆大学的 CERT/CC(计算机紧急响应小组协调中心)就开始调查入侵者的活动。CERT/CC 给出了一些关于最新入侵者攻击方式的趋势。

1.攻击过程的自动化

综合十来年的发展可以看出,黑客所采用的攻击工具的自动化程度在不断提高,这也是与黑客们在程序开发方面水平的提高分不开的。这些自动化攻击工具的发展主要表现在以下 3 个方面。

(1)扫描工具的扫描能力大为增强

从 1997 年起开始出现大量的扫描活动,但那时只是非常简单的 IP 地址扫描,而且速度慢。目前,新的扫描工具利用更先进的扫描技术,扫描功能非常强大,不再局限于 IP 地址,MAC 地址、通信端口已成为新型的扫描对象,并且速度提高了许多。当然这主要得益于现在的网络互联带宽和网络访问速度的提高。

(2)系统漏洞扫描工具不断涌现

以前,能查看系统漏洞的只是极少数专家级的黑客。但是现在,涌现出许多新型的系统漏洞扫描工具,只要稍有一些网络知识的人就可很容易地利用这些工具查看对方系统的所有漏洞,为黑客们入侵提供了方便,也降低了黑客攻击的门槛,提高了黑客攻击的"效率"。

(3)攻击自动化

在 2000 年之前,攻击工具需要人为来发起具体的攻击过程。现在,攻击工具能够自动发起新的攻击过程。例如,红色代码和 Nimda 病毒这些工具就在 18 个小时之内传遍了全球。

(4)攻击工具的协同管理

自从 1999 年起,随着分布式攻击工具的产生,攻击者能够对大量分布在 Internet 之上的攻击工具发起攻击。现在,攻击者能够更加有效地发起一个分布式拒绝服务攻击。协同功能利用了大量大众化的协议如 IRC(Internet Relay Chat)、IM(Instant Message)等的功能。

2.攻击工具智能化

现在黑客工具的编写者采用了比以前更加先进、更加智能的技术。攻击工具的特征码越来越难以通过分析来发现,也越来越难以通过基于特征码的检测系统发现,而且现在的攻击工具也具备了相当的反检测智能分析能力。主要表现在以下 3 个方面。

(1)反检测

攻击者采用了能够隐藏攻击工具的技术。这使得安全专家想要通过各种分析方法来判断新的攻击的过程变得更加困难。

(2)动态行为

以前的攻击工具按照预定的单一步骤发起进攻。现在的自动攻击工具能够按照不同的方法更改它们的特征,如通过随机选择预定的决策路径或者通过入侵者直接的控制来进行攻击。

(3)攻击工具的模块化和标准化

和以前攻击工具仅仅实现一种攻击相比,新的攻击工具能够通过升级或者对部分模块的替换完成快速更改。而且,攻击工具能够在越来越多的平台上运行。例如,许多攻击工具采用了标准的协议如 IRC 和 HTTP 进行数据和命令的传输,这样,想要从正常的网络流量中分析出攻击特征就更加困难了。

3.攻击门槛更低

由于现在攻击工具的功能已非常强大,而且大多数又是免费下载的,因此,要获取这方面的工具软件是毫不费劲的。再加上现在各种各样的漏洞扫描工具不仅品种繁多,而且功能相当强大,各系统的安全漏洞已公开化,只要稍有一些网络知识的人都可以轻松实现远程扫描,甚至达到攻击的日的。正因如此,现在的黑客活动越来越猖獗,犯罪分子的年龄也在不断下降。有的小学生也参与到了"黑客"行列。

4.攻击范围更广

随着各种宽带接入(如 ADSL、Cable MODEM 和小区光纤以太网等)技术的普及,现在许多单位和个人都采取永久在线的方式上网。即使不是专线接入,在线的时间也远比以前电话拨号的方式长。这样就为黑客们提供了宽松的攻击环境,可以有足够的时间来实施对目标的攻击。所以,现在遭受攻击的用户面比以前广了许多,几乎所有上网的个人和单位都可能遭受黑客的攻击。

5.病毒变种更容易

由于很多病毒源代码被病毒作者公开并可以下载,甚至对于有些代码还提供完整的说明文档、相应工具和示例,这样其他人基本不需要特别的技能,仅仅通过修改配置文件和部分源代码就可以编译生成一个新的病毒变种程序。

据瑞星全球病毒监测网(国内部分)的数据显示,2004 年我国大陆地区网络病毒变种数量相对上一年大幅度增加。截止到 2004 年 12 月 6 日,瑞星公司共截获 SCO 炸弹(Worm. Novarg)变种 27 个,恶鹰病毒(Worm. BBeagle)变种 64 个,波特间谍(Win32. Spybot)变种 442 个,高波病毒(Worm. Agobot. 3)变种 760 个。据估计,这些病毒的变种在将来还会不断出现。

6.发现漏洞更早

每一年报告给 CERT/CC 的漏洞数量都成倍增长。可以想象,对于管理员来说想要跟上补丁的步伐是很困难的。而且,入侵者往往能够在软件厂商修补这些漏洞之前首先发现这些漏洞。随着发现漏洞的工具的自动化,留给用户打补丁的时间越来越短。尤其是缓冲区溢出类型的漏洞,其危害性非常大而又无处不在,是计算机安全的最大威胁。在 CERT 和其他国际性网络安全机构的调查中,这种类型的漏洞是对服务器造成后果最严重的。

比如,从 2004 年 4 月 14 日 LSASS 溢出漏洞(MS04-011)被公布,到 5 月 1 日利用此漏洞进行破坏传播的震荡波病毒(Worm. Sasser)的出现仅用了短短的 17 天。而瑞星公司于 2004 年 11 月 9 日截获的 SCO 炸弹变种 AC/AD(Worm. Novarg. ac/ad)则利用了一个还没被软件厂商(微软)公布的 IE 漏洞进行传播。可见,漏洞被病毒越来越多地利用,这就需要安全防护产品本身能够对漏洞进行防范和修补。

7.渗透防火墙

我们常常依赖防火墙提供一个安全的主要边界保护。但是目前已经存在一些绕过典型防火墙配置的技术,如 IPP(the Internet Printing Protocol)和 WebDAV(Web-based Distributed Authoring and Versioning)特定特征的"移动代码"(如 ActiveX 控件,Java 和 JavaScript)使得保护存在漏洞的系统以及发现恶意的软件更加困难。

此外,随着 Internet 上计算机的不断增多,计算机之间存在很强的依存性。一旦某些计算机遭到了入侵,它就有可能成为入侵者的栖息地和跳板,作为进一步攻击的工具。对网络基础架构(如 DNS 系统、路由器)的攻击也越来越成为严重的安全威胁。

8."网络钓鱼"形式的诈骗活动增多

"网络钓鱼"是指攻击者利用欺骗性的电子邮件和伪造的 Web 站点来进行诈骗活动。受骗者往往会泄露自己的个人信息和财务数据,包括个人的真实信息、联系方式、E-mail 地址,以及银行卡号、账户和密码等。

"网络钓鱼"比较典型的做法是通过发送垃圾邮件,采用欺骗方式诱使用户访问一个伪造的钓鱼网站,这种网站通常会被做得与电子银行或者电子商务等网站一模一样,某些粗心的用户往往就会不辨真假,下载木马程序或者填写个人的登录账号和密码,从而导致个人财产失窃。

在 2004 年 12 月初,网上出现了假冒的中国银行网站。该假冒网站的网页与中行网页十分相似,在仿冒网页上有输入账号和密码的区域,而中行的官方网站没有这些内容。但当用户在仿冒网页上输入账号和密码后,页面显示的是系统维护。实际上此时用户的银行账号和密码已经被窃取。

据瑞星反病毒专家分析,在未来的一段时间里,针对股民、网络银行、网上购物用户的网络钓鱼式诈骗活动将越来越多。

9.黑客攻击看似"合法化"、"组织化"

经常在网上见到的某某黑客联盟、红客联盟,打着保护国家、民族利益的旗号公然发出向其他国家或民族发动网络攻击的号召。如前段时间,我国与日本的关系出现一些紧张,在网上就有许多这类组织公然宣称要向日本发起攻击。大家看到这些,似乎觉得黑客攻击已合法化、组织化。其实这是一种错觉,这样的攻击不可能合法化,一旦形成事实,还是要付出代价的。这一点请广大网络爱好者务必记清。至于某某组织,也只是他们自己这么称谓,一般不是什么公开的固定组织,只是一些爱好者的松散联盟而已。

9.2　端口扫描

9.2.1　端口扫描相关概念

1. 端口

许多的 TCP/IP 程序都可以通过网络启动的客户/服务器结构。服务器上运行着一个守护进程,当客户有请求到达服务器时,服务器就启动一个服务进程与其进行通信。为简化这一过程,每个应用服务程序(如 WWW、FTP、Telnet 等)被赋予一个唯一的地址,这个地址称为端口。

端口号由 16 位的二进制数据表示,范围为 0~65535。守护进程在一个端口上监听,等待客户请求。常用的 Internet 应用所使用的端口如下:HTTP:80,FTP:2l,Telnet:23,SMTP:25,DNS:53,SNMP:169。这类服务也可以绑定到其他端口,但一般都使用指定端口,它们被称为周知端口或公认端口。

如果从端口的性质来分,通常可以分为以下几类。

(1)公认端口(Well Known Ports)

这类端口也常称之为"常用端口"。这类端口的端口号从 0 到 1023,它们紧密绑定于一些特定的服务。通常这些端口的通信明确表明了某种服务的协议,这种端口不可再重新定义它的作用对象。例如,80 号端口实际上总是 HTTP 通信所使用的,而 23 号端口则是 Telnet 服务专用的。这些端口像木马这样的黑客程序通常不会利用。

(2)注册端口(Registered Ports)

端口号从 1024 到 49151。它们松散地绑定于一些服务。也就是说有许多服务绑定于这些端口,这些端口同样用于许多其他目的。这些端口多数没有明确的定义服务对象,不同程序可根据实际需要自己定义。

(3)动态和/或私有端口(Dynamic and/or Private Ports)

端口号从 49152 到 65535。理论上,不应为服务分配这些端口。实际上,有些较为特殊的程序,特别是一些木马程序就非常喜欢用这些端口,因为这些端口常常不被引起注意,容易隐蔽。

2. 扫描

扫描就是对计算机系统或者其他网络设备进行与安全相关的检测,以找出目标系统所开放的端口信息、服务类型以及安全隐患和可能被黑客利用的漏洞。它是一种系统检测、有效防御的工具。当然如果被黑客掌握,它也可以成为一种有效的入侵工具。

扫描器是自动检测远程或本地主机安全性弱点的程序。通过使用扫描器可以不留痕迹地发现远程服务器的各种端口的分配、提供的服务和软件版本,这就能间接地或直观地了解到远程主机所存在的安全问题。

3. 端口扫描

端口扫描通常指用同一信息对目标计算机的所有所需扫描的端口进行发送,然后根据返回端口状态来分析目标计算机的端口是否打开、是否可用。端口扫描行为的一个重要特征,是在短时期内有很多来自相同的信源地址,传向不同的目的地端口的包。

端口扫描通过检测远程或本地系统的端口开放情况来判断系统所安装的服务和相关信息。其原理是向目标工作站、服务器发送数据包,根据反馈信息来分析出当前目标系统的端口开放情况和更多细节信息。

端口扫描是入侵者搜集信息的常用手法之一。一般来说,端口扫描有如下目的。

(1)判断目标主机中开放了哪些服务

网络服务一般采用固定端口,如 HTTP 服务使用 80 端口,如果发现 80 端口开放,也就意味着该主机安装有 HTTP 服务。

(2)判断目标主机的操作系统

一般情况下,每种操作系统都开放有不同的端口供系统间通信使用,因此根据端口号也可以大致判断出目标主机的信息系统,一般认为开放有 135、139 端口的主机为 Windows 系统;如果还有 5000 端口是开放的,则该主机为 Windows XP 系统。当然通过返回的网络堆栈信息,可以更精确地知道操作系统的类型。

如果入侵者掌握了目标主机开放了哪些服务、运行何种操作系统等情况,他们就能够使用相应的攻击手段实现入侵。因此,扫描系统并发现其开放的端口,对于网络入侵者来说是非常重要的。

9.2.2　端口扫描的原理

很显然,如果要想了解端口的开放情况,必须知道端口是如何被扫描的。

对于用端口扫描进行攻击的人来说,攻击者总是可以做到在获得扫描结果的同时,使自己很难被发现或者说很难被逆向追踪。为了隐藏攻击,攻击者可以慢慢地进行扫描。除非目标系统通常闲着,有很大时间间隔的端口扫描是难以被识别的。

隐藏源地址的方法是发送大量的欺骗性的端口扫描数据包,其中只有一个是从真正的源地址来的。这样即使全部数据包都被察觉,被记录下来,也没有人知道哪个是真正的信源地址。能发现的仅仅是"曾经被扫描过"的地址。也正因为如此,那些黑客们才乐此不疲地继续大量使用这种端口扫描技术,来达到他们获取目标计算机信息,并进行恶意攻击的目的。

通常进行端口扫描的工具目前主要采用的是端口扫描软件,也称之为端口扫描器。端口扫描器也是一种程序,它可以对目标主机的端口进行连接,并记录目标端口的应答。端口扫描器通过选用远程 TCP/IP 协议不同的端口的服务,记录目标计算机端口给予回答的方法,可以收集到很多关于目标计算机的各种有用信息。

尽管端口扫描器可以用于正常网络安全管理,但就目前来说,它主要还是被黑客所利用,是黑客入侵、攻击前期不可缺少的工具。黑客一般先使用扫描工具扫描待入侵主机,掌握目标主机的端口打开情况,然后采取相应的入侵措施。

无论是正常用途,还是非法用途,端口扫描可以提供以下几个用途:

①识别目标主机上有哪些端口是开放的,这是端口扫描的最基本目的。

②识别目标系统的操作系统类型。

③识别某个应用程序或某个特定服务的版本号。

④识别目标系统的系统漏洞,这是端口扫描的一种新功能。

以上这些功能并不是一成不变的,随着技术的不断完善,新的功能会不断地增加。端口扫描器并不是一个直接攻击网络漏洞的程序,它仅仅能帮助发现目标计算机的某些内在的弱点。一个好的扫描器还能对它得到的数据进行分析,帮助查找目标计算机的漏洞。但它不会提供一个系统的详细步骤。

9.2.3 端口扫描的几类常用技术

1. TCP Connect()扫描技术

TCP Connect()扫描是最简单的一种扫描技术,也称为全 TCP 连接扫描,是长期以来 TCP 端口扫描的基础。这种技术主要使用三次握手机制来与目标主机的指定端口建立正规的连接。

TCP Connect()扫描使用操作系统提供的 connect()系统调用函数来进行扫描。对于每一个监听端口,connect()调用都会获得一个成功的返回值,表示端口可访问。由于在通常情况下,这种操作不需要什么特权,所以几乎所有的用户都可以通过 connect()调用来实现这个技术。

这种扫描方法很容易被检测出来,因为在系统的日志文件中会有大量密集的连接和错误记录。通过使用一些工具(如 TCP Wrapper),可以对连接请求进行控制,以此来阻止来自不明主机的全连接扫描。

2. TCP SYN Scan 扫描技术

TCP SYN Scan 扫描又称为"半连接扫描",也称为"间接扫描"或"半开式扫描"(IIalf Open Scan)。若端口扫描没有完成一个完整的 TCP 连接,即在扫描主机和目标主机的一指定端口建立连接的时候,只完成前两次握手,在第三步时,扫描主机中断了本次连接,使连接没有完全建立起来。

SYN 扫描,通过本机的一个端口向对方指定的端口,发送一个 TCP 的 SYN 连接建立请求数据报,然后开始等待对方的应答。如果应答数据报中设置了 SYN 位和 ACK 位,那么这个端口是开放的;如果应答数据报是一个 RST 连接复位数据报,则对方的端口是关闭的。使用这种方法不需要完成 Connect 系统调用所封装的建立连接的整个过程,而只是完成了其中有效的部分就可以达到端口扫描的目的。

此种扫描方式的优点是不容易被发现,扫描速度也比较快。同时通过对 MAC 地址的判断,可以对一些路由器进行端口扫描,缺点是需要系统管理员的权限,不适合使用多线程技术。因为在实现过程中需要自己完成对应答数据报的查找、分析,使用多线程容易发生数据报的串位现象,也就是原来应该这个线程接收的数据报被另一个线程接收,接收后,这个数据报就会被丢弃,而等待线程只好在超时之后再发送一个 SYN 数据报,等待应答。这样,所用的时间反而会增加。

3. TCP FIN 扫描技术

TCP FIN 扫描不依赖于 TCP 的 3 次握手过程,而是 TCP 连接的"FIN"(结束)位标志。原理在于 TCP 连接结束时,会向 TCP 端口发送一个设置了 FIN 位的连接终止数据报,关闭的端口会回应一个设置了 RST 的连接复位数据报;而开放的端口则会对这种可疑的数据报不加理睬,将它丢弃。可以根据是否收到 RST 数据报来判断对方的端口是否开放。

TCP FIN 扫描技术的优点:比前两种都要隐秘,不容易被发现。该方案有两个缺点:首先,要判断对方端口是否开放必须等待超时,增加了探测时间,而且容易得出错误的结论;其次,一些系统并没有遵循规定,最典型的就是 Microsoft 公司所开发的操作系统。这些系统一旦收到这样的数据报,无论端口是否开放都会回应一个 RST 连接复位数据报,这样一来,这种扫描方案对于这类操作系统是无效的。

4. IP 段扫描技术

IP 段扫描并不是直接发送 TCP 协议探测数据包,而是将数据包分成两个较小的 IP 协议段。这样就将一个 TCP 协议头分成好几个数据包,从而过滤器就很难探测到。但必须小心,一些程序在处理这些小数据包时会有些麻烦。

5. TCP Xmas Tree 扫描技术

TCP Xmas Tree 扫描向目标端口发送一个含有 FIN(结束)、URG(紧急)和 PUSH(弹出)标志的分组。根据 RFC 793,对于所有关闭的端口,目标系统应该返回 RST 标志。根据这一原理就可以判断哪些端口是开放的。

6. TCP Null 扫描技术

TCP Null 扫描与 TCP Xmas Tree 扫描的原理是一样,只是发送的数据包不一样而已。本扫描方案中,是向目标端口发送一个不包含任何标志的分组。根据 RFC 793,对于所有关闭的端口,目标系统也应该返回 RST 标志。

7. TCP Ident 扫描技术

TCP Ident 扫描也称为认证扫描。Ident 指的是鉴定协议,该协议建立在 TCP 申请的连接上,服务器在 TCP 113 端口监测 TCP 连接,一旦连接建立,服务器将发送用户标志符等信息来作为回答,然后服务器就可以断开连接或者读取并回答更多的询问。

认证扫描利用该协议的这个特性,尝试与一个 TCP 端口建立连接,如果连接成功,扫描器发送认证请求到目的主机的 113 TCP 端口以此来获取用户标志符。

8. UDP 扫描技术

在 UDP 扫描中,是往目标端口发送一个 UDP 分组。如果目标端口是以一个"ICMP port Unreachable"(ICMP 端口不可到达)消息来作为响应的,则该端口是关闭的。相反,如果没有收到这个消息,则认为该端口是开放的。还有就是一些特殊的 UDP 回馈,例如,SQL Server 服务器,对其 1434 号端口发送"x02"或者"x03"就能够探测得到其连接端口。

由于 UDP 是无连接的不可靠协议,因此,这种技巧的准确性很大程度上取决于与网络及系统资源的使用率相关的多个因素。另外,当试图扫描一个大量应用分组过滤功能的设备时,UDP 扫描将是一个非常缓慢的过程。如果要在互联网上执行 UDP 扫描,那么结果就是不可靠的。

9.ICMP echo 扫描技术

ICMP echo 扫描称不上是真正意义的扫描。但有时的确可以通过支持 Ping 命令,判断在一个网络上主机是否开机。Ping 是最常用的,也是最简单的探测手段,用来判断目标是否活动。实际上 Ping 是向目标发送一个回显(Type＝8)的 ICMP 数据包,当主机得到请求后,再返回一个回显(Type＝0)的数据包。而且 Ping 程序一般是直接实现在系统内核中的,而不是一个用户进程,更加不易被发现。

10.高级 ICMP 扫描技术

Ping 是利用 ICMP 协议实现的,高级的 ICMP 扫描技术主要利用 ICMP 协议最基本的用途——报错。根据网络协议,如果接收到的数据包协议项出现了错误,则接收端将产生一个"Destination Unreachable"(目标主机不可达)ICMP 的错误报文。这些错误报文不是主动发送的,而是由于错误,根据协议自动产生的。

当 IP 数据包出现 Checksum(校验和)和版本的错误时,目标主机将抛弃这个数据包;如果是 Checksum 出现错误,则路由器就直接丢弃这个数据包。有些主机如 AIX、HP/UX 等,是不会发送 ICMP 的 Unreachable 数据包的。

9.2.4　端口扫描的预防

预防端口扫描的检测是一个大的难题,因为每个网站的服务(端口)都是公开的,所以一般无法判断是否有人在进行端口扫描。但是根据端口扫描的原理,扫描器一般都只是查看端口是否开通,然后在端口到表中显示出相应的服务。因此,网络管理员可以把服务开在其他端口上,如可以将 HTTP 服务固定的 80 端口改为其他端口,这样就容易区别合法的连接请求和扫描现象。

实际上,防范扫描可行的方法如下所示。

(1)关闭闲置及危险端口

最常用的安全防范对策之一就是关闭闲置及危险端口,就是指将所有用户需要用到的正常计算机端口之外的其他端口都关闭,以防"病从口入"。

(2)屏蔽出现扫描症状的端口(启动防火墙)

这种预防端口扫描的方式显然靠用户自己手工是不可能完成的,或者说完成起来相当困难,需要借助网络防火墙。

首先检查每个到达的数据包,在这个包被机上运行的任何软件看到之前,防火墙有完全的否决权,可以禁止计算机接收 Internet 上的任何东西。端口扫描时,对方计算机不断和本地计算机建立连接,并逐渐打开各个服务所对应的 TCP/IP 端口及闲置端口,防火墙经过自带的拦截规则判断,就能够知道对方是否正进行端口扫描,并拦截掉对方发送过来的所有扫描需要的数据包。

现在几乎所有的网络防火墙都能够抵御端口扫描,在默认安装后,应该检查一些防火墙所拦截的端口扫描规则是否被选中,否则,它会放行端口扫描,而只是在日志中留下信息而已。

9.3 网络监听

9.3.1 网络监听的概念

网络监听也称为网络嗅探(Sniffer)。它工作在网络的底层,能够把网络传输的全部数据记录下来,黑客一般都是利用该技术来截取用户口令的。网络监听是一种常用的被动式网络攻击方法,能帮助入侵者轻易获得用其他方法很难获得的信息,包括用户口令、账号、敏感数据、IP 地址、路由信息、TCP 套接字号等。

网络监听通常在网络接口处截获计算机之间通信的数据流,是进行网络攻击最简单、最有效的方法,它具有以下特点。

(1)隐蔽性强

进行网络监听的主机只是被动地接收在网络中传输的信息,没有任何主动的行为,既不修改在网络中传输的数据包,也不往链路中插入任何数据,很难被网络管理员觉察到。

(2)手段灵活

网络监听可以在网络中的任何位置实施,可以是网络中的一台主机、路由器,也可以是调制解调器。其中,网络监听效果最好的地方是在网络中某些具有战略意义的位置,如网关、路由器、防火墙之类的设备或重要网段,而使用最方便的地方是在网络中的一台主机中。

9.3.2 网络监听的原理

网络侦听的最大用处是获得用户口令。嗅探器可以帮助网络管理员查找网络漏洞和检测网络性能,它可以分析网络的流量,以便找出所关心的网络中潜在的问题。

它的工作原理如下:

正常情况下,网卡只接收发给自己的信息,但是如果将网卡模式设置为 Promiscuous(混杂模式),网卡进行的数据包过滤将不同与普通模式。本来在普通模式,只有本地地址的数据包或者广播(或多播等)才会被网卡提交给系统核心,否则这些数据包就直接被网卡抛弃。现在,混合模式让所有经过的数据包都传递给系统核心,然后被 Sniffer 等程序利用。

所谓混杂模式是指网卡可以接收网络中传输的所有报文,无论其目的 MAC 地址是否为该网卡的 MAC 地址。正是由于网卡支持混杂模式,才使网卡驱动程序支持 MAC 地址的修改成为可能;否则,就算修改了 MAC 地址,网卡也根本无法接收相应地址的报文,该网卡就变得只能发送,无法接收,通信也就无法正常进行了。要使机器成为一个 Sniffer,需要一个特殊的软件(以太网卡的广播驱动程序)或者需要一种能使网络处于混杂模式的网络软件。

网络侦听(嗅探)器 Sniffer 就是这样的硬件或软件。它位于准备进行侦听的网络中,可以放在网段中的任何地方,能够"听"到在网络中传输的所有的信息。在这种意义上,每一台机器,每一个路由器都是一个 Sniffer(或者至少说它们可以成为一个 Sniffer)。这些信息就被存储在介质中,以备日后检查时用。

实际应用中的嗅探器分软件和硬件两种。软件嗅探器便宜、易于使用,缺点是往往无法抓取网络中所有的传输数据(比如碎片),也就可能无法全面了解网络的故障和运行情况。硬件嗅探器通常称为协议分析仪,它的优点恰恰是软件嗅探器所欠缺的,但是价格昂贵。

9.3.3　网络监听的安全防范

目前的网络监听的安全防范技术主要有监听检测和主动防御两种。

1. 网络监听的测试

网络嗅探的检测其实是很麻烦的,由于嗅探器需要将网络中入侵的网卡设置为混杂模式才能工作,所以可以通过检测混杂模式网卡的工具来发现网络嗅探。

还可以通过网络带宽出现反常来检测嗅探。通过某些带宽控制器,可以实时看到目前网络带宽的分布情况,如果某台机器长时间的占用了较大的带宽,这台机器就有可能在监听。通过带宽控制器也可以察觉出网络通信速度的变化。

对于 SunOS 和其他的 BSD UNIX 系统可以使用 lsof 命令来检测嗅探器的存在。lsof 的最初的设计目的并非为了防止嗅探器入侵,但因为在嗅探器入侵的系统中,嗅探器会打开 lsof 来输出文件,并不断传送信息给该文件,这样该文件的内容就会越来越大。如果利用 lsof 发现有文件的内容不断地增大,就可以怀疑系统被嗅探。

2. 网络监听的预防

主动防御网络嗅探最好的办法就是使网络嗅探不能达到预期的效果,使嗅探价值降低,可以使用的方法包括下面几种。

（1）采用安全的拓扑结构

嗅探器只能在当前网段中进行数据捕获,这就意味着,将网络分段工作进行的越细,嗅探器能够收集到的信息就越少。网络分段需要交换机、路由器等设备,通过灵活地网络分段,比如在交换机上设置 VLAN,就能够隔离不必要的数据传送。

（2）通信会话加密

这种方法的优点是明显的,即使攻击者嗅探到了数据,这些数据对他也是没有用的。传统的网络服务程序,如 SMTP、HTTP、FTP 和 Telnet 等都是不安全的,因为它们在网络中以明文的形式传送数据,嗅探器可以非常容易就截获这些口令和数据。一般可以采取 SSH 把所有传输的数据进行加密,SSH 的加密隧道保护的只是中间传输的安全性,使嗅探工具无法获取发送的内容。它提供了很强的安全验证,可以在不安全的网络中进行安全的通信,所以它是防范嗅探器的一种较有效的方法。

（3）采用静态的 ARP 或者 IP-MAC 对应表

入侵者采用诸如 ARP 欺骗等手段就能够在交换网络中顺利完成嗅探,而这种嗅探主要是通过 ARP 动态缓存表的修改来实现的。所以,网络管理员必须对各种欺骗手段有较深入的理解,可以通过在重要的主机或者工作站中设置静态的 ARP 对应表,比如 Windows 2000 系统使用 arp 命令设置、在交换机中设置静态的 IPMAC 对应表等来防止利用欺骗手段进行的嗅探。

9.4 缓冲区溢出攻击

9.4.1 缓冲区溢出的概述

1.缓冲区溢出的概念

缓冲区溢出(Buffer Overflow)攻击是一种系统攻击的手段,通过往缓冲区写超出其长度的内容,造成缓冲区溢出,从而破坏程序的堆栈,使程序转而执行其他指令,以达到攻击的目的。

缓冲区是内存中存放数据的地方,在程序试图将数据放到内存中的某一位置时,如果没有足够的空间就会发生缓冲区溢出的现象。

缓冲区溢出对系统的安全带来巨大的威胁。在 UNIX 系统中,使用精心编写的程序,利用 SUID 程序中存在的错误可以很轻易地取得系统的超级用户的权限。当服务程序在端口提供服务时,缓冲区溢出程序可以轻易地将这个服务关闭,使得系统的服务在一定的时间内瘫痪,严重的可能使系统死机,从而转变成拒绝服务攻击。

2.缓冲区溢出攻击的类型

缓冲区溢出攻击的目的在于扰乱具有某些特权运行的程序的功能,这样可以使得攻击者取得程序的控制权,如果该程序具有足够的权限,则整个主机就被控制了。

为了达到这个目的,攻击者必须达到以下两个目标:

①在程序的地址空间里安排适当的代码。

②通过适当的初始化寄存器和内存,让程序跳转到入侵者安排的地址空间执行。

根据这两个目标来对缓冲区溢出攻击进行分类,缓冲区溢出攻击分为以下两种。

(1)在程序的地址空间里安排适当的代码的方法

①植入法。攻击者向被攻击的程序输入一个字符串,程序会把这个字符串放到缓冲区里。这个字符串包含的资料是可以在这个被攻击的硬件平台上运行的指令序列。在这里,攻击者用被攻击程序的缓冲区来存放攻击代码。缓冲区可以设在任何地方:堆栈(stack,自动变量)、堆(heap,动态分配的内存区)和静态资料区。

②利用已经存在的代码。有时攻击者想要的代码已经在被攻击的程序中了,攻击者所要做的只是对代码传递一些参数。例如,攻击代码要求执行 exec (“/bin/sh”),而在 libc 库中的代码执行 exec (arg),其中 arg 是一个指向一个字符串的指针参数,那么攻击者只要把传入的参数指针改为指向/bin/sh。

(2)控制程序转移到攻击代码的方法

所有的这些方法都是在寻求改变程序的执行流程,使之跳转到攻击代码。最基本的就是溢出一个没有边界检查或者其他弱点的缓冲区,这样就扰乱了程序的正常的执行顺序。通过溢出一个缓冲区,攻击者可以用暴力的方法改写相邻的程序空间而直接跳过了系统的检查。

分类的基准是攻击者所寻求的缓冲区溢出的程序空间类型。原则上是可以任意的空间。实际上,许多的缓冲区溢出是用暴力的方法来寻求改变程序指针的。这类程序的不同之处就是程序空间的突破和内存空间的定位不同。主要有以下三种:

①活动纪录。每当一个函数调用发生时,调用者会在堆栈中留下一个活动纪录,它包含了函数结束时返回的地址。攻击者通过溢出堆栈中的自动变量,使返回地址指向攻击代码。通过改变程序的返回地址,当函数调用结束时,程序就跳转到攻击者设定的地址,而不是原先的地址。这类的缓冲区溢出被称为堆栈溢出攻击,是目前最常用的缓冲区溢出攻击方式。

②函数指针。函数指针可以用来定位任何地址空间。所以攻击者只需在任何空间内的函数指针附近找到一个能够溢出的缓冲区,然后溢出这个缓冲区来改变函数指针。在某一时刻,当程序通过函数指针调用函数时,程序的流程就按攻击者的意图实现了。

③长跳转缓冲区。在 C 语言中包含了一个简单的检验/恢复系统,称为 setjmp/longjmp。意思是在检验点设定"setjmp(buffer)",用"longjmp(buffer)"来恢复检验点。然而,如果攻击者能够进入缓冲区的空间,则"longjmp(buffer)"实际上是跳转到攻击者的代码。与函数指针一样,longjmp 缓冲区能够指向任何地方,因此,攻击者所要做的就是找到一个可供溢出的缓冲区。

9.4.2　缓冲区溢出的原理

缓冲区溢出的根本原因是编程语言(如 C\C＋＋语言)对缓冲区缺乏严格的边界检查。缓冲区溢出的问题是目前软件普遍存在的一个现象。

缓冲区溢出原理很简单,类似于把水倒入杯子中,而杯子容量有限,如果倒入的水超过杯子容量,就会溢出。缓冲区是一块用于存放数据的临时内存空间,它的长度事先已经被程序或操作系统定义好。缓冲区类似于杯子,写入的数据类似于倒入的水。缓冲区溢出就是将长度超过缓冲区大小的数据写入程序的缓冲区,造成缓冲区溢出,从而破坏程序的堆栈,使程序转而执行其他指令。例如下面程序:

```
void function(char * str){
char buffer[16];
strcpy(buffer,str);
}
```

上面的程序 strcpy(buffer,str)将直接把 str 中的内容复制到 buffer[16]中。这样只要 str 的长度大于 16,就会造成溢出,使程序运行出错。当然,随便往缓冲区填东西造成它溢出一般只会出现"分段错误(Segmentation Fult)",而达不到攻击的目的。最为常见的手段是通过制造缓冲区溢出使程序运行一个用户 shell,再通过 shell 执行其他命令,如果该程序有 root 且有 suid 权限,攻击者就获得了一个 root 权限的 shell,就可以对系统实施任意操作了。这就是缓冲区溢出攻击的实现原理。

溢出的数据可能会改变堆栈中保存的数值,如果改变的数据是系统调用的某个函数的返回地址,并让改变以后的函数返回地址指向溢出数据的一部分,而实际上这部分数据就是攻击者用于控制系统的恶意程序。其中攻击代码一般是类似 exec("sh")这样能获得系统控制权的程序。即使系统存在缓冲区溢出的错误,如果只是简单地利用以上方法,黑客能攻击成功的可能性还是非常小的,因为要正好改变堆栈中函数返回地址并正好指向恶意代码的概率似乎非常微小。但黑客只要采用如下办法就可以使成功的概率大幅度上升:

①揣测堆栈中函数返回地址的位置,然后在该位置前后重复若干次所期望的返回地址。

②在溢出数据中恶意代码的前面增加多个 NOP 指令,这样只要更改后的函数返回地址能落在一堆 NOP 指令的中间,则恶意程序就可顺利被系统执行。

缓冲区溢出攻击之所以成为一种常见的攻击,其原因在于缓冲区溢出漏洞普遍存在,且易于实现。缓冲区溢出攻击也成为远程攻击的主要手段,其原因在于缓冲区溢出漏洞给予了攻击者所想要的一切,比如植入并且运行攻击代码,被植入的攻击代码以一定的权限运行缓冲区溢出漏洞程序,从而得到被攻击主机的控制权。

9.4.3 缓冲区溢出的防范策略

缓冲区溢出攻击占了远程网络攻击的绝大多数,这种攻击可以使得一个匿名的 Internet 用户有机会获得一台主机的部分或全部的控制权。如果能有效地消除缓冲区溢出的漏洞,则很大一部分的安全威胁可以得到缓解。

保护缓冲区免受攻击的防范措施如下所示。

1.编写正确的程序代码

编写正确的程序代码是解决缓冲区溢出漏洞的最根本办法。在程序开发时就要考虑可能的安全问题,杜绝缓冲区溢出的可能性,尤其在 C 程序中使用数组时,只要数组边界不溢出,则缓冲区溢出攻击就无从谈起,所以对所有数组的读写操作都应控制在正确的范围内,通常通过优化技术来实现。

2.非执行的缓冲区

通过使被攻击程序的数据段地址空间不可执行,从而使得攻击者不可能执行被攻击程序输入缓冲区的代码,这种技术称为非执行的缓冲区技术。

非执行堆栈的保护可以有效地对付把代码植入自动变量的缓冲区溢出攻击,而对于其他形式的攻击则没有效果。通过引用一个驻留程序的指针,就可以跳过这种保护措施。其他的攻击可以把代码植入堆栈或者静态数据段中来跳过保护。

3.数组边界检查

数组边界检查可以避免缓冲区溢出的产生和攻击。因为只要数组不能被溢出,溢出攻击也就无从谈起。为了实现数组边界检查,则所有的对数组的读写操作都应当被检查以确保对数组的操作在正确的范围内。最直接的方法是检查所有的数组操作。

4.程序指针完整性检查

与边界检查有所不同,也与防止指针被改变不同,程序指针完整性检查是在程序指针被引用之前检测到它的改变。因此,即便一个攻击者成功地改变了程序的指针,由于系统事先检测到了指针的改变,因此,这个指针将不会被使用。

与数组边界检查相比,这种方法不能解决所有的缓冲区溢出问题;采用其他的缓冲区溢出方法就可以避免这种检查。但是这种方法在性能上有很大的优势,而且兼容性也很好。

9.5　拒绝服务攻击

9.5.1　拒绝服务攻击概述

1.拒绝服务攻击的概念

拒绝服务,即 Denial of Service,简称 DoS,几乎是从因特网诞生以来就伴随着因特网的发展而一直存在,并也在不断地发展和升级。由于它的不易识别和觉察性以及简易性,因而一直是困扰网络安全的重大隐患。

拒绝服务是一种简单的破坏性攻击,通常攻击者利用 TCP/IP 中的某个漏洞或者系统存在的某些漏洞,对目标系统发起大规模的攻击,使得攻击目标失去工作能力,使得系统不可访问,因而合法用户不能及时得到应得的服务或系统资源,如 CPU 处理时间与存储器等。它最本质的特征是延长正常的应用服务的等待时间。

拒绝服务使网站服务器充斥着大量要求回复的信息,消耗网络带宽或系统资源,导致网络或系统不胜负荷,以至于瘫痪而停止提供正常的网络服务。黑客不正当地采用标准协议或连接方法,向入侵的服务发出大量信息,占用及超越受入侵服务器所能处理的能力,使入侵目标不能正常地为用户服务。许多拒绝服务都使用广播方式把数据包发送给一个网络中的所有成员以实现入侵。从历史情况看,这种模式的入侵日标一般是网络上的公共设施。拒绝服务有一个很明显的特征就是入侵者企图阻止合法用户访问可用资源。主要表现为以下几个方面:

①企图湮灭一个网络,中断正常的网络流量。

②企图破坏两个机器之间的连接,禁止访问可用服务。

③企图阻止某一特定用户对网络上服务的访问。

④企图破坏一个特定系统或使其不能提供正常访问。

可见拒绝服务的目的不在于闯入一个站点或更改其数据,而在于使站点无法服务于合法的请求。入侵者并不单纯为了进行拒绝服务而入侵,往往是为了完成其他的入侵而必须做准备。例如,在目标主机上放置了木马等恶意程序,需要让目标主机重启;为了完成 IP 欺骗,而使被冒充的主机瘫痪;在正式入侵之前,使目标主机的日志系统不能正常工作;还有可能是出于政治目的或者经济上的因素而发动的拒绝服务。

为什么会造成拒绝服务呢? 在网络上,用户与服务器之间的交互一般是用户传送信息要求服务器予以确定,服务器接着回复用户,用户被确定后,就可登入服务器。拒绝服务入侵方式为:用户传送服务器很多要求确认的信息,并且设定虚假地址,要求服务器回复信息给虚假地址,当服务器试图回传时却无法找到用户。通常服务器要等待若干时间,然后再切断连接。服务器切断连接时,黑客再新传送一批需要确定的信息,这个过程周而复始,最终导致服务器崩溃。

2.拒绝服务攻击的分类

拒绝服务有很多分类方法,按照入侵方式,拒绝服务可以分为以下几种类型。

(1)资源消耗型

资源消耗型拒绝服务是指入侵者试图消耗目标的合法资源,例如,网络带宽、内存和磁盘空间以及 CPU 使用率,从而达到拒绝服务的目的。

(2)配置修改型

计算机配置不当可能造成系统运行不正常甚至根本不能运行。入侵者通过改变或者破坏系统的配置信息来阻止其他合法用户使用计算机和网络提供的服务,主要有以下几种:改变路由信息;修改 Windows NT 注册表;修改 UNIX 的各种配置文件。

(3)物理破坏型

物理破坏型拒绝服务主要针对物理设备的安全,入侵者可以通过破坏或改变网络部件以实现拒绝服务,其入侵目标主要有:计算机;路由器;网络配线室;网络主干网;电源;冷却设备。

(4)服务利用型

利用入侵目标的自身资源实现入侵意图,由于被入侵系统具有漏洞和通信协议的弱点,这就为入侵者提供了入侵的机会。入侵者常用的是 TCP/IP 以及目标系统自身应用软件中的一些漏洞和弱点达到拒绝服务的目的。在 TCP/IP 堆栈中存在很多漏洞,如允许碎片包、大数据包、IP 路由选择、半公开 TCP 连接和数据包 Flood 等都能降低系统性能,甚至使系统崩溃。

9.5.2 拒绝服务攻击的原理

拒绝服务攻击的基本原理是:首先攻击者向服务器发送大量的带有虚假地址的请求,服务器发送回复信息后等待回传信息,由于地址是伪造的,所以服务器一直等不到回传的信息,分配给这次请求的资源就始终没有被释放。当服务器等待一定的时间后,连接会因超时而被切断,攻击者会再传送一批请求,在这种反复发送地址请求的情况下,服务器资源最终会被耗尽。

拒绝服务攻击通常是利用协议漏洞来达到攻击的目的。最典型的攻击是 Synflood 攻击,它利用 TCP/IP 协议的漏洞实现攻击。通常一次 TCP 连接建立包括 3 个步骤:

①客户端发送 SYN 包给服务器端。

②服务器分配一定的资源给这个连接并返回 SYN/ACK 包,并等待连接建立的最后的 ACK 包。

③客户端发送 ACK 报文,这样两者之间的连接就建立起来了,并可以通过连接发送数据了。

攻击的过程就是疯狂发送 SYN 报文,而不返回 ACK 报文,服务器占用过多资源,而导致系统资源占用过多,没有能力响应别的操作,或者不能响应正常的网络请求。

9.5.3 拒绝服务攻击的几种典型技术

1.死亡之 Ping 攻击技术

在早期,路由器对包的大小是有限制的,许多操作系统 TCP/IP 栈规定 ICMP 包的大小限制在 64 KB 以内。在对 ICMP 数据包的标题头进行读取之后,是根据该标题头里包含的信息来为有效载荷生成缓冲区的。若遇到大小超过 64 KB 的 ICMP 包,就会出现内存分配错误,导致 TCP/IP 堆栈崩溃,从而使接收方的计算机死机。这就是这种"死亡之 Ping"攻击的原理所在。根据这一攻击原理,黑客们只需不断地通过 Ping 命令向攻击目标发送超过 64 KB 的数据包,就可使目标计算机的 TCP/IP 堆栈崩溃,致使接收方死机。

2. 泪滴攻击技术

对于一些大的 IP 数据包,往往需要对其进行拆分传送,这是为了迎合链路层的 MTU(最大传输单元)的要求。例如,一个 6000 字节的 IP 包,在 MTU 为 2000 的链路上传输时,就需要分成 3 个 IP 包。在 IP 报头中有一个偏移字段和一个拆分标志(MF)。如果 MF 标志设置为 1,则表示这个 IP 包是一个大 IP 包的片段,其中偏移字段指出了这个片段在整个 IP 包中的位置。例如,对一个 6000 字节的 IP 包进行拆分(MTU 为 2000),则 3 个片段中偏移字段的值依次为 0,2000,4000。这样接收端在全部接收完 IP 数据包后,就可以根据这些信息重新组装这几个分次接收的拆分 IP 包。在这里就有一个安全漏洞可以利用了,就是如果黑客们在截取 IP 数据包后,把偏移字段设置成不正确的值,这样接收端在收到这些分拆的数据包后,就不能按数据包中的偏移字段值正确组合这些拆分的数据包,但接收端会不断尝试,这样就可能致使目标计算机操作系统因资源耗尽而崩溃。

泪滴攻击利用修改在 TCP/IP 堆栈中 IP 碎片的包的标题头所包含的信息来实现自己的攻击。IP 分段含有指示该分段所包含的是原包的哪一段的信息。某些操作系统的 TCP/IP 在收到含有重叠偏移的伪造分段时将崩溃,不过新的操作系统已基本上能自己抵御这种攻击了。

3. TCP SYN 洪水(TCP SYN Flood)攻击技术

TCP/IP 栈只能等待有限数量的 ACK(应答)消息,因为每台计算机用于创建 TCP/IP 连接的内存缓冲区都是非常有限的。如果这一缓冲区充满了等待响应的初始信息,则该计算机就会对接下来的连接停止响应,直到缓冲区里的连接超时。

TCP SYN 洪水攻击正是利用了这一系统漏洞来实施攻击的。攻击者利用伪造的 IP 地址向目标发出多个连接(SYN)请求。目标系统在接收到请求后发送确认信息,并等待回答。由于黑客们发送请求的 IP 地址是伪造的,所以确认信息也不会到达任何计算机,当然也就不会有任何计算机为此确认信息作出应答了。而在没有接收到应答之前,目标计算机系统是不会主动放弃的,继续会在缓冲区中保持相应连接信息,一直等待。当等待连接达到一定数量后,缓冲区资源耗尽,从而开始拒绝接收任何其他连接请求,当然也包括本来属于正常应用的请求,这就是黑客们的最终目的。

4. 分片 IP 报文攻击技术

IP 分片是在网络上传输 IP 报文时常采用的一种技术手段,但是其中存在一些安全隐患。最近,一些 IP 分片攻击除了用于进行拒绝服务攻击之外,还经常用于躲避防火墙或者网络入侵检测系统的一种手段。部分路由器或者基于网络的入侵检测系统,由于 IP 分片重组能力的欠缺,导致无法进行正常的过滤或者检测。

为了传送一个大的 IP 报文,IP 协议栈需要根据链路接口的 MTU 对该 IP 报文进行分片,通过填充适当的 IP 头中的分片指示字段,接收计算机可以很容易地把这些 IP 分片报文组装起来。目标计算机在处理这些分片报文的时候,会把先到的分片报文缓存起来,然后一直等待后续的分片报文。这个过程会消耗掉一部分内存,以及一些 IP 协议栈的数据结构。若攻击者给目标计算机只发送一片分片报文,而不发送所有的分片报文,这样攻击者计算机便会一直等待(直到一个内部计时器到时);若攻击者发送了大量的分片报文,就会消耗掉目标计算机的资源,而导致不能响应正常的 IP 报文,这也是一种拒绝服务攻击。

5. Land 攻击技术

这类攻击中的数据包源地址和目标地址是相同的,当操作系统接收到这类数据包时,不知道该如何处理,或者循环发送和接收该数据包,这样会消耗大量的系统资源,从而有可能造成系统崩溃或死机。

6. Smurf 攻击技术

这是一种由有趣的卡通人物而得名的拒绝服务攻击。Smurf 攻击利用了多数路由器中具有的同时向许多计算机广播请求的功能。攻击者伪造一个合法的 IP 地址,然后由网络上所有的路由器广播要求向受攻击计算机地址作出回答的请求。由于这些数据包从表面上看是来自已知地址的合法请求,因此,网络中的所有系统向这个地址作出回答,最终结果可导致该网络中的所有主机都对此 ICMP 应答请求作出答复,导致网络阻塞,这也就达到了黑客们追求的目的了。

这种 Smurf 攻击比起前面介绍的"Ping of Death"和"SYN 洪水"的流量高出 1～2 个数量级,更容易攻击成功。还有些新型的 Smurf 攻击,将源地址改为第三方的受害者(不再采用伪装的 IP 地址),最终导致第 3 方雪崩。

7. Fraggle 攻击技术

Fraggle 攻击只是对 Smurf 攻击作了简单的修改,使用的是 UDP 协议应答消息,而不再是 ICMP 协议了(因为黑客们清楚 UDP 协议更加不易被用户全部禁止)。同时 Fraggle 攻击使用了特定的端口(通常为 7 号端口,但也有许多黑客使用其他端口实施 Fraggle 攻击)。该攻击与 Smurf 攻击基本类似,不再赘述。

8. WinNuke 攻击技术

WinNuke 攻击又称"带外传输攻击",它的特征是攻击目标端口,被攻击的目标端口通常是 139、138、137、113、53,而且 URG 位设为 1,即紧急模式。WinNuke 攻击就是利用了 Windows 操作系统的一个漏洞,向这些端口发送一些携带 TCP 带外(OOB)数据报文的,但这些攻击报文与正常携带 OOB 数据报文不同的是,其指针字段与数据的实际位置不符,即存在重合。这样 Windows 操作系统在处理这些数据的时候,就会崩溃。

NetBIOS 作为一种基本的网络资源访问接口,广泛地应用于文件共享、打印共享、进程间通信(IPC),以及不同操作系统之间的数据交换。通常情况下,NetBIOS 是运行在 LLC2 链路协议之上的,是一种基于组播的网络访问接口。

为了在 TCP/IP 协议栈上实现 NetBIOS,RFC 规定了一系列交互标准,以及几个常用的 TCP/UDP 端口。

139:NetBIOS 会话服务的 TCP 端口。

137:NetBIOS 名字服务的 UDP 端口。

136:NetBIOS 数据报服务的 UDP 端口。

Windows 操作系统的早期版本(Windows 9x/NT)的网络服务(文件共享等)都是建立在 NetBIOS 之上的。因此,这些操作系统都开放了 139 端口(最新版本的 Windows 2000/XP/

Server 2003 等,为了兼容,也实现了 NetBIOS over TCP/IP 功能,开放了 139 端口)。

目前的 WinNuke 系列工具已经从最初的简单选择 IP 攻击某个端口,发展到可以攻击一个 IP 区间范围的计算机,并且可以进行连续攻击,一方面能够验证攻击的效果,另一方面还可以检测和选择端口。所以,使用它可以造成某一个 IP 地址区间的计算机全部蓝屏死机。

9. TCP SYN 洪水攻击技术

TCP/IP 栈只能等待有限数量的 ACK(应答)消息,因为每台计算机用于创建 TCP/IP 连接的内存缓冲区都是非常有限的。如果这一缓冲区充满了等待响应的初始信息,则该计算机就会对接下来的连接停止响应,直到缓冲区里的连接超时。

TCP SYN 洪水攻击正是利用了这一系统漏洞来实施攻击的。攻击者利用伪造的 IP 地址向目标发出多个连接(SYN)请求。目标系统在接收到请求后发送确认信息,并等待回答。由于黑客们发送请求的 IP 地址是伪造的,因此,确认信息也不会到达任何计算机,当然也就不会有任何计算机为此确认信息作出应答了。而在没有接收到应答之前,目标计算机系统是不会主动放弃的,继续会在缓冲区中保持相应连接信息,一直等待。当等待连接达到一定数量后,缓冲区资源耗尽,从而开始拒绝接收任何其他连接请求,当然也包括本来属于正常应用的请求,这就是黑客们的最终目的。

10. 虚拟终端耗尽攻击技术

这是一种针对网络设备的攻击。这些网络设备为了便于远程管理,一般设置了一些 Telnet 用户界面,即用户可以通过 Telnet 到该设备上,对这些设备进行管理。

通常情况下,这些设备的 Telnet 用户界面个数是有限制的,如 5 个或 10 个等。这样,如果一个攻击者同时同一台网络设备建立了 5 个或 10 个 Telnet 连接,这些设备的远程管理界面便被占尽。这样,合法用户如果再对这些设备进行远程管理,则会因为 Telnet 连接资源被占用而失败。

11. 电子邮件炸弹技术

电子邮件炸弹是最古老的匿名攻击之一,通过设置一台计算机在很短的时间内连续不断地向同一地址发送大量电子邮件来达到攻击目的。此类攻击能够耗尽邮件接受者网络的带宽资源。邮件炸弹可以大量消耗网络资源,常常导致网络塞车,使大量的用户不能正常地工作。通常,网络用户的信箱容量是很有限的。在有限的空间中,如果用户在短时间内收到成千上万封电子邮件,那么经过一轮邮件炸弹轰炸后的电子邮件的总容量,很容易就把用户有限的阵地挤垮。这样用户的邮箱中将没有多余的空间接纳新的邮件,那么新邮件将会被丢失或者被退回,这时用户的邮箱已经失去了作用;另外,这些邮件炸弹所携带的大容量信息不断在网络上来回传输,很容易堵塞带宽并不富裕的传输信道,这样会加重服务器的工作强度,减缓处理其他用户的电子邮件的速度,从而导致整个过程的延迟。

9.5.4 分布式拒绝服务攻击

分布式拒绝服务(Distributed Denial of Service,DDoS)是一种基于 DoS 的特殊形式的拒绝服务攻击,是一种分布、协作的大规模攻击方式,主要瞄准比较大的站点,像商业公司、搜索引擎和政府部门的站点。

1.分布式拒绝服务攻击体系

一个比较完善的 DDoS 攻击体系通常分成以下三层。

(1)攻击者

攻击者所用的计算机是攻击主控台,它可以是网络上的任何一台主机,甚至可以是一个活动的便携机。攻击者操纵整个攻击过程,它向主控端发送攻击命令。

(2)主控端

主控端是攻击者非法侵入并控制的一些主机,这些主机还分别控制大量的代理主机。主控端主机上安装了特定的程序,因此,它们可以接受攻击者发来的特殊指令,并且可以把这些命令发送到代理主机上。

(3)代理端

代理端同样也是攻击者侵入并控制的一批主机,它们运行攻击器程序,接受和运行主控端发来的命令。代理端主机是攻击的执行者,由它向受害者主机实际发起攻击。

攻击者发起 DDoS 攻击的第一步,就是寻找在 Internet 上有漏洞的主机,进入系统后在其上面安装后门程序,攻击者入侵的主机越多,他的攻击队伍就越壮大;第二步在入侵主机上安装攻击程序,其中一部分主机充当攻击的主控端,一部分主机充当攻击的代理端;最后各部分主机各司其职,在攻击者的调遣下对攻击对象发起攻击。由于攻击者在幕后操纵,所以在攻击时不会受到监控系统的跟踪,身份不容易被发现。

被 DDoS 攻击时会出现下列一些现象。

①被攻击主机上有大量等待的 TCP 连接。

②网络中充斥着大量的无用的数据包,源地址为假。

③制造高流量无用数据,造成网络拥塞,使受害主机无法正常和外界通信。

④利用受害主机提供的服务或传输协议上的缺陷,反复高速的发出特定的服务请求,使受害主机无法及时处理所有正常请求。

⑤严重时会造成系统死机。

从技术上来讲,还没有一种方法能完全解决 DDoS 问题。所以,只能靠加强事先的防范以及更严密的安全措施来加固系统。也就是说,最佳的手段就是防患于未然。

2.分布式拒绝服务原理

通常入侵者是通过常规方法,例如系统服务的漏洞或管理员的配置错误等来进入这些主机的。一些安全措施较差的小型站点以及单位中的服务器往往是入侵者的首选目标。这些主入侵者照例要安装一些特殊的后门程序,以便自己以后可以轻易进入系统,随着越来越多的主机被侵入,入侵者也就有了更大的舞台。他们可以通过网络侦听等蚕食的方法进一步扩充被侵入的主机群。

黑客所做的第二步是在所侵的主机上安装入侵软件。这样,入侵软件包括入侵服务器和入侵执行器。其中入侵服务器仅占总数的很小一部分,一般只有几台到几十台左右。设置入侵服务器的目的是隔离网络联系,保护入侵者,使其不会在入侵进行时受到监控系统的跟踪,同时也能更好地协调进攻。因为入侵执行器的数目太多,同时由一个系统来发布命令会造成控制系统的网络阻塞,影响入侵的突然性和协同性。而且,流量的突然大增也容易暴露入侵者的位置和意图。剩下的主机都被用来充当攻击执行器。执行器都是一些相对简单的程序,它们可以连续向目标发出大量的连接请求而不做任何回答。现在已知的能够执行这种任务的程序主要包括 Trinco、TFN(Tribe Flood Network)、Randomizer 以及它们的一些改进版本,如 TFN2K 等。

黑客所做的最后一步,就是从攻击控制台向各个攻击服务器发出对特定目标的命令。由于攻击主控台的位置非常灵活,而且发布命令的时间很短,所以非常隐蔽,难以定位。一旦命令传送到服务器,主控台就可以关闭或脱离网络,以逃避追踪。接着,攻击服务器将命令发布到各个攻击器。在攻击器接到命令后,每一个攻击器就开始向目标主机发出大量的服务请求数据包。这些数据包经过伪装,无法识别它的来源。而且,这些数据包所请求的服务往往要消耗较多的系统资源,如 CPU 或网络带宽。如果数百台甚至上千台攻击器同时入侵一个目标,就会导致目标主机网络和系统资源的耗尽,从而停止服务。有时,甚至会导致系统崩溃。另外,这样还可以阻塞目标网络的防火墙和路由器等网络设备,进一步加重网络阻塞状况。最终目标主机根本无法为用户提供任何服务。因为入侵者所用的协议都是一些非常常见的协议和服务,系统管理员很难区分恶意请求和正常连接请求,从而无法有效分离出入侵数据包。

3.分布式拒绝服务攻击的防范

对分布式拒绝服务攻击的主要防范措施包括以下几个方面。
①尽早发现系统存在的攻击漏洞,及时安装系统补丁程序。
②与网络服务供应商协调工作,实现路中的访问控制和对带宽总量的限制。
③在网络管理方面,要经常检查系统的物理环境,禁止不必要的网络服务。
④利用网络安全设备如防火墙等来加固网络的安全性,配置好安全规则,过滤掉所有可能的伪造数据包。
⑤当发现计算机被攻击者用作主控端和代理端时,不能因为系统暂时没有受到损害而掉以轻心,一旦发现系统中存在 DDoS 攻击的工具软件,要及时把它清除,以免留下后患。
⑥当发现遭受 DDoS 攻击时,应当启动应对策略,尽可能快地追踪攻击包,并且要及时联系 ISP 和有关应急组织,分析受影响的系统,确定涉及的其他节点,从而阻挡已知攻击节点的流量。

9.6　欺骗攻击与防范

9.6.1　IP 地址欺骗攻击

1.IP 地址欺骗概述

IP 地址欺骗就是伪造某台主机的 IP 地址的技术。其实质就是让一台机器来扮演另一台机器,以达到蒙混过关的目的。被伪造的主机往往具有某种特权或者被另外的主机所信任。IP 地址欺骗通常都要由编程来实现,通过使用 Socket 编程,发送带有假冒的源 IP 地址的 IP 数据包来达到自己的目的;实际上,在网上也有大量的可以发送伪造 IP 地址的免费工具,使用它可以任意指定源 IP 地址,实施 IP 地址欺骗,以免留下自己的痕迹。

入侵者可以利用 IP 欺骗技术获得对主机未授权的访问,因为他可以发出这样的来自内部地址的 IP 包。当目标主机利用基于 IP 地址的验证来控制对目标系统中的用户访问时,这些小诡计甚至可以获得特权或普通用户的权限。即使设置了防火墙,如果没有配置对本地区域中资源 IP 包地址的过滤,这种欺骗技术依然可以奏效。

当进入系统后,黑客会绕过口令以及身份验证来专门守候,直到有合法用户连接登录到远程站点。一旦合法用户完成其身份验证,黑客就可控制该连接,这样远程站点的安全就被破坏了。

2.IP 地址欺骗原理分析

通常来说,"欺骗"技术是用来减轻网络开销的,特别适用于广域网。通过这种技术,可以减少一些网络设备,从而减轻网络带宽压力。该技术实际上是欺骗局域网上的设备,使它认为远程局域网已经连接上了,而事实上可能尚未连上。然而,这种技术同样可为黑客们攻击别的站点打开方便之门。

IP 地址欺骗由若干步骤组成:首先,选定目标主机;其次,发现信任关系模式,并找到一个被目标主机信任的主机;然后,使该主机丧失工作能力,同时采样目标主机发出的 TCP 序列号,猜测出它的数据序列;最后攻击者伪装成被信任的主机,同时建立起与目标主机基于地址验证的应用连接。如果成功,攻击者就可以使用一种简单命令放置一个后门,以进行非授权操作。

(1)使被信任主机丧失工作能力

攻击者一旦发现被信任的主机,为了伪装它,往往要使其丧失工作能力。由于被攻击者将要取代真正被信任的主机,他必须确保被信任的主机不能接收到任何有效信息,否则将会被揭穿。目前有许多方法可以实现,比如 SYN-Flood 攻击。

(2)序列号猜测

攻击者为了获取目标主机的数据包序列号,往往要先与被攻击主机的一个端口(如 SMTP 是一个很好的选择)建立起正常的连接。通常情况下,该过程可能被重复若干次,并将目标主机最后所发送的时间序列号存储起来。另外,攻击者还需估计自己的主机与目标主机之间的包往返时间(这个时间可以通过多次统计平均求出),它对于估计下一个序列号是非常重要的。

(3)实施欺骗

上述准备工作完成后,攻击者将使用被信任主机的 IP 地址,这时该主机仍然处在停顿状态(丧失处理能力),向目标主机的 513 端口(rlogin 的端口号)发送连接请求后,目标主机对连接请求作出反应,并发送 SYN-ACK 数据包给被信任主机(若被信任主机处于正常工作状态,则会认为是错误并立即向目标主机返回 RST 数据包,但此时它处于停顿状态);按照计划,被信任主机会抛弃 SYN-ACK 数据包(当然攻击者也得不到该包,否则就用不着猜测了);在 TCP 要求的时间内,攻击者向目标主机发送 ACK 数据包,该 ACK 使用前面估计的序列号加 1。如果攻击者估计正确的话,目标主机将会接收该 ACK。至此,连接正式建立了,然后,将开始数据传输。通常情况下,攻击者将放置一个后门,以便今后侵入目标主机。

为防御 IP 地址欺骗,应该通过合理的设置初始序列号在系统中的改变速度和时间间隔,使攻击者无法准确地预测数据序列号。此外,还可以从抛弃基于 IP 地址的信任策略、进行包过滤、使用加密方法和使用随机化的序列号等方面进行防御。

3.IP 地址欺骗的防范措施

IP 地址欺骗的防范措施如下所示。

（1）放弃基于地址的信任策略

IP 欺骗是建立在信任的基础之上的，防止 IP 欺骗的最好的方法就是放弃以地址为基础的验证。当然，这是以丧失系统功能、牺牲系统性能为代价的。

（2）对数据包进行限制

对于来自网络外部的欺骗来说，防止这种攻击的方法很简单，可以在局域网的对外路由器上加一个限制来实现。只要在路由器中设置不允许声称来自于内部网络中的数据包通过就行了。当实施欺骗的主机在同一网段，攻击容易得手，且不容易防范，一般可以通过路由器对数据包的监控来防范 IP 地址欺骗。

（3）应用加密技术

对数据进行加密传输和验证也是防止 IP 欺骗的好方法。IP 地址可以盗用，但现代加密技术在理论上是很难破解的。

（4）使用随机化的初始序列号

黑客攻击得以成功实现的一个很重要的因素就是，序列号不是随机选择的或者随机增加的。Bellovin 描述了一种弥补 TCP 不足的方法，就是分割序列号空间。每一个连接将有自己独立的序列号空间。序列号将仍然按照以前的方式增加，但是在这些序列号空间中没有明显的关系。

总之，由于 IP 地址欺骗的技术比较复杂，必须深入地了解 TCP/IP 协议的原理，知道攻击目标所在网络的信任关系，而且要猜测序列号，但是猜测序列号很不容易做到，因而 IP 地址欺骗这种攻击方法使用得并不多。

9.6.2　Web 欺骗攻击

1. Web 欺骗的相关概念

（1）受害体

在 Web 欺骗中我们把攻击者要欺骗的对象称为受害体。在攻击过程中，使受害体被欺骗这是攻击者的第一步。攻击者想法设法欺骗受害体进行错误的决策。而决策的正确与否决定了安全性的与否。比如：当一个用户在 Internet 下载一个软件，系统的安全性告诉你，该网页有不安全控件是否要运行，这就关系到了用户选择是还是否的问题。而在安全的范围里，网页有可能加载病毒、木马等，这是受害体决策的问题。从一个小小的例子中我们不难看到，受害体在决定是否下载或者运行的时候，或许已经被欺骗。一种盗窃 QQ 密码的软件，当被攻击者安放在机器上的时候显示和腾讯公司一样的图标，但是其程序却指向了在后台运行的盗窃软件。受害体往往很轻易的运行该软件，决策带来非安全性。

（2）掩盖体

在 Web 欺骗中我们把攻击者用来制造假象，进行欺骗攻击中的道具称为掩盖体。这些道具可以是：虚假的页面、虚假的连接、虚假的图表、虚假的表单等。攻击者竭尽全力的试图制造令受害体完全信服的信息，并引导受害体做一些非安全性的操作。当我们浏览网页，通常的网页的字体、图片、色彩、声音等都给受害体传达着暗示信息。甚至一些公司的图形标志也早使受害体形成了定视，例如你在看到"小狐狸"的图表的时候，不由地就想到了 www.Sohu.com 站点。富有经验的浏览器用户对某些信息的反应就如同富有经验的驾驶员对交通信号和标志做出的反应一样。这种虚假的表象对用户来说同虚假的军事情报一样危害。攻击者很容易借此制造虚假的搜索。受害体往往通过强大的搜索引擎来寻找所需要的信息,但是这些搜索引擎并没有检查网页的真实性,明明标明着是 xxx 站点的标志,但是连接的却是 yyy 站点,而且 yyy 站点有着和 xxx 站点网页虚假的拷贝。

2.Web 欺骗的攻击手段

(1)整个网页的假象

攻击者完全制造整个网页的假想。攻击者只需要制作一个完全的网页的假象,而没必要存储网页的内容。这种类似于现实中的虚拟的世界,这个虚拟的世界完全来自于真实世界的拷贝。一些虚假的游戏站点,攻击者允许用户在线的修改密码,而这些密码信息将被发送给攻击者的服务器。

(2)特殊的网页的假象

攻击者可以制造一些特殊的网页来攻击用户。而这些网页表面上看起来或许只是一个音乐站点或者只是一幅简单图片,但是利用通过 javascript 编程或者是 perl 等网页语言,受害者会被感染病毒和下载木马程序。

3.Web 欺骗的原理分析

欺骗能够成功的关键是在受攻击者和其他 Web 服务器之间设立起攻击者的 Web 服务器,这种攻击种类在安全问题中称为"来自中间的攻击"。为了建立起这样的中间 Web 服务器,黑客往往进行以下工作。

(1)改写 URL

首先,攻击者改写 Web 页中的所有 URL 地址,这样它们指向了攻击者的 Web 服务器而不是真正的 Web 服务器。假设攻击者所处的 Web 服务器是 www.org,攻击者通过在所有链接前增加 http://www.www.org 来改写 URL。例如,http://home.xxx1.com 将变为 http://www.www.org/http://home.xxx1.com. 当用户点击改写过的 http://home.xxx1.com(可能它仍然显示的是 http://home.xxx1),将进入的是 http://www.www.org,然后由 http://www.www.org 向 http://home.xxx1.com 发出请求并获得真正的文档,然后改写文档中的所有链接,最后经过 http://www.www.org 返回给用户的浏览器。

工作流程如下所示:
①用户点击经过改写后的 http://www.www.org/http://home.xxx1.com。
②http://www.www.org 向 http://home.xxx1.com 请求文档。
③http://home.xxx1.com 向 http://www.www.org 返回文档。
④http://www.www.org 改写文档中的所有 URL。
⑤http://www.www.org 向用户返回改写后的文档。

很显然,修改过的文档中的所有 URL 都指向了 www.org,当用户点击任何一个链接都会直接进入 www.org,而不会直接进入真正的 URL。如果用户由此依次进入其他网页,那么他们是永远不会摆脱掉受攻击的可能。

(2)关于表单

如果受攻击者填写了一个错误 Web 上的表单,那么结果看来似乎会很正常,因为只要遵循标准的 Web 协议,表单欺骗很自然地不会被察觉:表单的确定信息被编码到 URL 中,内容会以

HTML 形式来返回。既然前面的 URL 都已经得到了改写,那么表单欺骗将是很自然的事情。

当受攻击者提交表单后,所提交的数据进入了攻击者的服务器。攻击者的服务器能够观察,甚至是修改所提交的数据。同样地,在得到真正的服务器返回信息后,攻击者在将其向受攻击者返回以前也可以为所欲为。

(3)关于"安全连接"

我们都知道为了提高 Web 应用的安全性,有人提出了一种叫做安全连接的概念。它是在用户浏览器和 Web 服务器之间建立一种基于 SSL 的安全连接。可是让人感到遗憾的是,它在 Web 欺骗中基本上无所作为。受攻击者可以和 Web 欺骗中所提供的错误网页建立起一个看似正常的"安全连接":网页的文档可以正常地传输而且作为安全连接标志的图形(通常是关闭的一把钥匙或者锁)依然工作正常。换句话说,也就是浏览器提供给用户的感觉是一种安全可靠的连接。但正像我们前面所提到的那样,此时的安全连接是建立在 www.org 而非用户所希望的站点。

(4)攻击的导火索

为了开始攻击,攻击者必须以某种方式引诱受攻击者进入攻击者所创造的错误的 Web。黑客往往使用下面若干种方法。

①把错误的 Web 链接放到一个热门 Web 站点上。

②如果受攻击者使用基于 Web 的邮件,那么可以将它指向错误的 Web。

③创建错误的 Web 索引,指示给搜索引擎。

9.6.3　ARP 欺骗攻击

在局域网中,通信前必须通过 ARP 协议来完成 IP 地址转换为第二层物理地址(即 MAC 地址)。ARP 协议对网络安全具有重要的意义,但是当初 ARP 方式的设计没有考虑到过多的安全问题,给 ARP 留下很多的隐患,ARP 欺骗就是其中一个例子。而 ARP 欺骗攻击就是利用该协议漏洞,通过伪造 IP 地址和 MAC 地址实现 ARP 欺骗的攻击技术。

我们假设有三台主机 A、B、C 位于同一个交换式局域网中,监听者处于主机 A,而主机 B、C 正在通信。现在 A 希望能嗅探到 B->C 的数据,于是 A 就可以伪装成 C 对 B 做 ARP 欺骗——向 B 发送伪造的 ARP 应答包,应答包中 IP 地址为 C 的 IP 地址而 MAC 地址为 A 的 MAC 地址。这个应答包会刷新 B 的 ARP 缓存,让 B 认为 A 就是 C,说详细点,就是让 B 认为 C 的 IP 地址映射到的 MAC 地址为主机 A 的 MAC 地址。这样,B 想要发送给 C 的数据实际上却发送给了 A,A 因此就达到了嗅探的目的。我们在嗅探到数据后,还必须将此数据转发给 C,这样就可以保证 B、C 的通信不被中断。

以上就是基于 ARP 欺骗的嗅探基本原理,在这种嗅探方法中,嗅探者 A 实际上是插入到了 B->C 中,B 的数据先发送给了 A,然后再由 A 转发给 C,其数据传输关系如下所示:

B----->A----->C

B<----A<-----C

于是 A 就成功于截获到了 B 发给 C 的数据。上面这就是一个简单的 ARP 欺骗的例子。

ARP 欺骗攻击有两种可能,一种是对路由器 ARP 表的欺骗,另一种是对内网电脑 ARP 表的欺骗,当然也可能两种攻击同时进行。但不管怎么样,欺骗发送后,电脑和路由器之间发送的数据可能就被送到错误的 MAC 地址上。

防范 ARP 欺骗攻击可以采取如下措施：

①在客户端使用 arp 命令绑定网关的真实 MAC 地址命令。

②在交换机上做端口与 MAC 地址的静态绑定。

③在路由器上做 IP 地址与 MAC 地址的静态绑定。

④使用"ARP SERVER"按一定的时间间隔广播网段内所有主机的正确 IP-MAC 映射表。

9.6.4 DNS 欺骗攻击

DNS 欺骗即域名信息欺骗，是最常见的 DNS 安全问题。当一个 DNS 服务器掉入陷阱，使用了来自一个恶意 DNS 服务器的错误信息，那么该 DNS 服务器就被欺骗了。DNS 欺骗会使那些易受攻击的 DNS 服务器产生许多安全问题，例如：将用户引导到错误的互联网站点，或者发送一个电子邮件到一个未经授权的邮件服务器。

1.DNS 欺骗攻击的手段

网络攻击者通常通过以下几种方法进行 DNS 欺骗。

（1）缓存感染

黑客会熟练的使用 DNS 请求，将数据放入一个没有设防的 DNS 服务器的缓存当中。这些缓存信息会在客户进行 DNS 访问时返回给客户，从而将客户引导到入侵者所设置的运行木马的 Web 服务器或邮件服务器上，然后黑客从这些服务器上获取用户信息。

（2）DNS 信息劫持

入侵者通过监听客户端和 DNS 服务器的对话，通过猜测服务器响应给客户端的 DNS 查询 ID。每个 DNS 报文包括一个相关联的 16 位 ID 号，DNS 服务器根据这个 ID 号获取请求源位置。黑客在 DNS 服务器之前将虚假的响应交给用户，从而欺骗客户端去访问恶意的网站。

（3）DNS 重定向

攻击者能够将 DNS 名称查询重定向到恶意 DNS 服务器。这样攻击者可以获得 DNS 服务器的写权限。

2.DNS 欺骗攻击的防范措施

防范 DNS 欺骗攻击可采取如下措施：

①直接用 IP 访问重要的服务，这样至少可以避开 DNS 欺骗攻击。但这需要你记住要访问的 IP 地址。

②加密所有对外的数据流，对服务器来说就是尽量使用 SSH 之类的有加密支持的协议，对一般用户应该用 PGP 之类的软件加密所有发到网络上的数据。这也并不是怎么容易的事情。

9.6.5 源路由欺骗攻击

通过指定路由，以假冒身份与其他主机进行合法通信或发送假报文，使受攻击主机出现错误动作，这就是源路由攻击。在通常情况下，信息包从起点到终点走过的路径是由位于此两点间的路由器决定的，数据包本身只知道去往何处，但不知道该如何去。源路由可使信息包的发送者将此数据包要经过的路径写在数据包里，使数据包循着一个对方不可预料的路径到达目的主机。

下面仍以上述源 IP 欺骗中的例子给出这种攻击的形式：

　　主机 A 享有主机 B 的某些特权,主机 X 想冒充主机 A 从主机 B(假设 IP 为 aaa. bbb. ccc. ddd)获得某些服务。首先,攻击者修改距离 X 最近的路由器,使得到达此路由器且包含目的地址 aaa. bbb. ccc. ddd 的数据包以主机 X 所在的网络为目的地;然后,攻击者 X 利用 IP 欺骗向主机 B 发送源路由(指定最近的路由器)数据包。当 B 回送数据包时,就传送到被更改过的路由器。这就使一个入侵者可以假冒一个主机的名义通过一个特殊的路径来获得某些被保护数据。

　　为了防范源路由欺骗攻击,一般采用下面两种措施:

　　①对付这种攻击最好的办法是配置好路由器,使它抛弃那些由外部网进来的却声称是内部主机的报文。

　　②在路由器上关闭源路由。用命令 no ip source-route。

第10章 防火墙与 VPN 技术

互联网带来方便的同时也带来一系列的来自网络外部和内部的安全威胁,这些威胁给网络的管理者和使用者带来了极大的不便。基于网络的信息系统面临着许多来自外部的威胁,对付这种威胁最好的方法就是对来自外部的访问请求进行严格的限制。在网络安全防御技术中,能够拒"敌"于城外的铜墙铁壁就是防火墙,它是保证信息系统安全的第一道防线。防火墙技术作为建立在现代通信网络技术和信息安全技术基础上的应用性安全技术,已经被越来越广泛地应用于专用网络与公用网络的互联环境中。

随着 Internet 的商业化进程,利用 Internet 实现网络银行、电子购物与电子商务等已成为网络经济的一大亮点。要实现这些新功能就必须采用安全技术,而虚拟专用网(VPN)技术将是重要手段之一。

10.1 防火墙概述

10.1.1 防火墙的概念

防火墙是指在内部网络与外部网络之间执行一定安全策略的安全防护系统。它是用一个或一组网络设备(计算机系统或路由器等),在两个网络之间执行控制策略的系统,以保护一个网络不受另一个网络攻击的安全技术。

防火墙的组成可以表示为:防火墙=过滤器+安全策略(+网关)。它可以监测、限制、更改进出网络的数据流,尽可能地对外部屏蔽被保护网络内部的信息、结构和运行状况,以此来实现网络的安全保护。防火墙的设计和应用是基于这样一种假设:防火墙保护的内部网络是可信赖的网络,而外部网络(如 Internet)则是不可信赖的网络。设置防火墙的目的是保护内部网络资源不被外部非授权用户使用,防止内部受到外部非法用户的攻击。因此,防火墙安装的位置一定是在内部网络与外部网络之间,其结构如图 10-1 所示。

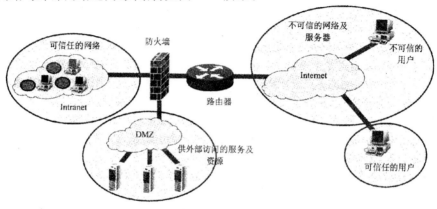

图 10-1 防火墙在网络中的位置

防火墙是一种非常有效的网络安全技术,也是一种访问控制机制、安全策略和防入侵措施。从网络安全的角度看,对网络资源的非法使用和对网络系统的破坏必然要以"合法"的网络用户身份,通过伪造正常的网络服务请求数据包的方式来进行。如果没有防火墙隔离内部网络与外部网络,内部网络的结点都会直接暴露给外部网络的所有主机,这样它们就会很容易遭受到外部非法用户的攻击。防火墙通过检查所有进出内部网络的数据包,来检查数据包的合法性,判断是否会对网络安全构成威胁,从而完成仅让安全、核准的数据包进入,同时又抵制对内部网络构成威胁的数据包进入。因此,犹如城门守卫一样,防火墙为内部网络建立了一个安全边界。

从狭义上讲,防火墙是指安装了防火墙软件的主机或路由器系统;从广义上讲,防火墙包括整个网络的安全策略和安全行为,还包含一对矛盾的机制:一方面它限制数据流通,另一方面它又允许数据流通。由于网络的管理机制及安全政策不同,因此这对矛盾呈现出两种极端的情形:第一种是除了非允许不可的都被禁止,第二种是除了非禁止不可的都被允许。第一种的特点是安全但不好用,第二种是好用但不安全,而多数防火墙都是这两种情形的折衷。这里所谓的好用或不好用主要指跨越防火墙的访问效率,在确保防火墙安全或比较安全的前提下提高访问效率是当前防火墙技术研究和实现的热点。

10.1.2　防火墙的发展史及发展趋势

1983 年,第一代防火墙诞生,这时的防火墙是基于路由器的,即防火墙与路由器一体,主要采用的是包过滤技术,利用路由器本身对分组进行解析。

1989 年,第二代防火墙出现,由贝尔实验室研制,这是一种电路级防火墙,防火墙由一系列具有防火墙功能的工具集组成。这代的防火墙将过滤功能从路由器中独立出来,并在其中加入报警和审计的功能。用户可根据自身的需求构造自己的防火墙。可以说这代防火墙是纯软件产品,而且对系统管理员提出了相当复杂的要求,因为管理员必须掌握和精通足够的知识,才能让防火墙运转良好。

第三代防火墙是应用层防火墙或代理服务器防火墙,建立在通用操作系统之上,具有分组过滤的功能,装有专用的代理系统,监控所有协议的数据和指令,保护用户编程和用户可配置内核参数的配置,大大提高其速度和安全性。

第四代防火墙是基于动态包过滤(Dynamic Packet Filter,DPF)技术的防火墙,也就是目前所说的状态检测(State Fulinspection,SF)技术,该技术能够对网络中多种通信协议的数据包做出通信状态的动态响应。

第五代防火墙是指具有安全操作系统的防火墙,具有安全操作系统的防火墙本身就是一个操作系统,因而在安全性上较之以前的防火墙有了质的提高。

第六代防火墙是 NAI 公司于 1998 年推出的一种自适应代理(Adaptive Proxy,AP)技术,并在其产品 Gauntlet Firewall for NT 中得以实现,给代理类型的防火墙赋予了全新的意义。

鉴于 Internet 技术的快速发展,可以从产品功能上对防火墙产品进行初步展望,未来的防火墙技术应该是会全面考虑网络的安全、操作系统的安全、应用程序的安全、用户的安全以及数据安全等 5 个方面的内容。可能会结合一些网络前沿技术,如 Web 页面超高速缓存、虚拟网络和带宽管理等。总的来说应该有以下发展趋势:

(1)性能更优良

未来的防火墙系统不仅应该能够更好地保护内部网络的安全,而且还应该具有更为优良的整体性能。

目前而言,代理型防火墙能够提供较高级别的安全保护,但同时又限制了网络带宽,极大地制约了其实际应用。而支持 NAT 功能的防火墙产品虽然可以保护的内部网络的 IP 地址不暴露给外部网络,但该功能同时也对防火墙的系统性能有所影响等。总之,未来的防火墙系统将会有机结合高速的性能及最大限度的安全性,有效地消除制约传统防火墙的性能瓶颈。

(2)安装与管理更便捷

防火墙产品的配置与管理,对于防火墙成功实施并发挥作用是很重要的因素之一。若防火墙的配置和管理过于困难,则可能会造成设定上的错误,反而不能达到安全防护的作用。

未来的防火墙将具有非常易于进行配置的图形用户界面,NT 防火墙市场的发展充分证明了这种趋势。

(3)扩展结构和功能更充分

防火墙除了应考虑其基本性能外,还应考虑用户的实际需求与未来网络的升级扩展。未来的防火墙系统应是一个可随意伸缩的模块化解决方案。传统防火墙一般都设置在网络的边界位置,如内部网络的边界或内部子网的边界,以数据流进行分隔,形成安全管理区域。这种设计的最大问题是,恶意攻击的发起不仅来自于外网,内网环境同样存在着很多安全隐患,而对于内部的安全隐患,利用边界式防火墙来处理就比较困难,所以现在越来越多的防火墙产品也开始体现出一种分布式结构。以分布式结构设计的防火墙,以网络结点为保护对象,可以最大限度地覆盖需要保护的对象,大大提升安全防护强度,这不仅仅是单纯的产品形式的变化,而是象征着防火墙产品防御理念的升华。

(4)内置防病毒与黑客功能

目前很多防火墙都具有内置的防病毒与防黑客的功能。防火墙技术下一步的走向和选择也可能会包含以下几个方面。

①将检测和报警网络攻击作为防火墙的重要功能之一。

②不断完善安全管理工具,集成可疑活动的日志分析工具为防火墙的一个组成部分。

③防火墙将从目前对子网或内部网络管理的方式向远程上网集中管理的方式发展。

④利用防火墙建立专用网 VPN 是较长一段时间的主流,IP 的加密需求会越来越强,安全协议的开发是一大热点。

⑤过滤深度不断加强,从目前的地址、服务过滤,发展到 URL(页面)过滤、关键字过滤和对 ActiveX、Java 小应用程序等的过滤,并逐渐有病毒清除功能。

伴随计算机技术的发展和网络应用的普及,防火墙作为维护网络安全的关键设备,在目前的网络安全的防范体系中,占据着重要地位。多功能、高安全性的防火墙可以让用户网络更加无忧,但前提是要确保网络的运行效率,因此在防火墙发展过程中,必须始终将高性能放在主要位置。由于计算机网络发展的迅猛和防火墙产品更新的迅速,要全面展望防火墙技术的发展几乎是不可能的,以上的发展方向,只是防火墙众多发展方向中的一部分,随着新技术和新应用的出现,防火墙必将出现更多新的发展趋势。

10.1.3 防火墙的功能

作为网络安全的第一道防线,防火墙的主要功能如下所示。

（1）访问控制功能

这是防火墙最基本和最重要的功能,通过禁止或允许特定用户访问特定资源,保护内部网络的资源和数据。防火墙定义了单一阻塞点,它使得未授权的用户无法进入网络,禁止了潜在的、易受攻击的服务进入或是离开网络。

（2）内容控制功能

根据数据内容进行控制,例如过滤垃圾邮件、限制外部只能访问本地 Web 服务器的部分功能等。

（3）日志功能

防火墙需要完整地记录网络访问的情况,包括进出内部网的访问。一旦网络发生了入侵或者遭到破坏,可以对日志进行审计和查询,查明事实。

（4）集中管理功能

针对不同的网络情况和安全需要,指定不同的安全策略,在防火墙上集中实施,使用中还可能根据情况改变安全策略。防火墙应该是易于集中管理的,便于管理员方便地实施安全策略。

（5）自身安全和可用性

防火墙要保证自己的安全,不被非法侵入,保证正常地工作。如果防火墙被侵入,安全策略被破坏,则内部网络就变得不安全。防火墙要保证可用性,否则网络就会中断,内部网的计算机无法访问外部网的资源。

此外,防火墙还可能具有流量控制、网络地址转换(NAT)、虚拟专用网(VPN)等功能。

10.1.4　防火墙的特点

1. 防火墙的优点

防火墙能提高主机整体的安全性,因而给站点带来了众多的好处。它主要有以下几方面的优点。

①防火墙是网络安全的屏障。一个防火墙能极大地提高一个内部网络的安全性,并通过过滤不安全的服务而降低风险。由于只有经过精心选择的应用协议才能通过防火墙,因此,网络环境变得更安全。例如,防火墙可以禁止诸如众所周知的不安全的 NFS 协议进出受保护网络,这样外部的攻击者就不可能利用这些脆弱的协议来攻击内部网络。防火墙同时可以保护网络免受基于路由的攻击,如 IP 选项中的源路由攻击和 ICMP 重定向中的重定向路径。防火墙可以拒绝所有以上类型攻击的报文并通知防火墙管理员。

②控制对主机系统的访问。防火墙有能力控制对主机系统的访问。例如,某些主机系统可以由外部网络访问,而其他主机系统则能被有效地封闭起来,防止有害的访问。通过配置防火墙,允许外部主机访问 WWW 服务器和 FTP 服务器的服务,而禁止外部主机对内部网络上其他系统的访问。

③监控和审计网络访问。如果所有的访问都经过防火墙,则防火墙就能记录下这些访问并作出日志记录,同时也能提供网络使用情况的统计数据。当发生可疑动作时,防火墙能进行适当的报警,并提供网络是否受到监测和攻击的详细信息。此外,收集一个网络的使用和误用情况也是非常重要的,可以清楚防火墙是否能够抵挡攻击者的探测和攻击,并且清楚防火墙的控制是否充足。

④防止内部信息的外泄。通过利用防火墙对内部网络的划分,可实现内部网重点网段的隔离,从而限制了局部重点或敏感网络安全问题对全局网络造成的影响。此外,使用防火墙可以隐蔽那些会泄漏内部细节的服务如 Finger、DNS 等。

⑤部署 NAT 机制。防火墙可以部署 NAT 机制,用来缓解地址空间短缺的问题,也可以隐藏内部网络的结构。

2.防火墙的不足

目前的防火墙存在着许多不能防范的安全威胁。

①不能防范恶意的知情者。防火墙可以禁止系统用户经过网络连接发送专有的信息,但是用户可以将数据复制到磁盘或磁带上,放在公文包中带出去。如果入侵者已经在防火墙内部,那么对于防火墙来说是无能为力的。内部用户偷窃数据,破坏硬件和软件,并且巧妙地修改程序而不接近防火墙。对于来自知情者的威胁只能要求加强内部管理,例如主机安全和用户教育等。

②不能防范不通过它的连接。防火墙能够有效地防止通过它进行传输信息,然而不能防止不通过它而传输的信息。例如,如果站点允许对防火墙后面的内部系统进行拨号访问,那么防火墙绝对没有办法阻止入侵者进行拨号入侵。例如,Internet 防火墙还不能防范不经过防火墙产生的攻击,比如,如果允许内部网络上的用户通过调制解调器不受限制地向外拨号,就可以形成与 Internet 直接的 SLIP 或 PPP 连接,由于这个连接绕开了防火墙而直接连接到外部网络(Internet),这就存在着一个潜在的后门攻击渠道,因此,必须使管理者和用户知道,绝对不能允许存在这类连接造成对系统的威胁。

③不能防范由于内部用户不注意所造成的威胁,此外,它也不能防止内部网络用户将重要的数据复制到软盘或光盘上,并将这些数据带到外边。对于上述问题,只能通过对内部用户进行安全保密教育,使其了解各种攻击类型以及防护的必要性。

④很难防止受到病毒感染的软件或文件在网络上传输。因为目前存在的各类病毒、操作系统以及加密和压缩文件的种类繁多,不能期望防火墙逐个扫描每份文件查找病毒。因此,内部网中的每台计算机设备都应该安装反病毒软件,以防止病毒从软盘或其他渠道流入。

最后着重说明一点,防火墙很难防止数据驱动式攻击。当有些从表面看来无害的数据被邮寄或复制到 Internet 主机上并被执行发起攻击时,就会发生数据驱动攻击。例如,一种数据驱动的攻击可以造成一台主机与安全有关的文件被修改,从而使入侵者下一次更容易入侵该系统。

10.2　防火墙的实现技术

10.2.1　包过滤技术

包过滤技术基于路由器技术,因而包过滤防火墙又称包过滤路由器防火墙。图 10-2 给出了包过滤路由器结构示意图。

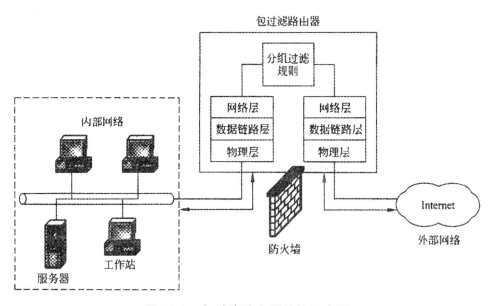

图 10-2　包过滤路由器结构示意图

1. 包过滤技术原理

包过滤技术的原理在于监视并过滤网络上流入流出的 IP 包,拒绝发送可疑的包。基于协议特定的标准,路由器在其端口能够区分包和限制包的能力称为包过滤(Packet Filtering)。由于 Internet 与 Intranet 的连接多数都要使用路由器,所以路由器成为内外通信的必经端口,过滤路由器也可以称为包过滤路由器或筛选路由器(Packet Filter Router)。

防火墙常常就是这样一个具备包过滤功能的简单路由器,这种防火墙应该是足够安全的,但前提是配置合理。然而,一个包过滤规则是否完全严密及必要是很难判定的,因而在安全要求较高的场合,通常还配合使用其他的技术来加强安全性。

路由器逐一审查数据包以判定它是否与其他包过滤规则相匹配。每个包有两个部分:数据部分和包头。过滤规则以用于 IP 顺行处理的包头信息为基础,不理会包内的正文信息内容。包头信息包括:IP 源地址、IP 目的地址、封装协议(TCP、UDP 或 IP Tunnel)、TCP/UDP 源端口、ICMP 包类型、包输入接口和包输出接口。如果找到一个匹配,且规则允许此包,这个包则根据路由表中的信息前行。如果找到一个匹配,且规则拒绝此包,这个包则被舍弃。如果无匹配规则,一个用户配置的缺省参数将决定此包是前行还是被舍弃。

包过滤规则允许路由器取舍以一个特殊服务为基础的信息流,因为大多数服务检测器驻留于众所周知的 TCP/UDP 端口。如 Web 服务的端口号为 80,如果要禁止 http 连接,则只要路由器丢弃端口值为 80 的所有的数据包即可。

在包过滤技术中定义一个完善的安全过滤规则是非常重要的。通常,过滤规则以表格的形式表示,其中包括以某种次序排列的条件和动作序列。每当收到一个包时,则按照从前至后的顺序与表格中每行的条件比较,直到满足某一行的条件,然后执行相应的动作。

2.包过滤路由器的特点

(1)包过滤路由器的优点

包过滤防火墙逻辑简单,价格低廉,易于安装和使用,网络性能和透明性好。它通常安装在路由器上,而路由器是内部网络与 Internet 连接必不可少的设备,因此,在原有网络上增加这样的防火墙几乎不需要任何额外的费用。包过滤防火墙的优点主要体现在以下几个方面。

①不用改动应用程序。包过滤防火墙不用改动客户机和主机上的应用程序,因为它工作在网络层和传输层,与应用层无关。

②一个过滤路由器能协助保护整个网络。包过滤防火墙的主要优点之一,是一个单个的、恰当放置的包过滤路由器有助于保护整个网络。如果仅有一个路由器连接内部与外部网络,则不论内部网络的大小、内部拓扑结构如何,通过那个路由器进行数据包过滤,在网络安全保护上就能取得较好的效果。

③数据包过滤对用户透明。数据包过滤是在 IP 层实现的,Internet 用户根本感觉不到它的存在;包过滤不要求任何自定义软件或者客户机配置;它也不要求用户经过任何特殊的训练或者操作,使用起来很方便。较强的"透明度"是包过滤的一大优势。

④过滤路由器速度快、效率高。过滤路由器只检查报头相应的字段,一般不查看数据包的内容,而且某些核心部分是由专用硬件实现的,因此,其转发速度快、效率较高。

总之,包过滤技术是一种通用、廉价、有效的安全手段。通用,是因为它不针对各个具体的网络服务采取特殊的处理方式,而是对各种网络服务都通用;廉价,是因为大多数路由器都提供分组过滤功能,不用再增加更多的硬件和软件;有效,是因为它能在很大程度上满足企业的安全要求。

(2)包过滤路由器的不足

①定义包过滤器规则是一项复杂的工作。网络管理员需要详细地了解 Internet 各种服务、包头格式和他们在希望每个域查找的特定的值;如果必须支持复杂的过滤要求,过滤规则将是一个冗长而复杂、不易理解和管理的集合,同样也很难测试规则的正确性。

②路由器包的吞吐量随过滤数目的增加而减少。可以对路由器进行这样的优化:抽取每个数据包的目的 IP 地址,进行简单的路由表查询,然后将数据包转发到正确的接口上去传输。如果打开过滤功能,路由器不仅必须对每个数据包做出转发决定,还必须将所有的过滤器规则施用给每个数据包。这样就消耗了 CPU 时间并影响系统的性能。

③不能彻底防止地址欺骗,大多数包过滤路由器都是基于源 IP 地址、目的 IP 地址而进行过滤的,而 IP 地址的伪造是很容易、很普遍的。

④一些应用协议不适合于数据包过滤,即使是完美的数据包过滤,也会发现一些协议不很适合于经由数据包过滤的安全保护。如 RPC、X-Window 和 FTP,而且服务代理和 HTTP 的连接,大大削弱了基于源地址和源端口的过滤功能。

⑤正常的数据包过滤路由器无法执行某些安全策略。例如,数据包说它们来自什么主机,而不是来自什么用户,因此,我们不能强行限制特殊的用户。同样地,数据包说它到什么端口,而不是到什么应用程序,当我们通过端口号对高级协议强行限制时,不希望在端口上有别的指定协议之外的协议,而不怀好意的知情者能够很容易地破坏这种控制。

⑥一些包过滤路由器不提供任何日志能力,直到闯入发生后,危险的数据包才可能检测出

来,它可以阻止非法用户进入内部网络,但也不会告诉我们究竟都有谁来过,或者谁从内部进入了外部网络。

⑦面对复杂的过滤需求,任何直接经过路由器的数据包都有被用作数据驱动式攻击的潜在危险。数据驱动式攻击从表面上来看是由路由器转发到内部主机上没有害处的数据。该数据包括了一些隐藏的指令,能够让主机修改访问控制和与安全有关的文件,使得入侵者能够获得对系统的访问权。

⑧IP 包过滤难以进行行之有效的流量控制,因为它可以许可或拒绝一个特定的服务,但无法理解一个特定服务的内容或数据。

10.2.2　应用代理技术

代理服务(Proxy)技术是一种较新型的防火墙技术,它分为应用层网关和电路层网关。

1. 代理服务原理

代理服务器是指代表客户处理连接请求的程序。当代理服务器得到一个客户的连接意图时,它将核实客户请求,并用特定的安全化的 Proxy 应用程序来处理连接请求,将处理后的请求传递到真实的服务器上,然后接受服务器应答,并进行进一步处理后,将答复交给发出请求的最终客户。代理服务器在外部网络向内部网络申请服务时发挥了中间转接和隔离内、外部网络的作用,因此,又称为代理防火墙。

代理防火墙工作于应用层,且针对特定的应用层协议。代理防火墙通过编程来齐清用户应用层的流量,并能在用户层和应用协议层间提供访问控制;而且还可用来保持一个所有应用程序使用的记录。记录和控制所有进出流量的能力是应用层网关的主要优点之一。代理防火墙的工作原理如图 10-3 所示。

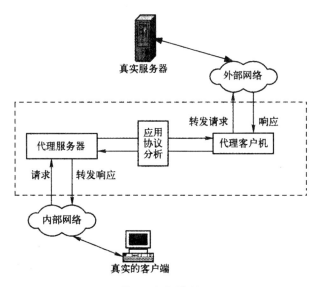

图 10-3　代理防火墙的工作原理

从图 10-3 中可以看出,代理服务器作为内部网络客户端的服务器,拦截住所有请求,也向客户端转发响应。代理客户机负责代表内部客户端向外部服务器发出请求,当然也向代理服务器转发响应。

2.应用层网关防火墙

（1）工作原理

应用层网关（Application Level Gateways，ALG）防火墙是传统代理型防火墙，在网络应用层上建立协议过滤和转发功能。它针对特定的网络应用服务协议使用指定的数据过滤逻辑，并在过滤的同时对数据包进行必要的分析、登记和统计，形成报告。

应用层网关防火墙的工作原理如图 10-4 所示。

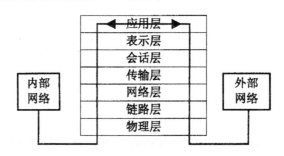

图 10-4　应用层网关防火墙的工作原理

应用层网关防火墙的核心技术就是代理服务器技术，它是基于软件的，通常安装在专用工作站系统上。这种防火墙通过代理技术参与到一个 TCP 连接的全过程，并在网络应用层上建立协议过滤和转发功能，因此，又称为应用层网关。

当某用户（不管是远程的还是本地的）想和一个运行代理的网络建立联系时，此代理（应用层网关）会阻塞这个连接，然后在过滤的同时对数据包进行必要的分析、登记和统计，形成检查报告。如果此连接请求符合预定的安全策略或规则，代理防火墙便会在用户和服务器之间建立一个"桥"，从而保证其通信。对不符合预定安全规则的，则阻塞或抛弃。换句话说，"桥"上设置了很多控制。

同时，应用层网关将内部用户的请求确认后送到外部服务器，再将外部服务器的响应回送给用户。这种技术对 ISP 很常见，通常用于在 Web 服务器上高速缓存信息，并且扮演 Web 客户和 Web 服务器之间的中介角色。它主要保存 Internet 上那些最常用和最近访问过的内容，在 Web 上，代理首先试图在本地寻找数据；如果没有，再到远程服务器上去查找。为用户提供了更快的访问速度，并提高了网络的安全性。

（2）优缺点

应用层网关防火墙，其最主要的优点就是安全，这种类型的防火墙被网络安全专家和媒体公认为是最安全的防火墙。由于每一个内外网络之间的连接都要通过代理的介入和转换，通过专门为特定的服务编写的安全化的应用程序进行处理，然后由防火墙本身提交请求和应答，没有给内外网络的计算机以任何直接会话的机会，因此，避免了入侵者使用数据驱动类型的攻击方式入侵内部网络。从内部发出的数据包经过这样的防火墙处理后，可以达到隐藏内部网结构的作用；而包过滤类型的防火墙是很难彻底避免这一漏洞的。

应用层网关防火墙同时也是内部网与外部网的隔离点，起着监视和隔绝应用层通信流的作用，它工作在 OSI 模型的最高层，掌握着应用系统中可用作安全决策的全部信息。

代理防火墙的最大缺点就是速度相对比较慢,当用户对内外网络网关的吞吐量要求比较高时,代理防火墙就会成为内外网络之间的瓶颈。幸运的是,目前用户接入 Internet 的速度一般都远低于这个数字。在现实环境中,也要考虑使用包过滤类型防火墙来满足速度要求的情况,大部分是高速网之间的防火墙。

3.电路级网关防火墙

电路级网关(Circuit Level Gateway,CLG)或 TCP 通道(TCP Tunnels)防火墙。在电路级网关防火墙中,数据包被提交给用户的应用层进行处理,电路级网关用来在两个通信的终点之间转换数据包,原理图如图 10-5 所示。

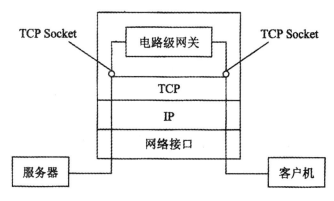

图 10-5　电路级网关

电路级网关是建立应用层网关的一个更加灵活的方法。它是针对数据包过滤和应用网关技术存在的缺点而引入的防火墙技术,一般采用自适应代理技术,也称为自适应代理防火墙。

在电路层网关中,需要安装特殊的客户机软件。组成这种类型防火墙的基本要素有两个,即自适应代理服务器(Adaptive Proxy Server)与动态包过滤器(Dynamic Packet Filter)。在自适应代理与动态包过滤器之间存在一个控制通道。

在对防火墙进行配置时,用户仅仅将所需要的服务类型和安全级别等信息通过相应 Proxy的管理界面进行设置就可以了。然后,自适应代理就可以根据用户的配置信息,决定是使用代理服务从应用层代理请求还是从网络层转发数据包。如果是后者,它将动态地通知包过滤器增减过滤规则,满足用户对速度和安全性的双重要求。因此,它结合了应用层网关防火墙的安全性和包过滤防火墙的高速度等优点,在毫不损失安全性的基础之上将代理型防火墙的性能提高 10 倍以上。

电路层网关防火墙的工作原理如图 10-6 所示。

电路级网关防火墙的特点是将所有跨越防火墙的网络通信链路分为两段。防火墙内外计算机系统间应用层的"链接"由两个终止代理服务器上的"链接"来实现,外部计算机的网络链路只能到达代理服务器,从而起到了隔离防火墙内外计算机系统的作用。

此外,代理服务也对过往的数据包进行分析、注册登记,形成报告,同时当发现被攻击迹象时会向网络管理员发出警报,并保留攻击痕迹。

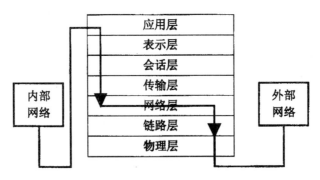

图 10-6　电路级网关防火墙的工作原理

4. 代理服务技术的特点

(1) 代理服务技术的优点

① 代理易于配置。由于代理是一个软件,因此,它较过滤路由器更易配置,配置界面十分友好。如果代理实现得好,可以对配置协议要求较低,从而避免配置错误。

② 代理能生成各项记录。由于代理工作在应用层,它检查各项数据,因此,可以按一定准则,让代理生成各项日志、记录。这些日志、记录对于流量分析、安全检验是非常重要的。当然,也可以用于记费等应用。

③ 代理能灵活、完全地控制进出流量和内容。通过采取一定的措施,按照一定的规则,可以借助代理实现一整套的安全策略。例如,可以控制"谁"和"什么",还有"时间"和"地点"。

④ 代理能过滤数据内容。用户可以把一些过滤规则应用于代理,让它在高层实现过滤功能,如文本过滤、图像过滤、预防病毒或扫描病毒等。

⑤ 代理能为用户提供透明的加密机制。用户通过代理进出数据,可以让代理完成加/解密的功能,从而方便用户,确保数据的机密性。这点在虚拟专用网中特别重要。代理可以广泛地用于企业外部网中,提供较高安全性的数据通信。

⑥ 代理可以与其他安全手段集成。目前的安全问题解决方案很多,如认证、授权、账号、数据加密、安全协议(SSL)等。如果把代理与这些手段联合使用,将大大增加网络安全性。

(2) 代理服务技术的缺点

① 代理速度较路由器慢。路由器只是简单查看 TCP/IP 报头,检查特定的几个域,不作详细分析、记录。而代理工作于应用层,要检查数据包的内容,按特定的应用协议进行审查、扫描数据包内容,并进行代理(转发请求或响应),因此,其速度较慢。

② 代理对用户不透明。许多代理要求客户端作相应改动或安装定制客户端软件,这给用户增加了不透明度。为庞大的互联网络的每一台内部主机安装和配置特定的应用程序既耗费时间,又容易出错,原因是硬件平台和操作系统都存在差异。

③ 对于每项服务代理可能要求不同的服务器。可能需要为每项协议设置一个不同的代理服务器,因为代理服务器不得不理解协议以便判断什么是允许的和不允许的,并且还装扮一个对真实服务器来说是客户、对代理客户来说是服务器的角色。挑选、安装和配置所有这些不同的服务器也可能是一项工作量较大的工作。

④ 代理服务通常要求对客户、对过程或两者进行限制。除了一些为代理而设的服务,代理服

务器要求对客户、对过程或两者进行限制,每一种限制都有不足之处,人们无法经常按他们自己的步骤使用快捷可用的工作。由于这些限制,代理应用就不能像非代理应用运行那样好,它们往往可能曲解协议的说明,并且一些客户和服务器比其他的要缺少一些灵活性。

⑤代理服务不能保证免受所有协议弱点的限制。作为一个安全问题的解决方法,代理取决于对协议中哪些是安全操作的判断能力。每个应用层协议,都或多或少存在一些安全问题,对于一个代理服务器来说,要彻底避免这些安全隐患几乎是不可能的,除非关掉这些服务。

此外,代理取决于在客户端和真实服务器之间插入代理服务器的能力,这要求两者之间交流的相对直接性,而且有些服务的代理是相当复杂的。

⑥代理不能改进底层协议的安全性。由于代理工作于 TCP/IP 之上,属于应用层,因此,它就不能改善底层通信协议的能力。如 IP 欺骗、SYN 泛滥、伪造 ICMP 消息和一些拒绝服务的攻击。而这些方面,对于一个网络的健壮性是相当重要的。

许多防火墙产品软件混合使用包过滤与代理服务这两种技术。对于某些协议如 Telnet 和 SMTP 用包过滤技术比较有效,而其他的一些协议如 FTP、Archie、Gopher、WWW 则用代理服务比较有效。

10.2.3　状态检测技术

相较于前面的包过滤技术,状态包检测(Stateful Inspection)技术增加了更多的包和包之间的安全上下文检查,以达到与应用级代理防火墙相类似的安全性能。状态包检测防火墙在网络层拦截输入包,并利用足够的介图连接的状态信息作出决策,如图 10-7 所示为状态检测防火墙。

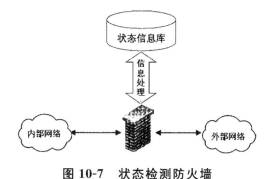

图 10-7　状态检测防火墙

1. 状态检测技术的原理

基于状态检测技术的防火墙也称为动态包过滤防火墙。它通过一个在网关处执行网络安全策略的检测引擎而获得非常好的安全特性。检测引擎在不影响网络正常运行的前提下,采用抽取有关数据的方法对网络通信的各层实施检测。它将抽取的状态信息动态地保存起来作为以后执行安全策略的参考。检测引擎维护一个动态的状态信息表并对后续的数据包进行检查,一旦发现某个连接的参数有意外变化,就立即将其终止。

状态检测防火墙监视和跟踪每一个有效连接的状态,并根据这些信息决定是否允许网络数据包通过防火墙。它在协议栈底层截取数据包,然后分析这些数据包的当前状态,并将其与前一时刻相应的状态信息进行比较,从而得到对该数据包的控制信息。

检测引擎支持多种协议和应用程序,并可以方便地实现应用和服务的扩充。当用户访问请求到达网关操作系统前,检测引擎通过状态监视器要收集有关状态信息,结合网络配置和安全规则做出接纳、拒绝、身份认证及报警等处理动作。一旦有某个访问违反了安全规则,则该访问就会被拒绝,记录并报告有关状态信息。

状态检测防火墙试图跟踪通过防火墙的网络连接和包,这样,防火墙就可以使用一组附加的标准,以确定是否允许和拒绝通信。它是在使用了基本包过滤防火墙的通信上应用一些技术来做到这点的。

在包过滤防火墙中,所有数据包都被认为是孤立存在的,不关心数据包的历史或未来,数据包的允许和拒绝的决定完全取决于包自身所包含的信息,如源地址、目的地址和端口号等。状态检测防火墙跟踪的则不仅仅是数据包中所包含的信息,而且还包括数据包的状态信息。为了跟踪数据包的状态,状态检测防火墙还记录有用的信息以帮助识别包,如已有的网络连接、数据的传出请求等。

状态检测技术采用的是一种基于连接的状态检测机制,将属于同一连接的所有包作为一个整体的数据流看待,构成连接状态表,通过规则表与状态表的共同配合,对表中的各个连接状态因素加以识别。

2.跟踪连接状态的方式

状态检测技术跟踪连接状态的方式取决于数据包的协议类型,具体如下。

(1)TCP包

当建立起一个TCP连接时,通过的第一个包被标有包的SYN标志。通常来说,防火墙丢弃所有外部的连接企图,除非已经建立起某条特定规则来处理它们。对内部主机试图连到外部主机的数据包,防火墙标记该连接包,允许响应及随后在两个系统之间的数据包通过,直到连接结束为止。在这种方式下,传入的包只有在它是响应一个已建立的连接时,才会被允许通过。

(2)UDP包

UDP包比TCP包简单,因为它们不包含任何连接或序列信息。它们只包含源地址、目的地址、校验和携带的数据。这种信息的缺乏使得防火墙确定包的合法性很困难,因为没有打开的连接可利用,以测试传入的包是否应被允许通过。

但是,如果防火墙跟踪包的状态,就可以确定。对传入的包,如果它所使用的地址和UDP包携带的协议与传出的连接请求匹配,则该包就被允许通过。与TCP包一样,没有传入的UDP包会被允许通过,除非它是响应传出的请求或已经建立了指定的规则来处理它。对其他种类的包,情况与UDP包类似。防火墙仔细地跟踪传出的请求,记录下所使用的地址、协议和包的类型,然后对照保存过的信息核对传入的包,以确保这些包是被请求的。

3.状态检测技术的特点

(1)状态检测技术的优点

状态检测防火墙结合了包过滤防火墙和代理服务器防火墙的长处,克服了两者的不足,能够根据协议、端口,以及源地址、目的地址的具体情况决定数据包是否允许通过。状态检测技术具有如下几个优点。

①高安全性。状态检测防火墙工作在数据链路层和网络层之间,它从这里截取数据包,因为

数据链路层是网卡工作的真正位置,网络层是协议栈的第一层,这样防火墙确保了截取和检查所有通过网络的原始数据包。

防火墙截取到数据包就处理它们,首先根据安全策略从数据包中提取有用信息,保存在内存中;然后将相关信息组合起来,进行一些逻辑或数学运算,获得相应的结论,进行相应的操作,如允许数据包通过、拒绝数据包、认证连接和加密数据等。

状态检测防火墙虽然工作在协议栈较低层,但它检测所有应用层的数据包,从中提取有用信息,如 IP 地址、端口号和上层数据等,通过对比连接表中的相关数据项,大大降低了把数据包伪装成一个正在使用的连接的一部分的可能性,这样安全性得到很大提高。

②高效性。状态检测防火墙工作在协议栈的较低层,通过防火墙的所有数据包都在低层处理,而不需要协议栈的上层来处理任何数据包,这样减少了高层协议栈的开销,从而提高了执行效率;此外,在这种防火墙中一旦一个连接建立起来,就不用再对这个连接做更多工作,系统可以去处理别的连接,执行效率明显提高。

③伸缩性和易扩展性。状态检测防火墙不像代理防火墙那样,每一个应用对应一个服务程序,这样所能提供的服务是有限的,而且当增加一个新的服务时,必须为新的服务开发相应的服务程序,这样系统的可伸缩性和可扩展性降低。

状态检测防火墙不区分每个具体的应用,只是根据从数据包中提取的信息、对应的安全策略及过滤规则处理数据包,当有一个新的应用时,它能动态产生新的应用的规则,而不用另外写代码,因此,具有很好的伸缩性和扩展性。

④针对性。它能对特定类型的数据包中的数据进行检测。由于在常用协议中存在着大量众所周知的漏洞,其中一部分漏洞来源于一些可知的命令和请求等,因而利用状态包检查防火墙的检测特性使得它能够通过检测数据包中的数据来判断是否是非法访问命令。

⑤应用范围广。状态检测防火墙不仅支持基于 TCP 的应用,而且支持基于无连接协议的应用,如 RPC 和基于 UDP 的应用(DNS、WAIS 和 NFS 等)。对于无连接的协议,包过滤防火墙和应用代理对此类应用要么不支持,要么开放一个大范围的 UDP 端口,这样暴露了内部网,降低了安全性。

状态检测防火墙对基于 UDP 应用安全的实现是通过在 UDP 通信之上保持一个虚拟连接来实现的。防火墙保存通过网关的每一个连接的状态信息,允许穿过防火墙的 UDP 请求包被记录,当 UDP 包在相反方向上通过时,依据连接状态表确定该 UDP 包是否是被授权的,若已被授权,则通过,否则拒绝。如果在指定的一段时间响应数据包没有到达,则连接超时,该连接被阻塞,这样所有的攻击都被阻塞,UDP 应用安全实现了。

状态检测防火墙也支持 RPC,因为对于 RPC 服务来说,其端口号是不固定的,因此,简单的跟踪端口号是不能实现该种服务的安全的,状态检测防火墙通过动态端口映射图记录端口号,为验证该连接还保存连接状态与程序号等,通过动态端口映射图来实现此类应用的安全。

(2)状态检测技术的缺点

在带来高安全性的同时,状态检测防火墙也存在着不足,主要体现在:

①由于检查内容多,对防火墙的性能提出了更高的要求。

②主要工作在网络层和传输层,对报文的数据部分检查很少,安全性还不足够高。

不过,随着硬件处理能力的不断提高,这个问题变得越来越不易察觉。

10.2.4　地址转换技术

地址转换技术 NAT 能透明地对所有内部地址作转换,使外部网络无法了解内部网络的内部结构,同时使用 NAT 的网络,与外部网络的连接只能由内部网络发起,极大地提高了内部网络的安全性。

NAT 最初设计目的是用来增加私有组织的可用地址空间和解决将现有的私有 TCP/ IP 网络连接到互联网上的 IP 地址编号问题。私有 IP 地址只能作为内部网络号,不能在互联网主干网上使用。NAT 技术通过地址映射保证了使用私有 IP 地址的内部主机或网络能够连接到公用网络。NAT 网关被安放在网络末端区域(内部网络和外部网络之间的边界点上),并且在把数据包发送到外部网络之前,将数据包的源地址转换为全球唯一的 IP 地址。

由此可见,NAT 在过去主要是被应用在进行处理的动态负载均衡以及高可靠性系统的容错备份的实现上,为了解决当时传统 IP 网络地址紧张的问题。它在解决 IP 地址短缺的同时提供了如下功能:

①内部主机地址隐藏。

②网络负载均衡。

③网络地址交叠。

正是由于地址转换技术提供了内部主机地址隐藏的技术,使其成为防火墙实现中经常采用的核心技术之一。

NAT 技术中具体的 IP 地址复用方法是在内部网中使用私有的虚拟地址,即由 Internet 地址分配委员会(IANA)所保留的几段 Private Network IP 地址。以下是预留的 Private Network 地址范围:

10.0.0.0～10.255.255.255

172.16.0.0～172.31.255.255

192.168.0.0～192.168.255.255

由于这部分地址的路由信息被禁止出现在 Internet 骨干网络中,所以如果在 Internet 中使用这些地址不会被任何路由器正确转发,因而也就不会因大家都使用这些地址而相互之间发生冲突。在边界路由器中设置一定的地址转换关系表并维持一个注册的真实 IP 地址池,通过路由器中的转换功能将内部虚拟地址映射为相应的注册地址,使得内部主机可以与外部主机间透明地进行通信,如图 10-8 所示。

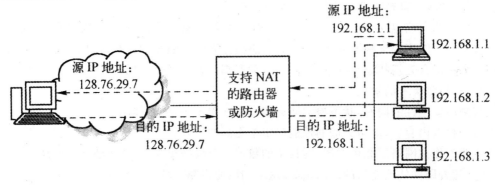

图 10-8　地址转换

NAT 技术一般的形式为 NAT 网关依据一定的规则,对所有进出的数据包进行源与目的地址识别,并将由内向外的数据包中的源地址替换成一个真实地址(注册过的合法地址),而将由外向内的数据包中的目的地址替换成相应的虚地址(内部用的非注册地址)。NAT 技术既缓解了少量合法 IP 地址和大量主机之间的矛盾,有对外隐藏了内部主机的 IP 地址,提高了安全性。因此,NAT 经常用于小型办公室、家庭等网络,让多个用户分享单一的 IP 地址,并能为 Internet 连接提供一些安全机制。

10.3　防火墙的体系结构

10.3.1　屏蔽路由器体系结构

屏蔽路由器作为内外连接的唯一通道,要求所有的报文都必须在此通过检查,如图 10-9 所示。路由器上可以安装基于 IP 层的报文过滤软件,实现报文过滤功能。许多路由器本身带有报文过滤配置选项,但一般比较简单。

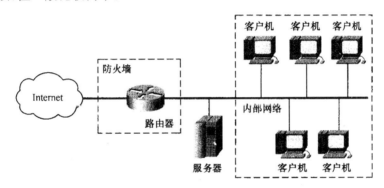

图 10-9　屏蔽路由器体系结构

通常这种屏蔽路由器可以由厂家专门生产的路由器实现,也可以用主机来实现。这种配置的缺点如下:

①规则表会随着应用的不断深化,将会很快变得很大而且复杂。

②没有或有很少的日志记录能力,所以网络管理员很难确定系统是否正在被入侵或已经被入侵。

③最大的弱点是依靠一个单一的部件来保护系统,一旦部件出现问题,就会使网络的完全开放,而用户可能仍不知道。

10.3.2　双宿主机体系结构

双重宿主主机(Dual Homed Host,DHH),又称堡垒主机(Bastion host),这种体系结构是围绕具有双重宿主的堡垒主机构筑的,该堡垒主机至少配有配有两个网络接口。这样的堡垒主机可以充当与其所带网卡相连的网络之间的路由器,能够从一块网卡到另一块网卡转发 IP 数据包。但是,实现双重宿主主机的防火墙体系结构禁止这种转发功能,因此在拥有这种防火墙体系结构的网络中,IP 数据包并不是直接从一个网络(例如因特网)发送到其他网络(例如内部的、被保护的网络)的。

　　一般情况下双宿主机的路由功能是被禁止的,这样可以隔离内部网络与外部网络之间的直接通信,从而达到保护内部网络的作用。也就是说,防火墙内部的系统能与双重宿主主机通信,同时防火墙外部的系统(因特网)也能与双重宿主主机通信,但是这些系统之间不能直接互相通信,它们之间的 IP 通信被完全阻断了。

　　总的来说,双重宿主主机的防火墙体系结构是十分简单的:双重宿主主机位于两者之间,并且被分别连接到因特网和内部网络,如图 10-10 所示。

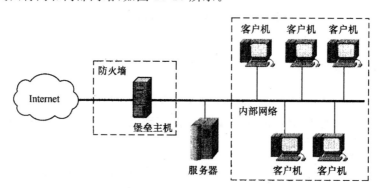

图 10-10　双宿主主机体系结构

　　双重宿主主机网关优于屏蔽路由器的地方是:堡垒主机的系统软件可用于维护系统日志、硬件复制日志或远程日志。这对于日后的检查很有用,但尚不足以帮助网络管理者确认内部网中哪些主机可能已被黑客入侵。

　　这这种双重宿主主机网关的最大弱点是:一旦入侵者侵入堡垒主机并使其只具有路由功能,则任何网络用户就都可以任意访问内部网络了。总的来说这是一个简单但十分安全的防火墙方案。

10.3.3　屏蔽主机体系结构

　　屏蔽主机体系结构类似于双宿主机结构,它们的主要区别是在屏蔽主机体系结构中,防火墙和 Internet 之间添加了一个路由器来执行包过滤,图 10-11(a)和图 10-11(b)所示分别为单地址堡垒主机和双地址堡垒主机的体系结构。

　　路由器对进入防火墙主机的通信流量进行了筛选,而防火墙主机可以专门用于其他安全的防护。因此,屏蔽主机体系结构比双宿主机体系结构更能够提供更高层次的安全保护,但是,如果攻击者攻破了路由器后面的堡垒主机,则攻击者就可以直接进入内部网络。为了进一步增强屏蔽主机体系结构的安全性,可以将堡垒主机构造为一台应用网关或者代理服务器,使可用的网络服务经过代理服务器。

　　在图 10-11 中,堡垒主机位于内部的网络上,是外部网络上的主机连接到内部网络上的系统的桥梁。即使这样,也仅有某些确定类型的连接被允许,任何外部的系统试图访问内部的系统或者服务将必须连接到这台堡垒主机上。因此,堡垒主机需要拥有高等级的安全。

　　数据包过滤也允许堡垒主机开放可允许的连接(什么是“可允许”将由用户站点的安全策略决定)到外部网络。

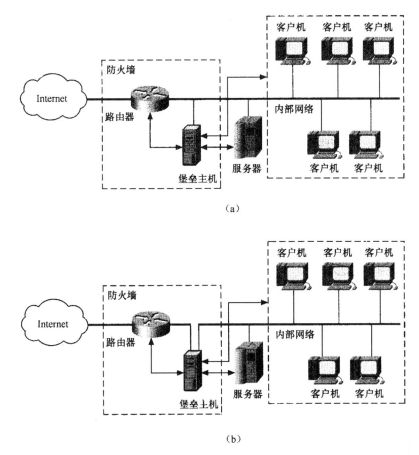

图 10-11　屏蔽主机体系结构

在该结构的路由器中数据包过滤配置可以按下列方法执行。

①允许其他的内部主机为了某些服务与 Internet 上的主机连接(即允许那些已经由数据包过滤的服务)。

②不允许来自内部主机的所有连接(强迫那些主机经由堡垒主机使用代理服务)。用户可以针对不同的服务混合使用这些手段;某些服务可以被允许直接经由数据包过滤,而其他服务仅仅可以被允许间接地经过代理。这完全取决于用户实行的安全策略。

10.3.4　屏蔽子网体系结构

在屏蔽主机体系结构中,即便用户尽力保护堡垒主机,堡垒主机仍然是最有可能被入侵的机器,这是因为它是容易被入侵的机器。若在屏蔽主机体系结构中,用户的内部网络对来自用户的堡垒主机的入侵门户打开,那么用户的堡垒主机就是非常诱人的攻击目标。在它与用户的其他内部机器之间除了偶尔可能有的主机安全之外没有其他的防范手段时,若有人成功地入侵屏蔽主机体系结构中的堡垒主机,那它就能够毫无阻挡地进入内部系统。屏蔽子网体系结构通过在周边网络上隔离堡垒主机,能够减少对堡垒主机入侵的可能,如图 10-12 所示。

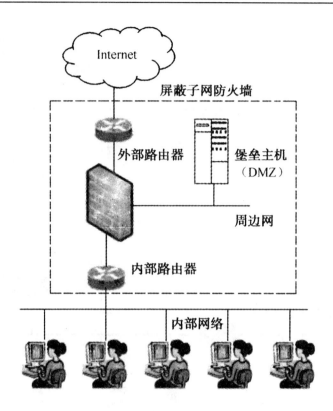

图 10-12　被屏蔽子网体系结构

这种体系结构具有很高的安全性,如果攻击者试图完全破坏防火墙,它必须重新配置连接三个网络的路由器,既不切断连接,又不把自己锁在外面,同时又不使自己被发现,这样做是有可能的。但若禁止网络访问路由器或只允许内部网络中的某些主机访问它,则攻击会变得很困难。在这种情况下,攻击者要先侵入堡垒主机,然后进入内部网络主机,再返回来破坏屏蔽路由器,而且在整个过程中不能引发报警。因此,它被广泛地采用。

由上述分析可以发现被屏蔽子网体系结构主要具有下列优点:

①入侵者必须突破三个不同的设备才能非法入侵内部网络、外部路由器、堡垒主机,还有内部路由器。

②由于外部路由器只能向 Internet 通告 DMZ 网络的存在,Internet 上的系统没有路由器与内部网络相通,这样网络管理员就可以保证内部网络是"不可见"的,并且只有在 DMZ 网络上选定的服务才对 Internet 开放。

③由于内部路由器只向内部网络通告 DMZ 网络的存在,内部网络上的系统不能直接通往Internet,这样就保证了内部网络上的用户必须通过驻留在堡垒主机上的代理服务才能访问 Internet。

④包过滤路由器直接将数据引向 DMZ 网络上所指定的系统,消除了堡垒主机双重宿主的必要。

⑤内部路由器在作为内部网络和 Internet 之间最后的防火墙系统时,能够支持比双重宿主堡垒主机更大的数据包吞吐量。

⑥由于 DMZ 网络是一个与内部网络不同的网络，NAT（网络地址交换）可以安装在堡垒主机上，从而避免了在内部网络上重新编址或重新划分子网。

同样，该体系结构也存在着不足之处，该结构最明显的缺点是实施和管理比较复杂。

10.3.5 组合体系结构

建造防火墙时，一般很少采用单一的技术，通常是使用多种解决不同问题的技术组合。这种组合主要取决于网管中心向用户提供什么样的服务，以及网管中心能接受什么等级的风险。采用哪种技术主要取决于经费，投资的大小或技术人员的技术、时间等因素。一般有以下几种形式：

1. 多堡垒主机

堡垒主机是一种很有名的网络安全机制，也是安全访问控制实施的一种基础组件。通常情况下堡垒主机由一台计算机担当，并有两块或多块网卡分别连接各内联网络和外联网络。主要用于是隔离内联网络和外联网络，为内联网络设立一个检查点，对所有进出内联网络的数据包进行过滤，集中解决内联网络的安全问题。由此可知，堡垒主机经常被配置为直接与外联网络相连接，为内联网络提供网关服务。因此，堡垒主机是用户网络中最容易受到攻击的主机，堡垒主机必须具有强大而且完善的自我保护机制。

理想情况下，堡垒主机应该只提供一种服务，因为提供的服务越多，在系统上安装服务而导致安全隐患的可能性也就越大。这就意味着，如果在网络边界上拥有一个防火墙程序、一台 Web 服务器、一台 DNS 服务器和一台 FTP 服务器，则需要配置 4 台独立的堡垒主机。

而通过如图 10-13 所示的多堡垒主机，就能够改善网络安全性能、引入冗余度以及隔离数据和服务器等。

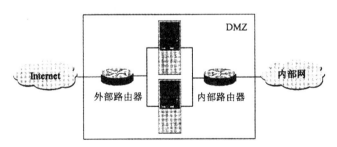

图 10-13 双堡垒主机的屏蔽子网体系结构

2. 合并内部路由器与外部路由器

内部路由器又称为阻塞路由器（Choke Router），部署在内联网络与非军事区的交界处。内部路由器的作用是保护内联网络免遭来自于外联网络和非军事区 DMZ 的攻击。它执行屏蔽子网防火墙的大部分包过滤工作。

内部路由器允许从内联网络到外联网络有选择的出站服务，这些服务将只使用发出请求的内部主机提供的包过滤功能，而不使用安全代理网关提供的安全代理功能。内部主机根据自身的需要和能力来确定服务的安全性，而不同的主机对安全的定义也可以是不同的。

内部路由器将限制与 DMZ 中安全代理网关堡垒主机进行连接的内部主机数目,且需要对能够连接到安全代理网关堡垒主机的内部主机进行重点保护。这是由于一旦堡垒主机被入侵者攻陷,则内联网络中与堡垒主机相连接的主机将成为入侵者下一步攻击行为的主要目标。对此问题通常比较好的解决办法是在内联网络中部署内部服务器,由内部服务器将内部主机的网络服务请求转发到安全代理网关堡垒主机上,再转发至外联网络。

而外部路由器又称为访问路由器或者接触路由器,则部署在 DMZ 与外联网络的交界处。理论上,外部路由器与内部路由器同样对网络层进行包过滤,为 DMZ 和内联网络提供第一层的保护,外部路由器通常由 ISP 提供,只具有简单的通用配置。外部路由器的主要作用是防止源IP 地址欺骗攻击和源路由攻击,并限制内联网络与外联网络之间的连接。此外,外部路由器所能够提供的安全性较弱,这主要是由于不需要太高的安全防护。

合并内部路由器与外部路由器可以认为这是一种屏蔽子网结构的另一种形式。通常屏蔽子网体系结构要求在子网两侧各使用一个路由器分别充当内部和外部路由器,在每个接口上设置入站和出站的过滤规则;而将两者合并后,就变成了如图 10-14 所示的体系结构。

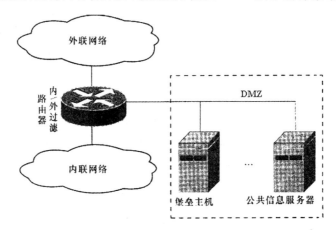

图 10-14 合并内部路由器与外部路由器的屏蔽子网防火墙

一般这样合并的过滤路由器最少要具有 3 个接口:一个接口连接内联网络,另一个接口连接外联网络,还有一个接口连接非军事区网络。

这种方案其优点是节约了路由器的开支,最主要的缺点是黑客只要攻破该路由器就可以进入内部网络。

3.合并堡垒主机与外部路由器

使用一个配有双网卡的主机,既做堡垒主机又充当外部路由器。在这种体系结构中,堡垒主机没有外部路由器的保护,直接暴露给了 Internet,安全性不好。图 10-15 所示就是这种类型的防火墙方案。

这种方案的唯一保护是堡垒主机自己提供的包过滤功能。当网络只有一个到 Internet 的拨号 PPP 连接,并且堡垒主机上运行了 PPP 数据包时,也可以选择这种设置方法。

4.合并堡垒主机与内部路由器

合并堡垒主机与内部路由器需要使用一个拥有双网卡的主机,既做堡垒主机又当内部路由

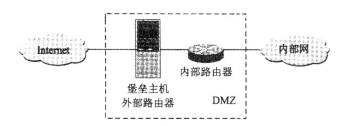

图 10-15　合并堡垒主机与外部路由器

器。这种方案中堡垒主机与内部网通信，以便转发从外部网获得的信息。图 10-16 所示即为堡垒主机充当内部路由器。

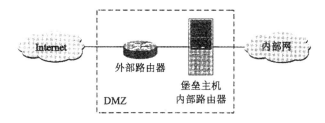

图 10-16　合并堡垒主机与内部路由器

5. 使用多台外部路由器

如果要对具有多个接入点的用户网络进行安全防护，较为有效的办法是在屏蔽子网防火墙中使用多台外部路由器。不同的外部路由器连接不同的外部网络，包括组织或机构的联盟伙伴的网络。虽然外部路由器的增多增加了入侵者攻击用户网络的途径，但是这不是主要的问题。对于屏蔽子网防火墙来说，主要的还是要增强堡垒主机的安全防御机制和内联网络的过滤机制。就这方面来看，多外部路由器屏蔽子网防火墙与传统的单外部路由器屏蔽子网防火墙没有什么区别。如图 10-17 所示为多外部路由器屏蔽子网防火墙的结构。

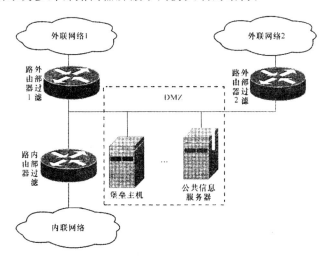

图 10-17　多外部路由器屏蔽子网防火墙的结构

295

6.使用多个周边网络

如果内部网络与分支机构及合作伙伴之间的网络有任务紧急的应用连接,需要并发处理,就可以使用多个周边网络,以确保高可靠性和高安全性。图 10-18 所示为两个 DMZ 的屏蔽子网体系结构。

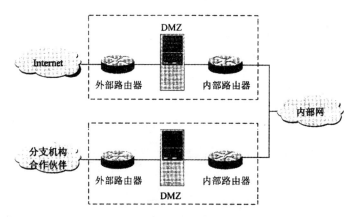

图 10-18　两个 DMZ 的屏蔽子网体系结构

这种结构的优点是,提高了网络的冗余度,在数据传输中将不同的网络隔离开,增加了数据的保密性。其缺点是,存在多个路由器,它们都是进入内部网的通道。如果不能严格地监控和管理这些路由器,就会给入侵者提供更多的机会。

10.4　防火墙的选购

10.4.1　防火墙的指标

1.功能指标

防火墙主要功能类指标项,如表 10-1 所示。

表 10-1　防火墙主要功能类指标项

防火墙功能指标项	功能描述
网络接口	是指防火墙所能够能保护的网络类型,如以太网、快速以太网、先兆以太网、ATM、令牌环及 FDDI 等
协议支持	支持的非 IP 协议:除支持 IP 协议之外,又支持 AppleTaslk、DECnet、IPX 及 NETBEUI 等协议。建立 VPN 通道的协议:IPSec、PPTP、专用协议等
加密支持	是指防火墙所能支持的加密算法,例如 DES、RC4、IDEA、AES 以及国内专用的加密算法

防火墙功能指标项	功能描述
认证支持	是指防火墙所能够支持的认证类型,如 Radius、Kerberos、TACACS/TACACS＋、口令方式、数字证书等
访问控制	是指防火墙所能够支持的访问控制方式,如包过滤、时间、代理等
安全功能	是指防火墙所能够支持的安全方式,如病毒扫描、内容过渡等
管理功能	是指防火墙所能够支持管理方式,如基于 SNMP 管理、管理的通信协议、带宽管理、负载平衡管理、失效管理、用户权限管理、远程管理和本地管理等
审计和报表	是指防火墙所能够支持审计方式和分析处理审计数据表达形式,如远程审计、本地审计

2.防火墙的性能指标

性能指标对于防火墙而言是很重要的一个方面,许多用户仅仅通过并发连接数等指标考察产品性能,这其实是一个很大的误区。吞吐且、丢包率和延迟等才是衡量一个防火墙的性能的重要指标参数。一个千兆防火墙系统要达到干兆线速,必须在全速处理最小的数据封包(64B)转发时可达到100％吞吐率。

然而根据赛迪评测对国内外千兆防火墙的评测数据可以看到,还没有一款千兆防火墙在64B 帧长时可以达到100％的吞吐率(最好的测试数据仅为72.58％)。因此,号称"千兆线速"的防火墙也仅仅是在帧长在 128B 以上时可能达到100％,然而根据 RFC 定义,这样的设备并不能成为"线速"。

因此,用户在考察防火墙设备的性能指标时,必须从吞吐量、延迟、丢包率等数据确定产品的性能。换句话说,无论防火墙是采用何种方式实现的,上述指标仍然是判断防火墙性能的主要依据。在选择购买防火墙的时候,可以考虑以下一些性能指标。

(1)吞吐量

吞吐量是防火墙的第一个重要指标,该参数体现了防火墙转发数据包的能力。它决定了每秒钟可以通过防火墙的最大数据流量,通常用防火墙在不丢包的条件下每秒转发包的最大数目来表示。该参数以位每秒(bit/s)或包每秒(p/s)为单位。以位每秒为单位时,数值从几十兆到几百兆不等,千兆防火墙可以达到几个吉的性能。

(2)时延

时延参数是防火墙的一个重要指标,直接体现了在系统重载的情况下,防火墙是否会成为网络访问服务的瓶颈。时延指的是在防火墙最大吞吐量的情况下,数据包从到达防火墙到被防火墙转发出去的时间间隔。时延参数的测定值应与防火墙标称的值相一致。

(3)丢包率

丢包率参数指明防火墙在不同负载的情况下,因为来不及处理而不得不丢弃的数据包占收到的数据包总数的比例,这是一个服务的可用性参数。不同的负载量通常在最小值到防火墙的线速值(防火墙的最高数据包转发速率)之间变化,一般选择线速的10％作为负载增量的步长。

（4）背对背

防火墙的背对背指的是从空闲状态开始，以达到传输介质最小合法间隔极限的传输速率发送相当数量的固定长度的帧，当出现第一个帧丢失时，发送的帧数。

背对背包的技术指标结果能体现出被测防火墙的缓冲容量，网络上经常有一些应用会产生大量的突发数据包（如 NFS、备份、路由更新等），而且这样的数据包的丢失可能会产生更多的数据包，强大缓冲能力可以减小这种突发对网络造成的影响，因此，背靠背指标体现防火墙的数据缓存能力，描述了网络设备承受突发数据的能力，即对突发数据的缓冲能力。

（5）最大位转发率

防火墙的位转发率指在特定负载下每秒钟防火墙将允许的数据流转发至正确的目的接口的位数。最大位转发率指在不同的负载下反复测量得出的位转发率数值中的最大值。

（6）最大并发连接数

最大并发连接数指穿越防火墙的主机之间或主机与防火墙之间能同时建立的最大连接数。这项性能可以反映一定流量下防火墙所能顺利建立和保持的并发连接数及一定数量的连接情况下防火墙的吞吐量变化。

并发连接数主要反映了防火墙建立和维持 TCP 连接的性能，同时也能通过并发连接数的大小体现防火墙对来自于客户端的 TCP 连接请求的响应能力。

（7）最大并发连接建立速率

在此项测试中，分别测试防火墙的每秒所能建立起的 TCP/HTTP 连接数及防火墙所能保持的最大 TCP/HTTP 连接数。测试在一条安全规则下打开和关闭 NAT（静态）对 TCP 连接的新建能力和保持能力。

（8）有效通过率

根据 RFC 2647 对防火墙测试的规范中定义的一个重要的指标：goodput（防火墙的真实有效通过率）。由于防火墙在使用过程中，总会有数据包的丢失和重发，因此，简单测试防火墙的通过率是片面的，goodput 从应用层测试防火墙的真实有效的传输数据包速率。简单地说，就是防火墙端口的总转发数据量（bit/s）减去丢失的和重发的数据量（bit/s）。

（9）其他性能指标

防火墙的其他性能指还包括最大策略数、平均无故障间隔时间、支持的最大用户数等。

10.4.2　防火墙的选购原则

一般认为，没有一个防火墙的设计能够适用于所有的环境，所以应根据网站的特点来选择合适的防火墙。选购防火墙时应考虑以下几个因素。

1.防火墙的安全性

安全性是评价防火墙好坏最重要的因素，这是因为购买防火墙的主要目的就是为了保护网络免受攻击。但是，由于安全性不太直观、不便于估计，因此，往往被用户所忽视。对于安全性的评估，需要配合使用一些攻击手段进行。

防火墙自身的安全性也很重要，大多数人在选择防火墙时都将注意力放在防火墙如何控制连接以及防火墙支持多少种服务上，而往往忽略了防火墙的安全问题，当防火墙主机上所运行的软件出现安全漏洞时，防火墙本身也将受到威胁，此时任何的防火墙控制机制都可能失效。因此,如果防火墙不能确保自身安全,则防火墙的控制功能再强,也不能完全保护内部网络。

2.防火墙的稳定性

对于一个成熟的产品来说,系统的稳定性是非常重要的,但国内有些防火墙尚未最后定型或未经过严格的测试就被推向市场,甚至有防火墙没能经得住黑客的考验,因此防火墙的稳定性是很重要的。最好的办法是通过专业人士或评测机构了解防火墙是否如宣传所说的那样稳定。

3.防火墙的高效性

用户的需求是选购何种性能防火墙的决定因素。用户安全策略中往往还可能会考虑一些特殊功能要求,但并不是每一个防火墙都会提供这些特殊功能的。用户常见的需求可能包括以下几种。

(1)双重域名服务 DNS

当内部网络使用没有注册的 IP 地址或是防火墙进行 IP 地址转换时,DNS 也必须经过转换,因为同样的一台主机在内部的 IP 地址与给予外界的 IP 地址是不同的,有的防火墙会提供双重 DNS,有的则必须在不同主机上各安装一个 DNS。

(2)虚拟专用网络 VPN

VPN 可以在防火墙与防火墙或移动的客户端之间对所有网络传输的内容进行加密,建立一个虚拟通道,让两者感觉是在同一个网络上,可以安全且不受拘束地互相存取。

(3)网络地址转换功能 NAT

进行地址转换有两个优点,一是可以隐藏内部网络真正的 IP 地址,使黑客无法直接攻击内部网络,这也是要强调防火墙自身安全性问题的主要原因;二是可以使内部使用保留的 IP 地址,这对许多 IP 地址不足的企业是有益的。

(4)杀毒功能

大部分防火墙都可以与防病毒软件搭配实现杀毒功能,有的防火墙甚至直接集成了杀毒功能。两者的主要差别只是后者的杀毒工作由防火墙完成,或由另一台专用的计算机完成。

(5)特殊控制需求

有时企业会有一些特别的控制需求,例如,限制特定使用者才能发送 E-mail;FTP 服务只能下载文件,不能上传文件等,依需求不同而异。

最大并发连接数和数据包转发率是防火墙的主要性能指标。购买防火墙的需求不同,对这两个参数的要求也不同。例如,一台用于保护电子商务 Web 站点的防火墙,支持越多的连接意味着能够接受越多的客户和交易,因此,防火墙能够同时处理多个用户的请求是最重要的;但是对于那些经常需要传输大的文件且对实时性要求比较高的用户,高的包转发率则是关注的重点。

4.防火墙的适用性

适用性是指量力而行。防火墙也有高低端之分,配置不同,价格不同,性能也不同。同时,防火墙有许多种形式,有的以软件形式运行在普通计算机之上,有的以硬件形式单独实现,也有的以固件形式设计在路由器之中。因此,在购买防火墙之前,用户必须了解各种形式防火墙的原理、工作方式和不同的特点,才能评估它是否能够真正满足自己的需要。

此外,用户选购防火墙时,还应该考虑自身的因素,如下所示。

①用户网络受威胁的程度。

②其他已经用来保护网络及其资源的安全措施。

③若入侵者闯入网络，或由于硬件、软件失效，将要受到的潜在损失。

④站点是否有经验丰富的管理员。

⑤希望能从 Internet 得到的服务以及可以同时通过防火墙的用户数目。

⑥今后可能的要求，如要求新的 Internet 服务、要求增加通过防火墙的网络活动等。

5.防火墙的可扩展与可升级性

用户的网络不是一成不变的，现在可能只要在公司内部网和外部网之间做过滤，随着业务的发展，公司内部可能具有不同安全级别的子网，此时就需要在这些子网之间做过滤。随着网络技术的发展和黑客攻击手段的变化，防火墙也必须不断地进行升级，此时支持软件升级就很重要了。如果不支持软件升级，必须进行硬件的更换，在更换期间网络是不设防的。

6.防火墙的可管理性

防火墙的管理是对安全性的一个补充。目前，有些防火墙的管理配置需要有很深的网络和安全方面的专业知识，很多防火墙被攻破不是因为程序编码的问题，而是管理和配置错误导致的。对管理的评估，应从以下几个方面进行考虑。

(1)远程管理

允许网络管理员对防火墙进行远程干预，并且所有远程通信需要经过严格的认证和加密。例如，管理员下班后出现入侵迹象，防火墙可以通过发送电子邮件的方式通知该管理员，管理员可以以远程方式封锁防火墙的对外网卡接口或修改防火墙的配置。

(2)界面简单、直观

大多数防火墙产品都提供了基于 Web 方式或图形用户界面 GUI 的配置界面。

(3)有用的日志文件

防火墙的一些功能可以在日志文件中得到体现。防火墙提供灵活、可读性强的审计界面是很重要的。例如，用户可以查询从某一固定 IP 地址发出的流量、访问的服务器列表等，因为攻击者可以采用不停地填写日志以覆盖原有日志的方法使追踪无法进行，所以防火墙应该提供设定日志大小的功能，同时在日志已满时给予提示。

因此，最好选择拥有界面友好、易于编程的 IP 过滤语言及便于维护管理的防火墙。

7.完善的售后服务

只要有新的产品出现，就会有人研究新的破解方法，所以好的防火墙产品应拥有完善且及时的售后服务体系。防火墙和相应的操作系统应该用补丁程序进行升级，而且升级必须定期进行。

10.4.3 典型的防火墙产品

随着信息技术的快速发展，目前市场上的防火墙产品种类繁多，下面介绍几种常见的防火墙产品。

(1)Check Point 防火墙

Check Point(http://www.checkpoint.com)公司推出的 Firewall-1 共支持两个平台，一个

是 UNIX 平台；另一个是 Windows NT 平台。Firewall-1 具有一种很特别的结构，称为多层次状态监视结构。这种结构使 Firewall-1 可以对复杂的网络应用软件进行快速支持。也因为这个功能，使得 Check Point 在防火墙产品的厂商中位居领先地位。有很多第三方厂商对它进行支持。而 Check Point 也提供了一套 APL 供开发者使用，以便开发更多的辅助工具。

Firewall-1 提供了最佳权限控制、最佳综合性能及简单明了的管理。除了 NAT 外，它具有用户认证功能。对于 FTP，可以根据 put、set 以及文件名加以限制。对于 SMTP，它可以丢弃超过一定大小的邮件，对邮件进行病毒扫描以及改写邮件头信息。Firewall-1 还可以防止有害 SMTP 命令（如 debug）的执行。Firewall-1 的用户界面是网络控制中心，定义和实施复杂的安全规则非常容易。每个规划还有一个域用于文档记录，如为什么制定这条规则，何时制定及由谁制定。

（2）天网防火墙

天网防火墙由于其物美价廉的特点，使得其在国内应用比较广泛，尤其是个人用户。根据用户对象的不同，可分为个人版和企业版。天网个人版防火墙可根据系统管理者设定的安全规则防护网络，可以抵挡网络入侵和攻击，防止信息泄露，保障用户机器的安全。它还可以把网络分为本地网和互联网，可以针对来自不同网络的信息设置不同的安全方案，它适合于以任何方式连接上网的个人用户。企业版则具体划分为部门级、企业级、电信型、千兆防火墙等。

（3）蓝盾防火墙个人版

蓝盾防火墙个人版是天海威数码技术有限公司的产品。它采用独特的智能防范核心、自动反扫描技术、独特的物理断开技术、MAC 绑定技术、数据加密技术、智能过滤分析系统、信息监管系统、代理服务器拦截系统等，有效阻止特洛伊木马或其他后门程序的攻击，保证计算机安全。

（4）"反黑王"防火墙

"反黑王"是江民公司推出的一款比较实用的防火墙产品，它采用强大的程序审核、信息过滤等功能，能有效防止黑客的入侵和攻击。它的操作界面很简单，有灵活的安全规则、详细的日志记录以及系统信息监视功能，可保护计算机的网络安全。

（5）瑞星防火墙

瑞星防火墙采用增强型指纹技术，有效地监控网络连接，并且内置细化的规则设置，使网络保护更加智能。它单独设置了应用程序保护、游戏防盗等高级功能，为个人计算机提供全面的安全保护。通过过滤不安全的网络访问服务，瑞星防火墙极大提高了用户计算机的上网安全，彻底阻挡黑客攻击、木马程序等网络危险，保护上网账号、QQ 密码、网游账号等信息不被窃取。它具有强大的网络实时过滤监控功能、灵活方便的规则设置功能、可靠的防范系统、功能化的报警系统、实用的日志功能，提供全方位的网络保护。

（6）Linux 自带防火墙 iptables

Linux 最早出现的防火墙软件为 ipfw，该软件能提供对 IP 数据包接收并分析，识别数据包中的信息，并根据分析结果按照规则进行数据包过滤。但该软件缺乏弹性设计，无法应付越来越复杂的网络环境，所以逐渐被淘汰。取代它的是 ipchains，不但语法指令更容易理解，功能也比 ipfw 优越。它允许用户自定义规则组合，通过这种设计，可以将彼此相关的规则组合在一起，在需要的时候跳到该组规则进行过滤，从而大幅缩减规则数量。此外，它还能模拟网络地址转换功能。作为 ipchains 的新一代继承人，iptable 针对不断推陈出新的探测技术制定了一些应对策略，即对数据包的联机状态作出更详细的分析。iptable 优越的性能，使它取代了 ipchains 成为基于 Linux 的网络防火墙的主流。

(7)诺顿防火墙

美国赛门铁克公司的诺顿防火墙有强大的防范功能,能抵御黑客及其他来自互联网的威胁,可以自动隐藏计算机在网络中的 IP 地址,保护用户的计算机在上网时不受黑客的攻击。最新诺顿入侵检测可以全面监控用户计算机的网络通信状况,自动阻止可疑的网络行为,提供更深层的安全防护机制;能够阻隔各种网络黑客可能的入侵方式,支持 Java applets、ActiveX 控制,以防用户的私人信息被窃取和损坏(比如能够保证用户的个人隐私资料不会在用户不知道的情况下通过电子邮件及其附件、及时消息和网页填写等各种可能的途径外泄出去)。

(8)东软的 NetEye 网眼防火墙

东软 NetEye 防火墙基于专门的硬件平台,使用专有的 ASIC 芯片和专有的操作系统,基于状态包过滤的"流过滤"体系结构。围绕流过滤平台,东软构建了网络安全响应小组、应用升级包开发小组、网络安全实验室,不仅带给用户高性能的应用层保护,还包括新应用的及时支持、特殊应用的定制开发、安全攻击事件的及时响应等。

当然防火墙也不是万能的,它可以从内部被攻破。它还面临着安全防护的威胁,例如 SOCK 的错误配置、不适当的安全策略、端口映射、允许匿名的 FTP 协议、允许 Rlogin 命令、允许 Open Windows、允许 Windows 95/NT 文件共享等。任何防火墙都有可能被黑客探测到和突破的可能,IP 欺骗往往是黑客最好的招数。此外,将攻击与干扰相结合使防火墙在被攻击期间始终处于繁忙状态,导致它无法履行安全防护职责处于失效状态时,系统就被入侵了。所以除了不断升级更新防火墙的版本外,也许不上网时挂断网线是防止黑客攻击的最好选择。

10.5　VPN 技术

10.5.1　VPN 概述

1. VPN 的概念

虚拟专用网(Virtual Private Network,VPN)技术可以可以看作是虚拟出来的企业内部专线。它可以通过特殊的加密通信协议在位于 Internet 不同位置的两个或多个企业内联网络之间建立专有的通信线路。VPN 最早是路由器的重要技术之一,而目前交换机、防火墙等软件也都开始支持 VPN 功能。其核心就是利用公共网络资源为用户建立虚拟的专用网络。

虚拟专用网是一种网络新技术,而不是真的专用网络,但能够实现专用网络的功能。虚拟专用网依靠 Internet 服务提供商(ISP)和网络服务提供商(NSP),在公用网络中建立专用的数据通信网络的技术。在虚拟专用网中,任意两个节点之间的连接并没有传统专网所需的端到端的物理链路,而是利用某种公众网络资源动态组成的。

《IP Sec:新一代因特网安全标准》(IPSec:The New Security Standard for the Internet,Intranets,and Virtual Private Networks)一书将 VPN 概括为:VPN 是"虚拟"的,因为它不是一个物理的、明显存在的网络,两个不同的物理网络之间的连接由通道来建立;VPN 是"专用"的,因为它提供了机密性,通道被加密;VPN 是"网络",因为它是联网的。我们在连接两个不同的网络,并有效地建立一个独立的、虚拟的实体,即一个新的网络。简单地讲,VPN 就是两个或多个用户,利用公用的网络环境进行数据传输,并在发送和接收数据时,利用隧道技术和安全技术,使得在公网中传输的数据即使被第三方截获也很难进行解密的技术。

综上所述,我们可以将 VPN 理解为:

①在 VPN 通信环境中,存取受到严格控制,只有被确认为是同一个公共体的内部同层(对等)连接时,才允许它们进行通信。而 VPN 环境的构建则是通过对公共通信基础设施的通信介质进行某种逻辑分割来实现的。

②VPN 通过共享通信基础设施为用户提供定制的网络连接服务,这种定制的连接要求用户共享相同的安全性、优先级服务、可靠性和可管理性策略,在共享的基础通信设施上采用隧道技术和特殊配置技术措施,仿真点到点的连接。

2. VPN 的特点

在实际应用中,用户所需要的一个高效、成功的 VPN 应具有以下特点。

(1)安全保障

虽然实现 VPN 的技术和方式很多,但所有的 VPN 均应保证通过公用网络平台传输数据的专用性和安全性。在公用 IP 网络上建立一个逻辑的、点对点的连接,称之为建立一个隧道。可以利用加密技术对经过隧道传输的数据进行加密,以保证数据仅被指定的发送者和接收者了解,从而保证数据的专用性和安全性。

由于 VPN 直接构建在公用网上,实现简单、方便、灵活,其安全问题也更为突出。企业必须确保其 VPN 上传送的数据不被他人窥视和篡改,并且能防止非法用户对网络资源或专用信息的访问。Extranet VPN 将企业网扩展到合作伙伴和客户,对安全性提出了更高的要求。

(2)服务质量(QoS)保证

VPN 应当能够为企业数据提供不同等级的服务质量保证。不同的用户和业务对服务质量(QoS)保证的要求差别较大。例如,对于移动办公用户来说,网络能提供广泛的连接和覆盖性是保证 VPN 服务质量的一个主要因素;而对于拥有众多分支机构的专线 VPN,则要求网络能提供良好的稳定性;其他一些应用(如视频等)则对网络提出了更明确的要求,如网络时延及误码率等。所有网络应用均要求 VPN 根据需要提供不同等级的服务质量。

在网络优化方面,构建 VPN 的另一重要需求是充分、有效地利用有限的广域网资源,为重要数据提供可靠的带宽。广域网流量的不确定性使其带宽的利用率很低,在流量高峰时可能会引起网络阻塞,产生网络瓶颈,使实时性要求高的数据得不到及时发送;而在流量低谷时又造成大量的网络带宽闲置。QoS 通过流量预测与流量控制策略,可以按照优先级分配带宽资源,实现带宽管理,使各类数据能够被合理地有序发送,并预防阻塞的发生。

(3)可扩充性和灵活性

VPN 必须能够支持通过内域网(Intranet)和外联网(Extranet)的任何类型的数据流、方便增加新的节点、支持多种类型的传输媒介,可以满足同时传输语音、图像和数据对高质量传输及带宽增加的需求。

(4)可管理性

不论用户角度还是运营商,都应方便地对 VPN 进行管理和维护。在 VPN 管理方面,VPN 要求企业将其网络管理功能从局域网无缝地延伸到公用网,甚至是客户和合作伙伴处。虽然可以将一些次要的网络管理任务交给服务提供商去完成,企业自己仍需要完成许多网络管理任务。

所以,一个完善的 VPN 管理系统是必不可少的。

VPN 管理系统的设计目标为是降低网络风险,在设计上应具有高扩展性、经济性和高可靠性。事实上,VPN 管理系统的主要功能包括安全管理、设备管理、配置管理、访问控制列表管理、QoS 管理等内容。

3. VPN 的分类

VPN 既是一种组网技术,又是一种网络安全技术。可以从不同的角度划分为不同的类型。

(1)按组网方式或应用范围分

按组网方式或应用范围,可以划分为远程接入 VPN(Access VPN)、Intranet VPN 和 Extranet VPN 三种应用模式。这是最常用的分类方法。

①远程接入 VPN:这是企业员工或企业的小分支机构通过公网远程访问企业内部网络的 VPN 方式。远程用户一般是一台计算机,而不是网络,因此,组成的 VPN 是一种主机到网络的拓扑模型。

②内联网 VPN:这是企业的总部与分支机构之间通过公网构筑的虚拟网,这是一种网络到网络以对等的方式连接起来所组成的 VPN。

③外联网 VPN:这是企业在发生收购、兼并或企业间建立战略联盟后,使不同企业间通过公网来构筑的虚拟网。这是一种网络到网络以不对等的方式连接起来所组成的 VPN。

(2)按使用的隧道协议分

按使用的隧道协议,VPN 可以划分为第 2 层隧道协议和第 3 层隧道协议。

①第 2 层隧道协议:这包括点到点隧道协议(PPTP)、第 2 层转发协议(L2F),第 2 层隧道协议(L2TP)、多协议标记交换(MPLS)等。

②第 3 层隧道协议:这包括通用路由封装协议(GRE)、IP 安全(IPSec),这是目前最流行的两种三层协议。

(3)按接入方式分

按接入方式,可以划分为专线 VPN 和拨号接入 VPN。

①专线 VPN:通过固定的线路连接到 ISP,如 DDN、帧中继等都是专线连接。

②拨号接入 VPN:使用拨号连接(如模拟电话、ISDN 和 ADSL 等)连接到 ISP,是典型的按需连接方式。它是一种非固定线路的 VPN。

(4)按 VPN 隧道建立方式分

按 VPN 隧道建立方式,可以划分为自愿隧道和强制隧道。

①自愿隧道(Voluntary Tunnel):又称为基于用户设备的 VPN,是指用户计算机或路由器可以通过发送 VPN 请求配置和创建的隧道。它是目前最普遍使用的 VPN 组网类型。VPN 的技术实现集中在 VPN 客户端,VPN 隧道的起始点和终止点都位于 VPN 客户端,隧道的建立、管理和维护都由用户负责。ISP 只提供通信线路,不承担建立隧道的业务。这种方式的技术实现容易,不过对用户的要求较高。

②强制隧道(Compulsory Tunnel):又称为基于网络的 VPN,是指由 VPN 服务提供商配置和创建的隧道。VPN 的技术实现集中在 ISP,VPN 隧道的起始点和终止点都位于 ISP,隧道的建立、管理和维护都由 ISP 负责。VPN 用户不承担隧道业务,客户端无需安装 VPN 软件。这种方式便于用户使用,增加了灵活性和扩展性,不过技术实现比较复杂,一般由电信运营商提供,或

由用户委托电信运营商实现。

(5) 按 VPN 网络结构分

按 VPN 网络结构,可以划分为基于 VPN 的远程访问、基于 VPN 的点对点通信和基于 VPN 的网络互连。

①基于 VPN 的远程访问:即单机连接到网络,又称点到站点、桌面到网络。用于提供远程移动用户对公司内联网的安全访问。

②基于 VPN 的点对点通信:即单机到单机,又称端对端。用于企业内联网的两台主机之间的安全通信。

③基于 VPN 的网络互连:即网络连接到网络,又称站点到站点、路由器(网关)到路由器(网关)或网络到网络。用于企业总部网络和分支机构网络的内部主机之间的安全通信;还可用于企业的内联网与企业合作伙伴网络之间的信息交流,并提供一定程度的安全保护,防止对内部信息的非法访问。

4. VPN 的发展趋势

VPN 的发展趋势主要表现在以下三个方面:

①随着 PPTP 和 IPSec 协议的不断兼容,VPN 逐渐趋于使用统一的加密标准和封装协议,这样有利于使用不同厂商 VPN 产品的用户方便地进行互联,进而达到信息便捷传递的目的。

②VPN 技术发展的另一趋势是在无线领域中的应用。随着 CPU 生产厂商 Intel 公司把无线通信芯片集成到新一代的 CPU 中,无线通信技术得到了进一步的发展,在办公室、宾馆等架设无线局域网的项目也越来越多。第三代无线通信系统的发展也由纯理论发展到了使用阶段,但是由于无线网络特有的开放性,给无线网络的发展带来了一定的安全隐患,而 VPN 技术可以很好地解决这一技术难题,因此无线网络的发展也推动了 VPN 技术的发展和应用。

③随着 VPN 技术的不断融合并趋于一致,VPN 技术在市场的需求下,针对不同的应用环境,在功能上却趋于细分化。如有的 VPN 产品偏重于安全领域、有的则偏重于价格,这些都是由用户的需求和通信的成本所决定的。

总之,VPN 技术的发展是由市场和用户决定的。未来 VPN 的产品会向着产品兼容性高,技术模块化强,易于用户组合使用不同模块的方向发展,最终 VPN 产品会结合防火墙技术、QoS 技术等相关技术,在用户的需求下,组合出不同的网络实施方案。

10.5.2　VPN 的关键技术

1. 隧道技术

隧道技术是 VPN 的基本技术,类似于点对点连接技术。它在公用网上建立一条数据通道(隧道),让数据包通过这条隧道进行传输。隧道是由隧道协议构建的,常用的有第二、三层隧道协议。第二层隧道协议首先把各种网络协议封装到 PPP 中,再把整个数据包装入隧道协议中。这种双层封装方法形成的数据包靠第 2 层协议进行传输。第二层隧道协议有 L2F、PPTP、L2TP 等。L2TP 是由 PPTP 与 L2F 融合而成,目前 L2TP 已经成为 IETF 的标准。

第三层隧道协议把各种网络协议直接装入隧道协议中,形成的数据包依靠第 3 层协议进行传输。第三层隧道协议有 GRE,VTP、IPSec 等。IPSec(IP Security)是由一组 RFC 文档描述的安全协议，它定义了一个系统来选择安全协议和安全算法，确定服务所使用密钥等服务，从而在IP层提供安全保障。

2. 加密技术

为了保证重要的数据在公共网上传输时不被他人窃取，VPN采用了加密机制。在现代密码学中，加密算法被分为对称加密算法和非对称加密算法。对称加密算法采用同一密钥进行加密和解密，速度比较快，但密钥的分发与交换难于管理。而非对称加密算法进行加密时，通信各方使用两个不同的密钥，一个是只有发送方知道的专用密钥，另一个则是对应的公用密钥，任何人都可以获得公用密钥。专用密钥和公用密钥在加密算法上相互关联，一个用于数据加密，另一个用于数据解密。非对称加密还可以进行数字签名。

3. 密钥管理技术

密钥管理技术主要任务是如何在公共数据网中安全地传输密钥而不被盗取。它包括，从密钥的产生到密钥的销毁的各个方面。主要表现于管理体制、管理协议和密钥的产生、分配、更换和注入等。对于军用计算机网络系统，由于用户机动性强，隶属关系和协同作战指挥等方式复杂，因此，对密钥管理提出了更高的要求。

现行密钥管理技术又分为 SKIP 与 ISAKMP/OAKLEY 两种。SKIP（SKIP：Simple Key Exchange Internet Protocol，因特网简单密钥交换协议）主要是利用 Diffie-Hellman 的演算法则，在网络上传输密钥；ISAKMP（ISAKMP：Internet Security Association and Key Management Protocol 因特网安全关联和关密钥的管理协议）定义了程序和信息包格式来建立、协商、修改和删除安全连接（SA）。SA 包括了各种网络安全服务执行所需的所有信息，这些安全服务包括 IP 层服务（如头认证和负载封装）、传输或应用层服务，以及协商流量的自我保护服务等。ISAKMP 定义包括交换密钥生成和认证数据的有效载荷。Oakley 协议（Oakley Key Determina-tion），其基本的机理是 Diffie-Hellman 密钥交换算法。OAKLEY 协议支持完整转发安全性，用户通过定义抽象的群结构来使用 Diffie-Hellman 算法，密钥更新，及通过带外机制分发密钥集，并且兼容用来管理 SA 的 ISAKMP 协议。在 ISAKMP 中，双方都有两把密钥，分别用于公用、私用。

4. 身份认证技术

认证技术可以区分真实数据与伪造、被篡改过的数据。这对于网络数据传输，特别是电子商务是极其重要的。认证协议一般都要采用一种称为摘要的技术。摘要技术主要是采用 Hash 函数将一段长的报文通过函数变换，映射为一段短的报文即摘要。由于 Hash 函数的特性，使得要找到两个不同的报文具有相同的摘要是困难的。

常用的身份验证技术有三种：安全口令、PPP 认证协议和使用认证机制的协议。

（1）安全口令

我们经常使用口令来认证用户和设备，为了口令不被破解，需要经常改变口令或加密口令。S/key 一次性口令系统是一种基于 MD4 和 MD5 的一次性口令生成方案，基于客户机/服务器。客户机发送初始包来启动 S/key 交换，服务器用一个序列号和种子来响应。另一种认证是令牌认证，令牌认证系统通常要求使用一个特殊的卡，叫做"智能卡"或"令牌卡"，但有些地方可以用软件实现。

（2）PPP 认证协议

点对点协议（Point to Point Protocol，PPP）是最常用的借助于串行线或 ISDN 建立拨入连接的协议。也正是由于这点它常被用于 VPN 技术中。PPP 认证机制包括：口令认证协议（Password Authentication Protocol，PAP）、质询握手协议（Challenge Handshake Protocol，CHAP）和可扩展认证协议（Extensible Authentication Protocol，EAP）。它们用于认证对等设备，而不是认证设备的用户。

（3）使用认证机制的协议

许多协议在给用户或设备提供授权和访问权限之前需要认证校验。在 VPN 环境中经常使用 TACACS＋和 RADIUS 协议，它们提供可升级的认证数据库，并采用不同的认证方法。

10.5.3　隧道协议与 VPN 的实现

VPN 与一般的网络互联是有区别的。VPN 建立隧道，数据包经过加密后，按隧道协议进行封装、传送以保证其安全性。所谓封装就是在原 IP 分组上添加新的标头，就好像将数据包装进信封一样。因此我们把封装操作也称为 IP 封装化。目前 Internet 上较为常见的隧道协议大致有两类：分别为第二层隧道协议和第三层隧道协议。其中第二层隧道协议常用的包括 PPTP、L2F、L2TP，主要用于构建远程访问 VPN。第三层隧道协议主要包括 GRE 和 IPSec。第三层协议把网络层的各种协议数据包直接封装到隧道协议中进行传输，由于被封装的是第三层的网络协议数据包，所以称为第三层隧道协议，它主要用于构建 LAN-to-LAN 型的 VPN。下面来详细介绍这两层协议。

1. 第二层隧道协议

第二层隧道协议工作在数据链路层，先把各种网络协议封装到 PPP 包中，再把整个数据包装入隧道协议中，这种经过两层封装的数据包由第二层协议进行传输。第二层隧道协议主要有二层转发协议（Level 2 Forwarding Protocol，L2F）、点到点隧道协议（Point to Point Tunneling Protocol，PPTP）和第二层隧道协议（Layer 2 Tunneling Protocol，L2TP）。

（1）L2F 协议

L2F（第二层转发协议）用于建立跨越公共网络（如因特网）的安全隧道来特 ISP POP 连接到企业内部网关。这个隧道建立了一个用户与企业客户网络间的虚拟点对点连接。

L2F 允许在 L2F 中封装 PPP/SLIP 包。ISP NAS 与家庭网关都需要共同了解封装协议，这样才能在因特网上成功地传输或接收 SLIP/PPP 包。

L2F 是 Cisco 公司提出的，可以在多种介质（如 ATM、FR、IP）上建立多协议的安全 VPN 的通信方式。它将链路层的协议（如 HDLC、PPP、ASYNC 等）封装起来传送，因此，网络的链路层完全独立于用户的链路层协议。该协议 1998 年提交给 IETF，成为 RFC2341。

L2F 远端用户能够通过任何拨号方式接入公共 IP 网络。首先，按常规方式拨导到 ISP 的接入服务器（NAS），建立 PPP 连接；NAS 根据用户名等信息发起第二次连接，呼叫用户网络的服务器，这种方式下，隧道的配置和建立对用户是完全透明的。

L2F 允许拨导服务器发送 PPP 帧，并通过 WAN 连接到 L2F 服务器。L2F 服务器将数据包去掉封装后，把它们接入到企业自己的网络中。与 PPTP 和 L2F 所不同的是，L2F 没有定义客户。L2F 的主要缺陷是没有把标推加密方法包括在内，因此，它基本上已经成为一个过时的隧道协议。

设计 L2F 协议的初衷是出于对公司职员异地办公的支持。一个公司职员若因业务需要而离开总部,在异地办公时往往需要对总部某些数据进行访问。如果按传统的远程拨号访问,职员必须与当地 ISP 建立联系,并具有自己的账户,然后由 ISP 动态分配全球注册的 IP 地址,才可能通过因特网访问总部数据。但是,总部防火墙往往会对外部 IP 地址进行访问控制,这意味着该职员对总部的访问将受到限制,甚至不能进行任何访问,因此,使得职员异地办公极为不便。

使用 L2F 协议进行虚拟拨号,情况就不一样了。它使得封装后的各种非 IP 协议或非注册 IP 地址的分组能在因特网上正常传输,并穿过总部防火墙,使得诸如 IP 地址管理、身份鉴别及授权等方面与直接本地拨号一样可控。

通过 L2F 协议,用户可以通过因特网远程拨入总部进行访问,这种虚拟拨入具有如下几个特性。

①无论是远程用户还是位于总部的本地主机都不必因为使用该拨号服务而安装任何特殊软件,只有 ISP 的 NAS 和总部的本地网关才安装有 L2F 服务,而对远程用户和本地主机,拨号的虚拟连接是透明的。

②对远程用户的地址分配、身份鉴别和授权访问等方面,对总部而言都与专有拨号一样可控。

③ISP 和用户都能对拨号服务进行记账(如拨号起始时间、关闭时间、通信字节数等)以协调费用支持。

(2)PPTP 协议

PPTP(点到点隧道协议)是由多家公司专门为支持 VPN 而开发的一种技术。PPTP 是一种通过现有的 TCP/IP 连接(称为"隧道")来传送网络数据包的方法。VPN 要求客户端和服务器之间存在有效的互联网连接。一般服务器需要与互联网建立永久性连接,而客户端则通过 ISP 连接互联网,并且通过拨号网(Dial-Up Networking,DUN)入口与 PPTP 服务器建立服从 PPTP 协议的连接。这种连接需要访问身份证明和遵从的验证协议。RRAS 为在服务器之间建立基于 PPTP 的连接及永久性连接提供了可能。

只有当 PPTP 服务器验证客户身份之后,服务器和客户端的连接才算建立起来了。PPTP 会话的作用就如同服务器和客户端之间的一条隧道,网络数据包由一端流向另一端。数据包在起点处(服务器或客户端)被加密为密文,在隧道内传送,在终点将数据解密还原。因为网络通信是在隧道内进行,所以数据对外而言是不可见的。隧道中的加密形式更增加了通信的安全级别。一旦建立了 VPN 连接,远程的用户可以浏览公司局域网 LAN,连接共享资源,收发电子邮件,就像本地用户一样。

PPTP 提供改进的加密方式。原来的版本对传送和接收通道使用同一把密钥,而新版本则采用种子密钥方式,对每个通道都使用不同的密钥,这使得每个 VPN 会话更加安全。要破坏一个 VPN 对话的安全,入侵者必须解密两个唯一的密钥,即一个用于传送路径,一个用于接收路径。更新后的版本还封堵了一些安全漏洞,这些漏洞允许某些 VPN 业务根本不以密文方式进行。

PPTP 的最大优势是 Microsoft 公司的支持。NT 4.0 已经包括了 PPTP 客户机和服务器的功能,并且考虑了 Windows 95 环境。另一个优势是它支持流量控制,可保证客户机与服务器间不会拥塞,改善通信性能,最大限度地减少包丢失和重发现象。

　　PPTP 把建立隧道的主动权交给了客户,但客户需要在其 PC 机上配置 PPTP,这样做既会增加用户的工作量,又会造成网络的安全隐患。另外,PPTP 仅工作于 IP,不具有隧道终点的验证功能,需要依赖用户的验证。

　　(3)L2TP 协议

　　L2TP 的前身是 Microsoft 公司的点到点隧道协议(PPTP)和 Cisco 公司的二层转发(L2F)协议。PPTP 是为中小企业提供的 VPN 解决方案,但此协议在安全性上存在着重大隐患。L2F 协议是一种安全通信隧道协议,它的主要缺陷是没有把标准加密算法定义在内,因此它已成为过时的隧道协议。IETF 的开放标准 L2TP 结合了 PPTP 和 L2F 协议的优点,特别适合组建远程接入方式的 VPN,因此已经成为事实上的工业标准。L2TP 协议由 Cisco、Ascend、Microsoft、3 Com 和 Bay 等厂商共同制订,1999 年 8 月公布了 L2TP 的标准 RFC 2661。上述厂商现有的 VPN 设备已具有 L2TP 的互操作性。

　　远程拨号的用户通过本地 PSTN、ISDN 或 PLMN 拨号,利用 ISP 提供的 VPDN 特服号,接入 ISP 在当地的接入服务器(NAS)。NAS 通过当地的 VPDN 管理系统(如认证系统)对用户身份进行认证,并获得用户对应的企业安全网关(CPE)的隧道属性(如企业网关的 IP 地址等)。NAS 根据获得的这些信息,采用适当的隧道协议封装上层协议,建立一个位于 NAS 和 LNS(本地网络服务器)之间的虚拟专网。

　　第 2 层隧道协议具有简单易行的优点,但是它们的可扩展性都不好。更重要的是,它们没有提供内在的安全机制,不能支持企业和企业的外部客户及供应商之间会话的保密性需求。因此,当企业欲将其内部网与外部客户及供应商网络相连时,第 2 层隧道协议不支持构建企业外域网(Extranet)。Extranet 需要对隧道进行加密并需要相应的密钥管理机制。

　　L2TP 是 PPTP 和 L2F 的结合。为了避免 PPTP 和 L2F 两种互不兼容的隧道技术在市场上彼此竞争给用户造成困惑和带来不便,Internet 工程任务委员会 IETF 要求将两种技术结合在单一隧道协议中,并在该协议中综合 PPTP 和 L2F 两者的优点,由此产生了 L2TP。L2TP 协议将 PPP 数据帧封装后,可通过 TCP/IP、X.25、帧中继或 ATM 等网络进行传送。L2TP 可以对 IP、IPX 或 NetBEUI 数据进行加密传递。

　　目前,仅定义了基于 TCP/IP 网络的 L2TP。L2TP 隧道协议既可用于 Internet,也可用于企业内部网。目前,用户拨号访问因特网时必须使用 IP,并且其动态得到的 IP 地址也是合法的。L2TP 的好处就在于支持多种协议,用户可以保留原来的 IPX、AppleTalk 等协议或企业原有的 IP 地址,企业在原来非 IP 网上的投资不至于浪费。另外,L2TP 还解决了多个 PPP 链路捆绑问题。

2.第三层隧道协议

　　第三层隧道协议是在网络层进行的,把各种网络协议直接装入隧道协议中,形成的数据包依靠第三层协议进行传输。其实,第三层隧道协议并不是一项很新的技术,早在 1994 年就出现的通用路由封装(Generic Routing Encapsulation,GRE)协议就是一个第三层协议。由 IETF 指定的新一代 Internet 安全标准 IPSec 协议也是第三层隧道协议。下面就介绍这两种第三层协议。

　　(1)IPSec 协议

　　IPSec(Security Architecture for IP Network)是在 IPv6 的制定过程中产生,用于提供 IP 层的安全性。由于所有支持 TCP/IP 协议的主机在进行通信时都要经过 IP 层的处理,所以提供了

IP 层的安全性就相当于为整个网络提供了安全通信的基础。鉴于 IPv4 的应用仍然很广泛,所以后来在 IPSec 的制定中也增添了对 IPv4 的支持。

IPSec 标准最初由 IETF 于 1995 年制定,但由于其中存在一些未解决的问题,从 1997 年开始 IETF 又开展了新一轮的 IPSec 标准的制定工作,1998 年 11 月,主要协议已经基本制定完成。由于这组新的协议仍然存在一些问题,IETF 将来还会对其进行修订。

虽然 IPSec 是一个标准,但它的功能却相当有限。它目前还支持不了多协议通信功能或者某些远程访问所必须的功能,如用户级身份验证和动态地址分配等。为了解决这些问题,供应商们各显神通,使 IPSec 在标准之外多出了许多种专利和许多种因特网扩展提案。微软公司走的是另外一条完全不同的路线,它只支持 L2TP over IPSec。

即使能够在互操作性方面赢得一些成果,可要想把多家供应商的产品调和在一起还是困难重重——用户的身份验证问题、地址的分配问题及策略的升级问题,每一个都非常复杂,而这些还只是需要解决的问题的一小部分。

尽管 IPSec 的 ESP 和报文完整性协议的认证协议框架已趋成熟,IKE 协议也已经增加了椭圆曲线密钥交换协议,但由于 IPSec 必须在端系统的操作系统内核的 IP 层或网络节点设备的 IP 层实现,因此,需要进一步完善 IPSec 的密钥管理协议。

IPSec 由 AH 和 ESP 提供了两种工作模式,即传输模式和隧道模式,都可用于保护通信。

①传输模式。传输模式用于两台主机之间,保护传输层协议头,实现端到端的安全性。当数据包从传输层传送给网络层时,AH 和 ESP 会进行拦截,在 IP 头与上层协议之间需插入一个 IPSec 头。当同时应用 AH 和 ESP 到传输模式时,应该先应用 ESP,再应用 AH,如图 10-19 所示。

图 10-19　用于主机之间传输模式实现端到端的安全性

②隧道模式。隧道模式用于主机与路由器或两部路由器之间,保护整个 IP 数据包,即将整个 IP 数据包进行封装(称为内部 IP 头),然后增加一个 IP 头(称为外部 IP 头),并在外部与内部 IP 头之间插入一个 IPSec 头,如图 10-20 所示。

(2)GRE 协议

GRE(通用路由协议封装)是由 Cisco 和 Net—Smiths 等公司 1994 年提交给 IETF 的,标号为 RFC1701 和 RFC 1702。目前大多数厂商的网络设备均支持 GRE 隧道协议。在 2000 年,Cisco 等公司又对 GRE 协议进行了修订。

GER 规定了如何用一种网络协议去封装另一种网络协议的方法。GER 隧道由两端的源 IP 和目的 IP 来定义,允许用户使用 IP 包封装 IP、IPX、AppleTalk 包,并支持全部路由协议(如 RIP2、OSPF 等)。通过 GER,用户可以利用公共 IP 网络连接 IPX 网络、AppleTalk 网络,还可

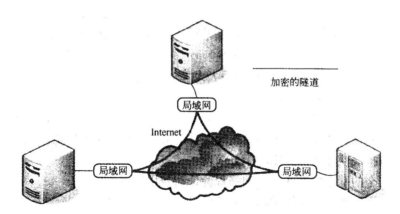

加密的隧道

Internet

局域网　局域网　局域网

图 10-20　主机与路由器或两部路由器之间的隧道模式

以使用保留地址进行网络互连,或者对公网隐藏企业网的 IP 地址。GER 只提供数据包的封装,并没有采用加密功能来防止网络侦听和攻击,所以在实际环境中经常与 IPSec 一起使用,由 IP-Sec 提供用户数据的加密,从而给用户提供更好的安全性。GER 的实施策略及网络结构与 IPSec 非常相似,只要网络边缘的接入设备支持 GER 协议即可。

GRE 协议定义了在任意一种网络层协议上封装任意一个其他网络层协议的协议,支持全部的路由协议(RIP2、OSPF 等),用于在 IP 包中封装任何协议的数据包。这里,被封装的协议称为,封装协议是 GRE,传输协议是 IP。路由器接收到一个需要封装和路由的原始数据包(比如 IP 包),先在这个数据包的外面增加一个 GRE 头部构成 GRE 报文,再为 GRE 报文增加一个 IP 头部,从而构成最终的 IP 包。这个新生成的 IP 包完全由 IP 层负责转发,中间的路由器只负责转发,而根本不关心是何种乘客协议。

企业私有网络的 IP 地址通常是自行规划的保留 IP 地址,只是在企业网络出口有一个公网 IP 地址。原始 IP 包的 IP 地址通常是企业私有网络规划的保留 IP 地址,而外层的 IP 地址是企业网络出口的 IP 地址。因此,尽管私有网络的 IP 地址无法和外部网络进行正确的路由,但这个封装之后的 IP 包可以在 Internet 上路由。在接收端,将收到的包的 IP 头部和 GRE 头部解开后,将原始的 IP 数据包发送到自己的私有网络上,此时,在私有网络上传输的 IP 包的地址是保留 IP 地址,从而可以访问到远程企业的私有网络。这种技术是最简单的 VPN 技术。

但是,GRE 只提供封装,不提供加密,对路由器的性能影响较小的同时,增加了被监听和攻击的可能性。一般来说,GRE VPN 适合一些小型点对点的网络互联、实时性要求不高、要求提供地址空间重叠支持的网络环境。

10.5.4　VPN 中的安全问题

安全问题是 VPN 的核心问题。目前,VPN 的安全保证主要是通过防火墙技术、路由器配置隧道技术、加密协议和安全密钥来实现的,可以保证企业员工安全地访问公司网络。

在专用网络与因特网之间,防火墙可以提供有效的隔离。防火墙可以设置开放端口数,还可以监控通过数据包的类型,决定哪些协议可以通过。鉴别服务器要执行认证、授权和为从远程安全接入的有关计费问题。当一个会话请求进入后,有服务器对该请求进行处理。该服务器首先检查是谁发送来的数据包(认证),哪些操作是被允许的(授权),以及实际上都做些什么(计费和账单)。

大多数公司认为,公司网络处于一道网络防火墙之后就是安全的,员工可以拨号进入系统,而防火墙会将一切非法请求拒之门外。还有的认为,为网络建立防火墙,并为员工提供 VPN,使他们可以通过一个加密的隧道拨号进入公司网络就是安全的,因而并没有对远距离工作的安全性予以足够的重视。这些看法都是不对的。

从安全的观点来看,在家办公是一种极大的威胁,因为公司使用的大多数安全软件并没有为个人计算机提供保护。一些员工所做的仅仅是打开一台个人计算机,使用它通过一条授权的连接进入公司网络系统。虽然,公司的防火墙可以将侵入者隔离在外,并保证主要办公室和家庭办公室之间 VPN 的信息安全。但问题在于,侵入者可以通过一个受信任的用户进入网络。因此,虽然加密的隧道是安全的,连接也是正确的,但这并不意味着个人计算机是安全的。

为了防止黑客侵入员工的个人计算机,必须有良好的解决方案堵住远程访问 VPN 的安全漏洞,使员工与网络的连接既能充分体现 VPN 的优点,又不会成为安全的威胁。在个人计算机上安装个人防火墙是极为有效的解决方法,可以阻止非法侵入者进入公司网络。

以下是提供给远程工作人员的实际解决方法:

①所有远程工作人员需要有个人防火墙,它不仅防止计算机被侵入,还能记录连接被扫描了多少次。

②所有的远程工作人员应具有入侵检测系统,提供对黑客攻击信息的记录。

③所有远程工作人员必须被批准才能使用 VPN。

④监控安装在远程系统中的软件,并将其限制为只能在工作中使用。

⑤安装要求输入密码的访问控制程序,如果输入密码错误,则通过 modem 向系统管理员发出警报。

⑥外出工作人员应对敏感文件进行加密。

⑦IT 人员需要对这些系统进行与办公室系统同样的定期性预期检查。

⑧当选择 DSL 供应商时,应选择能够提供安全防护功能的供应商。

第11章　操作系统与数据库系统安全

操作系统是连接用户与计算机系统的交互界面和支撑环境,操作系统的安全是信息安全的基础。计算机网络信息系统中,系统的安全性依赖于网络中各主机系统的安全性,而各主机系统的安全性则是由操作系统的安全性所决定的。操作系统作为各种安全技术的底层,信息交换都是通过操作系统提供的服务来实现的,可以说任何脱离操作系统的应用软件的高安全性都是不可能实现的。

随着社会的不断信息化,以数据库为基础的信息管理系统正在成为政府机关、军事部门和企业单位的信息基础设施,其应用涉及面很广,几乎所有领域都要用到数据库,可以说人类社会将越来越依赖数据库技术。数据库中存储的信息的价值将越来越高,因而如何保证和加强其安全性和保密性,已成为目前迫切需要解决的热门课题。

11.1　操作系统安全概述

11.1.1　操作系统安全面临的威胁

在分析计算机网络体系的安全威胁时,可将其根源归纳为以下几个方面:一是计算机结构上的安全缺陷;然后是网络协议的不安全性;还有就是操作系统的不安全性。目前国际上流行的可信计算技术就是为了弥补计算机结构上的安全缺陷而提出的,可信计算机的核心和基础就是安全的操作系统。而新的 IPv6 网络协议也已经更多地考虑了安全性方面的要求,但安全的网络协议只有在安全的操作系统之上运行才能体现其安全价值。由此可见,操作系统安全在整个信息安全领域的重要性。

由于计算机安全是建立在保密性、完整性和可用性之上的,破坏了信息的保密性、完整性或可用性,也就破坏了信息的安全性。故,可将操作系统所受到的安全威胁分为保密性威胁、完整性威胁和可用性威胁。

1. 保密性威胁

信息的保密性主要是指信息的隐藏性,该特性是对非授权的用户不可见。这一特性主要应用于敏感领域如军事、政治应用,商业机密等。有时信息的保密性也指保护数据的存在性。

而操作系统所受到的保密性威胁种类就非常多,如对信息的非法拦截的嗅探,这是一种常见的信息泄露,通过这种形式能够获得大量敏感信息,甚至是用户的应用服务的账号密码或相关操作记录等重要信息。

在保密性威胁中,由于木马和后门的隐蔽性非常强,所以特别容易造成损失泄密,危害很严重。随着互联网各种应用的不断增加,木马程序所引起的计算机数据的失窃和被控等结果越来越严重。此外,还有一类用于监视用户和系统活动、窃取用户敏感信息,包括用户名、密码、银行卡和信用卡信息等,然后将窃取到的信息以加密的方式发送给攻击者的程序,这就是间谍软件。

这些间谍软件向服务器汇报搜集到的信息,从服务器读取关键字、下载更新版本,对于用户信息的保密性造成了极大的破坏。还有一种不易被察觉的数据泄密途径,即隐蔽通道,它是一种允许违背合法的安全策略的方式进行操作系统进程间通信(IPC)的通道。这种通道可进一步分为隐蔽存储通道与隐蔽时间通道。

2. 完整性威胁

所谓信息的完整性主要是指信息的可信程度,包括信息内容的完整性和信息来源的完整性。若信息被非法篡改,则就破坏了信息的内容完整性,使其内容的可信程度受到质疑。同样,信息的来源也可能会涉及来源的准确性和可信性,涉及了人们对此信息所赋予的信任性。完整性要同时也包括数据的正确性和可信性、信息的来源(即如何获取信息和从何处获取信息)、信息在到达当前机器前所受到的保护程度,以及信息在当前机器中所受到的保护程度等,这些都会影响信息的完整性。

通常可将信息的完整性威胁可以分为两类:破坏和欺骗。其中,破坏是指中断或妨碍正常操作。在信息遭到破坏后,其内容可能就会发生非正常改变,从而破坏信息的内容完整性。欺骗指接受虚假数据,常见的如冒牌钓鱼网站等。

此外,最常见的影响操作系统安全的威胁就是计算机病毒,计算机病毒具有寄生性、潜伏性、隐蔽性、传染性等特点,是一可执行的程序代码,通过网络它能在极短的时间内迅速感染数以万计的计算机,并且难以根除,所造成的后果更是无法估量的严重问题。没有一个使用多台计算机的机构或组织,能够对病毒免疫。因此,如何有效地减少计算机病毒对操作系统的安全威胁,是安全操作系统设计过程中所要考虑的一个很重要的问题。

3. 可用性威胁

所谓可用性是指对信息或资源的期望使用能力,它是系统可靠性与系统设计中的一个重要方面,一个不可用的系统还不如没有系统。

可用性之所以与安全相关,是因为有人可能会蓄意地使数据或服务失效,以此来拒绝对数据或服务的访问。通常将试图破坏系统的可用性的攻击称为拒绝服务攻击,这种攻击的目的是使计算机或网络无法提供正常的服务。可能会发生在服务器的源端,阻止服务器取得完成任务所需的资源;也可能发生在服务器的目的端,阻断来自服务器的信息;或者发生在中间路径,即丢弃从客户端或服务器端传来的信息,或者同时丢弃这两端传来的信息。

另外一个操作系统可用性威胁源之于计算机软件设计实现中的漏洞。无论怎样的系统,通常都会存在 $5 \sim 50$ 个之间的 bug。即便是一个经过了严格质量认证测试的系统每千行仍然大约会有 5 个 bug 存在。绝对安全的操作系统是不存在的,只有在操作系统设计时就以安全理论作指导,并且始终贯穿正确的安全原则,这样才有可能尽量地减少操作系统本身的漏洞。

目前随着各种技术的日益发展成熟,操作系统所面临的威胁也越来越复杂,各种类型的威胁汇集一起而难以分辨,这些威胁对操作系统造成了多方面综合性的影响,所以,操作系统安全性问题有待进一步研究。

11.1.2 操作系统安全的概念

操作系统是一组面向机器和用户的程序,是用户程序和计算机硬件之间的接口,其目的是最大限度地、高效地、合理地使用计算机资源,同时也对系统的软件、硬件资源进行有效的管理。

随着计算机技术的高速发展,越来越多的、各类操作系统变得越来越不安全,它们在安全性方面出现了越来越多的漏洞。

而操作系统安全包括了对系统重要资源(存储器、文件系统等)的保护和控制,即只有经过授权的用户和代表该用户运行的进程才能对计算机系统的信息进行访问。一般意义上讲,所谓一个计算机系统是安全的,是指该系统能够通过特定的安全功能控制外部对系统信息的访问。

操作系统内的一切活动均可看作是主体对计算机内部各客体的访问活动。操作系统中的所有资源均可视为客体,对客体访问或使用的实体称为主体,如操作系统中的用户和用户执行的进程均是主体。在操作系统的安全中,主体对客体的访问策略是通过可信计算机来实现的。

操作系统安全的主要目标如下:

①按系统安全策略对用户的操作进行访问控制,防止用户对计算机资源的非法使用,如窃取、篡改和破坏等。

②标识系统中的用户,并对身份进行鉴别。

③监督系统运行的安全性。

④保证系统自身的安全性和完整性。

实现上述的目标,需要采取相应的安全策略。安全策略是用来描述人们如何存取文件或其他信息的。对于给定的计算机主体和客体,必须有一套严格而科学的规则来确定一个主体是否被授权对客体的访问。在对安全策略进行研究时,人们将安全策略抽象成安全模型,以使用形式化的方法来证明该模型是安全的。安全模型中精确定义了安全的状态、访问的基本模型和保证主体对客体访问的特殊规则。

通常在进行操作系统安全设计的时候,操作系统的安全部分是按照安全模型进行设计的,但在实现过程中由于各种原因,而产生了一些设计者意图之外的性质,这些被称为操作系统的缺陷。近年来,随着各种系统入侵和攻击技术的不断发展,操作系统的各种缺陷不断被发现,其中最为典型是缓冲区溢出缺陷,几乎所有操作系统都不同程度的存在这个缺陷。因此,在使用操作系统安全这个概念时,通常具有以下两层含义:

①操作系统在设计时,提供的权限访问控制、信息加密性保护、完整性鉴定等安全机制所实现的安全。

②操作系统在使用过程中,通过系统配置,以确保操作系统尽量避免由于实现时的缺陷和具体应用环境因素而产生的不安全因素。

只有通过这两个方面的同时努力,才能最大可能地保证系统的安全。

11.1.3　操作系统安全的设计

由于计算机操作系统不仅要处理多种任务、各种终端事件,还要对低层的文件进行操作,所以在要求其尽可能少的系统开销的基础上,还要为用户提供高响应速度的时候,必须有一个好的安全体系结构设计。在经过了大量的实践后,人们在总结经验、分析原型系统开发失败的原因后,提出了一些操作系统安全设计的基本原则。

1. 操作系统设计应当考虑的因素

一般地通用操作系统除了实现基本的内存保护、文件保护、存取控制和用户身份鉴别外,还需考虑诸如共享约束、公平服务、通信与同步等因素。

（1）共享约束

操作系统的系统资源必须对相应的用户开放，具有完整性和一致性要求。

（2）公平服务

操作系统通过硬件时钟和调度分配，保证所有用户都能得到相应服务，没有用户处于永久等待。

（3）通信与同步

操作系统当进程通信和资源共享时提供协调，推动进程并发运行。

这样，从存取控制的基点出发，就在常规操作系统中建立了基本的安全机制。

2.操作系统的安全性设计原则

操作系统的设计是异常复杂的，它要处理多种任务、各种终端事件，并对低层的文件进行操作，又要求尽可能少的系统开销，为用户提供高响应速度。若在操作系统中再考虑安全的因素，更增加了操作系统的设计难度。在操作系统的设计方面，Saltzer和Schroder提出了以下一些操作系统的安全设计原则。

（1）最小特权原则

最小特权的基本特点就是：无论在系统的什么部分，只要是执行某个操作，执行该操作的进程主体除能获得执行该操作所需的特权外，不能获得其他的特权。分配给系统中的每一个程序和每一个用户的特权应该是它们完成工作所必须享有的特权的最小集合。也就是说，让每个用户和程序使用尽可能少的权限工作。通过实施该原则，可以限制因错误软件或恶意软件造成的危害，将由入侵或者恶意攻击所造成的损失降至最低。POXIS.1中的分析表明，要想在获得系统安全性方面达到合理的保障程度，在系统中必须严格实施最小特权原则。

（2）机制的经济性原则

保护机制的设计应小型化、简单、明确。保护系统应该是经过完备测试或严格验证的。

（3）开放系统设计原则

保护机制应该是公开的，不应该把保护机制的抗攻击能力建立在设计的保密性的基础之上。如果以为用户不具有软件手册和源程序清单就不能进入系统，是一种很危险的观点。当然，没有上述信息，渗透一个系统会增加一定难度。为了安全，最保险的假定是认为入侵者已经了解了系统的一切。其实，设计保密也不是许多安全系统（即使是高度安全系统）的需求。将必要的机制加入系统后，应使得即便是系统开发者也不能侵入这个系统。

（4）完整的存取控制原则

对每一个客体的每一次访问都必须经过检查，以确认是否已经得到授权。

（5）失败-保险（Fail-Safe）默认原则

访问判定应建立在显式授权而不是隐式授权的基础上，显式授权指定的是主体该有的权限，隐式授权指定的是主体不该有的权限。在默认情况下，没有明确授权的访问方式，应该视为不允许的访问方式，如果主体欲以该方式进行访问，结果将是失败，这对于系统来说是保险的。

（6）权限分离原则

该原则要求对实体的存取应当基于多个条件。这样，入侵者就不能对全部资源进行存取。例如一个保险箱设有两把钥匙，由两个人掌管，仅当两个人都提供钥匙时，保险箱才能打开。特权的分离必须适度,不能走极端。高度的分离可以带来安全性的提高,但也导致效率的大幅下降,因此安全效率往往要折中考虑。

（7）最少公共机制原则

把由两个以上用户共用和被所有用户依赖的机制的数量减少到最小。每一个共享机制都是一条潜在的用户间的信息通路,要谨慎设计,避免无意中破坏安全性,系统为防止这种潜在通道应采取物理或逻辑分离的方法。应证明为所有用户服务的机制能满足每一个用户的要求。

（8）心理可接受性原则

为了使用户习以为常地、自动地正确运用安全机制,建立合理的默认规则并把用户界面设计得易于使用和友好是设计之根本。

3.设计操作系统

为了能够实现上述原则,在设计操作系统时可从以下三个方面进行。

（1）内核机制

能够解决最少权限及经济性的问题。由于内核是操作系统中完成最底层功能的部分。在通用操作系统中,内核操作包含了进程调度、同步、通信、消息传递及中断处理等。安全内核则是负责实现整个操作系统安全机制的部分,提供硬件、操作系统及系统其他部件间的安全接口。安全内核通常包含在系统内核中,但它又与系统内核逻辑分离。安全内核在系统内核中增加了用户程序和操作系统资源间的一个接口层,它的实现会在某种程度上降低系统性能,且不能保证内核包含所有安全功能。

安全内核具有以下几个特性:分离性、均一性、灵活性、紧凑性、验证性和覆盖性。

（2）隔离性

能够解决最少通用机制问题。进程间彼此隔离的方法有物理分离、时间分离、密码分离和逻辑分离。一个安全操作系统可以使用所有这些形式的分离。最常见的隔离方法是虚拟存储和虚拟机方式。

虚拟存储的最初设计是为了解决编址和内存管理的灵活性问题,但它同时也提供了一种安全机制,即提供逻辑分离。每个用户的逻辑地址空间通过存储机制与其他用户的分隔,用户程序看似运行在一个单用户的机器上。

后来,人们将虚拟存储的概念扩充,操作系统通过给用户提供逻辑设备、逻辑文件等多种逻辑资源,就形成了虚拟机的隔离方式。虚拟机提供给用户使用的是一台完整的虚拟计算机,这样就实现了用户与计算机硬件设备的隔离,减少了系统的安全漏洞,当然同时也增加了这个层次上的系统开销。

（3）分层结构

能够解决开放式设计及整体策划等问题。分层结构是一种较好的操作系统设计方法,每层设计为外层提供特定的功能和支持的核心服务,安全操作系统的设计也可采用这种方式,在各个层次中考虑系统的安全机制。在进行系统设计时,可先设计安全内核,再围绕安全内核设计操作系统。在安全分层结构时,最敏感的操作位于最内层,进程的可信度及存取权限由其邻近的中心裁定,更可信的进程更接近中心。

因为用户认证在安全内核之外实现,所以,这些可信模块必须提供很高的可信度。可信度和存取权限是分层的基础,单个安全功能可在不同层的模块中实现,每层上的模块完成具有特定敏感度的操作。已实现的操作系统最初可能并未考虑某种安全设计,需要将安全功能加入到原有的操作系统模块中。这种加入可能会破坏已有的系统模块化特性,而且使加入安全功能后内核的安全验证很困难。折中的方案是从已有的操作系统中分离出安全功能,建立单独的安全内核。

11.1.4 操作系统安全的评估

为了适应我国信息安全发展的需求,我国在计算机信息安全方面也制定了相关的安全标准。我国的操作系统安全分为 5 个级别,即用户自主保护级、系统审计保护级、安全标记保护级、结构化保护级、访问验证保护级。如表 11-1 所示,是我国制定的操作系统安全标准及其功能。

表 11-1 我国制定的操作系统安全标准及其功能

	第一级	第二级	第三级	第四级	第五级
自主访问控制	*	*	*	*	*
身份鉴别	*	*	*	*	*
数据完整性	*	*	*	*	*
客体重用		*	*	*	*
审计		*	*	*	*
强制性访问控制			*	*	*
标记			*	*	*
隐蔽信道分析				*	*
可信路径				*	*
可信恢复					*

我国的这一标准类似于可信计算机安全评估标准(TCSEC)。可信计算机安全评估标准(Trusted Computer System Evaluation Criteria,TCSEC)又称为橘皮书,它是计算机安全评估的第一个正式标准。TCSEC 将计算机系统的安全分为 4 个等级,每个等级又分为若干个子级别。如表 11-2 所示是 TCSEC 安全级别划分。

表 11-2 TCSEC 安全级别划分

安全级别	定义
A1	验证设计
B3	安全域
B2	结构化保护
B1	标记安全保护
C2	受控的存取保护
C1	自主安全保护
D1	最小保护

①A 类安全级。最高级别的安全级,目前只有 A1 级别,具有系统化顶层设计说明,并且形式化地证明与形式化模型的一致性,用形式化技术解决系统隐蔽通道问题。

由于 A1 级系统的要求极高,因此,真正达到这种要求的系统很少,目前已获得承认的这类系统有 Honeywell 公司的 SCOMP 系统。在我国的标准中去掉了 A1 机标准。

②B 类安全级。该安全等级具有强制性保护功能,也就是说,如果用户没有与安全等级相连,系统就不允许用户存取对象。该类安全等级分为 B1(安全标记保护级)、B2(结构化保护级)和 B3(访问验证保护级)3 个级别。

③C 类安全级。该类安全等级能为用户的行为和责任提供审计功能。C 类安全等级可划分为 C1(用户自主保护级)和 C2(系统审计保护级)两个级别。

④D 类安全级。该类安全等级只有一个级别 D1,安全级最低,只对文件和用户提供安全保护,适合于本地操作系统或者一个完全没有保护的网络。保留 D 级的目的是为了将一切不符合更高标准的系统,全部归于 D 类。例如 DOS 系统就是操作系统中典型的例子。它具有操作系统的基本功能,如文件系统、进程调度等,但是,在安全性上,它几乎没有任何保护机制。

在 TCSEC 的基础上,国外各国也都有自己的安全评价标准。

欧洲的安全评价标准(ITSCE)是西欧四国(英、法、荷、德)于 20 世纪 90 年代提出的信息安全评价标准。该标准适用于军队、政府和商业等多个领域。该标准将安全分为功能和评估两部分内容。其中,功能分为 10 级(F1~F10),其 1~5 级相当于 TCSEC 的 D 到 A,6~10 级对应于数据和程序的完整性、系统的可用性、数据通信的完整性、数据通信的保密性以及网络安全的机密性和完整性。评估准则分为测试、配置控制和可控的分配、可访问的详细设计和源码、详细的脆弱性分析、设计与源码明显对应以及设计与源码在形式上的一致性共 6 级。

同时,在 ITSCE 标准中,提出了一种评价系统安全的新观点——被评价的系统应当是一个整体,而不仅仅是一个平台。这个整体包括硬件、操作系统、数据库管理系统和应用系统。在系统安全性上,一个系统的安全性可能比组成系统的各部分的安全性高,也可能更低;而一个系统的安全性是分布在组成系统的不同组成部分上的,不需要系统的每个组成部分都重复这些安全功能,只要整个系统能实现安全级别即可。

美国联邦准则(FC)则是对 TCSEC 的升级,在该标准中引入了"保护轮廓"(PP)的概念,其每个保护轮廓包括功能、开发保证和评价。这个标准在美国政府、民间和商业领域广泛使用。

加拿大的评价标准(CTCPEC)是仅适用于政府部门的评价标准。该标准与 ITSCE 相似,将安全分为功能性需求的安全和保证性需求的安全两部分。其中,功能性需求分为机密性、完整性、可用性和可控性 4 类,每类安全需求又分为 0~5 级。

虽然,各国都有自己的标准,但是,并没有一个是各国通用的准则,因此,为了统一国际标准,1996 年 6 月发布了国际通用准则(CC),它是国际标准化组织对现行多种安全标准统一的结果,是目前最全面的安全评估标准。1999 年 6 月又发布第 2 版,1999 年 10 月发布了 CC V2.1 版,并成为 ISO 标准。该标准的主要思想和框架结构取自 ITSEC 和 FC,并重点突出"保护轮廓"的思想。CC 将评估过程分为功能和保证。评估等级分为 EAL1~EAL7。每一级分别对配置管理、分发和操作、开发过程、指导性文档、生命周期的技术支持、测试和脆弱性等 7 个部分进行评估。

由于 CC 标准的发布及不断更新,我国也在 2001 年发布了 GB/T 1836 标准,这一标准采用了 ISO/IEC 15408-3 1999《信息技术安全性评估准则》中的相关准则,主要提供了保护轮廓和安全目标。评估保证级(EAL)提供了一个递增的尺度,该尺度的确定权衡了所获得的保证以及达到该保证程度所需要的代价和可行性。EAL 可用表 11-3 表示,其中行表示的是保证子类,列表示的是一组按级排序的 EAL,在行、列交叉处的每一个数字表示与此适宜的一个保证组件。

表 11-3 评估保证级的描述

保证类	保证子类		评估保证级依据的保证组件						
			EAL1	EAL2	EAL3	EAL4	EAL5	EAL6	EAL7
配置管理	ACM_AUT	CM 自动化				1	1	2	2
	ACM_CAP	CM 能力	1	2	3	4	4	5	5
	ACM_SCP	CM 范围			1	2	3	3	3
交付和运	ADO_DEL	交付		1	1	2	2	2	3
	ADO_IGS	安装、生成和启动	1	1	1	1	1	1	1
开发	ADV_FSP	功能规范	1	1	1	2	3	3	4
	ADV_HLD	高层设计		1	2	2	3	4	5
	ADV_IMP	实现表示				1	2	3	3
	ADV_INT	TSF 内部					1	2	3
	ADV_LLD	低层设计				1	1	2	3
	ADV_RCR	表示对应性	1	1	1	1	2	2	3
	ADV_SPM	安全策略模型				1	3	3	3
指导性文档	AGD_ADM	管理员指南	1	1	1	1	1	1	1
	AGD_USR	用户指南	1	1	1	1	1	1	1
生命周期支持	ALC_DVS	开发安全			1	1	1	2	2
	ALC_FLR	缺陷纠正							
	ALC_LCD	生命周期				1	2	2	3
	ALC_TAT	工具和技术				1	2	3	3
测试	ATE_COV	覆盖范围		1	2	2	2	3	3
	ATE_DPT	深度			1	1	2	2	3
	ATE_FUN	功能测试		1	1	1	1	2	2
	ATE_IND	独立性测试	1	2	2	2	2	2	3
脆弱性评定	AVG_CCA	隐蔽信道分析					1	2	2
	AVG_MSU	误用			1	2	2	3	3
	AVG_SOF	TOE 安全功能强度		1	1	1	1	1	1
	AVG_VLA	脆弱性分析		1	1	2	3	4	4

11.2　典型的操作系统安全机制

11.2.1　Windows 2000 操作系统的安全

1. Windows 2000 操作系统的安全漏洞

Microsoft 公司开发的 Windows 2000 操作系统主要存在着以下几个方面的安全漏洞。

（1）资源共享漏洞

通过资源共享，可以轻松地访问远程计算机，如果其"访问类型"是被设置为"完全"的话，就可以任意地上传、下载，甚至是删除远程计算机上的文件。此时，只需上传一个设置好的木马程序，并设法激活它，就可以得到远程计算机的控制权。

若想解决该问题，只要关闭资源共享或者将"访问类型"设置为"根据密码访问"即可。

（2）资源共享密码漏洞

通常资源共享的密码是存放在注册表中的，具体位置在：一般存储在 HKEY_ LOCAL_ MACHINE/Software/Microsoft/Windows/CurrentVersion/Network/LanMan 下，右栏的 Parm1enc 列出的为完全共享密码，Parm2enc 列出的为只读共享密码。

若想解决该问题，就要做到不随意让人使用自己的计算机。

（3）CONCON 漏洞

这是 Windows 9x 中的一个很老的漏洞了。在 Windows 9x 中有三个设备驱动程序（CON、NUL、AUX），其中，CON 为输入及输出设备驱动程序；NUL 为空设备驱动程序；AUX 为辅助设备驱动程序。这三个程序只要被运行，就会引起系统的死机，更严重的是，该漏洞可以通过资源共享来远程执行。

而解决该问题的最有效的方法是将系统升级至 Windows Me 及以上版本；或下载安装补丁程序 conconfix 并添加到"启动"组中或者安装网络防火墙。

（4）空登录问题

如果用户不小心忘记了密码，造成无法登录 Windows 2000 时，只需用启动盘启动计算机或引导进入另一操作系统，找到文件夹 Windows 2000 所在磁盘的盘符下的\Documents and Settings\Administrator，并将此文件夹下的"Cookies"文件夹删除，然后重新启动计算机，即可以空密码快速登录 Windows 2000。

如果要想解决该问题，只需要使用 NTFS 文件格式安装 Windows 2000。

（5）Windows 2000 的账号泄露问题

在 Windows 2000 中，通过"控制面板"中的"用户和密码"及"管理工具"下的"计算机管理"都可以轻松地得到系统的所有账号及组信息，还可以使用\WINNT\System32\lusrmgr.msc 来管理账户和组。这些账号及组信息也有可能被远程获取，不过这需要对方存在输入法或 IIS 漏洞。

解决该问题的最有效的方法是删除\WINNT\System32\compmgmt.msc/s 和\WINNT\System32\lusrmgr.msc 两个文件，删除后不会影响 Windows 2000 的正常运行。

（6）Windows 2000 的全拼输入法漏洞

该漏洞可以让任何人绕过身份验证程序，将\WINNT\System32\cmd.exe 保存到\inetpub\

scripts\目录下,通过 IE 来远程执行命令,例如运行\\192.168.0.2/scripts/cmd.exe/c dir 命令。可以通过此漏洞任意添加账号,并将其设置到 Administrators 组中,同时激活,这样就可以以管理员身份来远程登录了。

解决该问题的最根本的方法是删除全拼输入法。

2. Windows 2000 操作系统的安全机制

微软在 Windows 2000 中提供的是一个安全性框架,并不偏重于任何一种特定的安全特性。新的安全协议、加密服务提供者或者第三方的验证技术,可以方便地结合到 Windows 2000 的安全服务提供者接口(security Service Provider Interface,SSPI)中,供用户选用,满足移动办公、远程工作和随时随地接入 Internet 进行通信和电子商务的需要,并且完全无缝地对 Windows NT 网络提供支持,提供对 Windows NT 中采用的 NTLM(NT LAN Manager)安全验证机制的支持。用户可以选择迁移到 Windows 2000 中替代 NTLM 的 Kerberos 安全验证机制。

通过安全服务提供者接口(Security Service Provider Interface,SSPI),Windows 2000 实现了应用协议和底层安全验证协议的分离。

此外,Kerberos 加强了 Windows 2000 的安全特性,具体表现在更快的网络应用服务验证速度、允许多层次的客户/服务器代理验证、同跨域验证建立可传递的信任关系等。

最终,Windows 2000 实现了如下的特性:数据安全性、企业间通信的安全性、企业网和 Internet 的单点安全登录,以及易管理性和高扩展性的安全管理。

(1)数据安全性

数据安全性方面,Windows 2000 保证数据保密性和完整性的特性,主要表现在以下三个方面:

①用户登录时的安全性。对于数据的保密性和完整性的保护从用户登录网络时就开始了,Windows 2000 通过 Kerberos 和 PKI 等验证协议提供了强有力的口令保护和单点登录。

②网络数据的保护。数据保护包括在本地网络数据的保护和在网络上传输的数据的保护。本地网络的数据是由验证协议来保证其安全性的。若需要更高的安全性,可以在一个站点(Site,通常指一个局域网或子网)中,通过 IP 加密(IP security,IPsec)的方法,提供点到点的数据加密安全性。而在网络上传输的数据,则可采用如下几个机制来加强安全性:

其一,Proxy Server:为一个站点与外界的交流提供防火墙或代理服务。

其二,Windows 2000 路由和远程访问服务:配置远程访问的协议和路由以保证安全性。

其三,IP Security:为一个或多个 IP 节点(服务器或者工作站)加密所有的 TCP/IP 通信。

③存储数据的保护。对于存储数据的保护可以采用数字签名来签署软件产品(防范运行恶意的软件),或者加密文件系统。加密文件系统基于 Windows 2000 中的 CryptoAPI 架构,实施 DES 加密算法,对每个文件都采用一个随机产生的密钥来加密。加密文件系统不仅可加密本地的 NTFS 文件/文件夹,还可以加密远程的文件,且不影响文件的输入输出。

(2)各企业通信的安全性

对于企业间的通信安全,Windows 2000 提供了多种安全协议和用户模式的内置集成支持,一般可通过三种方式来实现:

①建立各域之间的信任关系。用户可以在 Kerberos 或公钥体制得到验证之后,远程访问已经建立信任关系的域。

②在目录服务中创建专用的企业通信用户账号。通过 Windows 2000 的活动目录,可以设定组织单元、授权或虚拟专用网等方式,并对它们进行管理。

③公钥体制。用户可以通过电子证书对提供用户身份进行确认和授权,企业也可以把通过电子证书验证的外部用户映射为目录服务中的一个用户账号。

(3)企业网和 Internet 的单点安全登录

在用户成功地登录到网络后,Windows 2000 将会透明地管理一个用户的安全属性(Security Credentials),无论这种属性是以何种方式来体现的。而其他先进的应用服务器都应该能从用户登录时所使用的安全服务提供者接口(SSPI)获得用户的安全属性,从而使用户做到单点登录,访问所有的服务。

(4)易管理性和高扩展性

管理员通过在活动目录中使用组策略,便可集中地把所需要的安全保护加强到某个容器(SDOU)的所有用户/计算机对象上。Windows 2000 包括了一些安全性模板,既可以针对计算机所担当的角色来实施,也可以作为创建定制的安全性模板的基础。

Windows 2000 中的安全性配置工具为安全性模板和安全性配置/分析,它们是两个 Microsoft 管理控制台(MMC)插件。安全性模板提供了针对十多种角色的计算机管理模板,这些角色包括从基本工作站、基本服务器一直到高度安全的域控制器,它们之间各个安全性要求是不同的。安全性模板通过安全性配置/分析 MMC,管理员可以创建针对当前计算机的安全性策略。当然通过对加载模板的设置,该插件就会智能地运行配置或分析功能,并产生报告。

安全性管理的扩展性表现为,在活动目录中可以创建非常巨大的用户结构,用户可以根据需要访问目录中存储的所有信息。

3. Windows 2000 操作系统的安全架构

Windows 2000 的安全架构主要体现在系统的安全组件上。Windows 2000 通过五个构成金字塔状的安全组件来保障系统的安全性,如图 11-1 所示。

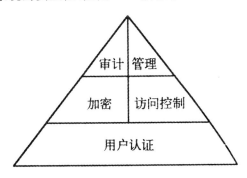

图 11-1　Windows 2000 系统安全架构

分析图 11-1 可知,下层安全组件的重要性要高于上层组件,因为它支撑着整个安全架构的是完整定义的安全策略。Windows 2000 安全组件的功能主要体现在下列的几个方面。

①访问控制的判断。允许对象所有者控制谁被允许访问该对象及访问的方式。

②对象重用。当资源被某个应用访问时,Windows 禁止所有的系统应用访问该资源,这也就是为什么无法恢复已经被删除文件的原因。

③强制登录。要求所有的用户必须登录,通过认证后才可以访问资源。

④对象的访问控制。不允许有直接访问系统的某些资源。必须是该资源允许被访问,然后才是用户或应用通过第一次认证后再访问。

⑤审核。在控制用户访问资源的同时,也可以对这些访问进行相应的记录。

⑥安全标识符。每当创建一个用户或一个组的时候,系统会分配给该用户或组一个唯一SID。当重新安装系统后,也会得到一个唯一的SID。SID永远都是唯一的,由计算机名、当前时间及当前用户态线程的CPU耗费时间的总和三个参数共同决定,以保证其唯一性。

⑦访问令牌。用户通过验证后,登录进程会给用户一个访问令牌,该令牌相当于用户访问系统资源的凭证。访问令牌是用户在通过验证时由登录进程提供,因而改变用户的权限需要注销后再登录系统,以重新获取访问令牌。

⑧安全描述符。Windows 2000 中任何对象的属性都有安全描述符部分,用于保存对象的安全配置。

⑨访问控制列表。是为审核服务的,它包含了对象被访问的时间。

⑩访问控制项。访问控制项包含了用户或组的SID及对象的权限。

11.2.2 Windows NT 操作系统的安全

Windows NT 是 Microsoft 推出的面向工作站、网络服务器和大型计算机的网络操作系统,也可用作 PC 机操作系统。它与通信服务紧密集成,提供文件和打印服务,能运行客户机/服务器应用程序,内置了 Internet/Intranet 功能。Windows NT 操作系统继承了 Windows 友好易用的图形用户界面,又具有很强的网络功能与安全性,适用于各种规模的网络系统。

Windows NT 提供了安全性模板和安全性配置分析,两个微软管理界面 MMC 的插件作为安全性配置工具,安全性模板提供了针对 10 多种角色的计算机的管理模板,不同角色对于安全性的要求也是不同的。通过安全性配置,管理员可以创建针对当前计算机的安全性策略。

(1)数据的安全性

Windows NT 所提供的保证数据保密性和完整性的特性,具体可从以下几个方面来看。

①网络数据的保护。通常本地网络中的数据是由验证协议来保证其安全性的。还可以通过 IPSec 的方法提供点到点的数据加密安全性。

②用户登录的安全性。从用户登录网络开始,Windows NT 通过 Kerberos 和 PKI 等验证协议提供了强有力的口令保护和单点登录。

③存储数据的保护。可通过数字签名来签署软件产品或者加密文件系统。不仅可以加密本地的 NTFS 文件或文件夹,还可以加密远程的文件,而不影响文件的输入/输出。

(2)安全管理的易操作性和良好扩展性

在活动目录中使用组策略,管理员可集中地把所需要的安全保护加强到某个计算机对象上。Windows NT 包括了一些安全性模板,既可以针对计算机所担当的角色来实施,也可以作为创建定制的安全性模板的基础。

(3)通信的安全性

Windows NT 为不同企业之间的通信提供了多种安全协议和用户模式的内置的集成支持。

①在目录服务中创建特定的外部企业用户账号,通过 Windows NT 的活动目录,可设定组织单元、授权或 VPN 等方式,并对它们进行管理。

②可以建立各域之间的信任关系。用户可在 Kerberos 认证或 PKI 得到验证之后,远程访问已经建立信任关系的域。

③通过公用密钥体制及电子证书提供用户身份确认和授权,可以把通过电子证书的外部用户映射为目录服务中的一个用户账号。

(4)企业和 Internet 的单点安全登录

当用户成功地登录到网络之后,Windows NT 会透明地管理一个用户的安全属性,而不管这种安全属性是通过用户账号和用户组的权限规定来体现的,还是通过数字签名和电子证书来体现的。

1. Windows NT 操作系统的安全机制

Windows NT 操作系统不仅通过新的网络技术来协助组织扩展其操作,同时也通过增强的安全性服务来协助组织保护其信息及网络资源。Windows NT 操作系统的安全级别为 C2,即自由控制的访问权限(Discretionary Access Control,AC),主要包含安全策略、用户验证、访问控制、加密、审计和管理这六大安全机制。WindowsNT 安全系统的逻辑结构如图 11-2 所示,其中最主要的是身份验证机制和访问控制机制。

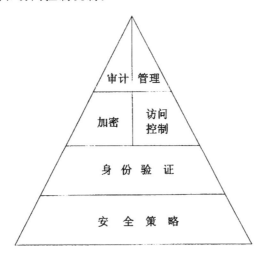

图 11-2　Windows NT 安全系统的逻辑结构

Windows NT 的安全模型包括用户身份验证,这种身份验证赋予用户登录系统访问网络资源的能力。在这种身份验证模型中,安全性系统提供了两种类型的身份验证:交互式登录和网络身份验证。为了完成这两种类型的身份验证,Windows NT 安全系统涵盖了 Kerberos V5、公钥证书和 NTLM(NT LAN Manager) 3 种不同的身份验证机制。

通过用户身份验证后,Windows 允许管理员控制网上资源或对象的访问。管理员通过对存储在活动目录中的对象进行安全设置还可以实现对网上资源的访问控制。文件、打印机和服务等在活动目录中的都是对象的实例。通过管理对象的属性,管理员可以设置权限,分配所有权以及监视用户访问。管理员不仅可以控制对特殊对象的访问,也可以控制对该对象特定属性的访问。

2. Windows NT 操作系统的安全技术

(1)活动目录和域

所谓活动目录主要是指用于存储整个网络上资源的目录信息,便于用户快速、准确地查找、管理和使用相关资源。活动目录提供包括集中组织、管理和控制网络资源访问的方法,能够使物理网络拓扑和协议透明化,使网络上的用户也可以访问资源,而不用了解资源具体在什么地方,或物理上是如何连接到网络上的,网络资源的集中控制,允许用户只登录一次就可以访问整个活动目录的资源。

域作为活动目录中逻辑结构的核心单元,具有很重的作用。一个域包含许多台计算机,它们由管理者设定并共用一个目录数据库。每一个域都有一个唯一的名称。在 Windows NT 网络中,域的管理者只能在该域内有必要的管理权限,除非管理者获得其他域的明确授权。每个域都有自己的安全策略和与其他域的安全联系方式。

域与域之间建立的连接关系即信任关系,可以执行对经过委托的域内用户的登录审核工作。域之间经过委托后,用户只要在某一个域内有一个用户账户,就可以使用其他域内的网络资源了。

Windows NT 的 4 种基本域模型为:单域模型、主域模型、多主域模型和完全信任域模型。

①单域模型:网络中只有一个域,就是主域,域中有一个主域控制器和一个或多个备份域控制器。这种模型较适用于用户较少的网络。

②主域模型:网络中至少有两个域,但只在其中一个域(主域)中创建所有用户并存储这些用户信息。其他域则称为资源域,负责维护文件目录和打印机资源,但不需要维护用户账户。资源域都信任主域,使用主域中定义的用户和全局组。该模型适用于用户不太多,但又必须将资源分组的情况。

③多主域模型:网络中有多个主域和多个资源域,其中主域作为账户域,所有的用户账户和组都在主域之上创建。各主域都相互信任,其他的资源域都信任主域,但各资源域之间不相互信任。这种模型对于大型网络的统一管理较为方便,且有较好的伸缩性。适用于用户数很多且有一个专门管理机构的网络。

④完全信任域模型:网络中有多个主域,且这些域都相互信任;所有域在控制上地位都是平等的,每个域都执行各自的管理。这种模型适用于各部门管理各自的网络。

(2)加密文件系统 EFS

WindowsNT 提供了数据加密,而数据加密则使用一种称为"加密文件系统(Encrypting File System,EFS)"的功能。在 Windows NT 的 NTFS 文件系统中内置了 EFS 加密系统,利用 EFS 加密系统可以对保存在硬盘上的文件进行加密。EFS 加密系统作为 NTFS 文件系统的一个内置功能,对 NTFS 卷上的文件和数据,都可以进行直接的操作系统加密保存,能在很大程度上提高数据的安全性。并且其加密和解密过程对应用程序和用户是完全透明的。此外,Windows NT 内置的数据恢复功能,可由管理员恢复被另一个用户加密的数据,确数据在需要使用时一直可用。

EFS 加密是基于公钥策略的。在使用 EFS 加密一个文件或文件夹时,系统首先会生成一个由伪随机数组成的文件加密钥匙(File Encryption Key,FEK),然后将利用 FEK 和数据扩展标准 DES 算法创建加密后的文件,并将其存储到硬盘上,同时删除未加密的原始文件。接着系统通过用户的公钥加密 FEK,把加密后的 FEK 存储在同一个加密文件中。而在访问被加密的文件时,系统首先利用当前用户的私钥解密 FEK,然后利用 FEK 解密出文件。在第一次使用 EFS 时,若用户还没有公钥/私钥对(统称为密钥),则会首先生成密钥,然后加密数据。如果用户登录到了域环境中,则密钥的生成就依赖于域控制器,否则它就依赖于本地机器。

EFS 加密系统对用户是透明的,若用户加密了一些数据,那么该用户对这些数据的访问将是完全允许的,不会受到任何限制。而其他非授权用户访问加密过的数据时,就会出现"访问拒绝"的错误提示。而 EFS 加密的用户验证过程则是在登录 Windows 时进行的,只要成功登录到 Windows 便可对任意被授权的加密数据进行访问。

(3)安全性支持——Windows IP Security

信息化程度高度发达的今天,人们对网络安全性的考虑不再仅仅局限于企业网络外部,越来越多的人开始关注来自企业内部网络的那些攻击。这主要是由于企业雇员、技术支持人员或临时合同工从内部侵入公司网络而造成的重要机密信息的泄露与遗失等。针对这一问题,Windows NT 5.0 推出了一种新的网络安全性方案——IP Security,简称 IPSec。IPSec 的主要目的是为 IP 数据包提供保护,该技术的基础是端一端的安全性模型,即只有发送者和接收者这两台主机知道有关 IPSec 保护的情况。各计算机都在各自的一端处理安全性。IP Security 存在于传输层之下,透明于应用程序和用户。两计算机在进行数据交换之前,先相互验证计算机,建立安全性协作关系,并在传输数据之前加密要传输的数据。鉴别或者加密数据时,采用标准的 IP 数据包格式。

在数据保护方面 Windows NT 除了使用 NTFS 文件系统保护数据并通过文件加密系统来提高数据安全性外,还可使用磁盘阵列来保护数据安全。

Windows NT 网络系统的系统容错是建立在标准化的独立磁盘冗余阵列 RAID 基础上的,采用软件解决方案,提供了 3 种 RAID 容错手段——RAID0、RAID1 和 RAID5。

①带区集 RAID0。带区集是指将多个磁盘上的可用空间组合成一个大的逻辑卷,数据将按系统规定的数据段为单位依次写入不同的磁盘上。多个读/写操作可以相互重叠进行。RAID0 能够提供较好的磁盘读写性能,但不具备容错功能。

②镜像集 RAID1。镜像集由主磁盘和副磁盘两个磁盘组成,主要用于提供存储数据的可靠性,但必须以较大的磁盘空间冗余为代价。RAID1 中所有写入主磁盘的数据也同时写入副磁盘,当主磁盘发生故障,则系统将会使用副磁盘中的数据。RAID1 通过两个磁盘互为备份,从而保证数据安全。

③带奇偶校验的带区集 RAID5。在带奇偶校验的带区集中,阵列内所有磁盘的大块数据呈带状分布,数据和奇偶校验信息将存放在磁盘阵列中不同的磁盘上,以提高数据读写的可靠性。RAID5 具有较好的数据读取性能,但写入性能较差,通常需要消耗 3 倍读取操作的时间,因为写入操作时要进行奇偶校验计算。因此,RAID5 主要用于以读取操作为主的应用系统。

11.2.3　Unix/Linux 操作系统的安全

UNIX 是一种多用户、多任务的操作系统。UNIX 系统实现了有效的访问控制、身份标识与验证、审计记录等安全措施,其安全性一般能达到可信计算机系统评价准则(TCSEC)的 C2 级。

Linux 是一种类 UNIX 的操作系统,不论在功能上、价格上还是性能上都有很多优点。Linux 被认为是一个比较安全的 Internet 服务器操作系统。Linux 是一个开放式系统,可以在网络上找到许多现成的程序和工具,这既方便了用户,也方便了黑客,因为他们也能很容易地找到程序和工具来潜入 Linux 系统,或者盗取 Linux 系统上的重要信息。不过,只要我们仔细地设定 Linux 的各种系统功能,并且加上必要的安全措施,就能让黑客们无机可乘。

UNIX 系统是当今著名的多用户分时操作系统,以其优越的技术和性能,得到了迅速发展和广泛应用。Linux 系统涵盖 UNIX 的全部功能,具有多任务、多用户和开放性等众多优秀特性,有关部门更是将基于 Linux 开发具有自主版权的操作系统提高到保卫国家信息安全的高度来看待。

通常在 Unix/Linux 系统中存在下列的一些安全漏洞问题:

①Sendmail 漏洞问题。

②Passwd 命令漏洞问题。

③Ping 命令问题。

④telnet 问题。

⑤网络监听漏洞问题。

⑥yppasswd 漏洞问题。

由于 Unix 与 Linux 的安全结构相似,因此,Unix/Linux 系统具有下列安全特征:

第一,访问控制。

系统通过访问控制表 ACL,使用户可以自行改变文件的安全级别和访问权限。系统管理员可用 umask 命令为每个用户设置默认的权限值,用户也可以通过 chmod 命令来修改自己拥有的文件或目录权限。为防止黑客的入侵,用户也可以在 Unix/Linux 系统中设置"如果用户 3 次登录都失败,则系统自动锁定,不让用户再继续登录"。

第二,身份标识与认证。

Unix/Linux 系统为了确定用户的真实身份,在用户登录时采用扩展的 DES 算法对输入的口令进行加密,然后把口令的密文与存放在/etc/passwd 中的数据进行比较,如果二者的值完全相同,则允许用户登录到系统中,否则将禁止用户的登录。但是由于在口令文件中,口令字段(第二个字段)是被加密保存的,但由于/etc/passwd 文件对任何用户都可读,因此,它常常成为口令攻击的目标,所以许多 UNIX 操作系统常用 shadow 文件来存储加密口令,因为该文件只有 root 用户才能读取,普通用户不可读。

第三,对象的可用性。

当一个对象不再使用时,在它回到自由对象之前,系统将会清除它,以备下次需要时使用。

第四,审计记录。

Unix/Linux 系统能够对很多事件进行记录,例如文件的创建和修改以及系统管理的所有操作和其他有关的安全事件。通过这些记录,系统管理员就可以对安全问题进行跟踪。

第五,操作的可靠性。

操作的可靠性是指 Unix/Linux 系统用于保证系统完整性的能力。Unix/Linux 系统通过对用户的分级管理、运行级别的划分,以及访问控制机制加上自带的一些工具,能够很好地保证系统操作的可靠性。

面对于来自网络外部黑客的攻击和网络内部合法用户的越权使用等问题,Unix/Linux 系统为了保证网络系统的安全,在制定了有效的安全策略的基础上,一般还会采用下列一些防范措施:

(1)确保用户口令文件的安全

Unix/Linux 系统管理员要妥善保护用户口令文件的安全,不要让其他用户获得这个文件,并应该使得口令文件难于被破解,即使黑客获取了口令文件也不能轻易破解。

(2)按"最小权限"原则设置每个内部用户账户的权限

系统管理员在给内部网络用户开设账户时,要按"最小权限"原则仔细设置每个内部用户的权限,即仅给每个用户授予完成任务所必需的服务器访问权限。这样做虽然会增大管理工作量,但对系统安全有利。

(3)充分利用防火墙机制

如果内部网络要进入 Internet,必须利用 Unix/Linux 系统的防火墙机制在内部网络与外部网络的接口处设置防火墙,以确保内部网络中的数据安全。

(4)定期对 Unix/Linux 网络进行安全检查

Unix/Linux 网络系统的运转是动态变化的,因此对它的安全管理也必须适应这种变化。Unix/Linux 系统管理员在为系统制定安全防范策略后,应该定期对系统进行安全检查,利用入侵检测工具随时进行检测,如果发现安全机制中的漏洞应立即采取措施补救。

(5)充分利用日志安全机制

利用日志安全机制记录所有网络访问。日志文件可以发现入侵者试图进行的攻击。

(6)完全禁止 finger 服务

在 Unix/Linux 系统中,网络外部人员仅需简单地利用 finger 命令就能知道众多系统信息,如用户信息、管理员何时登录,以及其他有利于黑客猜测用户口令的信息。黑客可利用这些信息,增大侵入系统的机会。

(7)禁止系统对 Ping 命令的回应

禁止 Unix/Linux 系统对 Ping 请求做出反应,可以减少黑客利用 TCP/IP 协议自身的弱点,把传输正常数据包的通道用来秘密传送其他数据的危险,同时可迷惑网络外部的入侵者,使其认为服务器已经关闭,从而打消攻击念头。

(8)严格限制 Telnet 服务的权限

在 Unix/Linux 系统中,一般情况不要开放 Telnet 服务,这是因为黑客可以利用 Telnet 登入系统,如果他又获取了超级用户密码,将会给整个系统带来致命的危险。

(9)禁止 IP 源路径路由

IP 源路径路由是指在 IP 数据包中包含到达目的地址的详细路径信息,这是非常危险的安全隐患,因为根据 RFC1122 规定,目的主机必须按源路径返回这样的 IP 数据包。如果黑客能够伪造源路径路由的信息包,那么他就可能截取返回的数据包,并且进行信任关系欺骗。

(10)禁止所有控制台程序的使用

如果黑客侵入系统并启动控制台命令,就会使系统正在提供的服务立刻中断。因此在系统配置完毕后,应该禁止使用上述控制台程序。

采用上述安全机制、安全策略和安全措施,可以极大地降低 Unix/Linux 系统的安全风险。但是,由于计算机网络系统的特殊性和网络安全环境的复杂性,不可能彻底消除网络系统的所有安全隐患,这就要求 Unix/Linux 系统管理员需要经常对系统进行安全检查,建立和完善 Unix/Linux 系统的网络安全运行模型。

11.2.4　NetWare 操作系统的安全

NetWare 系统是一种非常优秀的系统平台,因为对该系统服务器的任意访问控制是很难的,并且有基于时间的约束。同时,系统对于用户的口令有一些限制,比如对口令长度过短或者是使用过的口令都会给予拒绝。由于该系统的良好安全性能,系统已经受到了越来越多的人的欢迎。尽管如此,人们还需要做一些工作以加强它的安全性。

1. NetWare 操作系统的安全漏洞

尽管 NetWare 系统符合 C2 级的安全标准,但它还是存在漏洞。NetWare 操作系统主要存在下列几个方面的安全漏洞。

(1)获取账号

在新安装的 NetWare 操作系统中,通常存在着 SUPERVISOR 和 GUEST 两个缺省账号。所有的账号在初始阶段都没有设置口令。因此,通常在安装系统的时候,管理员会马上给 supervisor 和 admin 加上口令,但是却往往忽视了 GUEST 和 USER_TEMPLATE。如果黑客能使用一台已经和服务器连上的工作站,他就可以给 GUEST 或 USER_TEMPLATE 加口令,得到这两个账号后,使用 GUEST 或 USER_TEMPLATE 就可以把自己隐藏起来。

(2)查阅合法账号

黑客可能通过运行 SYSCON 命令或使用 CHKNULL.exe 程序在 Novell NetWare 中查阅合法账号。

(3)获得超级用户的账号

通常人们认为,NetWare 服务器应该是一个很安全的存放文件的地方,只有知道口令的人才能进入文件的存放处。而超级用户的密码更是公司的绝密,因为任何人一旦知道了口令,他就可进入系统随心所欲的做任何事。

但是并非如人们想象的那样,在刚安装完的 NetWare 系统的时候,安全系统还没有建立,此时,supervisor 的口令是空的,可以随便登录,因此,黑客可以不必知道超级用户的口令而取得所有的权限。

而使服务器认为系统是新安装的,事实上并不是真正地重装系统删掉所有的数据,常用的方法有删除包含系统安全信息的文件。但是如果不能进入系统,要想删掉这些文件也是可以的。虽然 Novell 公司在口令加密的工作上做得很好,但是他们忽略了一点,如果能直接接触到服务器的硬盘,只要用很普通的磁盘编辑工具,例如 Norton's Disk Edit 就能很容易地找到所有目录的信息并可以修改它。

2. NetWare 系统的安全性机制

NetWare 操作系统为用户提供了一整套安全性机制,允许管理员使用这些安全机制建立安全可靠的网络环境,以满足用户对网络安全保密性的要求。这些安全机制从以下几个方面来控制哪些用户是合法用户,可以入网;合法用户可以在任何时候任何站点入网;用户入网后可以对哪些资源进行访问;对这些资源能访问到何种程度等。

(1)NetWare 系统目录服务的安全性

NetWare 系统的目录服务是 NetWare 系统的重要特征之一。在访问控制方面,NetWare

系统使用 NDS 提供了详尽的用户对网络资源访问的分级控制,即层次式分配和管理网络访问权限的问题。NetWare 系统可以使用一个控制台对整个网络进行管理。NDS 采用了面向对象的思想,将所有的网络用户和网络资源都作为对象处理。在 NDS 目录库中,数据一般不是根据对象的物理位置进行组织的,而是根据机构单位的组织结构将对象组织成层次(树形)结构,这就形成了网络的目录树。管理员可以根据需要对目录树进行扩充或删减。

(2)设置权限的安全性

访问权限可控制用户能访问哪些资源以及对这些资源进行哪些操作。NetWare 系统的用户访问权限由受托者指定和继承权限过滤两种方式来实现的。受托者指定和继承权限过滤的组合就可以建立一个用户访问网络资源的有限权限,从而控制用户对网络资源的访问。

(3)设置属性的安全性

对文件和目录以及打印机等资源设置某些属性,这样可以通过设置资源属性以控制用户对资源的访问。属性是直接设置给文件、目录的,它对所有用户都具有约束力;一旦目录、文件具有某些属性,用户(包括超级用户)都不能超出这些属性规定的访问权,也即不论用户的访问权限如何,只能按照资源自身的属性实施访问控制。

(4)接入网络的安全性

NetWare 系统的入网安全性包括身份验证、用户名/口令限制、入网时间限制、入网站点限制、入网次数限制和封锁入侵者等。网络管理员根据需要,在服务器的账号数据库中为每个要使用网络的用户建立一个账号,一个用户账号包括用户名和用户口令。

NetWare 系统为保证网络系统工作的可靠性、硬盘数据的完整性和安全性提供了系统容错技术、事物跟踪系统和 UPS 监控技术。NetWare 系统还提供了完善的数据备份和恢复功能,以保证数据的完整性和可恢复性。

11.3　数据库系统安全

11.3.1　数据库系统安全概述

数据库系统主要由数据库和数据库管理系统两部分组成。数据库部分是按照一定的方式存取数据;而数据库管理系统部分则是,为用户及应用程序提供数据访问,并具有对数据库进行管理、维护等多种功能。

数据库实际上就是若干数据的集合体。数据库要由数据库管理系统进行科学的组织和管理,以确保数据库的安全性和完整性。

数据库管理系统就是对数据库进行管理的软件系统,为用户或应用程序提供了访问数据库中的数据和对数据的安全性、完整性、保密性、并发性等进行统一控制的方法。

数据库系统是指以数据库方式管理大量共享数据的计算机系统,一般简称为数据库。

1.数据库系统安全的含义

数据库安全是指为存放数据的数据库系统制定、实施相应的安全保护措施,以保护数据库中的数据不因偶然或恶意的原因而遭到破坏、更改和泄露。数据库安全主要包括系统运行安全和系统信息安全两层含义。

（1）系统运行安全

系统运行安全是指对系统通常在运行时会受到一些网络不法分子通过网络,局域网等途径通过入侵电脑使系统无法正常启动,或超负荷让机子运行大量算法,并关闭 CPU 风扇,使 CPU 过热烧坏等一系列的破坏性活动的保护措施。系统运行安全的内容包括法律、政策的保护,如用户是否有合法权限、政策是否允许等;物理控制安全,如机房是否加锁等;硬件运行安全;操作系统安全,如数据文件是否受保护等;灾害、故障恢复;死锁的避免和解除;防止电磁信息泄漏等。

（2）系统信息安全

系统信息安全是指对系统安全通常受到黑客对数据库入侵,并盗取想要的资料等威胁的保护措施。系统信息安全的内容包括用户口令鉴别;用户存取权限控制;数据存取方式控制;审计跟踪;数据加密等。

2. 数据库系统安全面临的威胁

目前,数据库主要面临着人为因素和自然因素的安全威胁。对于前者来讲是可以克服和控制的,而对于后者来讲是不可抗拒的。但要尽量减少这些因素给人们带来的损失。

人为的因素主要有以下 6 种:

①存储介质丢失。

②授权用户故意破坏数据或泄露机密、敏感的数据资料。

③系统设计人员为了回避系统的安全功能,安装了不安全的系统。

④在装有数据库文件的计算机内部,程序员设计安装了木马程序导致数据库内的数据资料被窃取。

⑤授权用户在输入或处理数据过程中对发生了变动的数据进行了输入或处理,导致了数据库内部的数据不正确。

⑥非授权用户非法存取数据或篡改数据。例如,数据库系统管理人员对数据库中数据的访问控制权限缺乏严格的控制和监督检查,使得非授权用户有意或无意的进入到系统内部,对其中的数据进行了有意或无意的存取或修改,导致数据库系统内部数据的泄密或破坏。

而自然因素则主要有下列三种:

①计算机病毒入侵数据库系统破坏和修改数据库软件或数据。

②计算机硬件故障引起数据库内数据的丢失或破坏。例如,存储设备故障造成数据信息的丢失或破坏。

③软件保护功能失效造成的数据信息的泄露。例如,系统本身在设计上的缺陷,如缺少或破坏了存取控制机制,造成了数据信息的泄露。

上述这些都是威胁数据库安全的因素,有些虽然是无意的,但它的破坏力又是人们想象不到的,有的甚至是致命的,无法恢复的。有的是有意的,但数据是可以修复的。数据库系统面对各类严重威胁,要保证数据库系统的安全和可靠,必须采用完善的安全策略和一定的安全技术措施。

11.3.2 数据库系统的安全特性分析

1. 数据库的安全机制

数据库的安全机制是用于实现数据库的各种安全策略的功能集合,是执行安全策略的方法、工具和过程。正是由这些安全机制来实现安全模型,进而实现保护数据库系统安全的目标。

（1）用户标识和鉴别

通常数据库系统不允许一个未经授权的用户对数据库进行操作。用户标识和鉴别是系统提供的最外层的安全保护措施。在数据库管理系统中注册时,每个用户都有一个用户标识符。通常这种用户标识符仅是用户公开的标识,不足以成为鉴别用户身份的凭证。为了鉴别用户身份,一般采用以下几种方法:

①利用只有用户知道的专门知识、信息。使用用户的专门知识来识别用户是最常用的一种方法,使用这类方法需要注意以下几点:

- 内容的简易性。口令或密码要长短合适,问答过程不要太繁琐。
- 标识的有效性。口令、密码或问题答案要尽可能准确地标识每一个用户。
- 本身的安全性。为了防止口令、密码或问题答案的泄露或失窃,需经常更改。

通常这种方法需要专门的软件来进行用户 ID 及其口令的登记、维护与检验等方式来实现,但不需要额外专门的硬件设备,其主要的缺点是口令、密码或问题答案被泄密（无意或故意）,没有任何痕迹,不易被发觉,所以存在安全性隐患。

②利用只有用户具有的特有东西。利用这种方法识别时,是将特有的徽章、磁卡等插入一个"阅读器",它读取其面上的磁条中的信息。该方法是目前一些安全系统中较常用的一种方法,但用在数据库系统中要考虑以下几个问题:

- 需要专门的阅读装置。
- 要求自阅读器抽取信息及与 DBMS 接口的软件。

相较于个人特征识别这种方法更简单、有效,且代价/性能比更好,当然同时也存在易忘记带徽章、磁卡或钥匙等,或可能丢失甚至被人窃取。有时在无这种特有的物件情况下,用户为了及时完成他的任务,就临时采用替代的方法,而这本身又危及系统安全。

③利用只有用户具备的个人特征。这种方法是当前最有效的方法。但是有以下几个问题需要解决:

- 专门设备:用来准确地记录、存储和存取这些个人特征。
- 识别算法:能够较准确地识别出每个人的声音、指纹或签名。

而关键是"有效性测度",要让"合法者被拒绝"和"非法者被接受"的误判率达到实用的程度,或者达到应用环境可接受的程度。误判率为零几乎是不可能实现的。此外,还要考虑其实现代价,除了经济上的代价,还包括识别算法执行的时空代价。它影响整个安全子系统的代价/性能比。

（2）存取控制

存取控制是对用户的身份进行识别和鉴别,对用户利用资源的权限和范围进行核查,是数据保护的前沿屏障。它可以分为身份认证、存取权限控制、数据库存取控制等几个层次。

①身份认证。身份认证的目的是确定系统和网络的访问者是否是合法用户。主要采用密码、代表用户身份的物品如磁卡、IC 卡等或反映用户生理特征的标识,如指纹、手掌纹理、语音、视网膜扫描等鉴别访问者的身份。

②存取权限控制。存取权限控制主要是防止合法用户越权访问系统和网络资源系统将会根据具体情况赋予用户不同的权限,如普通用户或有特殊授权的计算机终端或工作站用户、超级用户、系统管理员等。

③数据库存取控制。对数据库信息按存取属性划分的授权有：允许或禁止运行，允许或禁止阅读、检索，允许或禁止写入，允许或禁止修改，允许或禁止清除等。

（3）授权机制

DBMS 提供了功能强大的授权机制，可以给用户授予各种不同对象的不同使用权限。

用户权限是由两个要素组成的，即数据库对象和操作类型。定义一个用户的存取权限就是要定义这个用户可以在哪些数据库对象上进行哪些类型的操作。在数据库系统中定义存取权限称为授权。

用户级别可以授予的数据库模式和数据操作方面的权限有创建和删除索引、创建新关系、添加或删除关系中的属性、删除关系、查询数据、插入新数据、修改数据、删除数据等。

在数据库对象级别上，可将上述访问权限应用于数据库、基本表、视图和列等。

（4）数据库角色

如果要给成千上万个雇员分配许可，将面临很大的管理难题，如每次有雇员到来或者离开时，就得有人分配或去除可能与数百张表或视图有关的权限，费时费力不说，还容易出错。数据库角色是被命名的一组与数据库操作相关的权限，角色是权限的集合。一个相对简单有效的解决方法就是定义数据库角色。数据库角色是被命名的一组与数据库操作相关的权限，即一组相关权限的集合。可以为一组具有相同权限的用户创建一个角色。使用角色来管理数据库权限，可以简化授权的过程。

（5）视图机制

几乎所有的 DBMS 都提供视图机制。视图不同于基本表，它不存储实际数据。当用户通过视图访问数据时，是从基本表中获得数据。视图提供了一种灵活而简单的方法，以个人化方式授予访问权限，能够起到很好的安全保护作用。在授予用户对特定视图的访问权限时，该权限只用于在该视图中定义的数据项，而不是用于视图对应的完整基本表。

视图机制间接地实现支持存取谓词的用户权限定义。例如，在某大学中假定小王老师只能检索计算机系学生的信息，系主任张老师具有检索和增删改计算机系学生信息的所有权限。这就要求系统能支持"存取谓词"的用户权限定义。在不直接支持存取谓词的系统中，可以先建立计算机系学生的视图 CS_Student，然后在视图上进一步定义存取权限。

（6）审计

对数据库管理员（DBA）来说，审计就是记录数据库中正在做什么的过程。审计记录可以告诉 DBA 某个用户正在使用哪些系统权限，使用频率是多少，多少用户正在登录，会话平均持续多长时间，正在特殊表上使用哪些命令，以及其他有关事实。

由于任何系统的安全保护措施都不是完美的，蓄意盗窃、破坏数据的人总是想方设法打破控制。审计功能把用户对数据库的所有操作自动记录下来放入审计日志中。DBA 可以利用审计跟踪的信息，重现导致数据库现有状况的一系列事件，找出非法存取数据的人、时间和内容等。

审计通常是非常浪费时间和空间的，所以 DBMS 往往都将其作为可选特征，允许 DBA 根据应用对安全性的要求，灵活地打开或关闭审计功能。审计功能一般主要用于安全性要求较高的部门。

审计一般可以分为用户级审计和系统级审计两级。任何用户均可设置用户级审计，主要是针对自己创建的数据库或视图进行审计，记录所有用户对这些表或视图的一切成功和不成功的访问要求，以及各种类型的 SQL 操作；系统级审计只能由 DBA 设置，用来监测成功或失败的登录请求、监测 Grant 和 Revoke 操作以及其他数据库级权限下的操作。

通过审计功能可将用户对数据库的所有操作自动记录下来,放入审计日志中。通常,审计设置以及审计内容一般都存放在数据字典中。必须把审计开关打开,才可以在系统表 SYS_AU-DITTRAIL 中查看审计信息。

2.数据库的完整性

数据库的完整性是指数据的正确性和相容性,防止不合语义的数据进入数据库最终造成无效操作和错误结果。可以从预防和恢复两个方面入手,来保证数据完整性,预防主要是指防范影响数据完整性的事件发生,恢复则指恢复数据的完整性及预防数据丢失。

数据库完整性由各种各样的完整性约束来保证,因此可以说数据库的完整性设计就是数据库完整性约束的设计。

数据库的完整性包括:

①实体完整性:指数据库中的表和其对应的实体是一致的。

②域完整性:指某一数据项的值是合理的。

③参照(引用)完整性:在一个数据库的多个表中保持一致性。

④用户定义完整性,由用户自定义。

⑤分布式数据完整性。

通常,数据库的完整性主要包括物理完整性和逻辑完整性。物理完整性是指保证数据库中的数据不受物理故障(例如硬件故障或掉电等)的影响,并有可能在灾难性毁坏时重建和恢复数据库;逻辑完整性是指对数据库逻辑结构的保护,包括数据语义与操作完整性。前者主要指数据存取在逻辑上满足完整性约束;后者主要指在并发事务中保证数据的逻辑一致性。影响数据完整性的因素有:硬件故障、软件故障、网络故障、人为因素和意外灾难事件等。而保证数据完整性的措施有:镜像、负载平衡、容错技术、空闲备件、冗余存储系统和冗余系统配件等。

数据库的完整性可通过数据库完整性约束机制来实现。这种约束是一系列预先定义好的数据完整性规划和业务规则,这些数据规则存放于数据库中,防止用户输入错误的数据,以保证所有数据库中的数据是合法的、完整的。完整性约束包括实体完整性、参照完整性、静态约束和动态约束等,静态约束是指对静态对象的约束主要反映数据库状态合理性;动态约束是反映数据库状态变迁,新值与旧值之间的约束条件。

完整性约束条件作用的对象为:①列,对属性的取值类型、范围、精度等的约束条件;②元组,对元组中各个属性列间的联系的约束;③关系,对若干元组间、关系集合上以及关系之间的联系的约束。数据库完整性约束可分为 6 类:列级静态约束、元组级静态约束、关系级静态约束、列级动态约束、元组级动态约束、关系级动态约束。动态约束通常由应用软件来实现。不同 DBMS 支持的数据库完整性基本相同。

一般数据库的完整性约束有以下几种:非空约束、缺省值约束、唯一性约束、主键约束、外部键约束、规则约束。这种约束是加在数据库表的定义上的,它与应用程序中维护数据库完整性不同,它不用额外地编写程序,代价小而且性能高。在多网络用户的客户/服务器(Client/Server)体系下,需要对多表进行插入、删除、更新等操作时,使用存储过程可以有效防止多客户同时操作数据库时带来的"死锁"和破坏数据完整性的问题。

(1)完整性约束条件定义机制

DBMS 应提供定义数据库完整性约束条件,并把它们作为模式的一部分存入数据库中。

（2）完整性检查机制

检查用户发出的操作请求是否违背了完整性约束条件。

（3）违约反应

如果发现用户的操作请求使数据违背了完整性约束条件，则采取一定的动作来保证数据的完整性。

3. 数据库的并发控制

据库系统一般可分为单用户系统和多用户系统两种。在任一时刻只允许一个用户使用的数据库系统称为单用户数据库系统，允许多个用户同时使用的数据库系统称为多用户数据库系统。例如飞机定票数据库系统、银行数据库系统等都是多用户数据库系统。在这样的系统中，在同一时刻并行运行的事务数可达数百个。数据库的最大特点之一就是数据资源共享，因而多数数据库系统都是多用户系统，这样就会发生多个用户并发存取同一数据块的情况，如果对并发操作不加以控制就可能产生不正确的数据，破坏数据库的完整性。并发控制就是为了解决这类问题，以保持数据库中数据的一致性。

事务（Transaction）是一个逻辑工作单元，是指数据库系统中一组对数据的操作序列。事务可以一个一个地串行执行，即每个时刻只有一个事务运行，其他事务必须等到这个事务结束以后方能运行。事务在执行过程中需要不同的资源，有时需要CPU，有时需要存取数据库，有时需要I/O，有时需要通信。如果事务串行执行，则许多系统资源将处于空闲状态。因此，为了充分利用系统资源发挥数据库共享资源的特点，应该允许多个事务并行地执行。

事务是并发控制的基本单位，保证事务ACID特性是事务处理的重要任务，而事务ACID特性可能遭到破坏的原因之一是多个事务对数据库的并发操作造成的。为了保证事务的隔离性更一般，为了保证数据库的一致性，DBMS需要对并发操作进行正确调度。这些就是数据库管理系统中并发控制机制的责任。事务具备的以下几个基本特征又称为其应遵循的ACID准则：

（1）原子性（Atomicity）

一个事务要么全部执行，要么全不执行，不允许仅完成部分事务。

（2）一致性（Consistency）

事务的正确执行应使数据库从一个一致性状态变为另一个一致性状态。数据一致性是指数据应满足的约束条件。

（3）隔离性（Isolation）

多个事务的并发执行是独立的，在事务未结束前，其他事务不能存取该事务的中间结果数据。

（4）持久性（Durability）

事务提交后，系统应保证事务执行的结果可靠地存放在数据库中，不会因为故障而丢失。

同一数据库系统中往往有多个事务并发执行，如果不进行控制，就会产生数据的不一致性，常见的三种类型有：丢失修改、不可重复读和读"脏"数据。

产生上述三类数据不一致性的主要原因是并发操作破坏了事务的隔离性。并发控制就是要用正确的方式调度并发操作，使一个用户事务的执行不受其他事务的干扰，从而避免造成数据的不一致性。另一方面，对数据库的应用有时允许某些不一致性，例如有些统计工作涉及数据量很大，读到一些"脏"数据对统计精度没什么影响，这时可以降低对一致性的要求以减少系统开销。

为保证数据操作的正确性和一致性,必须进行并发控制。实现并发控制的方法主要有两种:基于封锁的并发控制技术和基于时间戳的并发控制技术。

(1)基于封锁的并发控制技术

基于封锁的并发控制思想是事务 T 对数据对象操作前必须获得对该数据的锁,完成操作后在适当时候释放锁;当得不到锁时,事务将处于等待状态。

基本的封锁类型有排它锁(Exclusive Locks,简称 X 锁)和共享锁(Share Locks,简称 S 锁)两种。

排它锁又可称为写锁。若事务 T 对数据对象 A 加上 X 锁,则只允许 T 读取和修改 A,其他任何事务都不能再对 A 加任何类型的锁,直到 T 释放 A 上的锁。这就保证了其他事务在 T 释放 A 上的锁之前不能再读取和修改 A。

共享锁又可称为读锁。若事务 T 对数据对象 A 加上 S 锁,则事务 T 可以读 A 但不能修改 A,其他事务只能再对 A 加 S 锁,而不能加 X 锁,直到 T 释放 A 上的 S 锁。这就保证了其他事务可以读 A,但在 T 释放 A 上的 S 锁之前不能对 A 做任何修改。

在运用 X 锁和 S 锁这两种基本封锁,对数据对象加锁时,还需要约定一些规则,例如何时申请 X 锁或 S 锁、持锁时间、何时释放等。称这些规则为封锁协议。对封锁方式规定不同的规则,就形成了各种不同的封锁协议。数据的丢失更新和不可重读等数据不一致问题等,都可以通过 3 级封锁协议在不同程度上得到解决。

和操作系统一样,封锁的方法可能引起活锁和死锁。

如果事务 T1 封锁了数据 R,事务 T2 又请求封锁 R,于是 T2 等待。T3 也请求封锁 R,当 T1 释放了 R 上的封锁之后系统首先批准了 T3 的请求,T2 仍然等待。然后 T4 又请求封锁 R,当 T3 释放了 R 上的封锁之后系统又批准了 T4 的请求……T2 有可能永远等待,这就是活锁。相反,如果一个事务如果申请锁未获准,则须等待其他事务释放锁,这就形成了事务之间的等待关系。当事务中出现循环等待时,如果不加以干预,就会一直等待下去,这种状态称为死锁。

基于封锁的并发控制技术需要解决死锁问题,即如何检测、处理和预防死锁。

死锁的检测和处理方法,一般有以下两种。

①超时法。如果一个事务的等待时间超过了规定的时限,就认为发生了死锁。超时法实现简单,但其不足也很明显。一是有可能误判死锁,事务因为其他原因使等待时间超过时限,系统会误认为发生了死锁。二是时限若设置得太长,死锁发生后不能及时发现。

②等待图法。等待图是一个有向图,其成图规则是:如果事务 T1 需要的数据已经被事务 T2 封锁,就从 T1 到 T2 画一条有向线段。有向图中出现回路,即表明出现了死锁。发现死锁后,靠事务本身无法打破死锁,必须由数据库管理系统进行干预。

在数据库管理系统中,通常对死锁一般采用如下策略:

①在循环等待的事务中,选择一个事务作为牺牲者,给其他事务“让路”。

②回滚牺牲的事务,释放其获得的锁及其他资源。

③将释放的锁让给等待它的事务。

其中,选取牺牲事务的方法有以下几种:

①选择最迟交付的事务作为牺牲者。

②选择获得锁最少的事务作为牺牲者。

③选择回滚代价最小的事务作为牺牲者。

因为通常情况下,死锁的预防和检测都需要一定的开销,因此,要尽量避免死锁的发生。而在数据库系统中预防死锁常用的方法有以下两种:

①一次封锁法。一次封锁法要求每个事务必须一次将所有要使用的数据全部加锁,否则就不能继续执行。一次封锁法虽然可以有效地防止死锁的发生,但也存在着一定的问题。首先,一次就将以后要用到的全部数据加锁,势必扩大了封锁的范围,从而降低了系统的并发度。其次,数据库中数据是不断变化的,原来不要求封锁的数据,在执行过程中可能会变成封锁对象,所以很难事先精确地确定每个事务所要封锁的数据对象,为此只能扩大封锁范围,将事务在执行过程中可能要封锁的数据对象全部加锁,这就进一步降低了并发度。

②顺序封锁法。顺序封锁法是对所有可能封锁的数据对象按序编号,规定一个加锁顺序,每个事务都按此顺序加锁,释放时则按逆序进行。

虽然,顺序封锁法可以有效地防止死锁,但也同样存在问题。首先,数据库系统中封锁的数据对象极多,并且随数据的插入、删除等操作而不断地变化,要维护这样的资源的封锁顺序非常困难,成本很高。其次,事务的封锁请求可以随着事务的执行而动态地决定,很难事先确定每一个事务要封锁哪些对象,因此也就很难按规定的顺序去施加封锁。

由上述分析可知,在操作系统中广为采用的预防死锁的策略并不适合数据库的特点,因此DBMS在解决死锁的问题上普遍采用的是诊断并解除死锁的方法。

(2)基于时间戳的并发控制技术

为了区别事务执行的先后,每个事务在开始执行时,都由系统赋予一个唯一的、随时间增长的整数,称为时间戳(Time Stamp,TS)。基于时间戳的并发控制思想是按照时间戳的顺序处理冲突,使一组事务的交叉执行等价于一个由时间戳确定的串行序列,其目的是保证冲突的读操作和写操作按照时间戳的顺序执行。

基于时间戳的并发控制遵循以下准则:

①事务开始时,赋予事务一个时间戳。

②事务的每个读操作或写操作都带有该事务的时间戳。

③对每个数据项 R,记录读过和写过 R 的所有事务的最大时间戳值分别为 RTM(R)和WTM(R)。

④当事务对数据项 R 请求读操作时,若对 R 进行读操作的时间戳为 TS,且 TS<WTM(R),则拒绝该读操作,并用新的时间戳重新启动该事务;否则,执行读操作,并把 RTM(R)设置成 RTM(R)的最大值。

⑤当事务对数据项 R 请求写操作时,若 TS<RTM(R)或 TS<WTM(R),则拒绝该写操作,并用新的时间戳重新启动该事务;否则,执行写操作,并把 WTM(R)设置为 TS。

在通常的时间戳法中,一旦发现冲突,不是等待而是重启事务,因而不会发生死锁,这是其最大优点。但这一优点是以重启事务为代价的,为避免事务重启,有保守时间戳法和乐观的并发控制法等改进方法。

保守时间戳法的基本思想是不拒绝任何操作,因而不必重启事务。如果操作不能执行,则缓冲较年轻事务的操作,直到所有较老的操作执行完为止。此时,系统需要知道什么时候不再有较老的操作存在,而且缓冲事务的操作可能会造成较老事务等待较年轻事务的情况而造成死锁,实现起来比较困难。

乐观的并发控制法的基本思想是基于事务间的冲突操作很少,因此事务的执行可以不考虑冲突。但为解决冲突写操作,需将其暂时保存,待事务结束后由专门的机构检测是否可以将数据写到数据库中。若不能,则重启该事务。

4.数据库的备份、恢复、容灾

数据库故障是不可避免的,而减少损失的唯一方法是对数据库和数据库运行日志进行备份。在发生意外的系统故障时,可以使用事务日志和备份数据库共同恢复数据库。事务日志反映的是自上次对数据库进行备份以来数据库所发生的变化。备份是恢复数据最为简单和有效的方法,通常应该定期备份并对有效数据进行管理。恢复数据库时,首先装入备份数据库,然后再把事务日志中记载的增量装入,从而实现数据库的恢复。

(1)数据库的备份

在对数据库进行备份之前,有必要制定相应的备份策略。备份策略包括备份周期(一天、一周等)、备份介质(磁盘、磁带、光盘等)和备份数据库(介质)的存放等内容。备份的周期主要取决于应用需求,并根据实际需求选择合适的数据库备份类型。

数据备份类型按照不同方式有不同的分类。

第一,按照备份的状态可分为物理备份和逻辑备份,其中物理备份又可分为冷备份和热备份。

①冷备份。冷备份是指在没有终端用户访问数据库的情况下,关闭数据库对其进行的备份方式,也称"脱机备份"。这种方法在保持数据完整性方面很有保障,但对于那些必须保持每天 24 小时、每周 7 天全天候运行的数据库服务器来说,较长时间地关闭数据库进行备份是不现实的。

②热备份。热备份也称联机备份,是指当数据库正在运行时进行的备份。其实质是一种实时备份。由于数据备份需要一段时间,且备份大容量的数据库也需要较长的时间,于是在备份期间就有可能发生数据更新而导致备份的数据完整性遭到破坏。这个问题的解决依赖于数据库日志文件。在备份时,日志文件将需要进行数据更新的指令"堆起来",并不进行真正的物理更新,因此数据库能被完整地备份。备份结束后,系统再按照被日志文件"堆起来"的指令对数据库进行真正的物理更新。可见,被备份的数据保持了备份开始时刻前的数据一致性状态。

热备份操作存在如下不利因素:

·热备份本身会占用相当一部分系统资源,会使系统的运行效率下降。

·若系统在进行备份时崩溃,则堆在日志文件中的所有事务都会被丢失,即造成数据或更新的丢失。

·在热备份的过程中,若日志文件所占用的系统资源过大,如将系统存储空间占用完,就会造成系统不能接受业务请求的局面,从而对系统运行产生影响。

③逻辑备份。所谓逻辑备份是指使用软件技术从数据库中导出数据并写入一个输出文件,该文件的格式一般与原数据库的文件格式不同,它只是原数据库中数据内容的一个映像。因此,逻辑备份文件只能用来对数据库进行逻辑恢复,也就是数据导入,而不能按数据库原来的存储特征进行物理恢复。逻辑备份一般用于增量备份,只是备份那些在上次备份以后改变的数据。

第二,按照备份的数据量来说,可以分为完全备份、增量备份、差分备份和按需备份。

①完全备份:指备份系统中的所有数据,这种备份所需的时间最长,但其恢复时间最短,效率最高,操作最方便,也是最可靠的一种方式。

②增量备份:指只备份上次全备份或增量备份后产生变化的数据,特点是没有重复备份数据,数据量不大,备份所需时间较短,占用的空间也比较少,但对应恢复所用的时间较长。

③差分备份:指只备份上次完全备份后发生变化的数据,特点是备份时间较长,所占用的空间较多,但恢复时间较快。

④按需要备份:这种备份是指根据临时需要有选择地进行数据的备份。

还可按照备份的地点来划分,可分为本地备份和异地备份;从数据备份的层次上可划分为硬件冗余和软件备份等。

(2)数据库的恢复

数据库备份后,一旦系统发生崩溃或者执行了错误的数据库操作,就可以从备份文件中恢复数据库。而数据库恢复是指将数据库备份加载到系统中的过程,数据库恢复又称重载或重入。系统在恢复数据库的过程中,会自动执行安全性检查、重建数据库结构以及完整数据库内容。

第一种情况:数据库已被破坏。如磁盘损坏等,此时的数据库已经不能用了,则就要装入最近一次的数据库备份,然后利用"日志"库执行"重做"(redo)操作,将这两个数据库状态之间的所有修改重新做一遍,于是也就建立了新的数据库,同时也没丢失对数据库的更新操作。若"日志"库也被破坏了,则更新操作就会丢失。

第二种情况:当数据库未被破坏时,此时的某些数据就会不可靠。只要通过"日志"库执行"撤销"(undo)操作,即可撤销所有不可靠的修改,而把数据库恢复到正确的状态即可。

常见的数据库恢复技术有:基于备份的恢复、基于运行时日志的恢复和基于镜像数据库的恢复。

①基于备份的恢复。基于备份的恢复是指通过周期性地备份数据库,当数据库失效时,就将最近一次的数据库备份来恢复数据库,具体就是把备份的数据复制到原数据库所在的位置上。通过这种方法,数据库只能恢复到最近一次备份的状态,而从最近备份到故障发生期间的所有数据库更新都会丢失,也就是说备份的周期越长,丢失的更新数据越多。

②基于运行时日志的恢复。在数据库运行时,可通过日志文件来记录对数据库的每一次更新。且对日志的操作优于对数据库的操作,从而确保记录数据库的更改。当系统发生故障时,就可重新装入数据库的副本,把数据库恢复到上一次备份时的状态。然后系统自动正向扫描日志文件,将故障发生前所有提交的事务放到重做队列,将未提交的事务放到撤销队列中执行,通过这样的操作就可以把数据库恢复到故障前某一时刻的数据一致性状态。

③基于镜像数据库的恢复。数据库镜像就是在另一个磁盘上复制数据库作为实时副本。当主数据库发生更新时,DBMS 就自动把更新后的数据复制到镜像数据库,使镜像数据和主数据库保持一致性。当主数据库发生故障时,可继续使用镜像磁盘上的数据,并且 DBMS 会自动利用镜像磁盘数据进行数据库恢复。这种镜像策略可使数据库的可靠性大为提高,但由于数据镜像通过复制数据实现,频繁的复制会降低系统的运行效率,因此为兼顾可靠性和可用性,一般需有选择性地镜像关键数据。通常对于时间要求很高,要求立即恢复数据库(如证券业、银行业和其他实时场合等,系统停止运行将造成巨大损失),应该选择磁盘镜像技术。磁盘镜像技术可以选择把数据库映射到多个磁盘驱动器上,这可以有效地把数据库应用与硬盘的介质故障隔离开来。如果发生了某个介质故障,另外介质上的镜像即刻去接替。

作为一个完善的数据库系统数据库的备份和恢复是其不可缺少的一部分,目前这种技术已经被广泛应用于数据库产品中。例如,Oracle 数据库提供对联机备份、脱机备份、逻辑备份、完全数据恢复及不完全数据恢复的全面支持。在一些大型的分布式数据库应用中,多备份恢复和基于数据中心的异地容灾备份恢复等技术也越来越广泛地被应用于各种系统。

（3）数据库容灾

数据库的备份和恢复是一个完善的数据库系统必不可少的一部分,目前这种技术已经被广泛应用于数据库产品中。据预测,以"数据"为核心的计算将逐渐取代以"应用"为核心的计算。在一些大型的分布式数据库应用中,多备份恢复和基于数据中心的异地容灾备份恢复等技术正在得到越来越多的应用。

容灾在广义上讲是一个系统工程,它包括支持用户业务的方方面面。而容灾对于 IT 而言,就是提供一个能防止用户业务系统遭受各种灾难影响破坏的计算机系统,容灾还表现为一种"未雨绸缪"的主动性,并非是在灾难发生后的一种"亡羊补牢"的被动性。

从狭义的角度看,容灾是指除了生产站地以外,用户另外建立的冗余站点,当灾难发生时,生产站点受到破坏时,冗余站点可以接管用户正常的业务,达到业务不间断的目的。为了达到更高的可用性,许多用户甚至建立多个冗余站点。

从容灾的范围讲,容灾可以分为本地容灾、近距离容灾和远距离容灾。

从容灾的层次讲,容灾可以分成数据容灾和应用容灾两大类。其中,数据容灾是指建立一个备用的数据系统,该备用系统对生产系统的关键数据进行备份;应用容灾是指在数据容灾之上,建立一套与生产系统相当的备份应用系统。在灾难发生后,将应用迅速切换到备用系统,备用系统承担生产系统的业务运行。

国际标准 SHARE 78 将容灾系统定义成 7 个层次,如表 11-4 所示。

表 11-4　容灾的 7 个级别

级别	名称	描述
等级 6	零数据丢失	零数据丢失,自动系统故障切换
等级 5	实时数据备份	两个活动的数据中心,确保数据一致性的两个阶段传输承诺
等级 4	定时数据备份	活动状态的备份中心
等级 3	在线数据恢复	电子链接
等级 2	热备份站点备份	PTAM 卡车运送访问方式,热备份中心
等级 1	实现异地备份	PTAM 卡车运送访问方式
等级 0	无异地备份	仅在本地进行备份,没有异地备份

容灾的主要技术指标如下:

①RPO。RPO(Recovery Point Objective)恢复点目标,是以时间为单位。也就是说在灾难发生时,系统和数据必须恢复到时间点要求。RPO 标志系统能够容忍的最大数据丢失量。系统容忍丢失的数据量越小,RPO 的值越小。

②RTO。RTO(Recovery Time Objective)恢复时间目标,同样是以时间为单位的。在灾难发生后,信息系统或业务功能从停止到必须恢复的时间要求。RTO 标志系统能够容忍的服务停止的最长时间。系统服务的紧迫性要求越高,RTO 的值越小。

从上述分析可知,RPO 针对的是数据丢失,RTO 针对的是服务丢失,两者没有必然的联系,并且两者的确定必须在进行风险分析和业务影响分析之后根据业务的需求来确定。

11.3.3 典型的数据库系统安全机制

1. SQL Server 数据库系统的安全机制

(1)SQL 数据库基础

可从系统结构的角度认为 SQL Server 有两种安全模式。第一种是"仅 Windows"模式,只允许拥有受信任的 Windows NT 账户的用户登录,是 SQL Server 默认的安全模式,也是较安全的选项,用户登录 SQL Server 的前提是该用户使用 Windows NT 的域账户登录 Windows 操作系统。

还有一种是"SQL 与 Windows 用户身份验证"模式,在 SQL Server 中建立登录用户,所有基于 Windows 操作系统的用户只要使用这个 SQL 账户就可以实现 SQL 登录。这种模式安全性相对较差一些,容易被恶意攻击者使用暴力破解 sa 账户,并且也容易遭受注入式攻击,但是管理简单,目前应用广泛。

SQL Server 中"用户"属于数据库级别,拥有对数据库及其单独对象的访问权限,可以精确到表、行、字段等。而"登录"则是指允许用户访问服务器并拥有服务器级别权限的账户,属于系统级别,权限的大小取决于系统赋予该登录账户的权限级别,如 sa 账户,是 sysadmin 级别,那么使用 sa 登录就可以取得数据库系统的最高权限。

当 Windows 用户登录数据库服务器时,SQL Server 验证的是登录;而当用户登入数据库系统时,SQL Server 验证的是用户。登录账户可没有具体的数据库对象访问权限,但是具备数据库访问权限的用户必定是使用登录账户登录的。

一般来说,SQL Server 的安全性不仅是 SQL Server 自身安全问题,还要结合 Windows 的安全性考虑,互相配合,才能使安全性发挥得最好,图 11-3 给出了 SQL Server 的安全控制策略示意图,这是一个层次结构系统的集合,只有在满足了上一层系统的安全性要求后才能进入下一层。

图 11-3　SQL Server 安全性控制策略

各层 SQL Server 安全控制策略是通过各层安全控制系统的身份验证实现的。身份验证是指当用户访问系统时,系统对该用户的账号和口令的确认过程。身份验证的内容包括确认用户的账号是否有效、能否访问系统、能访问系统的哪些数据等。

身份验证方式是指系统确认用户的方式。SQL Server 系统是基于 Windows NT 或 Windows 操作系统的,现在的 SQL Server 系统安装在 Windows 系统之上,Windows NT 或 Windows 对用户有自己的身份验证方式,用户必须提供自己的用户名和相应的口令才能访问 Windows NT 或 Windows 系统。访问 Windows NT 或 Windows 系统的用户能否访问 SQL Server 系统,就取决于 SQL Server 系统身份验证方式的设置。

（2）主要的攻击形式

①口令入侵。这里的口令入侵主要是获取目标数据库服务器的管理员口令,可以通过多种方式及工具来实现,如 SQLServerSniffer 嗅探口令攻击工具等,在成功获取数据库口令后即可利用 SQL 语言远程连接并进入数据库内部。

②注入攻击。SQL 注入攻击是指攻击者通过向 Web 服务器提交特殊参数,向后台数据库注入精心构造的 SQL 语句,从而达到获取数据库里的表的内容或挂网页木马,然后利用网页木马再挂上木马。这种攻击在提交特殊参数和 SQL 语句后,根据返回的页面判断执行结果、获取信息等。由于 SQL 注入是从正常的 WWW 端口访问,表面上跟一般的 Web 页面访问没什么区别,故目前通用的防火墙不会对其发出警报,若管理员未查看 IIS 日志,则可能被入侵了很长时间也不会察觉。这种攻击手法相当灵活,在实际攻击过程中,攻击者根据具体情况进行分析,构造巧妙的 SQL 语句,最终渗透成功,而渗透的程度和网站的 Web 应用程序的安全性以及安全配置等有很大关系。

③数据库漏洞攻击。利用数据库漏洞进行攻击也是常用攻击手段之一,攻击者利用数据库本身的漏洞实施攻击,获取对数据库的控制权或者对数据的访问权,或者利用漏洞实施权限的提升。不同数据库的漏洞利用效果不同。

（3）用户识别与验证

用户标识和验证是系统提供的最外层安全保护措施。由系统提供一定的方式让用户标示名字或身份。每次用户要求进入系统时,系统就要进行验证,然后才会提供机器使用权。对于获得机器使用权的用户,若要使用数据库,则数据库管理系统还要对其进行标识和鉴定。

用户标识和验证的方法有很多种,而且在一个系统中一般都是多种方法综合使用,以达到更强的安全性。常用的方法有:

①用一个用户名或用户标识号来标明用户身份。系统内部记录着所有合法用户的标识,用户要进入系统时,系统就验证此用户是否是合法用户。若是则进入下一步的核实;若不是则不能使用系统。

②为了进一步核实用户,系统会要求用户输入口令。为保密起见,用户在终端上输入的口令不显示在屏幕上。系统核对口令以验证用户身份。

用户标识与验证在 SQL Server 中对应的是 Windows NT 或 Windows 登录账号和口令以及 SQL Server 用户登录账号和口令。

（4）SQL Server 身份验证

由于用户必须使用一个登录账号,才能连接到 SQL Server 中。而 SQL Server 则可识别两种身份验证方式,分别是 SQL Server 身份验证方式和 Windows 身份验证方式,它们的登录账号类型,如图 11-4 所示。

在 SQL Server 身份验证方式下,SQL Server 系统管理员定义 SQL Server 账号和口令。当用户连接 SQL Server 时,必须提供登录账号和口令。当使用 Windows 身份验证方式时,

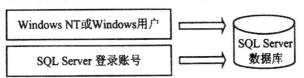

图 11-4　SQL Server 系统身份验证方式

由 Windows NT 或 Windows 系统管理员决定账号用户对 SQL Server 系统的访问,用户可以不用 SQL Server 的登录账号和口令就能连到系统上,但在该用户连接之前,SQL Server 系统管理员必须将 Windows NT 或 Windows 账号/组定义为 SQL Server 的有效登录账号。

此外,当使用 Windows 身份验证方式,用户无法以 SQL Server 的登录账号登录服务器。它会要求用户登录到 Windows NT 或 Windows,当用户访问 SQL Server 时,不用再次登录。但用户仍会被提示登录,但 SQL Server 的用户名会自动从用户网络登录 ID 中提取。这种集成登录只能在用命名管道连接客户机/服务器时使用。

而混合身份验证方式既允许使用 Windows 身份验证方式,又允许使用 SQL Server 身份验证方式。

(5)Windows 身份验证

Windows 身份验证方式中的登录账号处理过程:

①用户连接到 Windows NT 或 Windows 系统中时,客户机打开一个到 SQL Server 系统的委托连接。该连接将 Windows NT 或 Windows 的组和用户账号传送到 SQL Server 系统中。由于客户机打开了一个委托连接,于是向 SQL Server 系统表明,Windows NT 或 Windows 已经确认该用户的有效性。

②若 SQL Server 系统在系统表 syslogins 的 SQL Server 用户清单中找到该用户的 Windows NT 或 Windows 用户账号或者组账号,便会接受这次身份验证连接。此时,Windows NT 或 Windows 已经验证用户的口令的有效性,SQL Server 系统不需要重新验证口令是否有效。

③在此种情况下,用户的 SQL Server 系统登录账号既可以是 Windows NT 或 Windows 的用户账号,也可是 Windows NT 或 Windows 组账号。这些用户账号或者组账号都已定义为 SQL Server 系统登录账号。

④当多个 SQL Server 机器在一个域或在一组信任域中,则登录到单个网络域上,便可访问全部的 SQL Server 机器。

与 SQL Server 身份验证方式相比,Windows 身份验证方式具有优点:

· 通过增加单个登录账号,可以在 SQL Server 系统中增加用户组。

· 允许用户迅速访问 SQL Server 系统,而不必使用另一个登录账号和口令。

· 具有口令加密、审核、口令失效、最小口令长度和账号锁定等多种功能。

(6)混合方式

这种方式比较适合用于外界用户访问数据库或不能登录到 Windows 域时的情况。

①当一个 SQL Server 账号和口令的用户连接 SQL Server 时,SQL Server 验证该用户是否在系统表 syslogins 中且其口令是否与以前记录的口令匹配。

②如果在系统表 syslogins 中没有该用户账号或口令不正确等情况,则表明这次身份验证失败,系统拒绝该用户的连接。

这种方式下的 SQL Server 身份验证方式具有优点:混合方式允许非 Windows NT 或 Windows 客户、Internet 客户和混合的客户组连接到 SQL Server 中;SQL Server 身份验证方式,同时又增加了基于 Windows 的安全保护。

每一个用户正常连接并打开数据库服务器时,都会自动转到默认的数据库上,通常情况下,用户连接的默认数据库是 Master 数据库。Master 数据库保存着大量系统信息,一旦 Master 数据库受到损坏,将导致无法正常访问数据库。因此,通常情况下,建议数据库管理员有权利修改自己和其他用户登录时的默认数据库时,不要将 Master 数据库设为默认数据库,应根据用户的实际需要,设置相应的数据库访问权限。通常情况下级别越低的用户对系统造成的危害也越小。

通过在安装阶段,将数据库默认自动或者手动安装,且使用 Windows 认证,以防止暴力攻击 SQL Server 本地认证机制。还有其他的如一个强壮的 sa 账户密码等都是安装过程中需考虑的问题。在设置阶段,进行相关设置使得对数据的远程访问无效,使 SQL Server 不再响应 SQLPing 等对数据库的扫描和探测行为,禁止自动为服务账号分配权限等。维护阶段需要及时更新服务包和漏洞补丁,分析异常的网络通信数据包,创建 SQLServer 警报等方法,可以为管理员提供针对数据库的更加有效的防范。

2. Oracle 数据库系统的安全机制

(1) Oracle 数据库系统的基本组成和特征

Oracle 的基本组成结构如图 11-5 所示。

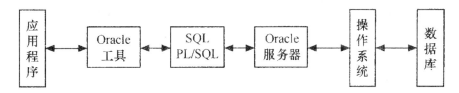

图 11-5　Oracle 的基本组成

从上图中叼以看出,Oracle 服务器是由一组核心的 RDBMS 及实用程序组成的,这组程序是 DBA、RDBMS 管理 Oracle 数据库的工具,包括监视系统状态的 SQL ＊DBA、用于装载数据的 SQL ♯Loader 和用于导入/导出的 Import/Export 工具等。Oracle 工具是为用户开发应用程序而提供的,这些工具包括 SQL＊Plus、Oracle ＊Froms、Oracle＊Reports、Oracle ＊Graphics 等。Oracle 工具都是通过 SQL 和 PL/SQL 语句与 Oracle 服务器进行交互的。

Oracle 数据库具有下列特征:

①引入了共享 SQL 和多线索服务器体系结构,这可以减少 Oracle 的资源占用、增强 Oracle 的能力等,使之在低档软硬件平台上用较少的资源就可以支持更多的用户,而在高档平台上可以支持成百上千个用户。

②提供了一种基于角色分工的安全保密管理机制。利用这种机制不仅可以增强数据库的管理功能,而且还能加强对数据库的完整性、安全性和一致性等的保护。

③提供了与第三代高级语言的接口软件 PRO＊系列,能在 C、C＋＋等程序设计语言中嵌入 SQL 语句及过程化(PL/SQL)语句,对数据库中的数据继续操纵。加上 Oracle 的许多优秀前台开发工具,如 POWERBUILD、SQL＊FROMS、VISABASIC 等,可以快速开发基于客户端 PC 平台的应用程序,并具有良好的移植性。

④提供了新的分布式数据库管理能力。可通过网络平台较方便地读写远端数据库里的数据,并具有对称复制功能。

⑤支持大量的多媒体数据,如二进制图形、声音、动画及多维数据结构等。

(2) 数据库用户

在 Oracle 数据库系统中可以通过设置用户的安全参数维护安全性。为了防止非授权用户对数据库进行存取,在创建用户时必须使用安全参数对用户进行限制。由数据库管理员通过创建、修改、删除和监视用户来控制用户对数据库的存取。用户的安全参数包括:用户名、口令、用户默认表空间、用户临时表空间、用户空间存取限制和用户资源存取限制等。

Oracle 的验证方式与 SQL Server 的验证方式类似,提供操作系统验证和 Oracle 数据库验证两种验证方式。采用操作系统验证方式的优点在于用户可方便地连接到 Oracle,不需要指定用户名和口令;另外,对用户授权的控制集中在操作系统,Oracle 不需要存储和管理用户口令。采用 Oracle 数据库验证方式仅当操作系统验证不能用于数据库用户鉴别时才使用。使用 Oracle 数据库验证方式要为每个数据库用户建立一个口令,系统以加密的形式将口令存储在数据字典中,用户随时可修改口令。在用户与数据库连接时必须经过验证,以防止对数据库的非授权使用。在 Oracle 数据库中任何对象都属于一个特定用户,或者说一个用户与同名的模式相关联。要连接到 Oracle 数据库需要一个用户账户,根据需要授予的操作权限。

①默认数据库用户。每个 Oracle 数据库在创建后都会有两个默认的数据库用户 SYS 和 System,默认口令分别为 Change_On_Install 和 Manager。

SYS 用户拥有数据库的数据字典对象,存储被管理对象所有信息和视图存储在该用户中。不能使用 SYS 用户连接到 Oracle,除非必须安装 SYS 所拥有的增补数据字典对象。

System 是默认的数据库管理员权限用户,可以用来启动一个新的数据库。Oracle 建议最好创建一个也拥有数据库管理员权限的不同用户,而不是使用默认的 System 级用户。

SYS 和 System 都是具有全部功能的数据库管理员用户,能够完成任何数据库操作。所以,为了防止恶意人员盗用这些用户权限,在数据库创建完毕后马上更改 SYS 和 System 默认口令。

②创建和修改数据库用户。创建用户的 SQL 命令为 Create User,修改用户密码、默认表空间、临时表空间、表空间使用限额、配置文件等,用 SQL 命令 Alter User 来实现。Create User 语法和 Alter User 基本相同:

Create/Alter User 用户名;

Identified By 密码;

Default Tablespace 默认表空间名称;

Temporary Tablespace 临时表空间名称;

Profile 用户配置文件;

QUOTA 用户在表空间上的使用限额[K| M]| UNLIMITED ON 表空间名称。

③删除用户。删除用户是将用户及用户所创建的实体对象从数据库删除。如果要删除用户含有实体对象,则须加入关键字 CASCADE 才能删除,也就是说连并其对象一起删除,其代码如下:

DROP USER 用户名 CASCADE

(3)权限管理

在 Oracle 中根据系统管理方式的不同,可以将权限分为系统权限和对象权限。系统权限是指在系统级控制数据库的存取和使用的机制,系统权限决定了用户是否可以连接到数据库以及在数据库中可以进行哪些操作。系统权限是对用户或角色设置的,在 Oracle 中提供了 100 多种不同的系统权限,常用的系统权限如表 11-5 所示。

表 11-5　常见的 Oracle 系统权限

系统权限名称	说明
CREATE SESSION	连接到数据库服务器并创建会话
CREATE VIEW	在用户模式中创建视图
CREATE TABLE	在用户模式中创建表
CREATE TYPE	在用户模式中创建类型
CREATE PROCEDURE	在用户模式中创建过程
CREATE TRIGER	在用户模式中创建触发器
INSERT ANY TABLE	在数据库的所有表中进行插入记录
SELECT ANY TABLE	在数据库的所有表中进行查询操作
DROP ANY TABLE	可以删除或卸掉数据库中任何表
DEULTE ANY TABLE	在数据库的所有表中进行记录删除操作

其中,对象权限是指在对象级控制数据库的存取和使用的机制,用于设置一个用户对其他用户的表、视图、序列、过程、函数、包的操作权限。对于不同类型的对象,有不同类型的对象权限。对于有些模式对象,如聚集、索引、触发器、数据库链接等没有相关的对象权限,这些权限由系统进行控制。Oracle 提供的对象权限如表 11-6 所示。

表 11-6　常见的 Oracle 数据库对象权限

命令	表	视图	序列	过程、函数、包	类型
ALTER	Y	N	Y	N	N
DELETE	Y	Y	N	N	N
EXECUTE	N	N	N	Y	Y
DEBUG	Y	Y	N	Y	Y
INDEX	Y	N	N	N	N
INSERT	Y	Y	N	N	N
REFERENCES	Y	Y	N	N	N
SELECT	Y	Y	Y	N	N
UNDER	N	Y	N	N	Y
UPDATE	Y	Y	N	N	N

授予和撤销系统权限使用命令 GRANT 和 REVOKE 来实现。授予用户系统权限语法如下:

GRANT 权限名 TO 用户|角色|PUBLIC

其中,PUBLIC 表示将权限赋予数据库中所有的用户。

如果想要撤销权限,则使用 REVOKE 命令,语法如下:

REVOKE 权限名 FROM 用户|角色|PUBLIC

授予和撤销对象权限同样使用命令 GRANT 和 REVOKE 来实现,其语法如下:

GRANT 对象权限名 ON 数据库对象 TO 用户|角色| PUBLIC

撤销对象权限的语法如下：

REVOKE 对象权限名 ON 数据库对象 FROM 用户|角色|PUBLIC

(4)角色管理

角色是具有名称的一组系统权限和对象权限的集合。使用角色可以将这个集合中的权限同时授予或撤消。Oracle 中的角色可以分为预定义角色和自定义角色两类。当运行作为数据库创建的一部分脚本时，会自动为数据库预定义一些角色，这些角色主要用来限制数据库管理系统权限。此外，用户也可以根据自己的需求，将一些权限集中到一起，建立用户自定义的角色，表11-7 列出了这些预定义角色。

表 11-7　Oracle 的预定义角色

预定义角色名称	说　明
CONNECT	基本的用户角色，允许被授权者连接到数据库，然后在相关模式中创建表、视图、同义词、其他的对象类型
RESOURCE	允许被授权者在相关的模式中创建表、序列、数据簇、过程、函数、包、触发器、对象类型等
DBA	允许被授权者执行任何数据库功能，包含所有系统权限
EXP_FULL_DATABASE	拥有执行完全或增量数据库导出的用户，拥有进行数据库导出的所有必需的系统权限
IMP_FULL_DATABASE	用于执行完全数据库导入的用户，拥有进行数据库导入的所有必需的系统权限
EXECUTE_CATALOG_ROLE	该角色的被授予者可以对数据字典上的所有对象拥有 EXECUTE 对象权限
SELECT_CATALOG_ROLE	该角色的被授予者可以对数据字典上的所有对象拥有 SELECT 对象权限
RECOVER_CATALOG_OWNER	用于恢复操作，该角色为恢复目录的所有者提供了足够的系统权限

使用角色之前首先要进行创建，创建角色使用命令 CREATE ROLE，其语法如下：

CREATE ROLE 角色名 IDENTIFIED BY 密码 USING 包 EXTREMELY ｜ GLOBALLY

给角色授予权限的命令是 GRANT，其语法如下：

GRANT 系统权限 TO 角色名[WITH ADMIN OPTION]

将角色授予用户或其他角色的语法如下：

GRANT 角色 TO 用户 WITH ADMIN OPTION

从角色中撤销已授予的权限或角色的命令是 REVOKE，语法如下：

REVOKE 系统权限 FROM 角色名

如果不再需要某个角色或角色设置不合理，则需要删除角色，其语法如下：

DROP ROLE 角色名

（5）数据库审计技术

数据库审计属于数据安全范围,是由数据库管理员审计用户的。Oracle 数据库系统的审计就是对选定的用户在数据库中的操作情况进行监控和记录,结果被存储在 SYS 用户的数据库字典中,数据库管理员可以查询该字典,从而获取审计结果。

通常,Oracle 支持以下三种审计级别:

①语句级审计。对某种类型的 SQL 语句审计,可以审计某个用户,也可以审计所有用户的语句。

②权限级审计。对系统权限的使用情况进行审计,可以审计某个用户,也可以审计所有用户。

③对象级审计。对象级审计用于监视所有用户对某一指定用户表的存取状况,审计是不分用户的,其重点关注的是哪些用户对某一指定用户表的操作。

Oracle 中的 AUDIT 语句用来设置审计功能,NOAUDIT 语句取消审计功能。审计设置以及审计内容一般都放在数据字典中。在默认情况下,系统为了节省资源、减少 I/O 操作,数据库的审计功能是关闭的。为了启动审计功能,必须把审计开关打开,才可以在系统表中查看审计信息。

（6）数据库加密

数据库密码系统要求将明文数据加密成密文数据,在数据库中存储密文数据,查询时将密文数据取出解密得到明文信息。Oracle 透明数据加密提供了实施加密所必需的关键管理基础架构。加密的工作原理是将明文数据以及密钥传递到加密程序中。加密程序使用提供的密钥对明文数据进行加密,然后返回加密数据。以往,创建和维护密钥的任务由应用程序完成。Oracle 透明数据加密通过为整个数据库自动生成一个万能密钥解决了此问题。在启动 Oracle 数据库时,管理员必须使用不同于系统口令或 DBA 口令的口令打开一个 Oracle Wallet 对象。然后,管理员对数据库万能密钥进行初始化,万能密钥是自动生成的。

由于索引数据未被加密,因此加密通常会影响现有的应用程序索引。Oracle 透明数据加密对与给定应用程序表关联的索引值进行加密。也就是说应用程序中的相等搜索对性能的影响很小,甚至没有任何影响,表 11-8 对 Oracle 各版本所支持的加密功能进行了对比。

表 11-8　Oracle 各版本加密功能对比

程序包特性	DBMS_OBFUSCATION_TOOLKIT （Oracle8i 和 Oracle9i）	DBMS_CRYPTO （Oracle 10g 和 10g R2）	透明数据加密 （Oracle 10g R2）
加密算法	DES,3DES	DES,3DES,AES, RC4,3DES_2KEY	3DES,AES （128,192,和 256 位）
填充形式	无受支持项	PKCS5,zeroes	PKCS5
密码分组链接模式	CBC	CBC,CFB,ECB,OFB	CBC
加密散列算法	MD5	SHA-1,MD4,MD5	SHA-1
密钥散列（MAC）算法	无受支持项	HMAC_MD5,HMAC_SHl	N/A

加密伪随机数生成器	RAW，VARCHAR2	RAW，NUMBER，BINARY_INTEGER	N/A
数据库类型	RAW，VARCHAR2	RAW，CLOB，BLOB	除 OBJ，ADT，LOB 之外的所有项

对于库系统的重要地位，其价值有时是无法估量的，因此需要有"魔高一尺，道高一丈"的安全技术作为基本的保证。总体来说，数据库系统的安全技术正处于研究与发展当中，一些研究成果已经应用到实际系统中并发挥着重要的安全防护作用。一些新的理论与技术也在不断出现，新的研究成果需要实践来检验和完善。未来数据库系统安全技术将会呈现以下一些发展趋势，即安全数据库的研究方向主要有安全模型、数据库入侵检测等两个方面。

①安全模型。目前研究的安全模型有存取矩阵模型、TakeGrant 模型、动作-实体模型、基于角色的访问控制(RBAC)模型、Biba 模型、安全数据视图模型等。

其中角色管理机制 RBAC 受到越来越广泛地关注。RBAC 模型将权限组织成角色，用户通过获得角色成员的资格来行使权限，这大大减化了权限管理的复杂性。更重要的是 RBAC 是政策中立的，RBAC 模型可以实施 DAC 和 MAC 两种存取控制。虽然这些模型是从信息安全角色提出的，但其原理仍适用于数据库领域，并有成功的运用。

②数据库入侵检测。数据库入侵检测不同于网络的入侵检测，必须从多个层次上对用户的行为进行检测。有学者提出可以针对数据库模式之间的关系，通过模式的主键和外键的函数依赖来确定查询属性之间的关系参量来检测异常。还有学者提出可以对数据库事务活动的异常进行监控，或者通过捕获数据库的应用语义来检测数据库应用程序的异常。由于数据库结构的复杂性，数据库入侵检测技术面临着更多的研究难点，技术上还处在研究阶段。

入侵恢复与传统数据库恢复的不同就在于入侵恢复往往需要在运行时恢复且可能需要撤消已提交的恶意事务。数据库恢复技术可分为两个阶段，在第一阶段确定应该撤消的事务，可以利用事务之间通过对数据的读写形成的依赖关系或数据本身存在的依赖关系来确定；而第二阶段是撤销已提交的事务，可以更新和利用传统恢复机制中的回滚或重做等方法来实现。

(7)Oracle 数据库系统的安全性

①Oracle 的访问控制。Oracle 的访问控制方法是采用对用户命名对象的存取方式来进行访问控制的。用户对其命名对象的存取进行特殊权限控制。给用户一种特权就是允许存取-命名对象。Oracle 为访问数据安全的需要，使用多种不同的安全机制管理数据库，其中主要有两种机制：模式和用户。模式为模式对象的集合，模式对象如表、视图、过程和包等。每一个 Oracle 数据库有一组合法的用户，可存取该数据库，可运行数据库中的应用程序和使用该用户各连接到定义该用户的数据库。当建立一个数据库用户时，对该用户建立一个相应的模式，模式名与用户名相同。一旦用户连接该数据库，该用户就可存取相应模式中的全部对象，一个用户仅与同名的模式相联系。

②Oracle 的完整性。Oracle 数据库系统为了防止数据库存在不符合定义的数据，防止错误信息的输入和输出，数据要遵守由 DBA 或应用开发者所决定的一组预定义的规则。为了检查数据的完整性，Oracle 允许定义和实施上述每一种类型的数据完整性规则，这些规则可用完整性约束和数据库触发器定义。完整性约束是对表的列定义规则的说明性方法。数据库触发器是

使用非说明性方法实施完整性规则,利用数据库触发器(存储的数据库过程)可定义和实施任何类型的完整性规则。

Oracle 利用完整性约束机制防止无效的数据进入数据库的基表,如果任何 DML 执行结果破坏完整性约束,则该语句被回滚并返回一个错误。Oracle 实现的完整性约束完全遵守 ANSI X3 135-1989 和 ISO9075-1989 标准。

由于数据库是一个共享资源,因此,可为多个应用程序所共享。在许多情况下,数据库应用程序涉及的数据量可能很大,常常会涉及输入/输出的交换。为了有效地利用数据库资源,可能多个程序或一个程序的多个进程同时运行,这就是数据库的并行操作。在多用户数据库环境中,多个用户程序可并行地存取数据库,如果不对并发操作进行控带,会存取不正确的数据或破坏数据库数据的一致性。因此为了保持数据库的一致性,必须对并行操作进行控制。在 Oracle 中,最常用的措施是对数据进行封锁。

封锁就是在 Oracle 数据库中用数据封锁来解决并发操作中数据的一致性和完整性问题。封锁是防止存取同一资源的用户之间破坏性相互干扰的机制,该干扰是指不正确地修改数据或不正确地更改数据结构。在 Oracle 中,可以自动地使用不同封锁类型来控制数据的并行存取,防止用户之间的破坏性干扰。Oracle 为一个事务自动地封锁资源以防止其他事务对同一资源的排它封锁。在某种事件出现或事务不再需要该资源时自动地释放。Oracle 将封锁分为数据封锁、DDL 封锁(字典封锁)和内部封锁 3 种封锁类型。

Oracle 利用事务和封锁机制提供数据并发存取和数据完整性。在一个事务内由语句获取的全部封锁在事务期间被保持,防止其他并行事务的破坏性干扰,SQL 语句所作的修改在它提交之后所启动的事务中才是可见的。由语句所获取的全部封锁在该事务提交或回滚时才被释放。Oracle 在两个不同级上提供读一致性:语句级读一致性和事务级读一致性。Oracle 总是实施语句级读一致性,保证单个查询所返回的数据与该查询开始时刻一致。所以一个查询从不会看到在查询执行过程中提交的其他事务所作的任何修改。为了实现语句级读一致性,在查询进入执行阶段时,到注视 SCN 的时候为止所提交的数据是有效的,而在语句执行开始之后其他事务提交的任何修改,查询将是看不到的。

③数据库触发器。Oracle 允许定义过程,当对相关的表作 INSERT、UPDATE 或 DELETE 操作时,被隐式地执行的过程称为数据库触发器。触发器类似于存储过程,可包含 SQL 语句和 PL/SQL 语句,可调用其他的存储过程。过程与触发器的差别在于调用方法:过程由用户或应用显式执行;而触发器是为一激发语句(INSERT、UPDATE、DELETE)发出由 Oracle 隐式地触发。一个数据库应用可隐式地触发存储在数据库中的多个触发器。

一个触发器由 3 部分组成:触发事件或语句、触发限制和触发器动作。触发事件或语句是指引起激发触发器的 SQL 语句,可作为对一指定表的 INSERT、UNPDATE 或 DELETE 语句。触发限制是指定一个布尔表达式,当触发器激发时该布尔表达式的值必须为真。触发器作为过程,是 PL/SQL 块,当触发语句发出和触发限制计算结果为真时该过程被执行。

④Oracle 的审计追踪。为保障数据库系统中访问行为的安全,Oracle 为数据库管理员提供了审计追踪功能,跟踪和记录用户对数据信息操作使用的情况。

Oracle 支持以下三种审计追踪:

第一,语句审计。对某种类型的 SQL 语句审计,不指定结构或对象。

第二,特权审计。对执行相应动作的系统特权的使用进行审计。

第三,模式对象审计。对具体的 DML 制定模式的 GRANT 和 REVOKE 语句的审计。

3. Web 数据库系统的安全机制

Web 数据库是由数据库技术与 Web 技术的结合的产物,通常 Web 数据库的环境由硬件元素和软件元素组成。硬件元素包括 Web 服务器、客户机、数据库服务器、网络。软件元素包括客户端必须有能够解释执行 HTML 代码的浏览器,在 Web 服务器中,必须具有可以自动生成 HTML 代码程序的功能,如 ASP、CGI 等;具有能自动完成数据操作指令的数据库系统,如 Access、SQL Server 等。

Web 数据库的 Web 页面与数据库的连接方案主要有两种类型:服务器端和客户端方案。服务器端方案实现技术有 CGI、SAPI、ASP、PHP、JSP 等;客户端方案实现技术有 JDBC(Java Database Connectivity)、DHTML(Dynamic HTML)等。

Web 数据库的工作流程:用户利用浏览器作为输入接口,输入所需要的数据,浏览器随后将这些数据传送给网站,而网站再对这些数据进行处理,如将数据存入后台数据库等,最后网站将操作结果传回给浏览器,通过浏览器将结果传递给用户。

常见的 Web 数据库有 C/S 和 B/S 模式,如图 11-6 所示。C/S(Client/Server)结构,客户机/服务器结构。是软件系统体系结构,这种结构充分利用两端硬件环境的优势,将任务合理分配到 Client 端和 Server 端来实现,降低系统的通信开销。目前大多应用软件系统都是 C/S 形式的两层结构。B/S(Browser/Server)结构即浏览器/服务器结构。是一种对 C/S 结构改进后的结构。

在这种结构下,用户工作界面是通过 WWW 浏览器来实现的,极少部分事务逻辑在前端即浏览器端实现,主要事务逻辑在服务器端实现。大大简化了客户端电脑负荷,减轻了系统维护与升级的成本和工作量,降低了用户的总体成本。这种方式,能实现不同的人员从不同的地点以不同的接入方式访问和操作共同的数据库;可有效地保护数据平台和管理访问权限和服务器上的数据库的安全。

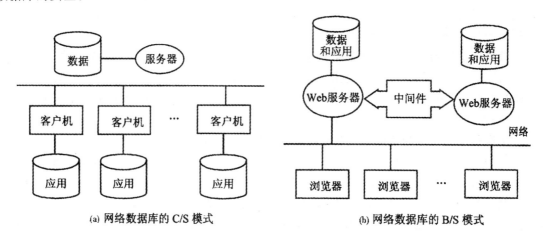

(a) 网络数据库的 C/S 模式 (b) 网络数据库的 B/S 模式

图 11-6 Web 数据库工作模式

这两种结构的区别:
①硬件环境不同。C/S 是建立在局域网基础上的,B/S 是建立在广域网基础上的。
②软件重用不同。C/S 构件的重用性不如 B/S 模式下构件的重用性好。

③程序架构不同。C/S 程序更加注重流程,对权限进行多层次校验,对系统运行速度较少考虑;B/S 模式对安全性以及访问速度的多重考虑,建立在需要更加优化的基础之上,比 C/S 模式有更高的要求。

④对安全性要求不同。C/S 模式一般面向相对固定的用户群,对信息安全的控制能力很强。B/S 模式建立在广域网之上,面向不可知的用户群,对安全的控制能力相对比较弱。

⑤用户接口不同。C/S 模式多建立在 Windows 平台上,表现方法有限,对程序员普遍要求较高;B/S 模式建立在浏览器上,有更加丰富和生动的表现方式与用户交流,并且大部分难度比较低,开发成本比较低。

⑥系统维护开销不同。C/S 程序由于整体性,必须整体考察、处理出现的问题以及系统升级困难;B/S 构件组成方面,可更换个别的构件,实现系统的无缝升级,将系统维护开销减到最小。

⑦信息流不同。C/S 程序是典型的中央集权的机械式处理,交互性相对比较低;B/S 中的信息流向可变化,可有 B—B、B—C 等信息流向的变化。

Web 数据库中的 C/S 模式由于合理的任务分工和协同操作,可充分发挥数据库服务器和客户机独立的处理功能,故在一些大型企业中得到了广泛的应用;而 B/S 模式由于其开放、与软硬件平台无关等特性,使其广泛应用于 Internet。

一般为保证 Web 数据库的安全运行,必须构建一套安全的访问控制模式,如图 11-7 所示。

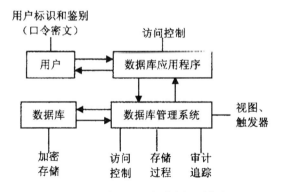

图 11-7　数据库安全控制模式

安全措施一直贯穿于计算机系统中用户使用的数据库应用程序到访问后台数据库的整个过程。当用户访问数据库时,先要通过数据库应用程序进入到数据库系统,这时数据库应用程序会将用户提交的用户名与口令交给数据库管理系统进行认证,在确定其身份合法后,才能进行下一步操作。当要对数据库中的对象(例如表、视图、触发器、存储过程等)进行操作时,也必须通过数据库访问的身份认证,只有通过了数据库的身份认证才能对数据库对象进行实际的操作。

审计作为一种监视措施,可跟踪记录有关数据的访问活动。审计追踪会把用户对数据库的所有操作自动记录下来,存放在审计日志中。记录的内容一般包括:操作类型(例如修改、查询、删除)、操作终端标识与操作者标识、操作日期和时间以及操作所涉及到的相关数据(例如基本表、视图、记录、属性)等。通常利用这些信息,可找出非法入侵存取数据库的详细情况。

可以通过为不同的用户定义不同的视图,来限制各个用户的访问范围。通过视图机制可把要保护的数据对无权存取这些数据的用户隐藏起来,从而自动地对数据库提供一定程度的安全保护。还可以对数据进行加密,防止数据库中数据在存储和传输中泄露。

　　总之 Web 数据库的安全问题涉及许多方面,是一个全局性的问题,需要结合实际需求综合考虑各种技术,构建一个有机的结合体,在良好的解决方案基础上结合法律、管理、社会因素的保证。

第 12 章　网络应用安全

WWW 是一种运行于互联网和 TCP/IP 上的客户/服务器程序。随着 Internet 的发展和普及，当前几乎所有的商业机构、多数政府机构和许多个人都建设了自己的 Web 站点。然而，Internet 和 Web 容易受到攻击，Web 的安全性问题日益突出。为了保证 Web 的安全，安全 Web 服务应运而生。

电子商务为全球客户提供丰富的商务信息、快捷的交易服务和低廉的交易成本的同时，也为电子商务参与主体带来了很多安全问题。目前电子商务安全问题是企业应用电子商务时最担心、最关键、最重要的问题，也是制约电子商务法杖的主要瓶颈之一。

另外，电子邮件系统以其方便、快捷的优势成为人们进行信息交流的重要工具，也是网络中最为广泛、最受欢迎的应用之一，并被越来越多地应用于日常生活和工作，为提高社会经济运行效率起到了巨大的带动作用。但电子邮件的发展也面临着诸多安全问题的困扰。人们对电子邮件服务的要求日渐提高，其认证和保密性的需求也日益增长。

12.1　Web 应用安全

Web 是由 Web 服务器、Web 浏览器及通信协议 3 部分组成的开放式应用系统。Web 服务器用于管理 Web 页面，并使这些页面通过本地网络或 Internet 供客户浏览器使用。常见的服务器软件有 Apache(该软件占据市场份额最大，可在多种环境下运行，如 UNIX、Linux、olaris、Windows 2000 等)和 IIS(在 Windows 环境中占据首要地位)等。Web 浏览器软件有 Netscape 的 Web 浏览器 Netscape Navigator、Netscape Communicator(可在所有平台上运行)和 IE 浏览器(主要用于 Windows 平台)。Web 服务器与浏览器之间通过 HTTP 相互响应。

随着操作系统和网络协议的弱点和漏洞逐渐得到修补，防火墙和入侵检测系统的功能越来越完善，许多攻击者将攻击目标转向 Web 服务器本身和基于 Web 的应用程序，因此，当前 Web 安全的要求也在逐渐增加。Web 的精华是交互性，这也正是它的致命弱点。基于 Web 的各种应用很受用户欢迎，如聊天室、电子商务和自动的 E-mail 回复等，也是入侵者的突破口。有些入侵者有意或无意地在机器上留下痕迹，例如，删除或改写邮件，把主页上代表公司的标志改成一个奇怪的形象，甚至入侵系统等。

Web 的应用使信息的交互和共享遍及世界各个角落，这种互连性和开放性给人们带来了极大的方便，但同时也给入侵者带来了机会。一些攻击者通过各种手段闯入 Web 站点和公司内部网络，窃取有价值的信息或者破坏他人资源。例如，1998 年 12 月 7 日，黑客对美国 Web Communication 公司的 Web 服务器发起了"SYN 洪水"攻击，导致该公司的网站瘫痪 9 个小时，给该公司的 2200 名商业用户造成了巨大损失。

12.1.1　Web 应用安全概述

WWW 是一种运行于互联网和 TCP/IP 上的客户/服务器程序。Web 带来了与一般计算机和网络安全不太一样的挑战：

①Web 浏览器非常容易使用，Web 服务器比较容易配置和管理，Web 内容也易于开发，但其底层的软件却非常复杂。复杂的软件可能隐藏着潜在的安全漏洞。

②基于 Web 服务的用户通常是一些突发的、未受训练的用户，这些用户不需要知道隐藏在服务背后的安全隐患，因此也没有有效防范的工具和知识。

③Web 服务器通常作为公司或机构整个计算机系统的核心。一旦 Web 服务器被攻陷，攻击者不仅可以访问 Web 服务，也可获得与之相连的整个本地站点服务器的数据和系统访问权限。

④Web 越来越多地作为商业信息的发布窗口以及商务交易的平台。如果 Web 服务器被破坏，就可能发生信誉受损和金钱失窃等问题。

1.Web 服务面临的安全威胁

根据目前的技术水平，Web 服务所面临的安全威胁主要有以下几种。

（1）篡改

篡改是指在未经授权的情况下更改或删除资源。例如，恶意用户进入站点并更改文件，从而使 Web 页变得面目全非。进行篡改的间接方法是使用脚本。

防止篡改的主要方法是使用 Windows 安全性锁定文件、目录和其他 Windows 资源。应用程序还应该以尽可能少的特权运行。通过对来自用户（甚至是数据库）的任何信息都进行验证，用户可以防范脚本的使用。每当从不可信的信息源获得信息时，都要确保它不包含任何可执行代码，从而保证它没有危害。

（2）否认

否认威胁是指隐藏攻击的证据。在 Web 应用程序中，这可以是模拟无辜用户的凭据。同样，用户可以使用严格的身份验证来防止否认。另外，使用 Windows 的日志记录功能来保存服务器上任何活动的审计追踪。

（3）跳板

黑客非法侵入目标主机并以此为基础，进一步攻击其他目标，从而使这些被利用的主机称为"替罪羊"，遭受困扰甚至法律制裁，而非法破坏者常常逍遥法外。

（4）特权升级

特权升级是指使用恶意手段获取比正常分配的权限更多的权限。例如，在一个得逞的特权升级攻击中，恶意用户设法获得 Web 服务器的管理特权，使他能够随意地进行破坏。

若要防止特权升级，应尽可能在最少特权的上下文中运行应用程序。例如，建议用户不要以 SYSTEM（管理）用户身份运行 ASP.NET 应用程序。

（5）拒绝服务

"拒绝服务"攻击是指故意导致应用程序的可用性降低。典型的示例是：让 Web 应用程序负载过度，使其无法为普通用户服务。

IIS 允许限制服务请求的数量。用户还可以拒绝已知的恶意用户或 IP 地址的访问。防止出现故障的问题实际上是运行可靠代码的问题，应该尽可能彻底地测试应用程序并从错误状态完全恢复。

（6）信息泄露

信息泄露仅指偷窃或泄露应该保密的信息。一个典型的示例是偷窃密码，但它可以涉及对服务器上的任何文件或资源的访问。

防止信息泄露的最佳方法是没有要泄露的信息。例如，如果不存储密码，恶意用户就无法窃取。如果确实要存储秘密，请使用 Windows 安全性以确保其安全。应该使用身份验证来确保只有经过授权的用户才能够访问受限制的信息。还可以对信息进行加密来防止信息泄露。

（7）电子欺骗

"电子欺骗"是指以未经授权的方式模拟用户或进程。恶意用户还可能更改 Cookie 的内容，假装他是其他用户或 Cookie 来自其他服务器。

通常来说，用户可以通过使用严格的身份验证来防止电子欺骗。每当有人请求访问非公共信息时，都要确保他们的身份与所声称的一致。还可以通过对凭据信息采取安全措施来防止电子欺骗。例如，不将用户名（或至少不将密码）保存在 Cookie 中，因为恶意用户可以轻松地在其中找到或修改它。

2. Web 站点的典型安全漏洞

Web 站点的典型安全漏洞有以下几种。

（1）操作系统类安全漏洞

操作系统类安全漏洞包括非法文件访问，远程获得 root 权限，系统后门（查询服务）漏洞，RK 漏洞等方式。

（2）应用系统的安全漏洞

Internet 使用的 TCPAP 协议以及 Mail Server、WWW Server、FTP Server 和 DNS 都存在许多漏洞。

（3）网络系统的安全漏洞

①路由器出现错误的路由配置、缺省的路由配置都可导致黑客的攻击。

②某些交换机有后门口令或允许未授权的用户通过某种手段绕过认证系统。

③防火墙防外不防内，只能防一个口，不能防范来自 Web 站点内部的安全威胁不能对数据包进行分析。

④Web 服务器是一个非常容易利用的黑客工具。

此外，还有一些其他的安全漏洞。例如，薄弱的认证环节、复杂的设置和控制（很难配置或验证其正确性）、易被监视和易被欺骗等漏洞；不能对来自 Internet 的电子邮件所携带的病毒和 Web 浏览可能存在的恶意 Java/Active X 控件进行有效的控制。

另一方面，网络安全意识不足，缺少信息系统安全管理的规范，缺少定期的安全测试与检查，更缺少安全监控以及网管人员的技术水平技术有待提高等也是造成 Web 应用安全问题的一些重要因素。

12.1.2　Web 应用的安全需求

Web 赖以生存的环境包括计算机硬件、操作系统、计算机网络、许多的网络服务和应用，所有这些都存在着安全隐患，最终威胁到 Web 的安全。

Web 的安全体系结构非常复杂，主要包括以下几个方面的需求：

①客户端软件(即 Web 浏览器软件)的安全。

②运行浏览器的计算机设备及其操作系统的安全(即主机系统安全)。

③客户端的局域网 LAN 的安全。

④Internet 的安全。

⑤服务器端的局域网 LAN 的安全。

⑥运行服务器的计算机设备及操作系统的安全(即主机系统的安全)。

⑦服务器上的 Web 服务器软件的安全。

对于 Web 服务的安全性,一定要考虑到所有这些方面,因为它们是相互联系的,每个方面都会影响到 Web 服务的安全性,它们中安全性最差的决定了给定服务的安全级别。例如,一台 Web 服务器安装在一台主机上,并使用该主机的操作系统连接到 Internet 上。即使该 Web 服务器程序的安全性很好,如果操作系统上存在安全漏洞,那么 Web 文档也不会被安全地保护,入侵者可以利用操作系统的漏洞来绕过或攻破该 Web 服务器的保护机制,访问 Web 文档。

了解 Web 的安全需求是实现 Web 安全的第一步,清楚需要保护的对象,才能有的放矢地采取防范措施,实现 Web 的保护。

下面将从 3 个方面分析 Web 的安全需求:

其一,Web 服务器的安全需求。

其二,Web 浏览器的安全需求。

其三,Web 传输过程中的安全需求。

1.Web 服务器的安全需求

Web 服务器的安全需求主要包括以下几个方面:

(1)维护公布信息的真实完整

Web 服务器最基本的要求是维护公布的信息的真实性和完整性。Web 服务器在一定程度上是站点拥有者的代言人。如果公布的信息被人篡改,可能会使得信息遭到破坏,无法实现真正的提供信息服务,甚至会导致用户和站点拥有者的矛盾或影响站点拥有者的形象。

(2)维持 Web 服务的安全可用

为确保 Web 服务的确实有效,一方面要确保用户能够获得 Web 服务,防止系统本身可能出现的问题以及他人的恶意的破坏;另一方面,要确保所提供的服务是可信的,尤其是金融或者电子商务的站点。

(3)保证 Web 服务器不被入侵者作为"跳板"使用

保证 Web 服务器不被入侵者作为"跳板"使用是 Web 服务器保护自己和 Web 浏览器用户的最基本的条件。首先,Web 服务器不能被作为"跳板"来进一步侵入内部网络;其次,保证 Web 服务器不被用作"跳板"来进一步危害其他网络。

(4)保护 Web 访问者的隐私

保护 Web 访问者的隐私是取得用户信赖和使用 Web 服务器的前提。在服务器上一般保留着用户的个人信息,如用户 IP 地址、电子邮件地址、所用计算机名称、所访问的页面内容,甚至个人的信用卡号码等信息。一般情况下,用户不希望自己的隐私被别人发现甚至利用,因此必须保护好 Web 访问者的隐私。

2.Web 浏览器的安全需求

Web 浏览器为用户提供了一个简单实用且功能强大的图形化界面,使用户不必经过专业化训练即可轻松上网。

但是,使用浏览器的用户也可能遇到安全问题。当用户轻点鼠标时,浏览器程序已把某些信息传送给网络上的某一台计算机(可能在世界的另一个角落),浏览器向它索取网页,网页通过网络传到浏览器计算机中,有的内容是浏览器用户需要的且能够看到的,同时还有浏览器不能显示的内容,这些不显示的内容,可能是协议工作内容,对用户是透明的,但是也可能是恶作剧代码,或是蓄意破坏的代码,它们会窃取 Web 浏览器用户计算机上的所有可能的隐私,也可能破坏计算机的设备。因此,Web 浏览器的安全也应该注意保障。

一般情况下,用户使用 Web 浏览器获取信息时,安全需求有以下几方面:

①确保运行浏览器的系统不被病毒或者木马或者其他恶意程序侵害而遭受破坏。

②确保所交互的站点的真实性,以免被骗,遭受损失。

③确保个人安全信息不外泄。

3.Web 传输过程中的安全需求

所有信息要想交换,必须在网络上进行传输,因此,传输的过程也就成为 Web 安全至关重要的一个环节。Web 浏览器和 Web 服务器之间的信息交换也是通过网络传输来实现的,所以 Web 数据传输过程的安全性直接影响着 Web 的安全。因特网上传输的信息,尤其是远程用户向 Web 服务器传输的交易信息如被非法截获,后果不堪设想。此时可以通过数字签名技术,使消息的发送者和接收者在交换信息时都承认参加了信息的交换,当接收者知道发送者签署了交易合同时,应当确信该交易是可靠的。此外,对在因特网上传送的信息必须加密,以防止他人偷看,并确保信息不会被改变,直到信息到达目的地。必须保证用户和 Web 服务器传送的信息没有被泄露或篡改,这一点在经济交易时尤为重要。

不同的 Web 应用对于传输有着不同的要求,但一般都包括以下几个方面:

①保证传输方所发信息的真实性:要求所传输的数据包必须是发送方发出的,而不是他人伪造的。

②保证传输信息的完整性:要求所传输的数据包完整无缺,当数据包被删节或被篡改时,有相应的检查方法。

③安全性较高的 Web 需要保证传输的保密性:敏感信息必须采用加密方式传输,防止被截获而泄密。

④认证应用的 Web 需要保证信息的不可否认性:对于那些身份认证要求较高的 Web 应用,必须有识别发送信息是否为发送方所发的方法。

⑤对于防伪要求较高的 Web 应用,要保证信息的不可重用性:尽量做到信息即使被中途截取,也无法被再次使用。

12.1.3　Web 服务器的安全策略

随着因特网的发展,客户机/服务器结构逐渐向浏览器/服务器结构发展,Web 服务在很短时间内成为因特网上的主要服务,也是黑客入侵和攻击的主要对象。Web 文本发布的特点是简洁、生动、形象,所以,用户都倾向于使用 Web 来发布信息。

Web 服务在方便用户发布信息的同时,也带来了不安全因素。尤其是在标准协议的基础上扩展的某些服务,在提供信息交互的同时,也使得 Web 基础又增加了新的不安全因素。

服务器的安全策略是由个人或组织针对安全而制定的一整套规则和决策。每个 Web 站点都应有一个安全策略,这些安全策略因需求的不同而各不相同。对 Web 服务提供者而言,安全策略的一个重要组成是哪些人可以访问哪些 Web 文档,同时还定义获权访问 Web 文档的人和使用这些访问的人的有关权力和责任。采取何种安全措施,取决于制定的安全策略。

1. Web 服务器存在的漏洞

通常来说,Web 服务器上存在的漏洞主要有以下几种。

(1)拒绝服务

拒绝服务产生的原因多种多样,主要包括超长 URL、特殊目录、超长 HTTP Header 域、畸形 HTTP Header 域或者是 DOS 设备文件等。由于 Web 服务器不存在处理这些特殊请求的机制或者处理方式不当,因此会发生出错终止或挂起的现象。

(2)目录遍历

目录遍历是通过对任意目录附加"../",或者是在有特殊意义的目录附加"../",或者是附加"../"的一些变形.如"..\"或"..//"甚至其编码,都可能导致目录遍历。

(3)缓冲区溢出

缓冲区溢出漏洞无非是 Web 服务器没有对用户提交的超长请求进行合适的处理,包括超长 URL、超长 HTTP Header 域或者是其他超长的数据等。这种漏洞可能导致执行任意命令或者是拒绝服务。

(4)执行任意命令

执行任意命令即执行任意操作系统命令,主要包括两种情况:一是通过遍历目录,如利用 UNICODE 漏洞,来执行系统命令;二是 Web 服务器把用户提交的请求作为 SSI 指令解析,从而导致执行任意命令。

(5)条件竞争

条件竞争主要是针对一些管理服务器而言,这类服务器一般是以 System 或 Root 身份运行的。当它们需要使用一些临时文件,而在对这些文件进行写操作之前,却没有对文件的属性进行检查,一般可能导致重要系统文件被重写,甚至获得系统控制权。

(6)物理路径泄露

物理路径泄露一般是由于 Web 服务器处理用户请求出错导致的,如通过提交一个超长能请求,或者是某个精心构造的特殊请求等。这些请求都有一个共同特点,那就是被请求的文件肯定属于 CGI 脚本,而不是静态 HTML 页面。还有一种情况,就是 Web 服务器的某些显示环境变量的程序错误地输出了 Web 服务器的物理路径。

2. Web 服务器的安全策略

(1)组织 Web 服务器

①认真选择 Web 服务器设备和相关软件。对于 Web 服务器,最显著的性能要求是响应时间和吞吐率。因此,Web 服务器必须具有提供静态页面和多种动态页面的能力、提供站点搜索

服务的能力、接受和处理用户信息的能力以及远程管理的能力。而典型的安全方面的要求包括对服务器的管理操作只能由授权用户执行、能够禁止内嵌的不必要的网络服务、能对某些 Web 操作进行日志记录、拒绝通过 Web 访问不公开的信息、能够控制各种形式的可执行程序的访问以及一定的容错性。

②仔细配置 Web 服务器。Web 服务器极易被入侵,需要仔细配置服务器。

第一,将 Web 服务器与内部网络分隔开来。Web 服务器被入侵的时候,可能会使服务器系统遭到破坏甚至崩溃;入侵者收集敏感信息,并以以入侵的服务器为基础,进一步破坏其他网络。

为了避免上述情况,应当把 Web 服务器隔离开来,可以采用以下方式:

- 使用防火墙包过滤功能将 Web 服务器和内部网络隔离。
- 使用智能 HUB 或二层交换机隔离。
- 所有内部网络的交换信息都采用加密方式。
- 使用带有防火墙功能的三、四层交换机。

第二,合理配置 Web 服务器软件。对于 Web 服务器的有关目录必须设置权限。在设置 Web 服务器访问控制规则的时候,要注意 Web 服务器一般提供通过 IP 地址或子网域名、公用密钥加密的方法以及用户名/口令限制访问控制方法。配置好 Web 服务器的管理功能,尽量禁止远程管理等功能。同时,要记录 Web 服务器的安全状态信息,把服务限制在有限的文件空间范围内。

第三,合理配置主机系统。主机的操作系统是 Web 的直接支撑者,合理地配置主机系统,能够为 Web 服务器提供强健的安全支持。因此,可以从两个方面考虑:一是仅提供必要的服务;二是选择使用必要的辅助工具,对非常难于管理的 Web 的安全及简化主机的安全管理,可起到一定的帮助作用。

③安全管理 Web 服务器。Web 服务器的安全管理需要认真维护。

主要包括几个方面:

- 更新 Web 服务器内容尽量采用安全方式。
- 定期对 Web 服务器进行安全检查。
- 进行必要的数据备份。
- 经常审查有关日志记录。
- 使用辅助工具。

(2)制定安全政策

订立安全政策应包括以下几个方面:

①对安全资源划分等级。这是为了实现从全局的观点制定安全策略。它是一项具体的工作,不同单位、不同的管理层对安全资源的定义各不相同。

②制定安全策略的原则。在安全资源的等级划分和风险评估的基础上,制定安全策略的基本原则。每个站点的基本策略都是不同的,它为该站点定义预期的安全级别,即该站点如何规划安全性。

③建立安全培训制度。为增加单位员工的安全认识,从人为的角度尽量避免安全问题的发生,要建立安全培训制度。

④进行安全风险评估。安全风险评估是权衡考虑各类安全资源的价值和对它们的保护所需要的费用,意量以适当的开销获得满意的安全保障。

⑤具有意外事件处理措施。安全是相对的,不是绝对的,必须明确无论安全措施多么完备、如何具体,还是有可能出现意外的安全问题的,因此必须有相应的意外事件处理和补救的措施。

12.1.4 Web 浏览器的安全策略

浏览器为用户提供了美观、实用的图形界面,通过鼠标操作可以浏览、检索与其相关的分布在各地的多媒体信息。浏览器作为互联网上信息浏览的客户端软件,其安全性一直是用户关心的问题。

1.浏览器自动调用带来的安全威胁及相应的安全策略

浏览器的一个强大功能就是能够自动调用浏览器所在计算机中的有关应用程序,以便正确显示从 Web 服务器取得的各种类型的信息。

(1)安全威胁

某些功能强大的应用程序,依靠来自 Web 服务器的任意输入为参数运行,可能被用于获取非授权访问权限,对 Web 浏览器所在的计算机构成了极大的安全威胁。

①PostScript 文件。该文件命令丰富,如显示 PostScript 文件的 Ghostview,不仅能够显示简单文本,而且包含了丰富的文件系统命令。PostScript 中的 open、create、copy、delete 等命令都可能用于对用户的不利的目的,甚至还可能引入计算机病毒,感染用户信息系统。

②JavaScript 的安全性。尽管 Java 和 JavaScript 很相似,但是,它们是两个完全不同的概念。它也有安全漏洞,通常是破坏用户的隐私。例如,发现已知的 JavaScript 的安全漏洞有如下几个:

·能够截取用户的电子邮件地址和其他信息。
·截取用户本地机器上的文件。例如,Microsoft 公司,已经发布了相应的补丁程序。
·能够监视用户的会话过程,当然,现在的补丁程序已经发布。
·Frame 造成的信息泄漏。
·文件上传的漏洞。

当然,尽管漏洞存在,但是,一旦被发现,各个公司会相继推出一些补丁程序,"堵塞"该漏洞。也就是说,不见得所有漏洞总是存在的。

③Javal Applet 的安全性。Java 是一种可以形成小程序嵌入 HTML 的语言。Javal Applet 在刚开始减少了 Applet 偷看用户的私有文档并把它传回服务器的可能。但是在发行后很短的时间内,就发现了很多 bug 引起的安全漏洞。

·它具有任意执行机器指令的能力,是一个 bug。
·对拒绝服务攻击的脆弱性。它抢占系统资源,如抢占内存、CPU 时间等。
·具有与随意的主机建立连接的能力。这也是一个 bug。

④ActiveX 的安全性。ActiveX 对它的控件能够完成的任务不加限制。反过来,每个 ActiveX 控件都能够被它的创造者"签名",那么被批准发布的控件是否完全可信? 控件有没有执行暗中的任务? 这就是它的安全性的问题所在。很可能,你下载一个信任的 ActiveX 空间在你的机器上执行了一系列暗中操作,如将用户计算机的所有配置信息通过局域网传送出去等。

⑤配置/bin/csh 作为查看器。用户在浏览器中如果配置/bin/csh 作为 application/x-csh 类型文档的查看器,就可能带来一定的安全威胁。

许多高端字处理器有一个内嵌式宏处理的功能。误用字处理宏的一个例子是 Microsoft Word 的"宏病毒"，它具有像病毒义演的蔓延的能力。

(2)安全策略

通过上面的安全性分析可以看出，Web 浏览器的安全具有很多隐患，因此，要有相应的安全策略。

例如，在 Microsoft IE 中，选择"工具→Internet 选项→安全→自定义级别"，可以在此设置浏览器各类脚本的处理，如图 12-1 所示。

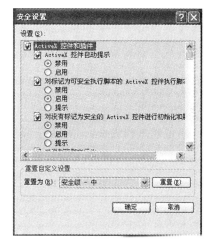

图 12-1　在 IE 中设置各类脚本的安全性

2.恶意代码带来的安全威胁及相应的安全策略

(1)安全威胁

由于某些动态页面以来源不可信的用户输入的数据为参数生成页面，所以 Web 网页中可能会不经意地包含一些恶意的脚本程序等。如果 Web 服务器对此不进行处理，那么很可能对 Web 服务器和浏览器用户双方都带来安全威胁。即使采用 SSL 来保护传输，也不能阻止这些恶意的代码传输。

现在有这样的一些网站，只要链接到它的页面上，不是 IE 首页被改就是 IE 的某些选项被禁用了。一些网页上的恶意代码还可以格式化硬盘或删除硬盘上存储的数据，它们的主要行为包括：

①修改 IE 浏览器的标题。

②修改 IE 浏览器的默认首页，迫使用户在启动 IE 时都要访问它设置好的网站，这种情况尤以暴力或色情网站为多。

③禁止 Internet 选项、禁止 IE 右键菜单的弹出或者右键菜单变成灰色无法使用，网络所具有的功能被屏蔽掉。

④禁止系统对注册表的任何操作。

(2)安全策略

对于这些恶意修改，可以用网络实名来将 IE 修复到默认状态。网络实名是最快捷、最方便

的网络访问方式,企业、产品、品牌的名称就是实名,输入中英文、拼音及其简称均可直达目标。修复工作主要包括以下内容:

①修复 IE 标题。IE 标题是指 IE 窗口最上面网页标题后的 Microsoft Internet Explorer,很多恶意网站都会更改它。

②修复 IE 起始页为空白页。IE 起始页是指启动 IE 时链接到的页面,这也是恶意网站的目标之一,每当打开浏览器就链接到它的网站,网络实名可以将 IE 起始页恢复为空白页。

③取消对 IE 的非法限制。很多恶意网站在修改完别人的设置后,为了不让他们改回来,就把 IE 的某些选项菜单隐藏或禁用了。网络实名可以删除这些对 IE 的非法限制。

④解除对注册表编辑器的非法限制。感染计算机病毒或访问某些网站页面后,有可能无法运行注册表编辑器来修改注册表信息。网络实名可以解除这种非法限制。

3.浏览器本身漏洞所带来的安全威胁及相应的安全策略

(1)安全威胁

浏览器的功能越来越强大,但是由于程序结构的复杂性,出现在浏览器上的漏洞层出不穷。在开发商堵住了旧的漏洞的同时,可能又出现了新的漏洞。浏览器的安全漏洞可能让攻击者获取磁盘信息、安全口令,甚至破坏磁盘文件系统等。

①Microsoft Internet Explorer 的安全漏洞。

Windows 操作系统逐渐普及,而 IE 是 Windows 系统附带的一个浏览器,因而使用 IE 浏览器的用户也较其他的浏览器用户多,但是微软的 IE 浏览器中同样存在着许多潜在的安全威胁:

·缓冲区溢出漏洞。在 Microsoft Internet Explorer 4 和 4.01 以下的版本,存在一系列的编程漏洞。

·递归 Frames 漏洞。在 4.x 和 5.0 版本中存在这个漏洞。可能使得浏览器崩溃导致不能使用。

·快捷方式漏洞。这个漏洞在 Internet Explorer 3.01 之前的版本中存在,现在基本堵上了。

·重定向漏洞。Internet Explorer 4 和 Internet Explorer 5 在 WIN95/NT 下,通过该漏洞可以任意地读取浏览者本地硬盘的文件,并可能对 Windows 进行欺骗,而且有可能绕过防火墙读取本地文件。其 HTML 机制为:当执行

Window. open("HTTP-redirecting-URL");

语句后,如果执行

a=window. open("HTTP-redirecting-url");

b=a. document;

那么,通过"b"就有权利进行重定向,从而读取本地文件。

②Navigator 浏览器的安全漏洞。

网景公司的 Navigator 浏览器在 IE 之前曾风靡一时,但它同样存在着很多漏洞:

·缓冲区溢出漏洞。存在于书签文件,可能被用来使浏览器执行任意的代码。

·个人喜好漏洞。该漏洞会影响 Netscape Communicator 4.0 到 4.4 版本,它允许恶意的 Web 站点通过猜测 prefs. js 文件的路径名从访问用户的硬盘上读取 Communicator 的 prefs. js 内容,其中包含了用户的电子邮件地址、域名和口令。

· 类装载器漏洞。该 Classloader Java 漏洞允许恶意的 Web 站点通过一个 Java Applet 来读取、修改或者删除用户本地计算机上的文件。

· 长文件名电子邮件漏洞。当用户在阅读一个带有长文件名的电子邮件消息时,如果打开了"文件"菜单,就可能遭受这个漏洞的攻击。

· Singapore 隐私漏洞。允许一个网络黑客监视用户在 Web 上的活动。可能还有更多的漏洞没有被发现,这些浏览器本身的漏洞都会给浏览器用户、浏览器所连接的服务器或整个网络系统造成一种潜在的威胁。

(2)安全策略

浏览器软件公司在发现安全漏洞的同时不断地发布相应的"补丁"程序,以弥补其对应的不足之处,或者是开发浏览器新的增加了相应安全功能的升级版本。所以我们在使用浏览器的过程中应多注意软件开发商所发布的"补丁"程序或升级版本,及时地给自己的浏览器打"补丁"或进行升级,这是减小因浏览器本身存在漏洞而造成的威胁的最有效的一种方法。

4.Web 欺骗所带来的安全威胁及相应的安全策略

Web 欺骗是一种网络欺骗,攻击者构建的虚假网站看起来像真实站点,具有同样的连接,同样的页面,而实际上,被欺骗的所有浏览器用户与这些伪装的页面的交互都受攻击者控制。

Web 欺骗攻击的关键在于攻击者的 Web 服务器能够插在浏览者和其他的 Web 之间,如图 12-2 所示。

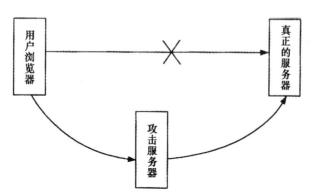

图 12-2　攻击服务器截断正常的连接

(1)安全威胁

①改写 URL。攻击者的首要任务是改写某个页面上的所有 URL,使得这些连接都指向攻击者的机器,而不是真正的服务器。假定攻击者的服务器在机器 http://www. attacker. edu. cn。如原来的 URL 为 http://home. netscape. com 就变成了 http://www. attacker. edu. cn 或 http://home. netscape. com。

当浏览者请求一个 Web 页面时,攻击服务器的运行过程如下:浏览者请求来自于攻击服务器的页面;攻击服务器请求真正的服务器的相应页面;真正的服务器向攻击服务器提供真正的页面;攻击服务器重写页面;攻击服务器向浏览者提供一个经过改写后的页面。

②开始攻击。因为页面上所有的 URL 都指向 www. attacler. edu. cn,因此,如果浏览者激活这个页面上的任何链接时,都会指向攻击者的机器。于是浏览者陷入攻击者的假 Web 中,像

进入黑洞一样难以逃脱,除非他最终发现被攻击。

如果浏览者在一个假的页面上填充一份表格,表面看似被正常地处理了,事实上是被提交到攻击服务器了。攻击服务器能读到这些数据,甚至能修改这些提交的数据,做一些恶意的编辑,然后才把表格提交到真正的服务器上。真正的服务器返回回答后,攻击服务器同样可以修改回答后再返回给浏览器。更可怕的是,即使客户使用安全连接进行浏览也有可能被攻击。当用户使用安全性连接访问一个假的 Web 页面时,任何事情都会显示正常:页面会被传送,安全性连接指示器(通常为一个锁或钥匙)也会打开。而事实上,这种安全性连接是连到 www. attacker. edu. cn 而不是用户所想象的服务器上。

③制造假象。为了防止用户发现自己被攻击了,攻击者会消除所有可能会留下的攻击痕迹。状态行通常会显示正在传输的 Web,用户可以从这里看到浏览器真正连接的服务器。这通常会暴露攻击者的行为,所以攻击者通过加一个 JavaScript 程序到每个被改写的页面上来消除这个痕迹。JavaScript 程序可以写状态行,因此可以让某些事件的发生同时结合某个 JavaScript 行动,所以在状态行上总是可以显示它应该显示的内容,因此,这使得假冒的内容显得更可信。

地址行显示当前页面的 URL,用户也许会在地址行上输入一个 URL,把浏览器连到这个 URL 上。同样这个线索可以用 JavaScript 来隐藏。一个 JavaScript 程序可以用一个假的地址行来代替一个真的地址行。假的地址行可以显示用户想看到的 URL,假的地址行也接受用户的键盘输入,允许用户输入 URL,然后这个程序再改写用户键盘输入的 URL。

攻击者改写文档源。浏览器通常提供一个菜单项使得用户能够看到当前被显示的页面的 HTML 源代码。用户也许会在源 HTML 源代码中发现被改写的 URL。攻击者可以使用 JavaScript 来隐藏真正的浏览器菜单栏,使用一个看起来和真的一样的假的菜单栏代替它。如果用户从一个被假冒的菜单栏中选择 view document source 这个选项,于是攻击者就打开一个新的窗口显示没有被改写的 HTML 源代码。

(2)安全策略

由于 Web 欺骗攻击的危害性很大,上当的用户不但会泄露机密信息,还可能会蒙受巨额的经济损失。为确保安全,用户可以采取一些必要的防护措施:

①关闭浏览器的 JavaScript 选项,使得攻击者不能隐藏攻击的痕迹。

②确信浏览器的地址行总是可见的(注意浏览器地址行上显示的 URL,确信它们一定指向你所希望的服务器地址)。

③进入 SSL 安全连接时,仔细查看站点的证书是否与其声称的一致,不要被相似字符所欺骗。

目前,JavaScript、ActiveX 和 Java 都使得假冒越来越方便了,因此,最好在浏览器上全部关闭这些选项。虽然减少了浏览器的许多功能,但某些情况下还是值得的,只在用户访问完全相信的服务器时才打开它们。

12.2 电子商务安全

12.2.1 电子商务安全概述

电子商务(Electronic Commerce,EC)指的是利用现代技术,进行简单、快捷、低成本的交易方式,买卖双方不谋面地进行各种商贸活动。

销售者对电子商务的要求:

①能鉴别消费者身份的真实性,能确信消费者对商品或服务的支付能力。

②知识产权保护。"数据商品"易于拷贝和分配,使商品开发者的知识产权受到侵害,因此电子商务系统应提供可靠的机制来保护知识产权。

③有效的争议解决机制。当消费者收到商品或得到服务却说没有收到商品和服务时,销售者能出示有效证据,使用有效的解决机制来解决争议,防止销售者提供的服务被破坏。

消费者对电子商务系统的要求:

①能对销售者的身份进行鉴别,以保证消费者能确认他要进行交易的对方是他所希望的银行、销售商或政府部门,而不是一个欺骗者。

②能保证消费者的机密信息和个人隐私不被泄露给非授权的人。

③有效的争议解决机制。当消费者为商品付款后未收到商品,或收到错误的商品或收到不能保证的商品时,消费者能出示有效的证据,利用争议解决机制来解决争议。

1. 电子商务面临的安全威胁

基于 Internet 的全球性、开放性、无缝连通性、共享性和动态性特点,利用 Internet 的资源和工具进行访问、攻击甚至破坏的情况时有发生。电子商务处于这样的环境中,时时处处都面临安全威胁。从贸易活动的角度分析,主要包括以下几个方面。

一方面,销售者面临的威胁:

①中央系统安全性被破坏。黑客破坏电子商务系统的安全体制,通过假冒合法用户来修改用户数据(例如用户订单)。

②竞争者检索商品递送状况。商业竞争者通过非法途径,通过检索等途径获得销售者的商品营销递送状况,或以客户的名义订购商品,从而了解有关商品的递送状况和货物的库存状况。

③客户资料被竞争者获取。恶意的竞争者通过各种非法的手段,获得销售者的客户资料等商业机密。

④被他人假冒而损害公司的信誉。不诚实的人建立与销售者服务器名字相同的另一个WWW 服务器来假冒销售者。

⑤消费者提交订单后不付款。

⑥虚假订单。

⑦获取他人的机密数据。

另一方面,消费者面临的安全威胁:

①虚假订单。他人以消费者的名义假冒购买商品,而要求消费者付款或是返还商品。

②付款后不能收到商品。销售商中的内部人员截留订单或货款,致使消费者在付款后没有得到商品。

③保密性丧失。消费者的信用卡等机密数据被发送给假冒的销售者,或交易数据在传输的过程中被窃取。

④拒绝服务。黑客向商家的服务器发送大量虚假订单占用资源,致使合法的用户无法得到正常的服务。

从整个电子商务系统着手分析,可以将电子商务的安全问题归结为以下几类。

(1)信息泄露

如果没有采用加密措施或加密强度不够,攻击者可能通过因特网、公共电话网、搭线或在电磁波辐射范围内安装截收装置等方式,截获传输的机密信息,或通过对信息流量和流向、通信频度和长度等参数的分析,推断出有用信息、如消费的银行账号、密码等。

(2)信息篡改

攻击者获得了网络信息格式后,可以通过多种方法和手段对网络中传输的信息进行中途修改,再发往目的地,从而破坏信息的真实性和完整性。这种破坏可能从三个方面破坏信息。

①篡改。改变信息流的次序或更改信息的内容,如发货人信息等。

②删除。删除某个消息或消息的某些部分。

③插入。在消息中插入一些信息,让接收方读不懂或接收错误的信息。

(3)假冒信息

当攻击者掌握了网络信息数据规律或解密了商务信息以后,可以假冒合法用户或发送假冒信息来欺骗其他用户,主要有伪造电子邮件和假冒他人身份等。

(4)交易抵赖

如发信者事后否认曾经发送过某条消息或内容,收信者事后否认曾经收到过某条消息或内容,购买者不承认确认了订货单,商家卖出的商品因价格差而不承认原有的交易。

(5)黑客问题

随着各种应用工具的传播,黑客已经大众化了,不再像过去那样要计算机高手才能成为黑客。现在,只要下载几个攻击软件,并学会如何使用,一个普通人也可以成为黑客。

2.电子商务的安全需求

电子商务所面临威胁的出现导致了对电子商务安全的需求,也是真正实现一个安全电子商务系统所要求做到的各个方面,具体包括以下几个方面。

(1)有效性

保证贸易数据在确定的时间、指定的地点为有效的。EC以电子形式取代了纸张,如何保证这种电子形式贸易信息的有效性则是进行EC的前提条件。EC作为贸易的一种形式,其信息的有效性将直接关系到个人、企业或国家的经济利益和声誉。因此,必须对网络故障、操作错误、应用程序错误、硬件故障、系统软件错误及计算机病毒所产生的潜在威胁加以控制和预防,以保证贸易数据在确定的时刻、指定的地点是有效的。

(2)机密性

EC作为一种贸易的手段,其交易信息直接代表着用户个人、企业或国家的商业机密。传统的纸面贸易都是通过邮寄封装的信件或通过可靠的通信渠道发送商业报文来达到保守机密的目的。EC是建立在一个开放的网络环境上的,维护商业机密是EC全面推广应用的重要保障。因此,必须预防非法的信息存取和信息在传输过程中被非法窃取。

(3)完整性

EC简化了贸易过程,减少人为的干预,同时也带来维护贸易各方商业信息的完整、一致的问题。由于数据输入时的意外差错或欺诈行为,可能导致贸易各方信息的差异。此外,数据传输过程中信息的丢失、信息重复或信息传送的次序差异也会导致贸易各方信息的不同。贸易各方信息的完整性将影响到贸易各方的交易和经营策略,保持贸易各方信息的完整性是EC应用的基础。因此,要预防对信息的随意生成、修改和删除,同时要防止数据传送过程中重要信息的丢失和重复,并保证信息传输次序的一致。

（4）可靠性

商务系统的可靠性主要指交易者身份的确定。EC 可能直接关系到贸易双方的商业交易,如何确定要进行交易的贸易方正是进行交易所期望的贸易方,这一问题则是保证 EC 顺利进行的关键。在传统的纸面贸易中,贸易双方通过在交易合同、契约或贸易单据等书面文件上手写签名或印章来鉴别贸易伙伴,确定合同、契约、单据的可靠性,并预抗抵赖行为的发生。在无纸化的 EC 方式下,通过手写签名和印章进行贸易方的鉴别已不可能。因此,要在交易信息的传输过程中为参与交易的个人、企业或国家提供可靠的标识。

（5）不可否认性

交易的不可否认性也称不可抵赖性,是指保证发方不能否认自己发送了信息,同时收方也不能否认自己接收到信息。在传统的纸面贸易方式中,贸易双方通过在交易合同、契约等书面文件上签名,或是通过盖上印章来鉴别贸易伙伴,以确定合同、契约、交易的可靠性,并预防可能的否认行为的发生,这就是人们常说的电子商务的安全性,即白纸黑字电子商务的安全性。

抗抵赖服务是用来保证收、发双方不能对已发送或接收的信息予以否认。一旦出现发方对发送信息的过程予以否认,或接收方对已接收的信息进行否认时,抗抵赖服务可以提供记录,说明否认的一方是错误的。抗抵赖服务对电子商务活动是非常有用的。不可抵赖性包括:

① 源点抗抵赖,使信息发送者事后无法否认发送了信息。

② 接收抗抵赖,使信息收方无法抵赖接收到了信息。

③ 回执抗抵赖,使发送责任回执的各个环节均无法推卸其应负的责任。

为了满足电子商务的安全要求,EC 系统必须利用安全技术为 EC 活动参与者提供可靠的安全服务,主要包括:鉴别服务、访问控制服务、保密性服务、不可否认服务等。

① 鉴别服务是对贸易方的身份进行鉴别,为身份的真实性提供保证。

② 访问控制服务通过授权对使用资源的方式进行控制,防止非授权使用资源或控制资源,有助于贸易信息的保密性、完整性和可控性。

③ 保密性服务的目标为 EC 参与者信息在存储、处理和传输过程中提供保密性保证,防止信息被泄露给非授权信息获得者。

④ 不可否认服务针对合法用户的威胁,为交易的双方提供不可否认的证据,来解决因否认而产生的争议提供支持。

12.2.2　电子商务的安全体系结构

电子商务系统安全的目的就是为了在有关法律、法规、政策的支持与指导下,通过采用合适的计算机网络技术与管理措施,维护电子商务系统运行安全。电子商务系统安全技术体系结构是保证电子商务中数据安全的一个完整的逻辑结构,如图 12-3 所示。

在图 12-3 中,电子商务安全体系技术体系结构主要由网络服务层、加密技术层、安全认证层、安全协议层和应用系统层五部分组成。从图中可以看出:下层是上层的基础,为上层供技术支持;上层是下层的扩展与递进。各层之间相互依赖、相互关联构成统一的整体。各层通过控制技术的递进,实现电子商务系统的安全。

电子商务系统是依赖网络实现的商务系统,需要利用 Internet 基础设施和标准,所以构成电

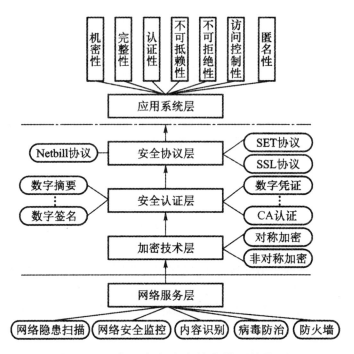

图 12-3　电子商务安全技术体系结构图

子商务安全框架的底层是网络服务层,它提供信息传送的载体和用户接入的手段,是各种电子商务应用系统的基础,为电子商务系统提供了基本、灵活的网络服务。计算机网络安全和商务交易安全是密不可分的,两者相辅相成、缺一不可。没有计算机网络安全作为基础,商务交易安全无从谈起;没有商务交易安全,即使计算机网络本身再安全,也无法满足电子商务所特有的安全要求,电子商务安全也无法实现。

为确保电子商务系统全面安全,必须建立完善的加密技术和认证机制。在图 12-3 所示的电子商务安全框架体系中,加密技术层、安全认证层、安全协议层是为电子交易数据的安全而构筑的。其中,安全协议层是加密技术层和安全认证层的安全控制技术的综合运用和完善。

由于电子商务安全是一个受到普遍关注的问题,因此用于保证电子商务安全的控制技术有很多,并非把这些技术简单地组合就可以实现安全。但是通过合理应用安全控制技术,并进行有机的结合,就可从技术上实现系统的、有效的电子商务安全。

此外,电子商务管理安全以及电子商务安全立法也贯穿在各个层次。面对电子商务安全的脆弱性,除了在设计上增加安全服务功能,完善系统的安全保密措施外,还需要花大力气加强网络的安全管理。由于诸多的不安全因素恰恰反映在组织管理和人员录用等方面,因此,这是电子商务安全所必须考虑的基本问题之一。

12.2.3　电子商务的安全机制

对于电子商务中的安全机制问题主要从管理、法律和技术三大方面来研究。

1.管理方面的安全措施

管理上的安全措施,首先是在高层管理要引起对电子商务安全的足够重视,促成管理人员同相关技术人员在一起制定企业内部、外部网络安全规划和标准。在规划中应该指出企业信息安全规划和标准。在规划中应该指出企业信息安全在近期和未来一段时间内要达到什么级别和标准，以及准备投入的资金等。其次，在规划和标准的指导下要制定详细的安全行为规范。最后，需要特别注意安全条例的执行保障，即有了规定就一定要按照规定去执行。

电子商务的有关安全管理制度主要有下列几个方面的内容。

(1)人员管理制度

主要是对有关人员进行上岗培训；落实工作责任制，对违反网上交易安全规定的行为应坚决予以打击并及时的处理。其安全运作的基本原则主要有双人负责原则、任期有限原则和最小权限原则。

(2)保密制度

主要分为划分信息的安全级别，确定安全防范重点两方面的内容。对信息的安全级别，可划分为绝密级、机密级、秘密级三个级别。

在对密钥进行管理时，大量的交易必然会使用大量的密钥，密钥管理贯穿于密钥的产生、传递和销毁的全过程。密钥需要定期更换，否则可能使"黑客"通过积累密文增加破译机会。

(3)跟踪、审计、稽核制度

跟踪制度要求企业建立网络交易系统日志机制，自动记录系统运行的全过程。其内容包括操作日期、操作方式、登录次数、运行时间、交易内容等。审计制度包括经常对系统日志进行的检查、审核，以便于能及时发现对系统故意入侵行为的记录和对系统安全功能违反的记录，监控和捕捉各种安全事件，保存、维护和管理系统日志。稽核制度就是指工商管理、银行、税务人员利用计算机及网络系统，借助于稽核业务应用软件调阅、查询、审核、判断辖区内各电子商务参与单位业务经营活动的合理性、安全性、堵塞漏洞，以保证网络交易的安全性，发出相应的警示或做出处理处罚的有关决定的一系列措施。

(4)网络系统的日常维护制度

对于可管设备，通过安装网管软件进行系统故障诊断、显示及通告，网络流量与状态的监控、统计与分析，以及网络性能调优、负载平衡等。对于不可管设备，主要是通过手工操作来检查状态，做到定期检查与随机抽查相结合，以便于及时准确地掌握网络的运行状况，一旦有故障发生能及时处理。同时，要做好定期进行数据备份的工作。数据备份和数据恢复主要是利用多种介质，如磁介质、纸介质、光碟等，对信息系统数据进行存储、备份和恢复。这种保护措施还包括对系统设备的备份等。

(5)病毒防范制度

常用的病毒防范措施主要是通过采用防毒软件进行防毒。而应用于网络的防病毒软件主要有单机版和网络版两种。单机版防病毒软件主要以事后消毒为主，当系统被病毒感染之后才能发挥这种软件的作用，适合于个人用户；网络版防病毒软件属于事前的防范，其原理就是在网络端口设置一个病毒过滤器。

2.法律方面的安全措施

在法律上，电子商务不同于传统商务在纸面上完成的交易、有据可查。电子交易如何认证、电子欺诈如何避免和惩治不仅使技术问题，同时也要涉及法律领域。在电子商务这个虚拟的世界里，更加需要完善的法律体系来维持秩序。

通常在电子商务中可能涉及法律问题的内容有合同的执行、赔偿、个人隐私、资金安全、知识产权保护、税收等难以解决的问题。安全的电子商务是不能仅靠一种技术手段来保证的,必须要依靠法律手段、行政手段和技术手段等的相互结合来最终保护参与电子商务各方的利益。这就需要在企业和企业之间、政府和企业间、企业和消费者间、政府和政府间明确各自需要遵守的法律责任和义务。

3.安全技术保障

在技术上,电子商务涉及的安全技术很多,其中有一些已经获得了广泛的应用和认可,常见的几种技术手段如下:

(1)使用防火墙技术

防火墙的应用可以有效地减少黑客的入侵及攻击,它限制外部对系统资源的非授权访问,也限制内部对外部的非授权访问,同时还限制内部系统之间,特别是安全级别低的系统对安全级别高的系统的非授权访问,为电子商务的施展提供了一个相对安全的平台。防火墙可以大大提高网络的安全性,有效防止外部基于路由选择的攻击,但它还存在一定的局限性。

(2)使用入侵检测技术

入侵检测系统能使系统对入侵事件和过程做出实时响应。如果一个入侵行为能被足够迅速地检测出来,就可以在任何破坏或数据泄密发生之前将入侵者识别出来并驱逐出去。目前,大多数的入侵检测系统要求网络上所传输的数据是明文数据,对加密的数据分组无能为力。入侵检测系统和防火墙可以提高网络的安全性,但并不意味着安全问题的解决,而是引起了入侵与反入侵的新一轮攻防竞赛。入侵者在不断地推出躲避或者越过防火墙和入侵检测系统的新技术,也迫使防火墙和 IDS 的开发人员不断地在自己的产品中加入对这些基础系统的检测。防御入侵的手段也必须不断发展和变化。

(3)使用加密技术

通过使用代码或密码将某些重要信息和数据进行加工,使得加密后在网络上公开传输的内容对于非法接收者只是毫无意义的字符,对于合法的接收者可以通过解密得到原始内容。加密的主要目的是防止信息的非授权泄露。

(4)安全认证技术

直接满足身份认证、信息完整性、不可否认和不可修改等多项网上交易的安全需求,较好地避免了网上交易面临的假冒、篡改、抵赖、伪造等种种威胁。

4.其他安全机制

在电子商务中,除应建立的管理、法律、技术等方面的安全机制外,还应建立诚信制度。安全的电子商务系统不仅要解决交易安全,还需要解决诚信安全,建立完善的诚信体系。主要应做到:加大建立社会信用管理体制的宣传;建立企业和个人的信用评价与监管机构;建立企业和个人在电子商务活动过程中的第三方信用服务、认证机构;进一步加强政府信用建设;培养全社会的诚信意识和诚信消费习惯。

12.2.4　电子商务的安全协议

1. SET 协议

安全电子交易(Secure Electronic Transaction,SET)协议是由 Visa 和 MasterCard 组织共同制定的一个通过开放网络(包括 Internet)进行安全资金支付的技术标准。由于它得到了IBM、HP、Microsoft、Netscape、VeriFone、GTE 等很多大公司的支持,因此,它已成为事实上的工业标准,目前已获得 IETF 标准的认可。

SET 协议的主要作用是:

①信息在 Internet 上安全传输,以保证网上传输的数据不被黑客窃取。

②订单信息和个人账号信息的隔离,当包含消费者账号信息的订单送到商家时,商家只能看到订货信息,而看不到消费者的账户信息。

③消费者和商家相互认证,以确定通信双方的身份,一般由第三方机构负责为在线通信双方提供信用担保。

④要求软件遵循相同协议和报文格式,使不同厂家开发的软件具有兼容和互操作功能,并且可以运行在不同的硬件和操作系统平台上。

从技术方面来看,为确保人们在进行网络贸易业务和资金支付业务时信息的安全和可靠性,SET 可以从以下几个方面入手。

①通过加密方式确保信息的保密性。

②通过数字化签名确保数据的真实性。

③通过数字化签名和持卡人联机认证确保持卡人(信用卡等各种银行卡)账户的可靠性。

④通过数字化签名和商家认证确保商家的可靠性。

⑤通过特殊的协议和报文形式确保动态交互式系统的可操作性。

如图 12-4 所示,给出了安全电子商务的成员。

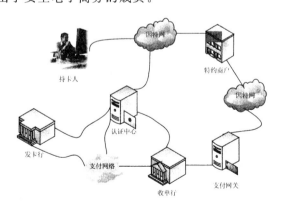

图 12-4　安全电子商务的成员

①持卡人,即消费者。在电子商务环境中,消费者和团体购买者通过计算机与商家交流,消费者通过由发卡机构颁发的付款卡(如信用卡、借记卡)进行结算。在消费者和商家的会话中,SET 可以保证消费者的个人账号信息不被泄漏。

②发卡行。它为每一个建立了账户的顾客颁发付款卡,发卡机构根据不同品牌卡的规定和

政策,保证对每一笔认证交易的付款。

③特约商户。提供商品或服务,使用 SET,就可以保证消费者个人信息的安全。接受卡支付的商家必须和银行有关系。

④收单行。在线交易的商家在银行开立账号,并且处理支付卡的认证和支付。

⑤支付网关。是由银行操作的,将 Internet 上的传输数据转换为金融机构内部数据的设备,或由指派的第三方处理商家支付信息和顾客的支付指令。

⑥认证中心。SET 是针对用卡支付的网上交易而设计的支付规范,对不用卡支付的交易方式,如货到付款方式、邮局汇款方式则与 SET 无关。另外像网上商店的页面安排,保密数据在购买者计算机上如何保存等,也与 SET 无关。

2. SSL 协议

安全套接层(Secure Socket Layer,SSL)协议最初是由 Netscape 公司于 1994 年设计的,主要目标是为了保护 Web 通信协议 HTTP。该协议的第一个成熟的版本是 SSL2.0 版,它被集成到 Netscape 公司的 Internet 产品中,包括 Navigator 浏览器和 Web 服务器产品等。SSL 2.0 协议的出现,基本上解决了 Web 通信协议的安全问题,很快引起了大家的关注。1996 年,Netscape 公司发布了 SSL 3.0,该版本增加了对除了 RSA 算法之外的其他算法的支持和一些安全特性,并且修改了前一个版本中一些小的问题,比 SSL 2.0 更加成熟和稳定,因此很快成为事实上的工作标准。

SSL(Secure Socket Layer)协议提供的安全信道有以下 3 个特征:

①利用认证技术识别身份。在客户机向服务器发出要求建立连接的消息后,SSL 要求服务器向客户端出示数字证书。客户的浏览器通过验证数字证书从而实现对服务器的验证。在对服务器端的验证通过以后,如果需要对客户机的身份进行验证,也可以通过验证其数字证书的方式来实现,但通常 SSL 协议只要求验证服务器端。

②利用加密技术保证通道的保密性。在客户机和服务器进行数据交换之前,交换 SSL 初始握手信息,在 SSL 握手过程中采用了各种加密技术对其加密,以保证其机密性。这样就可以防止非法用户进行破译。在初始化握手协议对加密密钥进行握手之后,传输的消息均为加密的消息。

③利用数字签名技术保证信息传送的完整性。对相互传送的数据进行 HASH 计算并加载数字签名,从而保证信息的完整性。

SSL 是一个中间层协议,它位于 TCP/IP 层和应用层之间,为 TCP 提供可靠的端到端安全服务。SSL 不是简单的单个协议而是两层协议,如图 12-5 所示。

首先,SSL 的上层包括 3 种协议:握手协议、修改密码规范协议和警报协议。这几种协议主要用于 SSL 密钥的交换的管理。

①握手协议。握手协议是 SSL 协议的核心,SSL 的部分复杂性也来自于握手协议。握手是指客户端。与服务器端之间建立安全连接的过程。在客户端和服务器的一次会话中,SSL 握手协议对它们所使用的 SSL/TLS 协议版本达成一致,并允许客户端和服务器端通过数字证书实现相互认证,协商加密和 MAC 算法,利用公钥技术来产生共享的私密信息等。握手协议在传递应用数据之前使用。

②修改密码规范协议。修改密码规范协议是使用 SSL 记录协议的 SSL 的 3 个特定协议之

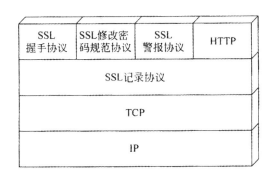

图 12-5　SSL 体系结构图

一,同时也是其中最简单的一个。协议由单个消息组成(如图 12-6(a)所示),该消息只含有一个值为 1 的单个字节。该消息的唯一作用就是将挂起状态复制为当前状态,更新用于当前连接的密码组。

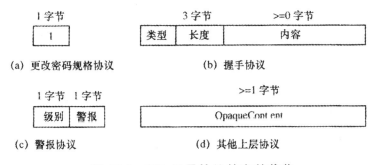

图 12-6　SSL 记录协议的有效载荷

③警报协议。警报协议用于对等实体之间传递 SSL 的相关警报。当其他应用程序使用 SSL 时,根据当前状态的确定,警报消息同时被压缩和加密。

该协议的每条消息有两个字节(如图 12-6(c)所示)。第一个字节有两个值,警报(1)和错误 (2)来表示消息的严重性。当处于错误级别时,SSL 就会立即终止该连接。同一会话的其他连接也许还能继续,但在该会话中不会再产生新的连接。第二个字节包含了指示特定警报的代码。

其次,SSL 下层为记录协议,记录协议封装各种高层协议,具体实施压缩/解压缩、加密/解密、计算/校验 MAC 等与安全有关的操作。SSL 记录协议为 SSL 连接提供两种服务:

①机密性:握手协议为 SSL 有效载荷的常规密码定义共享的保密密钥。

②消息完整性:握手协议为生成消息身份验证码(Message Authentication Code,MAC)定义共享保密密钥。

12.3　电子邮件安全

随着 Internet 的通信量和业务种类的增加,对安全保证和保密业务的需求日益迫切。电子邮件中的信息通常涉及商业秘密、个人隐私等,这些信息一旦被恶意的攻击者截获和利用,将会暴露个人隐私或泄露商业机密,导致无法挽回的损失。使用电子邮件就像在邮局发送一封没有封口的信一样不安全。从技术上讲,没有任何方法能够阻止攻击者截取电子邮件数据包。电子邮件系统服务之所以是一种最脆弱的服务,是因为它可以接收来自于 Internet 上任何主机的任何数据,缺乏安全机制的电子邮件会给人们的隐私和安全带来严重的威胁,甚至严重影响人与人之间的交流。

12.3.1 电子邮件安全概述

随着因特网通信量和业务种类的增加,对安全保证和保密业务的需求日益迫切。电子邮件中的信息通常涉及商业秘密、个人隐私等,这些信息一旦被恶意的攻击者截获和利用,将会暴露个人隐私或泄露商业机密,导致无法挽回的损失。在此前人们使用的多数电子邮件系统中,电子邮件采用明文传输,且发送方可伪造身份发送恶意邮件逃避制裁。

安全电子邮件系统通常提供以下服务。

①信息机密性:保证只有指定的接收方能够阅读信息。

②信息完整性:保证发出的信息与接收到的信息一致。

③认证:确保信息源的正确性。

④不可否认性:防止发送者抵赖,否认所发送的信息;防止接收者抵赖,否认所接收的信息。

1.电子邮件系统面临的安全威胁

(1)电子邮件欺骗

电子邮件欺骗行为通常是指欺骗用户进行一个毁坏性或暴露敏感信息。

电子邮件欺骗是在电子邮件中改变名字,使之看起来是从某地或某人发来的行为。例如,攻击者佯称自己为系统管理员(邮件地址和系统管理员完全相同),给用户发送邮件要求用户修改口令(口令可能为指定字符串)或在貌似正常的附件中加载病毒或其他木马程序,这类欺骗只要用户提高警惕,一般危害性不是太大。

攻击者使用电子邮件欺骗有以下 3 个目的:①隐藏自己的身份;②冒充别人,使用这种方法,无论谁接收到这封邮件,都会认为它就是攻击者冒充的那个人发的;③电子邮件欺骗能被看作是社会工程的一种表现形式。例如,如果攻击者想让用户发给他一份敏感文件,攻击者伪装自己的邮件地址,使用户认为这是老板的要求,用户可能会发给他这封邮件。

但是这种欺骗对于使用多于一个电子邮件账户的人来说,是合法且有用的工具。例如,你有一个账户 yourname@email.net,但是你希望所有的邮件都回复到 yourname@reply.com。你可以做一点小小的"欺骗"使所有从 email.net 邮件账户发出的电子邮件看起来好像是从你的 reply.com 账户发出的。如果有人回复你的电子邮件,回信将被送到 yourname@reply.com。

要改变电子邮件身份,到电子邮件客户软件的邮件属性栏中,或者 Web 页邮件账户页面上寻找"身份"一栏,通常选择"回复地址"。回复地址的默认值正常来说,就是你的电子邮件地址和你的名字,你可以任意更改为你期望的内容。

就目前来说,SMTP 协议极其缺乏验证能力,所以假冒某一个邮箱进行电子邮件欺骗并非一件困难的事情,因为邮件服务器不会对发信者的身份做任何检查。如果邮件服务器允许和它的 25 端口连接,那么任何一个人都可以连接到这个端口发一些假冒用户的邮件,这样邮件就会很难找到跟发信者有关的真实信息,唯一能检查到的就是查看系统的 log 文件,找到这个信件是从哪里发出的。但事实上很难找到伪造地址的人。

（2）电子邮件病毒

电子邮件病毒就是通过电子邮件进行传播的计算机病毒。带有病毒的邮件附件会感染计算机，它们可能会明显地破坏计算机的正常运行。电子邮件病毒能携带 Word 文档或 EXE 可执行文件等附件，Word 文档可能携带宏病毒，EXE 文件可能携带的病毒种类更多，因此，在附带传送二进制数据时，传送的数据中很可能含有病毒。"电子邮件病毒"除了具备普通病毒可传播性、可执行性、破坏性、可触发性特征之外，还有感染速度快、扩散面广、清除困难、破坏性大、隐蔽性强等特点。

在实际应用过程中，很多用户使用 MIME 传送文档，电子邮件已经成为宏病毒传播的一个主要途径。要想防范邮件病毒，必须能够准确地识别电子邮件病毒。通常情况下，可以从以下几个方面识别"电子邮件病毒"。

①查看附件大小。电子邮件的附件通常是"电子邮件病毒"的最佳载体，通过查看附件大小，可以识别出电子邮件是否携带病毒。例如，通常情况下，一个 Word 文档附件的大小为几十 KB 左右，如果发现电子邮件的附件是几百 KB，则该封邮件便很有可能携带了病毒。

②查看邮件地址。"电子邮件病毒"的传播者通常会利用一些陌生的邮件地址欺骗用户，当收到来自陌生地址的邮件时，一定要加倍小心。如果这类邮件带有附件，更要谨慎，这样的邮件有非常大的可能是病毒的携带者。对于来自陌生地址的邮件，在看了邮件地址后，再看邮件内容，如果内容是无关痛痒且与工作无关的，基本可以判断该封邮件是病毒的携带者。

③识别真伪退信。用户书写邮件时，如果将收件人的电子邮件地址写错了，邮件服务器会自动将该邮件退回。一些"电子邮件病毒"的传播者通常会利用伪装的退信传播病毒，因为退信中通常会有一个附件，书写着用户邮件的正文，一旦用户打开了假冒的邮件服务器系统退信，并且查看了附件，"电子邮件病毒"就会感染用户的计算机。为此，用户必须识别真伪退信。识别真伪退信的方法非常简单，看一下邮件地址即可。

④周密防范邮件病毒入侵。从上面的叙述可以看出，"电子邮件病毒"也是病毒的一类，但有一定的特殊性。为此，要充分利用软件的防毒功能，制定出周密的防范邮件病毒入侵的方案。例如，合理设置杀毒软件。大部分杀毒软件都能对磁盘中的文件进行实时监控，但有些杀毒软件并不具备对邮件进行实时监控的功能，为此必须为计算机安装一款对邮件实时监控能力非常强的杀毒软件。在邮件实时扫描方面，杀毒软件的邮件扫描功能启用后，收发邮件过程中就可以对邮件内容及附件进行检查，这样可以有效防止"电子邮件病毒"的入侵。

（3）电子邮件炸弹

电子邮件炸弹是指电子邮件的发件人利用某些特殊的电子邮件软件在短时间内，以匿名的电子邮件地址，不断重复地将电子邮件发送给同一个收件人。或是将收件人信箱塞满，使有用的信件无法被接收；或者在很短时间内向邮件服务器发送大量无用的邮件，从而使邮件服务器不堪重负而出现瘫痪。

由于这些特殊的电子邮件软件可以在短时间内给同一个收件人寄出成千上万封电子邮件，其情形就像是战争中使用大量炸弹集中对同一个地方进行反复大规模轰炸，因此称为"电子邮件炸弹"。

电子邮件炸弹不仅会干扰电子邮件系统的正常使用，也会影响网络主机系统的安全。通常来说，电子邮件炸弹的"发件人"和"收件人"这两个栏目都填写攻击目标的电子邮件地址，当电子邮件系统已满无法容纳任何电子邮件进入时，被攻击者发出的邮件就会进入死循环，永无休止地返回给自己。

由于不能直接阻止电子邮件炸弹，因此，在收到电子邮件炸弹攻击后，只能做一件事，即在不影响信箱内正常邮件的前提下，把这些大量的垃圾电子邮件迅速清除掉。下面介绍一些解决措施。

①向 ISP 求助。打电话向 ISP(Internet 服务提供商)求助，技术支持是 ISP 的服务之一，他们会帮用户清除电子邮件炸弹。

②用软件清除。用一些邮件工具软件(如 PoP-It 等)清除，这些软件可以登录邮件服务器，选择要删除哪些 E-mail，又要保留哪些。

③借用 Outlook 的阻止发件人功能。如果已经设置了用 Outlook 接受信件，先选中要删除的垃圾邮件；单击"邮件"标签；在邮件标签下有一"阻止发件人"选项，点击该项，程序会自动阻止并删除要拒收的邮件。

④自动转信。每个上网用户一般至少拥有两个信箱。

一个是 ISP 付费的信箱，由于这类信箱只支持 POP3 方式收发信件，而不支持使用 Web 方式收发信件，因此，当这样的信箱遭到邮件炸弹的攻击时，后果是相当严重的。这时只有自己将邮件全部下载删除或要求 ISP 删除。

另一个是用户申请的免费信箱，如 abc@hotmail.com 等，对于这类信箱来说，由于既支持 POP3 方式，又支持 Web 方式，当信箱被炸时，可以使用浏览器将不需要的文件删除，还可以利用邮件过滤功能，将这些邮件拒之门外。

此外，用户还可以申请一个转信信箱，因为只有它是不怕炸的，根本不会影响到转信的目标信箱。其次，在使用的 E-mail 程序中设置限制邮件的大小和垃圾文件的项目，如果发现有很大的信件在服务器上，可用一些登录服务器的程序直接删除。

(4)电子邮件窃听

窃听一直以来都是网络安全所面临的一个严重的问题，攻击者通过窃听，能够在通信双方不知情的情况下获得大量的传输信息。由于电子邮件的传送方式是"存储转发式"的，一份邮件的传输中间要经过很多个站点，而且现在的邮件一般都是以明文的形式在网上传输，因此，攻击者可以很容易窃听数据包或者截取正在传输的信息。

通常，窃听者都是使用匿名邮件转发器来降低邮件窃听对用户造成的影响。该转发器作为一个服务器运行，用于伪装发送方或者接收方的身份。但是，这个方法只用于对身份进行简单的伪装，而不能够真正解决邮件窃听的问题。防止窃听的一个比较有效的方法是采用密码技术，在网络上发送数据前加密机器之间的通信链路或者加密传送的数据。

(5)垃圾邮件

垃圾邮件(spam)是指接收邮件的用户不希望看到的邮件，如某些商业广告、邮件列表、电子刊物、站点宣传等。这些垃圾邮件充斥邮箱，不但影响正常的通信，而且还要耗费时间和精力进行清理。

对于垃圾邮件，虽然可以通过使用邮箱过滤器、收件箱助理等方法来设防，但用户均处于被动位置，主动权始终掌握在攻击者手中。要彻底摆脱垃圾邮件的骚扰，只有找到它们的源头，通过阻断它们的传播途径才能达到目的。分析信头是追踪垃圾邮件的好方法。邮件软件在显示邮件时不显示信头信息，如果要查要看信头，需要进行相应的操作。

由于电子邮件在网上的邮件服务器之间传递，每经过一个服务器，该服务器就会在邮件信头上加上自己的标识,因此,只要分析这些标记,用户就可以知道收到的电子邮件是从哪里发出、经过哪些服务器到达自己信箱的,然后通过过滤信件即可摆脱垃圾邮件的困扰。

2.电子邮件服务器的安全性分析

(1)邮件协议的安全问题

电子邮件协议是电子邮件系统的重要组成部分,通过这些协议,可以在邮件服务器间传递邮件,用户也可以从邮件服务器上读取邮件。目前常用的邮件协议有 SMTP、POP3、IMAP、MIME。但由于这些协议本身存在很多漏洞,使得传输电子邮件很不安全。黑客也可以利用这些漏洞攻击邮件服务器。下面对这些协议的安全性作简要的分析:

①SMTP 的安全性分析。SMTP 能够在不同类型的计算机系统间传递电子邮件及其附件,用命令的方式进行连接的建立和邮件的传送,由于使用简单的 ASCII 码文本命令,因此很容易被截获,并且很多命令本身就可以被黑客等恶意用户利用,如 RCPT、VRFY、TRUN 命令等。

②POP3 的安全性分析。POP3 用来从远程服务器上收取邮件。它使用的认证方法是用户名加口令的方式,但在客户端登录服务器时采用明文方式传输,尤其是数据包在同远程服务器建立连接过程中经过情况未知的网段时容易被黑客截获。为了增强安全性,POP3 使用 AUTH 命令安全地标示一个用户,但是其中的 Login 认证方式仍然可以使网络中的侦听者轻松地捕获加密后的用户名和口令并利用它们从另一台客户端上登录服务器。

③IMAP 的安全性分析。IMAP 是交互邮件访问协议,它使用 Login 命令允许客户端发送文本方式的用户名和口令,使用 Authenticate 命令允许客户端发送加密方式的用户名和口令,但也存在和 POP3 同样的不安全因素。

④MIME 的安全性分析。MIME 是多用途互联网扩展协议,用来将二进制数据编码成 ASCII 文本在互联网上传输,但这种方法并没有采取任何加密措施,所以信息很容易被截获和解码。

(2)邮件内容的安全问题

邮件内容的安全问题主要包括以下三个方面:

①邮件发送者身份的真实性。发邮件时不需要身份鉴定,任何人都可以冒名发送电子邮件,因此用户接收的邮件可能不是真实发件人发送的。

②邮件内容的保密性、真实性。由于用 SMTP 协议发送邮件时,邮件是以明文方式传输的,也是以明文方式保存在邮件服务器的用户邮箱中的。只要能够进入用户的邮箱(特权用户)或在传输过程中将邮件截获,就可以看到发送给用户的原始文件,甚至可以更改邮件的内容,而邮件的接收者无法知道所接收的邮件是否真实。

③病毒。电子邮件是传播病毒最常用的途径之一,很多知名的病毒都是通过电子邮件来传输的。电子邮件传播病毒通常是把病毒作为附件发送给被攻击者。如果接收到该邮件的用户不小心打开了附件,病毒即会感染用户的计算机,并且现在大多数电子邮件病毒往往在感染用户的计算机之后,会自动打开用户 Outlook 的地址簿,然后再把病毒发送给用户地址簿上的每一个电子邮箱,使电子邮件病毒能够大面积传播。

(3)垃圾邮件问题

垃圾邮件(Spam)是指向新闻组或他人电子邮箱发送的未经用户准许、不受用户欢迎的、难以退掉的电子邮件或电子邮件列表。垃圾邮件是 Internet 技术发展的产物,在为人类服务的同时,也不可避免地被另外一些人用作相反的目的。

随着过滤垃圾邮件技术的发展,垃圾邮件制造者们采取了更隐蔽的技术,如伪造信头中的发件人、邮件地址、域名,然而,这些方法还是逃不出 IP 地址的过滤。于是,垃圾邮件的制造者开始寻找更为安全的做法。目前,大部分商业垃圾邮件都在利用其他邮件服务器的转发功能来发送垃圾邮件。

3.电子邮件的安全需求

为了实现电子邮件的安全,通常会提供以下服务。

(1)身份认证

身份认证是指接收者具有某种途径确定发送者身份的真实性,而不是他人冒充的,以确保信息源的正确性。

(2)信息完整性

保证发出的信息与接收到的信息一致。以向接收者保证邮件消息在传送过程中未被非法篡改。

(3)信息机密性

保证只有指定的接收方能够阅读信息。对电子邮件加密,确保只有预期的接收者才能阅读邮件消息,邮件内容不暴露给非授权的第三方。更进一步,攻击者不仅无法知道某邮件的内容,甚至不能确定发送者向接收者是否发送了邮件。

(4)消息序列完整性

保证一系列消息按照顺序到达,而不会乱序或丢失。

(5)不可否认性

不可否认性接受者向第三方证明发送者的确发送过某邮件的能力,因此,该服务也叫做第三方认证。防止发送者抵赖,否认所发送的信息;防止接收者抵赖,否认所接收的信息。发送者不能否认曾经发送过某个消息。

(6)邮件提交证据

给发送者的证据,证明其发送的邮件消息已经被提交给了邮件投递系统。不仅证明用户在某个时间的确提交了邮件,而且可以对邮件内容的散列进行数字签名以校验邮件消息内容是否可以接受。

(7)邮件投递证据

证明接收者已经接收到邮件消息的证明。不仅可以证明邮件在某个时间确实投递给了接收者,而且能够证实邮件的内容。

(8)匿名性

向邮件接收者隐藏发送者的身份信息。

(9)审计

网络能够记录相关的安全事件。

(10)自毁

发送者可以规定邮件被投递到接收方后应当被销毁。

(11)防泄露

网络能够保证具有某种安全级别的信息不会泄露到特定的区域。

目前,大多数电子邮件系统都不难提供这些安全服务,一些专门设计的安全电子邮件系统也只提供其中的几种。

12.3.2　电子邮件的安全技术

1. PGP

Pretty Good Privacy(PGP)是 Phillip Zimmerman 在 1991 年提出来的,它可以在电子邮件和文件存储应用中提供保密和认证服务,现在已经成为全球范围内流行的安全邮件系统之一。PGP 得名于 Pretty Good Privacy,即非常好的安全性,它是一个基于 RSA 公钥加密体制的加密和签名软件。PGP 的创造性在于其 RSA 公钥体制的方便和传统加密体制的高速度结合起来,并且在数字签名和密钥认证管理机制上有巧妙的设计,因此正如其名,PGP 能够提供强大的数据保护功能。

PGP 综合使用了对称加密算法、非对称加密算法、单向散列算法以及随机数产生器。PGP 通过运用诸如 3DES、IDEA、CAST-128 等对称加密算法对邮件消息或存储在本地的数据文件进行加密来保证机密性,通过使用散列函数和公钥签名算法提供数字签名服务,以提供邮件消息和数据文件的完整性和不可否认。通信双方的公钥发布在公开的地方,而公钥本身的权威性则可由第三方,特别是接收方信任的第三方进行签名认证。

PGP 由最初的主要用于邮件加密的设计,发展到如今可以加密整个硬盘、分区、文件、文件夹、集成到邮件软件进行邮件加密,甚至可以对 ICQ 的聊天信息实时加密。因此,PGP 不仅是目前世界上使用最为广泛的邮件加密软件,而且在即时通信、文件下载等方面都占有一席之地。

(1)PGP 安全服务

PGP 提供的安全服务主要包括以下几个方面:数字签名、机密性、压缩、基数 64 转换等安全服务,同时,为了适应消息大小的限制,采用了分段服务的方式,如表 12-1 所示。

表 12-1　PGP 的安全服务

功能	使用的算法	描述
数字签名	DSS/SHA 或 RSA/SHA	利用 SHA-1 创建消息的散列值,并将此消息摘要用发送方的私钥按 DSS 或 RSA 加密,和消息串接在一起发送
消息加密	CAST 或 IDEA 或使用 Diffie-Hellman 的 3DES 或 RSA	发送方生成一个随机数作为一次性会话密钥,用此会话密钥将消息按 CAST-128 或 IDEA 或 3DES 算法加密;然后用接收方公钥按 Diffie-Hellman 或 RSA 算法加密会话密钥,并与消息一起加密
压缩	ZIP	消息在应用签名之后、加密之前可用 ZIP 压缩
电子邮件兼容性	基数 64 转换	为了对电子邮件应用提供透明性,一个加密消息可以用基数 64 转换为 ASCII 串
程序分段	—	为了符合最大消息尺寸限制,PGP 执行分段和重新组装

第一,数字签名。

PGP 使用散列函数和公钥签名算法提供了数字签名服务,如图 12-7 所示。

图 12-7 中,KR_a 为用户 A 的私钥,用于公钥加密体制中;KU_a 为用户 A 的公钥,用于公钥加

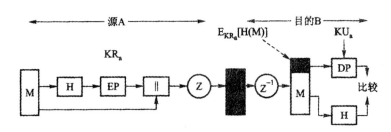

图 12-7　PGP 的认证过程

密体制中;EP 为公钥加密;DP 为公钥解密;EC 为对称加密;DC 为对称解密;H 为散列函数;‖为连接;Z 为用 ZIP 算法压缩;Z^{-1} 为解压缩。

图 12-7 所示签名过程如下:

①发送方创建消息。

②发送方使用 SHA-1 计算消息的 160 位散列码。

③发送方使用自己的私钥,采用 RSA 算法对散列码加密,得到数字签名,并将签名结果串接在消息前面。

④接收方使用发送方的公钥按 RSA 算法解密,恢复散列码。

⑤接收方使用 SHA-1 计算新的散列码,并与解密得到的散列码比较。如果匹配,则证明接收到的消息是完整的,并且来自于真实的发送方。

SHA-1 和 RSA 的组合提供了一种有效的数字签名方案。由于 SHA-1 的作用,接收方可以确保没有其他人能够生成与散列值对应的新消息或生成原始消息的签名;由于 RSA 的作用,接收方可以确保只有私钥的拥有者才能生成签名。

一般情况下签名是附在签名的消息或文件上的,但也并非总是这样,分离签名也是允许的。分离签名可以独立于它签名的消息而存储和传输。这在几个环境中都很有用,如用户可能需要维护一个单独的签名日志,其中包括所有发送和接收的消息;另外,可执行程序的分离签名可以检测出随后的病毒感染;最后,在需要多个实体签名一个文档时,如签名有效合同,可以使用分离签名,每个人的签名是独立的,因此只适用于文档。否则,签名得相互嵌入,第二个签名者应对文档和第一个签名者作签名,依此类推。

第二,机密性。

PGP 提供的机密性服务,可以将传送消息加密或在本地存储成文件。这时,都可以使用常规加密算法 CAST-128,也可以使用 IDEA 或 3DES。

在 PGP 中,每个常规密钥都只使用一次,即每个消息都会产生随机的 128 位新密钥。这样,尽管在文档中把它作为会话密钥,但实际上它只是一次性密钥。由于只使用一次,因此把会话密钥绑定到消息上,与消息一起传送。为了保护密钥,需要用接收方的公钥进行加密。图 12-8 描述了这一步骤。

步骤的过程如下:

①发送方生成一个消息和只适于此消息的随机 128 位数字作为会话密钥。

②用具有会话密钥的 CAST-128 或 IDEA、TDEA 加密消息。

③用接收方公钥的 RSA 加密会话密钥,并附在消息上。

④接收方使用具有私钥的 RSA 解密消息,恢复会话密钥。

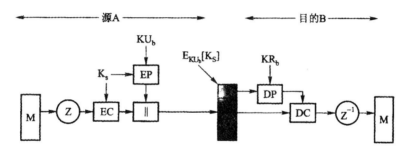

图 12-8　PGP 的加密过程

⑤使用会话密钥来解密消息。

此外,PGP 还提供了备选方案。PGP 使用 Diffie-Hellman(一种密钥交换算法)的变体(称为 ElGamal)来进行加密/解密。

使用公钥算法可以解决会话密钥的分发问题,因为只有接收方才能恢复绑定在消息上的会话密钥。每条消息及其密钥都是暂时独立的实体。最后,一次性常规密钥的使用加强了原本已经很强大的常规加密方法。每个密钥只加密一小部分明文,密钥之间没有任何关系。这样,公钥算法的安全性达到了极限,整个算法都是安全的。为了这一目的,PGP 向用户提供了不同长度的密钥供选择,密钥长度为 768~3072 位。

第三,压缩。

通常,PGP 在应用签名之后加密之前进行消息压缩,有利于减少在电子邮件传送和文件存储时的磁盘空间。

在图 12-8 中,表示压缩,表示解压缩,压缩算法的位置非常重要。

在压缩之前生成签名有两个原因:

①签署未压缩的消息更为可取。如果签署了压缩文档,就要存储消息的压缩版本,以便将来进行验证,或在需要验证时重新压缩消息。

②即使为了验证而动态生成重新压缩的消息,用 PGP 的压缩算法比较困难。此算法是不确定的,算法的不同实现对压缩比和运行速度有不同的权衡,从而产生了不同的压缩形式。但是,这些不同的压缩算法是不能互操作的,因为此算法的任一版本都能够准确地解压缩其他版本的输出。在压缩后使用散列函数和签名可以将所有 PGP 实现变成同一版本的压缩算法。

在压缩后使用消息加密可以加强密码的安全,因为压缩消息比原始明文的长度小,所以使加密分析更加困难。

第四,电子邮件兼容性。

使用 PGP 时,至少需要部分加密传送的消息。如果只使用了签名服务,则用发送方的私钥加密消息摘要。如果使用的是机密性服务,则用一次性对称密钥加密的是消息和签名。这样,部分或所有结果块都由随机的 8 位位组构成。

但是,许多电子邮件消息只允许使用由 ASCII 文本构成的块。为了适应这种限制,PGP 定义了一个打包方案,把二进制数据转换为可打印的 ASCII 字符串,称为 ASCII 外衣(ASCII Armor)。外衣方案由前缀行、几个信头字段、一个空行、使用基数 64 编码的数据、校验和及后缀行组成。前缀行由五个短线、字符串"BEGIN"、标识被打包的 PGP 数据类型的文字和另外五个短线组成。

第五,分段和重组。

电子邮件的机制通常受到最大消息长度的限制。为了适应这种限制,PGP 自动将太长的消息分成可以通过电子邮件发送的小段。此分段工作是在所有其他处理(包括基数 64 转换)完成之后进行。这样,会话密钥组件和签名组件只在第一段的开始出现一次。在接收端,PGP 必须打开所有的电子邮件报头,在进行基数 64 转换之前重组出整个原始块。

(2)PGP 密钥

PGP 使用四种类型的密钥:一次性会话对称密钥、公钥、私钥、基于对称密钥的口令。这些密钥需要满足以下三个需求:

其一,需要一种方法令一次性会话密钥是不可预测的。

其二,允许用户拥有多个公钥/私钥对。因为用户可能希望能经常更换他的密钥对。而当更换时,许多流水线中的消息往往仍使用已过时的密钥。另外,接收方在更新到达之前只知道旧的公钥,为了能改变密钥,用户希望在某一时刻拥有多对密钥与不同的人进行应答或限制用一个密钥加密消息的数量以增强安全性。所有这些情况导致了用户与公钥之间的应答关系不是一对一的,因此,需要能鉴别不同的密钥。

其三,每个 PGP 实体必须管理一个自己的公钥/私钥对的文件和通信者公钥的文件。

①会话密钥的产生。PGP 对每一个消息都生成一个会话密钥,而每个会话密钥都是与单个消息相关,只在加/解密消息时使用。用对称加密算法对消息进行加/解密时,通常在 CAST-128 和 IDEA 算法中使用 128 位密钥,3DES 中使用 168 位密钥。PGP 的会话密钥是个随机数,它是基于 ANSIX.917 的算法由随机数生成器产生的。随机数生成器从用户敲键盘的时间间隔上取得随机数种子。对于磁盘上的随机种子 randseed.bir 文件是采用和邮件同样强度的加密。这有效地防止了他人从 randseed.bin 文件中分析出实际加密密钥的规律。对于给定密钥的矩阵来说,结果是一系列不可预测的会话密钥。

②密钥标识。PGP 允许用户拥有多个公开/私有密钥对。由于用户可能经常改变密钥对,或者同一时刻,多个密钥对在不同的通信组中使用。因此,用户和他们的密钥对之间不存在一一对应关系。例如 A 给 B 发信,如果没有密钥标识方法,B 可能就不知道 A 使用自己的哪个公钥加密的会话密钥。

最简单的方式就是将公钥和消息一起传送。这种方式可以工作,但却浪费了不必要的空间,因为一个 RSA 的公钥可以长达几百个十进制数。另一种方法是每个用户的不同公钥与唯一的标识一一对应,即用户标识和密钥标识组合来唯一标识一个密钥。这时,只需传送较短的密钥标识即可。但这个方案产生了管理和开销问题,即密钥标识必须确定并存储,使发送方和接收方能获得密钥标识和公钥间的映射关系。因此,PGP 给每个用户公钥指定一个密钥 ID,在很大程度上与用户标识一一对应。它由公钥的最低 64 位组成,这个长度足以使密钥 ID 的重复概率变得非常小。

通常,PGP 的数字签名也需要使用密钥标识。因为发送方需要使用一个私钥加密消息摘要,接收方必须知道应使用发送方的哪一个公钥解密。相应地,消息的数字签名部分必须包括公钥对应的 64 位密钥标识。当接收到消息后,接收方用密钥标识指示的公钥验证签名。

③密钥环。会话密钥本身是用接收方的公钥加密的。因此,只有接收方才能够恢复会话密钥从而恢复消息。如果每个用户都采用单独的公钥/私钥对,则接收方很容易就知道使用哪个密钥来解密会话密钥,因为那就是接收方的唯一私钥。但是,每个用户都可能有多个公钥/私钥对,此时,接收方要想知道到底使用了哪一个公钥加密消息,最简单的方法就是将公钥与消息一同传

送。接收方能够验证确实使用了那个密钥,然后继续进行下去。这种方案是可行的,但却不必要地占用了空间,因为 RSA 公钥可能有数百个十进制数的长度。另一种方法就是将标识符与每个公钥关联起来,这些公钥至少在一个用户那里是唯一的。也就是说,用户 ID 和密钥 ID 的组合足以唯一地识别一个密钥,然后只要传送较短的密钥 ID 就可以了。但是,这种方法带来了管理和开销的问题,必须分配和存储密钥 ID,这样发送方和接收方才能将密钥 ID 和公钥对应起来,这似乎有些麻烦。

　　PGP 采用的方法是对在用户 ID 里很可能唯一的公钥都分配密钥 ID。与公钥相关的密钥 ID 至少是由 64 位数构成的,也就是说,公钥 KU_a 的密钥 ID 为 $KU_a \bmod 2^{64}$,这样的长度足够了,复制这种密钥 ID 的可能性很小。

　　以此同时,PGP 数字签名中也需要密钥 ID,因为发送方可能使用一个私钥来加密消息摘要,接收方必须知道应该使用哪个公钥解密。相应的,消息的数字签名组件中包括了所需的公钥的 64 位密钥 ID。接收到消息时,接收方可以验证发送方所知公钥的密钥 ID,然后再验证签名。

　　由上述分析可知,密钥 ID 对 PGP 的操作非常重要,任一 PGP 消息中都包括两个提供机密性和身份验证的密钥 ID。这些密钥需要存储并用对称方式组织,以便所有实体能够高效使用。PGP 中使用的方案能够对每个结点提供一个数据结构对,一个用来存储此结点的公钥/私钥对,一个用来存储此结点知道的其他用户的公钥。这些数据结构分别叫做私钥环和公钥环。

　　(3)PGP 消息

　　首先,介绍 PGP 消息收发过程。图 12-9 和图 12-10 分别表示 PGP 中的消息发送、接收处理过程。

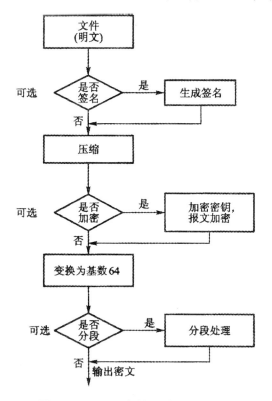

图 12-9　PGP 中的消息发送过程

在传送时,如果需要,可以使用压缩明文的散列值来生成签名。然后再压缩明文和签名。接着,如果对保密性有要求,就要用加密块(压缩明文或压缩签名和明文)并将常规加密密钥的加密公钥附在上面。最后,整个块被转换到基数 64 的格式,按需要进行分段重组。

收到时,先将接收的块按需要进行段重组,再从基数 64 格式转换成二进制。如果消息是加密的,接收方恢复会话密钥并解密消息,接着解压缩结果块。如果消息是经过签署的,接收方可以恢复传送的散列值并与自己计算的散列值相比较。

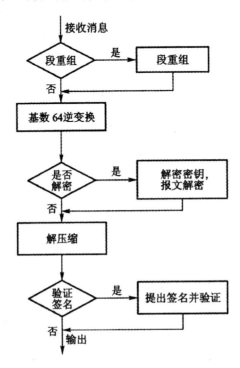

图 12-10 PGP 中的消息接收过程

其次,介绍 PGP 消息格式。PGP 的消息格式如图 12-11 所示。其中,E 表示进行加密;ZIP 表示进行压缩;R64 表示进行基数 64 变换。

消息包含三个组件:消息组件、签名(可选)和会话密钥组件(可选)。

签名组件包括以下几个组成部分:

①时间戳:生成签名的时间。

②消息摘要的前 2 个字节:通过将前 2 个明文字节的副本与解密摘要的前 2 个字节进行比较,可以使接收方确定身份验证时用来解密消息摘要的正确公钥。这 2 个字节还可以作为消息的 16 位帧检查序列。

③消息摘要:160 位 SHA-1 摘要,是用发送方的私有签名密钥加密的。

摘要从签名的时间戳开始算起,直到与消息组件的数据部分连接处为止。摘要中签名的时间戳的计入防止了重放类型的攻击。排斥了消息组件中的文件名以及时间戳部分,可以保证分离的签名与附着在消息前的签名是相同的。分离的签名是在单独的文件中计算的,此文件中没有消息组件的报头字段。

④发送方公钥的密钥 ID:识别用来解密消息摘要的发送方公钥。

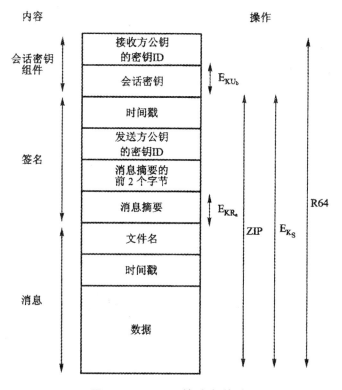

图 12-11　PGP 的消息格式

⑤会话密钥组件:接收方公钥的密钥 ID 是识别用来加密会话密钥的接收方公钥。

2. PEM

PEM(Privacy Enhanced Mail,私密性增强邮件),它是基于 PKI 公钥基础结构并遵循 X.509 v1而提出的一个专用于安全 E-mail 通信的正式 Internet 标准。PEM 目的是为了增强个人的隐私功能,它在电子邮件的标准格式上增加了加密、鉴别和密钥管理的功能,允许使用公开密钥和专用密钥的加密方式,并能够支持多种加密工具。PEM 是增强 Internet 电子邮件隐秘性的标准草案,在 Internet 电子邮件的标准格式上增加了加密、鉴别和密钥管理的功能,允许使用公开密钥和对密钥的加密方式,并能够支持多种加密工具。

(1)PEM 构成

RFC 1422 定义的 CA 结构如图 12-12 所示。

从图 12-12 的 CA 分层结构可以看出,可以将 CA 分层结构看作一棵树。CA 分层结构中的任何人只能有一条认证路径。如果某个机构决定让某 DA CA 对其进行认证,则该机构就不能再被某个 HA CA 认证,即不允许交叉证书。这种方式使得人们很容易得到正确的证书链。人们所需的包含最多证书的证书链是从 IPRA 开始的。

PEM 设计目标是即使不存在目录服务,PEM 也是可用的。因此,PEM 定义了在邮件消息头中包含相关证书的机制。PEM 消息头中没有为 CRI。保留位置,而是定义了一种 CRL 服务,用户向该服务发送邮件消息来请求 CRL。一旦接收到请求,CRL 服务就把最新的 CRL 以邮件

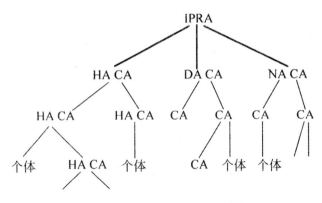

图 12-12　PEM CA 分层结构

消息的方式发送个请求者。

（2）PEM 消息

因为 PEM 消息通常只是普通文本邮件消息的一部分，所以，一个邮件消息可以包含由 PEM 以不同方式处理的多个部分。例如，消息的一部分经过加密，而另一部分经过完整性保护处理。PEM 在不同的部分开始和结束的地方做上标记，以便接收方对消息的处理。

例如对加密的数据块，PEM 会在数据开始出插入文本串代码：

----BEGIN PRIVACY-ENHANCED MESSAGE----

并在数据块结束处插入代码：

----END PRIVACY-ENHANCED MESSAGE----

与 PEM 消息一起发送的还有另外一些信息，例如加密密钥、消息完整性校验码（Message Integrity Check，MIC，即通常所说的 MAC）等。

PEM 消息中可以包含的数据类型如下：

①普通数据。普遍数据是指未经任何安全措施处理的数据。

②完整性保护的编码数据。完整性保护的编码数据是指 PEM 首先对消息进行编码处理，以保证消息能不被修改地穿越所有网关，然后再插入 MIC。这种消息称为 MIC-ONLY。

③完整性保护的未经修改数据。完整性保护的未经修改数据是指邮件消息中插入了 MIC，但原始消息未经修改。PEM 定义的 MIC 生成算法为 MD2 和 MD5。这种类型数据在 PEM 术语中称为 MIC-CLEAR。如果该种类型数据在传输过程中被某些邮件网关进行了诸如换行符转换之类的处理，则 MIC 将失效。

④完整性保护、加密的编码数据。完整性保护、加密的编码数据是指 PEM 首先计算邮件消息的 MIC，然后使用随机选择的密钥 DEK 对消息和 MIC 进行加密处理。加密使用 DEK 和初始向量 IV，采用 CBC 模式。对每个进行加密的消息都要进行填充，使得消息长度为 8 字节的整数倍。然后，加密的消息、加密的 MIC、DEK（已使用 IK 加密）被编码成为能不被修改地穿越所有网关的普通文本。PEM 称这种类型的消息为 ENCRYPTED。ENCRYPTED 消息发送和接收的大致流程如图 12-13 所示。

从图 12-13 中可以看出，PEM 消息通常只是普通文本邮件消息的一部分。如果采用基于公钥密码技术的 PEM，邮件消息中的 PEM 部分的大致结构如下所列。

标记：指示消息中由 PEM 处理过的部分，通常使用下列代码：

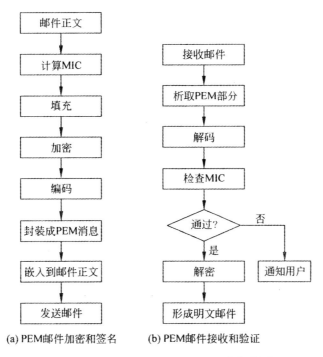

(a) PEM邮件加密和签名　　(b) PEM邮件接收和验证

图 12-13　PEM ENCRYPTED 消息处理

----BEGIN PRIVACY-ENHANCED MESSAGE----

报文头：指示所使用的模式是 MIC-CLEAR 或 MIC-ONLY 或 ENCRYPTED。

DES_CBC 初始向量：初始向量 IV，只在加密的消息中出现。

发送方证书：由发送方的 CA 签发的证书。

发送方的 CA 的证书：为发送方签发证书的 CA 的证书。

……

IPRA 签发的证书

MIC：如果消息加密，则 MIC 也是加密的。

DEK：用接收方的公钥加密。

消息：或者是 ENCRYPTED 的，或者是 MIC-ONLY 的，或者是 MIC-CLEAR。

标记：指示消息中由 PEM 处理过的部分结束，代码如下：

----END PRIVACY-ENHANCED MESSAGE----

其中，消息中包含多少张证书是可选的。证书也可以不显式地出现，这种情况下，证书域包含发送者证书的序列号和发行者名称。

一个基于公钥密码技术的 ENCRYPTED 消息格式如表 12-2 所示。

表 12-2　基于公钥密码技术的 ENCYPTED 消息格式

格式	描述
----BEGIN PRIVACY-ENHANCED MESSAGE----	表示 PEM 开始标记
Proc-Type:4,ENCRYPTED	表示 PEM 版本号:4,消息类型 ENCRYPTED

格式	描述
Content—Domain：RFC 822	表示消息的形式：RFC 822 定义的文本消息
DEK-Info：DES-CBC，16hex digits	表示消息加密算法：DESCBC，十六进制 IV
Originator-certificate：cybercrud，number	表示经过编码的发送者证书(可选)
Originator-ID Asymmetric：cybercrud，number	表示发送者 ID(如果没有证书)，包含签发证书的 CA 的 X.500 名称和证书序列号
Key-Info：RSA，cybercrud	表示抄送给发送者的密钥信息。在发送者抄送消息给自己时才会出现，以使得发送者可以解密消息。第一个子域指明加密 DEK 的算法为 RSA，第二个子域是经过编码的、发送者公钥加密的 DEK
Issuer-Certificate：cybercrud	表示一个或多个 CA 证书
MIC—Info：RSA—MDX，RSA，cybercrud	表示 MIC 算法，MIC 加密算法，MIC
Recipient-ID-Asymmetric：cybercrud，number Key-Info：RSA，cybercrud	表示针对每一个接收者，指明接收者证书识别符，包含签发该证书的 CA 名称和证书序列号，使得拥有多个公钥的接收者知道应该用哪个公钥去解密 Key-Info 域。Key-Info 域则提供了 DEK，第一个子域指明加密 DEK 的算法为 RSA，第二个子域是编码的、用接收者公钥加密的 DEK
Message：cybercrud	表示经过编码的、用 DEK、以 DES-CBC 模式加密并编码的消息
----END PRIVACY-ENHANCED MESSAGE----	表示 PEM 结束标记

MIC-ONLY 和 MIC-CLEAR 消息格式与此类似。

3. S/MIME

S/MIME 最初是由 RSA 数据安全公司发起的。它的消息基于 PKCS♯7 数据格式，认证基于 X.509v3 格式。S/MIME 的设计目的是运用各种安全模块来保障邮件在 Internet 传输过程中的安全性。它为 MIME 规格的加强版，除了支持原来的 MIME 格式之外，还提供了许多安全功能，如认证、消息的完整性、发送方的不可否认及保密性等。

传统的邮件用户代理可以使用 S/MIME 对要发送的邮件添加密码安全服务，同时对接收的邮件解析它所使用的密码安全服务。但是，S/MIME 并不是只使用在邮件传输上，任何传输 MIME 数据的传输机制都可以使用它。S/MIME 充分利用了 MIME 的面向对象的特点，允许在混合的传输系统中交换安全的消息。此外，使用密码安全服务的消息传输代理可以自动使用 S/MIME，而不需要任何人工干预，如对通过 Internet 传送的软件文档的签名及传真信息的加密。

现在 S/MIMEv2 已经在 Internet 邮件产业界得到了广泛的应用。大部分供应商都是使用在 IETF 中运行的 S/MIMEv2 协议的不同草案来实现软件产品。但 S/MIMEv2 并不是一个 IETF 的标准。它要求使用 RSA 密钥交换,而这受美国的专利限制。此外,S/MIMEv2 还要求使用弱的密码算法。所有这些都阻止了这个协议成为 IETF 标准。

当前对 S/MIME 的工作是由 IETF 的 S/MIME 工作组进行的。1999 年 6 月,S/MIMEv3 作为 IETF 推荐的一个标准。

一个附加的协议 Enhanced Security Services for S/MIME 是 S/MIME 的一个扩展,它允许签名的收据、安全标签及安全邮件列表。扩展的前两个部分可以工作在 S/MIMEv2 或 S/MIMEv3 下,而安全邮件列表只能工作在 S/MIMEv3 下。

(1)S/MIME 功能

从一般功能而言,S/MIME 提供的主要功能如下:

①封装数据。能允许用对称密码加密一个 MIME 消息中的任何内容类型,然后用一个或多个接收者的公钥加密对称密钥。接着将加密的数据、加密的对称密钥以及接收者的公钥标识符等封装在一起。

②签名数据。数字签名功能是通过提取待签名内容的数字摘要,并用签名者的私钥加密得到。然后,用 base64 编码方法重新对内容和签名编码。因此,一个签名了的数据消息只能被具有 S/MIME 能力的接收方处理。

③透明签名数据。只有数字签名部分使用 Base-64 进行编码。因此,没有 S/MIME 功能的接收者可以看到报文的内容,但是不能验证签名。

④签名并封装数据。如果仅仅是签名实体和仅封装实体可以嵌套,能对加密后的数据进行签名和对签名数据或透明签名数据进行加密。

表 12-3 总结了在 S/MIME 中使用的加密算法。

表 12-3 S/MIME 使用的加密算法

功　　能	要　　求
创建用于数字签名的数字摘要	必须支持 SHA-1,接收方应该支持 MD5,以便向后兼容
加密数字摘要形成数字签名	发送代理和接收代理必须支持 DSS 发送代理应该支持 RSA 加密 接收代理应该支持验证密钥大小在 512~1024 位的 RSA 签名
为传送消息加密会话密钥	发送代理和接收代理必须支持 Diffie-Hellman 发送代理应该支持密钥大小在 512~1024 位的 RSA 加密
接收代理应该支持 RSA 解密	用一次性会话密钥加密消息 发送代理和接收代理必须支持 3DES 发送代理必须支持 AES 加密,应该支持 RC2/40 解密
创建一个消息鉴定代码	接收代理必须支持 SHA-1 HMAC 接收代理应当支持 SHA-1 HMAC

其中,S/MIME 中使用了如下术语:Must(必须),在规格说明书中表示一定要满足的需求,其实现必须与规格说明中功能一致;Should(应该),如果在特定条件下有合理的理由可以忽略,

但推荐其实现包含该功能。

S/MIME 组合三种公钥算法。DSS 是其推荐的数字签名算法,Diffie-Hellman 是其推荐的密钥交换算法,实际上,在 S/MIME 中使用的是其能加密解密的变体 ElGamal。RSA 既可以用做签名,也可以加密会话密钥。这些算法与 PGP 中使用的算法相同,从高层提供了其安全性。规格说明推荐使用 160 位的 SHA-1 算法作为数字签名的散列函数,但要求接收方能支持 128 位的 MD5 算法。

对消息加密而言,推荐使用 3DES。但符合标准的实现也应支持 40 位的 RC2,后者是一种弱加密算法,美国允许出口该算法。

S/MIME 规格说明包括如何决定采用何种加密算法。从本质上说,一个发送方代理需要进行如下两种选择:

第一,发送方代理必须确定接收方代理是否能够解密该加密算法;

第二,如果接收方代理只能接收弱加密的内容,发送方代理必须确定弱加密方式是否可以接受的。为了能达到上述要求,发送方代理可以在它发送消息之前先宣布它的解密能力,由接收方代理将该消息存储,留给将来使用。

发送方代理必须按照次序遵守下列规则:

①如果发送方代理有一个接收方解密性能表,则它应该选择表中的第一个性能,也就是说优先级最高的性能。

②如果发送方代理没有接收方的解密性能表,但曾经接收到一个或多个来自于接收方的消息,则应该使用与最近接收到的消息一样的加密算法,加密将要发送给接收方的消息。

③如果发送方代理没有接收方的任何解密性能方面的知识,并且想冒险一试,接收方可能无法解密消息,则应该选择 3DES。

④如果发送方代理没有接收方的任何解密性能方面的知识,并且不想冒险,则发送方代理必须使用 RC2/40。

如果消息需要发给多个接收方,但它们却没有一个可以接受的、共同的加密算法,则发送方代理需要发送两条消息。此时,该消息的安全性将由于安全性低的一份拷贝而易受到攻击。

(2)S/MIME 消息

S/MIME 消息格式是 MIME 实体和 CMS 对象的结合,使用了几种 MIME 类型及 CMS 对象。要添加安全的数据必须是一个规范的 MIME 实体。MIME 实体可以是完整的消息(RFC822 的报头除外);或在 MIME 的内容类型为多部件时,MIME 实体是消息的一个或多个部分。MIME 实体是根据 MIME 消息准备的正常规则来准备的。MIME 实体和一些相关安全的数据经过 S/MIME 的处理后生成 CMS 对象。然后将 CMS 对象当做消息内容来处理,再封装成 MIME。

S/MIME 使用了一系列新的 MIME 内容类型,如表 12-4 所示。所有新的应用类型都使用了标识 PKCS,它表示是由 RSA 实验室发布的 S/MIME 可以使用的一组公钥密码规范。

表 12-4 S/MIME 内容类型

MIME 类型	smime-type 参数	说　　明
application/pkcs7-mime	signed-data	签名的 S/MIME 实体
application/pkcs7-mime	enveloped-data	加密的 S/MIME 实体

MIME 类型	smime-type 参数	说　　明
application/pkcs7-mime	certs-only	仅包含公钥证书的实体
application/pkcs7-signature		multipart/signed 消息的签名子部分的内容类型
application/pkcs10-mime		证书注册请求消息

下面给出了每个 S/MIME 的内容类型。

①签名数据。smime-type 的签名数据可以被一个或多个签名者使用。在这里为了简化描述,只讨论单个数字签名。

准备一个签名数据的过程为:首先,选择消息签名算法 SHA-1、MD5 等;其次,计算需要签名内容的消息杂凑或杂凑函数;再次,使用发送者的私钥加密消息杂凑;最后,准备称为 SignerInfo(签名者信息)的数据块,该块中包含签名者的公钥证书、消息杂凑算法的标识符、用来加密消息杂凑算法的标识符、加密的消息杂凑。

因为签名数据实体由一系列块组成,其中包括消息杂凑算法标识符、被签名的消息和 SignerInfo。因此,签名数据实体还可以包括公钥证书的集合,该集合足以组成一条从一个可识别的根或最上级的认证中心到签名者的证书链,然后使用 radix-64 进行编码。

为了恢复签名的消息和验证签名,接收者首先要除掉 radix-64 编码,然后使用签名者的公钥解密消息杂凑,接收者计算消息杂凑并将之与解密后的消息杂凑进行比对,验证签名。

②封装数据。Application/Pkcs7-mime 子类型用于四类 S/MIME 处理,每类处理都有唯一的 smime-type 参数。在所有情况下,称为对象的结果实体都用 ITU-T Recommendation X. 209 建议书定义的基本编码规则(BER)来表示。BER 格式是由任意的 8bit 字符串组成的,因此是二进制数据。此对象可在外部 MIME 消息中用 Base-64 转换算法编码。首先看看封装的数据。

MIME 实体准备封装数据的过程为:首先,为特定的对称加密算法生成伪随机的会话密钥;其次,对于每个接收者,使用接收者的 RSA 公钥对会话密钥进行加密;再次,为每个接收者准备称为 RecipientInfo 的数据块,该块中包含了发送者的公钥证书、用来加密会话密钥算法的标识及加密的会话密钥;最后使用会话密钥加密消息。RecipientInfo 块后紧随有加密的内容,组成了封装数据。使用 radix-64 对该信息编码。

如果要恢复加密的消息,接收者首先去掉 radix-64 编码;然后使用接收者的私钥恢复会话密钥;最后使用会话密钥解密消息内容。

③透明签名。透明签名通过带有签名子类型的多部分内容类型来实现。该签名过程未涉及转换签名消息的形式,消息以"透明"形式发送。因此,具有 MIME 能力但没有 S/MIME 能力的接收者能够阅读输入的消息。

一个 Multipart/Signed 签名的消息有两部分,一部分可以是任何 MIME 类型,但必须准备消息使之在从源端到目的地的传输中不被修改。也就是说如果这一部分不是 7 bit 的,需要使用 Base-64 或 quoted-printable 编码。那么,之后的处理过程与签名数据相同,但签名数据格式的对象中消息内容域为空,该对象与签名相分离,再将其用 Base-64 编码,作为 Multipart/Signed 消息的另一部分。另一部分的 MIME 内容类型为 Application,子类型为 Pkcs7-signature。

Protocol 参数指示了这是两个部分的透明签名实体。Micalg 参数指示所使用的消息杂凑的类型。接收者可以将第一部分的消息杂凑与从第二部分中使用签名恢复出来的消息杂凑进行比较,验证签名。

④注册请求。注册请求的典型应用是一个应用或用户要向证书管理机构申请公钥证书。S/MIME 实体 Application/pkcs10 用来传送证书请求。证书请求包括了证书请求信息块公钥加密算法的标识符,使用发送者私钥计算的证书请求信息块签名。证书请求信息块包括证明证书主体的名字(其公钥将被验证的实体)和该用户公钥的标识位串。

⑤仅含证书的消息。仅含证书或证书撤销列表(CRL)的消息在应答注册请求时发送。该消息的类型/子类型为 Application/Pkcs7-mime,并带一个退化的 smime-type 参数。除了没有消息内容及签名者信息块为空以外,其他过程均与创建签名数据信息相同。

(3)S/MIME 的增强安全服务

目前,可以使用 3 种可选的增强的安全服务来扩展当前的 S/MIME v3 安全以及证书处理服务。

①签收:要求对签名数据对象进行签收。返回一条签收消息可以告知消息的发送方,已经收到消息,并通知第三方接收方已收到消息。本质上说,接收方将对整个原始消息和发送方的原始签名进行签名,并将此签名与消息一起形成一个新的 S/MIME 消息。

②安全标签:在签名数据对象的认证属性中可以包括安全标签。安全标签是一个描述被S/MIME封装的信息的敏感度的安全信息集合。该标签既可用于存取控制,描述该对象能被哪些用户存取,还可描述优先级或角色。

③安全邮寄列表:当用户向多个接收方发消息时,需要进行一些与每个接收方相关的处理,包括使用各接收方的公钥。用户可以通过使用 S/MIME 提供的邮件列表代理(MLA)来完成这一工作。邮件列表代理可以对一个输入消息为各接收方进行相应的加密处理,而后自动发送消息。消息的发送方只需将用 MLA 的公钥加密过的消息发给 MLA 即可。

参考文献

[1]谢希仁.计算机网络(第5版).北京:电子工业出版社,2008.

[2]刘永华,解圣庆.计算机网络体系结构.南京:南京大学出版社,2009.

[3]马晓雪等.计算机网络原理与操作系统.北京:北京邮电大学出版社,2009.

[4]田增国.计算机网络技术与应用.北京:清华大学出版社,2007.

[5]鲜继清等.现代通信系统与信息网.北京:高等教育出版社,2005.

[6]史创明等.计算机网络原理与实践.北京:清华大学出版社,2006.

[7]蔡开裕.计算机网络(第2版).北京:机械工业出版社,2008.

[8]龚尚福.计算机网络技术与应用.北京:中国铁道出版社,2007.

[9]刘有珠,罗少彬.计算机网络技术基础(第2版).北京:清华大学出版社,2007.

[10]李丽芬等.计算机网络体系结构.北京:中国电力出版社,2006.

[11]王相林.计算机网络.北京:机械工业出版社,2008.

[12]赵俊阁.信息安全概论.北京:国防工业出版社,2009.

[13]石志国,贺也平,赵悦.信息安全概论.北京:清华大学出版社;北京交通大学出版社,2007.

[14]王昭,袁春.信息安全原理与应用.北京:电子工业出版社,2010.

[15]郭亚军,宋建华,李莉.信息安全原理与技术.北京:清华大学出版社,2008.

[16]李剑,张然等.信息安全概论.北京:机械工业出版社,2009.

[17]贾铁军.网络安全技术及应用.北京:机械工业出版社,2009.

[18]宋西军.计算机网络安全技术.北京:北京大学出版社,2009.

[19]戚文静,刘学.网络安全原理与应用.北京:中国水利水电出版社,2005.

[20]周明全,吕林涛,李军怀.网络信息安全技术.西安:西安电子科技大学出版社,2003.

[21]熊平.信息安全原理及应用.北京:清华大学出版社,2009.

[22]邓亚平.计算机网络安全.北京:人民邮电出版社,2004.

[23]刘京菊,王永杰等.网络安全技术及应用.北京:机械工业出版社,2012.

[24]周继军,蔡毅.网络与信息安全基础.北京:清华大学出版社,2008.

[25]顾巧论,蔡振山,贾春福.计算机网络安全(第二版).北京:科学出版社,2003.

[26]陈矿山.网络与信息安全技术.北京:机械工业出版社,2007.

[27]耿杰.计算机网络安全技术.北京:清华大学出版社,2013.

[28]牛少彰,崔宝江,李剑.信息安全概论(第2版).北京:北京邮电大学出版社,2007.

[29]刘建伟,毛剑,胡荣磊.网络安全概论.北京:电子工业出版社,2009.

[30]雷渭侣.计算机网络安全技术与应用.北京:清华大学出版社,2010.

[31]杨波.现代密码学(第2版).北京:清华大学出版社,2007.

[32]马春光,郭方方.防火墙、入侵检测与VPN.北京:北京邮电大学出版社,2008.

[33]阎慧,王伟,宁宇鹏等.防火墙原理与技术.北京:机械工业出版社,2004.

［34］唐正军,李建华.入侵检测技术.北京:清华大学出版社,2004.

［35］李剑.入侵检测技术.北京:高等教育出版社,2008.

［36］曹元大.入侵检测技术.北京:人民邮电出版社,2007.

［37］刘功申.计算机病毒及其防范技术.北京:清华大学出版社,2008.

［38］贾春福,郑鹏.操作系统安全.武汉:武汉大学出版社,2006.

［39］范红,冯登国.安全协议理论与方法.北京:科学出版社,2003.

［40］陈性元,杨艳,任志宇.网络安全通信协议.北京:高等教育出版社,2008.

［41］王珊,萨师煊.数据库系统概论(第四版).北京:高等教育出版社,2006.

［42］刘晖,彭智勇.数据库安全.武汉:武汉大学出版社,2007.

［43］马利,姚永雷.计算机网络安全.北京:清华大学出版社,2010.

［44］王群.计算机网络安全技术.北京:清华大学出版社,2008.

［45］张兆信,赵永葆,赵尔丹等.计算机网络安全与应用技术.北京:机械工业出版社,2011.

［46］彭新光,吴兴兴等.计算机网络安全技术与应用.北京:科学出版社,2005.